T0222233

Statistik und maschinelles Lernen

Mathias Trabs · Moritz Jirak · Konstantin Krenz ·
Markus Reiß

Statistik und maschinelles Lernen

Eine mathematische Einführung in
klassische und moderne Methoden

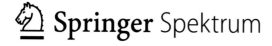 Springer Spektrum

Mathias Trabs
Fachbereich Mathematik
Universität Hamburg
Hamburg, Deutschland

Moritz Jirak
Institut für Statistik und Operations Research
Universität Wien
Wien, Österreich

Konstantin Krenz
Erfurt, Thüringen, Deutschland

Markus Reiß
Institut für Mathematik
Humboldt-Universität zu Berlin
Berlin, Deutschland

ISBN 978-3-662-62937-6   ISBN 978-3-662-62938-3   (eBook)
https://doi.org/10.1007/978-3-662-62938-3

Die Deutsche Nationalbibliothek verzeichnet diese Publikation in der Deutschen Nationalbibliografie; detaillierte bibliografische Daten sind im Internet über http://dnb.d-nb.de abrufbar.

© Der/die Herausgeber bzw. der/die Autor(en), exklusiv lizenziert durch Springer-Verlag GmbH, DE, ein Teil von Springer Nature 2021
Das Werk einschließlich aller seiner Teile ist urheberrechtlich geschützt. Jede Verwertung, die nicht ausdrücklich vom Urheberrechtsgesetz zugelassen ist, bedarf der vorherigen Zustimmung der Verlage. Das gilt insbesondere für Vervielfältigungen, Bearbeitungen, Übersetzungen, Mikroverfilmungen und die Einspeicherung und Verarbeitung in elektronischen Systemen.
Die Wiedergabe von allgemein beschreibenden Bezeichnungen, Marken, Unternehmensnamen etc. in diesem Werk bedeutet nicht, dass diese frei durch jedermann benutzt werden dürfen. Die Berechtigung zur Benutzung unterliegt, auch ohne gesonderten Hinweis hierzu, den Regeln des Markenrechts. Die Rechte des jeweiligen Zeicheninhabers sind zu beachten.
Der Verlag, die Autoren und die Herausgeber gehen davon aus, dass die Angaben und Informationen in diesem Werk zum Zeitpunkt der Veröffentlichung vollständig und korrekt sind. Weder der Verlag, noch die Autoren oder die Herausgeber übernehmen, ausdrücklich oder implizit, Gewähr für den Inhalt des Werkes, etwaige Fehler oder Äußerungen. Der Verlag bleibt im Hinblick auf geografische Zuordnungen und Gebietsbezeichnungen in veröffentlichten Karten und Institutionsadressen neutral.

Planung/Lektorat: Iris Ruhmann
Springer Spektrum ist ein Imprint der eingetragenen Gesellschaft Springer-Verlag GmbH, DE und ist ein Teil von Springer Nature.
Die Anschrift der Gesellschaft ist: Heidelberger Platz 3, 14197 Berlin, Germany

Vorwort

Dozent	„Leider gibt es hierfür kein passendes Buch."
Student	„Warum schreiben Sie dann keins?"
Dozent (im Scherz)	„Aber nur, wenn Sie mitschreiben."

Dieser kurze Dialog in einer Statistikvorlesung zwischen zwei Autoren dieses Buches war seine Initialzündung. Selbstverständlich gibt es zahlreiche hervorragende Statistikbücher. Es gibt jedoch einige Aspekte, die selten gemeinsam behandelt werden und deren Zusammenspiel wir in den Vordergrund rücken möchten.

Die Verbindung von Theorie und Praxis. Wir leben im sogenannten Informationszeitalter. Das heißt nichts anderes, als dass unsere gesamte Lebenswirklichkeit vermessen und gespeichert wird. Um die Probleme und Lösungsansätze, die mit dieser Datenvielfalt einhergehen, zu beschreiben, wurde der Begriff *Data Science* erfunden. Ein fundamentaler Baustein hiervon ist die Statistik. Ihr Ziel ist es, Rückschlüsse von den Daten auf die zugrunde liegenden Zusammenhänge zu ziehen. Wir werden im Laufe des Buches zahlreiche statistische Methoden kennenlernen. Der Fokus dieses Buches liegt darauf, zu verstehen und mathematisch sauber nachzuweisen, ob und unter welchen Annahmen diese Methoden tatsächlich funktionieren. Andererseits werden wir die Verfahren anhand von Beispielen aus der realen Welt illustrieren. Um die Breite der möglichen Anwendungen zu unterstreichen, studieren wir Datensätze aus der Medizin, betrachten makroökonomische Fragen und untersuchen Klimadaten.

Die Brücke zwischen Statistik und maschinellem Lernen. Wir werden nicht nur klassische und bis heute wichtige statistische Methoden, wie die Regressions- und Varianzanalyse, kennenlernen, sondern auch moderne Verfahren des maschinellen Lernens studieren (wobei wir uns auf das sogenannte *supervised learning* beschränken). Letztere sind insbesondere für Klassifikationsprobleme wichtig. Fast alle diese Methoden lassen sich auf einige wenige statistische Grundprinzipien zurückführen, nämlich auf das *Maximum-Likelihood-Verfahren,* den *Likelihood-Quotiententest* und den *Bayes-Ansatz.* Daher setzen wir uns zu Beginn des Buches intensiv mit diesen Grundprinzipien in einfachen statistischen Modellen auseinander.

Nichtasymptotische Resultate. Dank moderner Informationstechnik können immer mehr Daten erhoben und verarbeitet werden. Damit gibt es viele Beobachtungen, die von statistischen Methoden berücksichtigt werden können und sollen. Auf einem mathematischen Level führt dies dazu, dass die Dimension der Beobachtungen und Modellparameter sehr groß werden kann und möglicherweise sogar die Stichprobengröße übersteigt. Man spricht in diesem Fall von hochdimensionalen Modellen. Klassische Verfahren und Analysetechniken funktionieren dann nur noch sehr eingeschränkt oder gar nicht mehr. Vor allem die asymptotische Theorie, bei der die Stichprobengröße gegen unendlich konvergiert und alle anderen Einflussgrößen dominiert, beschreibt beispielsweise eine große Parameterdimension nur unzureichend. Deshalb konzentrieren wir uns in diesem Buch auf nichtasymptotische Resultate. Insbesondere sind unsere Hauptresultate in späteren Kapiteln keine zentralen Grenzwertsätze, wie sie in vielen Lehrbüchern zu finden sind, sondern *Orakelungleichungen*.

Dieses Buch hat seinen Ursprung in einer vierstündigen Vorlesung an der Humboldt-Universität zu Berlin, deren Hörerschaft vorwiegend aus fortgeschrittenen Bachelorstudierenden und beginnenden Masterstudierenden in Mathematik und Statistik bestand. Es baut auf solide Kenntnisse in der Wahrscheinlichkeitstheorie auf, wobei eine kurze Einführung in die Grundlagen der Wahrscheinlichkeitstheorie im Anhang zu finden ist. Zusätzliche Einflüsse aus Vorlesungen an der Universität Hamburg und der Technischen Universität Braunschweig erweiterten den Stoffumfang und erhöhten das Niveau einiger weiterführender Abschnitte.

Die Ansprüche an das Leserpublikum wachsen im Laufe des Buches. Während die ersten beiden Kapitel und der Beginn des dritten Kapitels von grundlegender Natur sind, gibt es im zweiten Teil des Buches einige Abschn. (3.2.1, 4.2, 4.4.2 und 5.6) für Fortgeschrittene, die jedoch beim ersten Lesen auch weggelassen werden können.

Der Inhalt des Buches eignet sich sowohl für eine zwei- bis vierstündige Bachelorvorlesung zur Einführung in die mathematische Statistik (Kap. 1 bis Abschn. 3.1 und gegebenenfalls eine Auswahl der anschließenden Kapitel) als auch als Quelle für eine Mastervorlesung zu den mathematischen Grundlagen der Datenwissenschaften (Abschn. 3.2 bis Kap. 5) oder für eine Spezialvorlesung zum (verallgemeinerten) linearen Modell (Kap. 2, Abschn. 3.2 und Kap. 4). Jedes Kapitel schließt mit einer Aufgabensammlung ab.

Dieses Lehrbuch bewegt sich im Spannungsfeld zwischen mathematischer Statistik und maschinellem Lernen. Daher profitierten wir sowohl von klassischen statistischen Lehrwerken wie Georgii (2007), Lehmann und Casella (1998) und Shao (2003) als auch von Darstellungen der modernen statistischen Lerntheorie wie Hastie et al. (2009), Richter (2019) und Shalev-Shwartz und Ben-David (2014).

Wir bedanken uns für die Unterstützung durch viele Kommentare, Impulse und Hinweise sowie für die Hilfe beim Korrekturlesen bei Randolf Altmeyer, Markus Bibinger, Brigitte Deest, Thorsten Dickhaus, Nick Kloodt und Martin Wahl. Unser Dank gilt zudem unseren Studierenden, insbesondere Herrn Eric Ziebell, für Rückmeldungen und fleißiges Lösen unserer Aufgaben, sowie Frau Stella Schmoll und Frau Iris Ruhmann vom Springer-Verlag für die kompetente, freundliche und sehr gute Zusammenarbeit. Wir freuen uns auch über Ihre Hinweise, die Sie uns bitte via mathias.trabs@uni-hamburg.de zukommen lassen.

Hamburg	Mathias Trabs
Wien	Moritz Jirak
Erfurt	Konstantin Krenz
Berlin	Markus Reiß
November 2020	

Inhaltsverzeichnis

Abkürzungen und Symbole

$\emptyset$	leere Menge
A^C	Komplement der Menge A
$|A|$	Kardinalität der endlichen Menge A
$1_A(x)$, $1(x \in A)$	Indikatorfunktion zur Menge A, das heißt falls $x \in A$, dann gilt $1_A(x) = 1(x \in A) = 1$ und sonst 0
$\mathcal{P}(A)$	Potenzmenge der Menge A
$\mathcal{B}(\Omega)$	Borel-σ-Algebra über Menge Ω
$\mathbb{N}, \mathbb{N}_0$	Menge der natürlichen Zahlen ohne bzw. mit der Null
$\mathbb{R}, \mathbb{R}_+$	Menge der reellen Zahlen bzw. Menge der reellen Zahlen größer oder gleich Null
$a \wedge b, a \vee b$	Minimum bzw. Maximum von $a, b \in \mathbb{R}$
$\arg\min_a f(a)$	Minimalstelle oder Menge der Minimalstellen der Funktion f
$\arg\max_a f(a)$	Maximalstelle oder Menge der Maximalstellen der Funktion f
$(a)_+, (a)_-$	Positiv- bzw. Negativteil, das heißt $(a)_+ = a \vee 0$, $(a\_) =(-a) \vee 0$
$\propto$	proportional, das heißt Gleichheit bis auf eine multiplikative Konstante
$\left(\mathcal{X}, \mathcal{F}, \mathbb{P}_\vartheta \right)$	Wahrscheinlichkeitsraum bezüglich des Parameters $\vartheta \in \Theta$
$\mathbb{E}_\vartheta$, Var_ϑ	Erwartungswert bzw. Varianz bezüglich $\mathbb{P}_\vartheta$
Cov, $\mathbb{C}$ov	Kovarianz und Kovarianzmatrix
$U(A)$	Gleichverteilung auf der Menge A
$N(\mu, \sigma^2)$	Normalverteilung mit Mittelwert μ und Varianz σ^2
Ber(ϑ)	Bernoulli-Verteilung mit Erfolgswahrscheinlichkeit $\vartheta \in [0, 1]$
Φ	Verteilungsfunktion von $N(0, 1)$
$\sim$	ist verteilt gemäß, zum Beispiel „$Y \sim N(\mu, \sigma^2)$"
i. i. d.	unabhängig und identisch verteilt (englisch: *independent and identically distributed*)
$\overline{X}_n$	Stichprobenmittel $\overline{X}_n = \frac{1}{n} \sum_{j=1}^n X_j$ einer Stichprobe $X_1, \ldots, X_n$
q_α	α-Quantil der Standardnormalverteilung
$q_{V;\alpha}$	α-Quantil einer Verteilung $V \in \{U(A), N(\mu, \sigma^2), \ldots\}$
$|\cdot|, \langle, \rangle$	Euklidische Norm und euklidisches Skalarprodukt auf $\mathbb{R}^d$

$\lvert \cdot \rvert_p$	Vektor- oder Folgennorm für $p \in [0, \infty]$
$\lVert \cdot \rVert, \lVert \cdot \rVert_2$	Spektralnorm bzw. Frobeniusnorm einer Matrix
$\mathbb{R}^{m \times n}$	Menge der reellen Matrizen mit $m \in \mathbb{N}$ Zeilen und $n \in \mathbb{N}$ Spalten
E_n	Einheitsmatrix mit $n \in \mathbb{N}$ Spalten und Zeilen
$\mathcal{L}^p, L^p$	Raum der p-fach integrierbaren Funktionen bzw. Äquivalenzklassen
span	Spann, das heißt linear Unterraum aufgespannt durch die gegebenen Vektoren
Im	Bildbereich einer Funktion (englisch: *image*)
tr	Spur einer Matrix (englisch: *trace*)
rank	Rang einer Matrix
sgn	Vorzeichen einer reellen Zahl, d. h. $\mathrm{sgn}(x) = 1$, falls $x > 0$ und sonst -1.

Weitere Symbole und Begriffe aus der Wahrscheinlichkeitstheorie sind im Anhang zu finden.

Grundlagen der Statistik

1

In diesem Kapitel werden die grundlegenden Begriffe und Konzepte der Statistik eingeführt. Der Startpunkt ist die mathematische Formulierung eines statistischen Modells. Davon ausgehend werden wir Konstruktionsprinzipien für Parameterschätzer, Hypothesentests und Konfidenzbereiche kennenlernen. Nachdem diese in den einfachen Beispielen dieses Kapitels verstanden sind, können wir aus diesen Grundprinzipien heraus neue Methoden in den komplexeren Modellen späterer Kapitel entwickeln.

1.1 Das statistische Modell

Während die Wahrscheinlichkeitstheorie anhand eines gegebenen Modells die Eigenschaften der (zufälligen) Ereignisse untersucht, ist das Ziel der Statistik entgegengesetzt: Wie kann man aus den gegebenen Beobachtungen Rückschlüsse auf das Modell ziehen?

Beispiel 1.1

Saskias Umfrage

Versetzen wir uns in die Lage der Studentin Saskia, die für ihre Masterarbeit eine Befragung unter den 20.000 Studentinnen und Studenten ihrer Uni durchführen möchte. Von ihnen möchte Saskia wissen, ob sie mit ihrem Studium zufrieden sind. Dazu führt sie eine Online-Umfrage durch, bei der es nur eine Frage mit zwei Antwortmöglichkeiten gibt – man ist zufrieden oder nicht. Sie lässt den Studierenden die Umfrage über den internen Mailverteiler der Uni zukommen. Alle erhalten die Umfrage, aber nur ein Teil von ihnen macht sich die Mühe, die Umfrage zu beantworten. Welche Schlüsse kann Saskia aus ihrer Umfrage ziehen?

Nehmen wir an, die gewählten Fächer sind zu gleichen Teilen zufriedenstellend und nicht zufriedenstellend, das heißt 50 % sind zufrieden, und die Umfrage wird wahrheits-

© Der/die Autor(en), exklusiv lizenziert durch Springer-Verlag GmbH, DE, ein Teil von
Springer Nature 2021
M. Trabs et al., *Statistik und maschinelles Lernen*,
https://doi.org/10.1007/978-3-662-62938-3_1

gemäß beantwortet. Würde nur eine Studentin antworten, so entspräche das Ergebnis nicht der Wahrheit, denn es könnte nur eine einhundertprozentige (Un)Zufriedenheit ermittelt werden. Eine sogenannte *Stichprobengröße* von 1 ist also zu niedrig. Je mehr Leute antworten, desto höher ist die *Wahrscheinlichkeit,* dass der Anteil der positiven Antworten in der Umfrage näher an den wahren 50 % liegt. Nur wenn alle 20.000 Studierenden antworten würden, könnte Saskia sicher sein, den wahren Wert gefunden zu haben. Im Allgemeinen wird das Ergebnis von Saskias Umfrage also von Unsicherheit behaftet sein. Um die Aussagekraft des Ergebnisses einschätzen zu können, benötigen wir statistische Methoden. Andersherum wäre es für Saskia gut zu wissen, wie viele Antworten sie benötigt, um ein aussagekräftiges Ergebnis zu erzielen. ◄

Beispiel 1.2

Happiness-Score

Im *World Happiness Report* der Vereinten Nationen (UN) wird jährlich ein Glücksindex bzw. ein *Happiness-Score* zur Lebenszufriedenheit der Bevölkerung aus verschiedenen Ländern bestimmt. Wir wollen die Abhängigkeit des Happiness-Scores aus dem Jahr 2019 vom jeweiligen Pro-Kopf-Bruttoinlandsprodukt untersuchen und betrachten hierzu das *lineare Modell*

$$Y_i = aX_i + b + \varepsilon_i, \quad i = 1, \dots, 156, \tag{1.1}$$

wobei die zufälligen Störgrößen ε_i Unsicherheiten bei den Bevölkerungsumfragen sowie länderspezifische ökonomische/geographische/soziale Einflüsse etc. modellieren. Analog können wir versuchen, die Lebenserwartung bei guter Gesundheit durch das Bruttoinlandsprodukt zu erklären, siehe Abb. 1.1. Plausible Annahmen an das Modell sind:

1. (ε_i) sind unabhängig (näherungsweise),
2. (ε_i) sind identisch verteilt,
3. $\mathbb{E}[\varepsilon_i] = 0$ (kein systematischer Fehler),
4. ε_i normalverteilt (wegen des zentralen Grenzwertsatzes).

Naheliegende *Ziele* bzw. *Fragestellungen* sind:

1. Für welche Parameter a, b beschreibt das Modell (1.1) die gegebenen Daten am besten? Ein mögliches Schätzverfahren ist der *Kleinste-Quadrate-Schätzer*

$$(\hat{a}, \hat{b}) := \arg \min_{a,b} \sum_{i=1}^{n} (Y_i - aX_i - b)^2$$

(wir minimieren die Summe der quadrierten Residuen), den wir in Kap. 2 kennenlernen werden. Mit $\hat{a}$ und $\hat{b}$ erhalten wir die *Regressionsgrade*

$$y = \hat{a}x + \hat{b}.$$

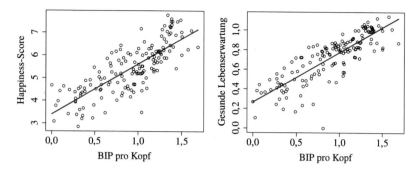

Abb. 1.1 Happiness-Score *(links)* und Lebenserwartung bei guter Gesundheit *(rechts)* in Abhängigkeit von Bruttoinlandsprodukt pro Kopf aus 156 Ländern auf Grundlage des World Happiness Reports von 2019. Die resultierenden Regressionsgeraden aus Beispiel 1.2 sind violett eingezeichnet.

2. Sind die Modellannahmen erfüllt? Hierzu können Histogramme, Boxplots und Quantil-Quantil-Diagramme (QQ-Plots) der Residuen $Y_i - \hat{a}X_i - \hat{b}$ verwendet werden.

3. Wenn wir die Verteilung von $\hat{a}$ kennen (Verteilungsannahme an ε nötig!), können wir Intervalle der Form $I = [\hat{a} - c, \hat{a} + c]$ für $c > 0$ konstruieren, sodass der tatsächliche Parameter a mit vorgegebener Wahrscheinlichkeit in I liegt.

4. Wie kann man *testen,* ob das Bruttoinlandsprodukt tatsächlich einen Effekt auf die Lebenszufriedenheit hat, das heißt gilt die Hypothese $H_0 : a = 0$ oder kann sie verworfen werden? Ein mögliches Verfahren ist, die Hypothese zu verwerfen, falls $|\hat{a}| > c$ für einen kritischen Wert $c > 0$. Um einen sinnvollen Wert zu bestimmen, benötigen wir wieder Verteilungsannahmen an die Fehler (ε_i).

◄

Im Laufe der folgenden Kapitel werden solche und ähnliche Fragen beantwortet, doch vorher müssen wir statistische Modelle formal einführen.

Definition 1.3 Sei $\mathcal{X}$ die Menge aller möglichen Beobachtungen, der sogenannte **Stichprobenraum.** Ein messbarer Raum $(\mathcal{X}, \mathcal{F})$, versehen mit einer Familie $(\mathbb{P}_\vartheta)_{\vartheta \in \Theta}$ von Wahrscheinlichkeitsmaßen mit einer beliebigen Parametermenge $\Theta \neq \emptyset$, heißt **statistisches Experiment** oder **statistisches Modell.**

Durch die Wahl der Familie von Wahrscheinlichkeitsmaßen im statistischen Modell wird zielgerichtet eine Veränderlichkeit oder Unsicherheit des Modells formalisiert. Je nachdem, welche statistische Aufgabe gegeben ist, wählt man statistische Methoden, die wiederum Rückschlüsse auf das Modell erlauben. Zuletzt werden die im Experiment gewonnenen Daten in die Methoden eingesetzt, sodass man Informationen über den zugrunde liegenden Parameter ϑ gewinnt, unter dem die Daten generiert wurden.

Definition 1.4 Es sei $(\Omega, \mathcal{A}, (\mathbb{P}_\vartheta)_{\vartheta \in \Theta})$ ein statistisches Modell und $(\mathcal{X}, \mathcal{F})$ ein messbarer Raum. Jede $(\mathcal{A}, \mathcal{F})$-messbare Abbildung $X : \Omega \to \mathcal{X}$ heißt **Beobachtung** oder **Statistik** mit Werten in $(\mathcal{X}, \mathcal{F})$ und induziert das statistische Modell $(\mathcal{X}, \mathcal{F}, (\mathbb{P}_\vartheta^X)_{\vartheta \in \Theta})$. Sind die Beobachtungen $X_1, ..., X_n, n \in \mathbb{N}$, für jedes $\vartheta \in \Theta$ unabhängig und identisch verteilt (kurz i. i. d. für *independent and identically distributed*), so nennt man $X_1, ..., X_n$ eine **mathematische Stichprobe**.

In der Statistik konzentrieren wir uns auf die Beobachtungen und ihre Verteilung. Entsprechend der vorangegangen Definition betrachten wir also das statistische Experiment $(\mathcal{X}, \mathcal{F}, (\mathbb{P}_\vartheta^X)_{\vartheta \in \Theta})$, in dem die Werte von $X : \Omega \to \mathcal{X}$ liegen. Das statistische Modell $(\Omega, \mathcal{A}, \mathbb{P}_{\vartheta \in \Theta})$, in dem die Urbilder von X liegen, bleibt häufig unspezifiziert. Dies ist vollkommen analog zur Rolle der Zufallsvariablen in der Wahrscheinlichkeitstheorie. Der Einfachheit halber schreiben wir $X \sim \mathbb{P}_\vartheta$ und nicht $X \sim \mathbb{P}_\vartheta^X$.

Bemerkung 1.5 Für $n \in \mathbb{N}$ sei $X_1, \ldots, X_n$ eine mathematische Stichprobe mit Werten in $\mathcal{X}$ und Randverteilung $X_1 \sim \mathbb{P}_\vartheta$ mit Parameter $\vartheta \in \Theta$. Dann ist der Stichprobenvektor $(X_1, \ldots, X_n)$ gemäß dem Produktmaß $\mathbb{P}_\vartheta^{\otimes n} = \bigotimes_{i=1}^n \mathbb{P}_\vartheta$ auf $(\mathcal{X}^n, \mathcal{F}^{\otimes n})$ verteilt, siehe Definition A.20.

Beispiel 1.6

Statistisches Modell, mathematische Stichprobe

Kommen wir auf Beispiel 1.1 zurück. Die Studentin Saskia bekommt n Antworten auf ihre Umfrage zur Studienzufriedenheit unter $N = 20.000$ Studentinnen und Studenten. Da wir davon ausgehen, dass eine bereits befragte Person nicht noch einmal an der Umfrage teilnimmt, bietet sich die hypergeometrische Verteilung $\text{Hyp}(N, M, n)$ zur Modellierung an, wobei die Anzahl M der zufriedenen Studierenden der unbekannte Parameter ist. Falls deutlich weniger als N Antworten eingehen, können wir die hypergeometrische Verteilung durch die Binomialverteilung beziehungsweise mittels eines Vektors von Bernoulli-verteilten Zufallsvariablen approximieren (siehe Bemerkung A.48).

Folglich kann Saskia die eingegangenen Antworten $X_1, \ldots, X_n$ als unabhängige Bernoulli-verteilte Zufallsvariablen modellieren, wobei 0 für „unzufrieden" und 1 für „zufrieden" steht. Der Erfolgs- bzw. Zufriedenheitsparameter $\vartheta = M/N \in [0,1]$ ist gerade der Anteil der zufriedenen Studentinnen und Studenten. Wir erhalten das statistische Modell $(\mathcal{X}, \mathcal{F}, (\mathbb{P}_\vartheta)_{\vartheta \in \Theta})$ mit

$$\mathcal{X} = \{0,1\}^n, \quad \mathcal{F} = \mathcal{P}(\mathcal{X}), \quad \mathbb{P}_\vartheta = \text{Ber}(\vartheta)^{\otimes n} \quad \text{und} \quad \Theta = [0,1].$$

◄

Wie bereits dieses einfache Beispiel zeigt, bilden Modelle nicht die gesamte Wirklichkeit ab, sondern dienen immer auch der Vereinfachung. Folgendes Zitat sollte man sich daher immer vor Augen halten: *„Alle Modelle sind falsch, doch manche sind nützlich."* (George Box).

Viele statistische Fragestellungen kann man einem der drei Grundprobleme *Parameterschätzung, Hypothesentests* und *Konfidenzmengen* zuordnen. Diese werden im Folgenden eingeführt und später weiter vertieft. Weitere wichtige statistische Aufgaben wie Vorhersage oder Klassifikation werden sich durch leichte Modifikationen ergeben.

1.2 Parameterschätzung

Unser erstes Ziel ist, aufgrund von Beobachtungen den unbekannten Parameter $\vartheta \in \Theta$ zu schätzen. Wir sagen „schätzen" und nicht „bestimmen", weil wir in den meisten Fällen mit Wahrscheinlichkeiten, Fehlern und unvollständigen Stichproben konfrontiert sind, wie in Beispiel 1.6 mit Saskia, in dem nur eine zufällige Teilmenge von $n \leqslant 20.000$ Menschen Saskias Umfrage beantwortet. Wir können also nicht erwarten, den „wahren" zugrunde liegenden Parameter, sollte es ihn überhaupt geben, zu finden. Stattdessen soll auf Grundlage der Daten ein Parameterwert gefunden werden, mit dem das resultierende Modell die Daten möglichst gut beschreibt.

1.2.1 Konstruktionsprinzipien

Ein Schätzer ist eine Funktion, manchmal auch *Schätzfunktion* genannt, die jeder realisierten Beobachtung $x \in \mathcal{X}$ einen Parameter $\vartheta \in \Theta$ zuordnet. Wenn wir auch die Schätzung von *abgeleiteten Parametern* $\rho(\vartheta)$ zulassen, wobei $\rho : \Theta \to \mathbb{R}^p$, führt dies auf folgende Defintion:

Definition 1.7 Sei $(\mathcal{X}, \mathcal{F}, (\mathbb{P}_\vartheta)_{\vartheta \in \Theta})$ ein statistisches Modell und $\rho : \Theta \to \mathbb{R}^p$ ein (abgeleiteter) p-dimensionaler Parameter für $p \in \mathbb{N}$. Ein **Schätzer** ist eine messbare Abbildung $\hat{\rho} : \mathcal{X} \to \mathbb{R}^p$. Gilt $\mathbb{E}_\vartheta[\hat{\rho}] = \rho(\vartheta)$ für alle $\vartheta \in \Theta$, so heißt $\hat{\rho}$ **unverzerrt** oder **erwartungstreu** (englisch: *unbiased*).

Da für $\Theta \subset \mathbb{R}^p$ obige Definition die Identität $\rho(\vartheta) = \vartheta$ einschließt, ist die Betrachtung von abgeleiteten Parametern etwas allgemeiner als nur die Untersuchung von Schätzern des gesamten Parameters.

Beispiel 1.8

Schätzer, abgeleiteter Parameter – a
Wir setzen Saskias Beispiel 1.6 fort und betrachten die mathematische Stichprobe $X_1, ..., X_n \sim \text{Ber}(\vartheta)$ mit Parameter $\vartheta \in [0,1]$. Da der Parameterraum nur eindimensional ist, betrachten wir die Identität $\rho(\vartheta) = \vartheta$. Als Schätzer wählen wir den Anteil der

zufriedenen Studierenden unter allen Antworten, das heißt

$$\hat{\rho}_n := \frac{1}{n} \sum_{i=1}^{n} X_i. \qquad (1.2)$$

Würden wirklich alle 20.000 Studentinnen und Studenten an der Umfrage teilnehmen, würde $\hat{\rho}_n$ exakt den Anteil der zufriedenen Studierenden ergeben. Unter unserer Modellannahme ist $\hat{\rho}_n$ aber auch sonst sinnvoll: Es gilt

$$\mathbb{E}_\vartheta[\hat{\rho}_n] = \frac{1}{n} \sum_{i=1}^{n} \mathbb{E}_\vartheta[X_i] = \vartheta \quad \text{und} \quad \mathrm{Var}_\vartheta(\hat{\rho}_n) = \frac{1}{n^2} \sum_{i=1}^{n} \mathrm{Var}_\vartheta(X_i) = \frac{\vartheta(1-\vartheta)}{n}.$$

Das heißt, der Schätzer $\hat{\rho}_n$ ist erwartungstreu, und für größer werdenden Stichprobenumfang n sinkt seine Varianz. $\hat{\rho}_n$ konzentriert sich also für wachsendes n um das wahre ϑ. Beide Eigenschaften sind wünschenswert. Wir werden später Beispiele sehen, bei denen wir jedoch eine Abweichung des Erwartungswerts $\mathbb{E}[\hat{\rho}_n]$ vom wahren Parameter, man spricht dann von einem *Bias,* in Kauf nehmen, um die Varianz zusätzlich zu reduzieren. ◄

Beispiel 1.9

Schätzer, abgeleiteter Parameter – b
Es sei $X_1, ..., X_n$ eine normalverteilte mathematische Stichprobe, das heißt $X_1 \sim$ $N(\mu, \sigma^2)$. Der unbekannte Parameter ist

$$\vartheta = (\mu, \sigma^2) \in \mathbb{R} \times (0, \infty) =: \Theta.$$

Interessieren wir uns nur für den Erwartungswert μ, dann müssen wir von dem zweidimensionalen Parameter ϑ nur noch die erste Komponente schätzen. Hier kommt nun die den Parameter ableitende Funktion ρ ins Spiel, die ϑ auf das reduziert, was uns interessiert. Wir definieren also $\rho : \Theta \to \mathbb{R}, (\mu, \sigma^2) \mapsto \mu$. Als Schätzer für $\rho(\vartheta)$ verwenden wir wieder das arithmetische Mittel $\overline{X}_n$, auch *Stichprobenmittel* genannt,

$$\hat{\rho}_n := \overline{X}_n := \frac{1}{n} \sum_{i=1}^{n} X_i,$$

das hier ebenfalls erwartungstreu ist (dies zu zeigen sei den Leserinnen und Lesern überlassen). ◄

Um die Güte eines Schätzers zu bestimmen, werden *Verlustfunktionen* und deren zugehöriges *Risiko* verwendet. Diese messen den (erwarteten) Abstand zwischen geschätztem und wahrem Parameter.

Definition 1.10 Eine Funktion $\ell : \Theta \times \mathbb{R}^p \to \mathbb{R}_+$ heißt **Verlustfunktion**, falls $\ell(\vartheta, \cdot)$ für jedes $\vartheta \in \Theta$ messbar ist. Der erwartete Verlust $R(\vartheta, \hat{\rho}) := \mathbb{E}_\vartheta[\ell(\vartheta, \hat{\rho})]$ eines Schätzers $\hat{\rho}$ heißt **Risiko**. Typische Verlustfunktionen sind

1. der **0-1-Verlust** $\ell(\vartheta, r) = \mathbb{1}_{\{r \neq \rho(\vartheta)\}}$,
2. der **absolute Verlust** $\ell(\vartheta, r) = |r - \rho(\vartheta)|$ (euklidischer Abstand im $\mathbb{R}^p$) sowie
3. der **quadratische Verlust** $\ell(\vartheta, r) = |r - \rho(\vartheta)|^2$.

Das Risiko bezüglich des quadratischen Verlusts nennt man auch *quadratisches Risiko* bzw. *mittleren quadratischen Fehler* (englisch: *mean squared error,* kurz: MSE). Dieser lässt sich in Bias und Varianz zerlegen. Wir erinnern hierfür daran, dass der Erwartungswert eines Zufallsvektors $X = (X_1, \ldots, X_d)^\top \in \mathbb{R}^d$ koeffizientenweise gebildet wird, das heißt $\mathbb{E}[X] := (\mathbb{E}[X_1], \ldots, \mathbb{E}[X_d])^\top$, und die Varianz durch

$$\mathrm{Var}(X) := \mathbb{E}\big[|X - \mathbb{E}[X]|^2\big] = \sum_{i=1}^{d} \mathbb{E}\big[(X_i - \mathbb{E}[X_i])^2\big] = \sum_{i=1}^{d} \mathrm{Var}(X_i)$$

definiert wird.

Lemma 1.11 (Bias-Varianz-Zerlegung) *Sei $(\mathcal{X}, \mathcal{F}, (\mathbb{P}_\vartheta)_{\vartheta \in \Theta})$ ein statistisches Modell und $\hat{\rho} : \mathcal{X} \to \mathbb{R}^p$ ein Schätzer des Parameters $\rho(\vartheta)$ mit $\mathbb{E}_\vartheta[|\hat{\rho}|^2] < \infty$ für alle $\vartheta \in \Theta$. Dann gilt für das quadratische Risiko*

$$\mathbb{E}_\vartheta\big[|\hat{\rho} - \rho(\vartheta)|^2\big] = \mathrm{Var}_\vartheta(\hat{\rho}) + |\mathbb{E}_\vartheta[\hat{\rho}] - \rho(\vartheta)|^2 \quad \textit{für alle } \vartheta \in \Theta.$$

*Die mittlere Abweichung des Schätzers vom wahren Wert $\mathbb{E}_\vartheta[\hat{\rho}] - \rho(\vartheta)$ wird **Bias** genannt.*

Beweis Für Vektoren $a, b \in \mathbb{R}^p$ gilt $|a + b|^2 = (a + b)^\top (a + b) = |a|^2 + 2a^\top b + |b|^2$. Aus der Linearität des Erwartungswerts folgt für alle $\vartheta \in \Theta$:

$$\begin{aligned}
\mathbb{E}_\vartheta\big[|\hat{\rho} - \rho(\vartheta)|^2\big] =& \mathbb{E}_\vartheta\big[|\hat{\rho} - \mathbb{E}_\vartheta[\hat{\rho}] + \mathbb{E}_\vartheta[\hat{\rho}] - \rho(\vartheta)|^2\big] \\
=& \mathbb{E}_\vartheta[|\hat{\rho} - \mathbb{E}_\vartheta[\hat{\rho}]|^2] + 2\mathbb{E}_\vartheta\big[(\hat{\rho} - \mathbb{E}_\vartheta[\hat{\rho}])^\top (\mathbb{E}_\vartheta[\hat{\rho}] - \rho(\vartheta))\big] \\
&+ |\mathbb{E}_\vartheta[\hat{\rho}] - \rho(\vartheta)|^2 \\
=& \mathrm{Var}_\vartheta(\hat{\rho}) + 2\big(\mathbb{E}_\vartheta[\hat{\rho}] - \mathbb{E}_\vartheta[\hat{\rho}]\big)^\top \big(\mathbb{E}_\vartheta[\hat{\rho} - \rho(\vartheta)])\big]\big) \\
&+ |\mathbb{E}_\vartheta[\hat{\rho}] - \rho(\vartheta)|^2 \\
=& \mathrm{Var}_\vartheta(\hat{\rho}) + |\mathbb{E}_\vartheta[\hat{\rho}] - \rho(\vartheta)|^2
\end{aligned}$$

Damit ist die Behauptung gezeigt. $\square$

Beispiel 1.12

Quadratisches Risikov

Im Saskia-Beispiel 1.8 betrachten wir nun den Schätzer $\tilde{\rho}_n := (\sum_{i=1}^{n} X_i + 1)/(n+2)$.
Dieser hat den Bias

$$\mathbb{E}_\vartheta[\tilde{\rho}_n] - \vartheta = \frac{1-2\vartheta}{n+2}$$

und die Varianz

$$\mathrm{Var}_\vartheta(\tilde{\rho}_n) = \frac{n\vartheta(1-\vartheta)}{(n+2)^2}.$$

Damit gilt $\mathbb{E}_\vartheta[\tilde{\rho}_n] = \rho(\vartheta)$ ausschließlich für $\vartheta = 1/2$, sodass $\tilde{\rho}_n$ kein unverzerrter
Schätzer ist. Er besitzt aber einen kleineren quadratischen Fehler als $\hat{\rho}_n$, wenn $|\vartheta - 1/2| \leqslant 1/\sqrt{8}$. ◀

Obwohl wir nur wenig Asymptotik behandeln, also das Verhalten der Schätzer bei Stichprobenumfängen $n \to \infty$, seien noch zwei weitere wichtige Grundbegriffe erwähnt, die
ebenfalls als Gütekriterien eines Schätzers dienen.

Definition 1.13 Für jedes $n \in \mathbb{N}$ sei $X_1, ..., X_n \overset{\text{i.i.d.}}{\sim} \mathbb{P}_\vartheta$ eine mathematische Stichprobe.
Dann heißt eine Folge von Schätzern $\hat{\rho}_n = \hat{\rho}_n(X_1, \ldots, X_n)$ des abgeleiteten Parameters
$\rho(\vartheta)$ **konsistent,** falls für alle $\vartheta \in \Theta$

$$\hat{\rho}_n \overset{\mathbb{P}_\vartheta}{\longrightarrow} \rho(\vartheta) \quad \text{für} \quad n \to \infty$$

gilt. Falls $\mathbb{E}_\vartheta[|\hat{\rho}_n|^2] < \infty$ für alle $\vartheta \in \Theta$ und unter jedem $\mathbb{P}_\vartheta$

$$r_n^{-1}(\hat{\rho}_n - \rho(\vartheta)) \overset{d}{\longrightarrow} \mathrm{N}(\mu_\vartheta, \sigma_\vartheta^2) \quad \text{für} \quad n \to \infty$$

gilt, nennen wir $\hat{\rho}_n$ **asymptotisch normalverteilt** mit Konvergenzrate $r_n \to \infty$, asympto-
tischem Bias $\mu_\vartheta \in \mathbb{R}$ und asymptotischer Varianz σ_ϑ^2.

Warum ist es sinnvoll, einen Schätzer (genauer eine Folge von Schätzern) in diesem Fall
„konsistent" zu nennen? „Konsistent" bedeutet in der Philosophie, genauer in der Logik,
„zusammenhängend in der Gedankenführung" und tatsächlich stellt obige Definition einen
(asymptotischen) Zusammenhang zwischen dem Schätzer $\hat{\rho}_n$ und dem zu schätzenden Parameter $\rho(\vartheta)$ her.

Ein stärkeres Kriterium beschreibt die asymptotische Verteilung eines Schätzers. Aufgrund des zentralen Grenzwertsatzes sind viele Schätzer asymptotisch normalverteilt, so
auch in Beispiel 1.18. Daher kommt der Untersuchung von statistischen Modellen unter
Normalverteilungsannahme eine besondere Bedeutung zu.

Bisher haben wir unsere Beispielschätzer eher intuitiv gefunden. Stattdessen wollen
wir nun zwei wichtige Konstruktionsprinzipien einführen, die *Momentenmethode* und die

Maximum-Likelihood-Schätzung, die in einem sehr allgemeinen Rahmen eingesetzt werden können. Beide Ansätze liefern häufig gute Schätzmethoden.

Wir beginnen mit der *Momentenmethode*. Wie der Name suggeriert, wollen wir die Momente von Zufallsvariablen verwenden, um den unbekannten Parameter zu schätzen. Betrachten wir ein statistisches Modell $(\mathcal{X}, \mathcal{F}, (\mathbb{P}_\vartheta)_{\vartheta \in \Theta})$ mit $\Theta \subseteq \mathbb{R}^p$, so hängen die Momente $m_k(\vartheta) := \mathbb{E}_\vartheta[X^k]$ einer Beobachtung $X \sim \mathbb{P}_\vartheta$ im Allgemeinen vom Parameter ϑ ab. Die Idee ist nun, die p Komponenten von ϑ zu rekonstruieren, indem man ein Gleichungssystem mit p Gleichungen basierend auf den (ersten) p Momenten $m_k(\vartheta)$ löst. Für den Fall, dass dieses Gleichungssystem eine eindeutige Lösung besitzt, muss man nur noch die Momente schätzen. Haben wir n i. i. d. Beobachtungen $X_1, \ldots, X_n \sim \mathbb{P}_\vartheta$ zur Verfügung, konvergiert nach dem Gesetz der großen Zahlen das k-te *Stichprobenmoment* $\hat{m}_k := \frac{1}{n}\sum_{j=1}^n X_j^k$ für $n \to \infty$ gegen $m_k(\vartheta)$.

Methode 1.14 (Momentenmethode, Momentenschätzer) Sei $\vartheta \in \mathbb{R}^p$ der unbekannte Parameter einer mathematischen Stichprobe $X_1, \ldots, X_n$ reeller Zufallsvariablen mit $\mathbb{E}_\vartheta[|X_1|^p] < \infty$. Für $k \in \{1, \ldots, p\}$ bezeichne

$$m_k := m_k(\vartheta) := \mathbb{E}_\vartheta[X_1^k] \quad \text{bzw.} \quad \hat{m}_k := \frac{1}{n}\sum_{j=1}^n X_j^k$$

das k-te Moment von X_1 bzw. das k-te Stichprobenmoment. Der **Momentenschätzer** $\hat{\vartheta}$ von ϑ ist definiert als die Lösung der p Gleichungen

$$m_1(\hat{\vartheta}) = \hat{m}_1, \quad m_2(\hat{\vartheta}) = \hat{m}_2, \quad \ldots, m_p(\hat{\vartheta}) = \hat{m}_p. \tag{1.3}$$

In vielen Fällen ist das Gleichungssystem mit p Gleichungen eindeutig lösbar, aber es gibt Beispiele, in denen keine eindeutig bestimmte Lösung existiert. In diesen Fällen hilft gegebenenfalls das Hinzuziehen der nächsthöheren Momente. Ganz allgemein stellt sich die Frage, wann die Folge der Momente $(m_k)_{k \geqslant 1}$, falls sie existiert, die Verteilung $\mathbb{P}_\vartheta$ eindeutig bestimmt. Eine mögliche Antwort auf dieses sogenannte *Momentenproblem* liefert der Satz A.30. über die Monome X^k hinausgehend, kann man die Momentenmethode auch auf Erwartungswerte allgemeinerer Funktionale $f(X)$ verallgemeinern.

Beispiel 1.15

Momentenschätzer

Sei $X_1, \ldots, X_n \overset{i.i.d.}{\sim} \mathrm{N}(\mu, \sigma^2)$. Dann ist $m_1 = \mathbb{E}_{\mu,\sigma^2}[X_1] = \mu$ und $m_2 = \mathbb{E}_{\mu,\sigma^2}[X_1^2] = \mathrm{Var}_{\mu,\sigma^2}(X_1) + \mathbb{E}_{\mu,\sigma^2}[X_1]^2 = \sigma^2 + \mu^2$. Wir erhalten das Gleichungssystem

$$\hat{\mu} = \frac{1}{n}\sum_{j=1}^n X_j \quad \text{und} \quad \hat{\sigma}^2 + \hat{\mu}^2 = \frac{1}{n}\sum_{j=1}^n X_j^2.$$

Mithilfe des Stichprobenmittels $\overline{X}_n = \frac{1}{n} \sum_{j=1}^{n} X_j$ erhalten wir die Lösung

$$\hat{\mu} = \overline{X}_n, \quad \hat{\sigma}^2 = \frac{1}{n} \sum_{j=1}^{n} X_j^2 - \left(\frac{1}{n} \sum_{j=1}^{n} X_j \right)^2 = \frac{1}{n} \sum_{j=1}^{n} (X_j - \overline{X}_n)^2.$$

◄

▶ **Kurzbiografie (Karl und Egon Pearson)** Karl Pearson wurde 1857 in London geboren. Er studierte in Cambridge, Heidelberg und Berlin Mathematik, Physik, Deutsche Literatur, Biologie, Philosophie, Jura und Geschichte. Den Großteil seiner Laufbahn verbrachte er am Londoner University College. Unter seinen Arbeiten in zahlreichen wissenschaftlichen Disziplinen sind die „Mathematical Contributions to the Theory of Evolution" sein wertvollster Beitrag zur Statistik. Unter anderem entwickelte er darin die *Momentenmethode,* den Korrelationskoeffizienten (nach einer ähnlichen Idee von Francis Galton) und den χ^2-Test der statistischen Signifikanz. Karl Pearson starb 1936 in Coldharbour, Surrey.

Auch Karl Pearsons Sohn Egon Sharpe Pearson (geboren 1895 in Hampstead, gestorben 1980 in Sussex) wurde einer der führenden britischen Statistiker. Egon Pearson folgte seinem Vater an das University College London, und als Karl Pearson in den Ruhestand ging, wurde sein Lehrstuhl auf seinen Sohn Egon sowie Ronald Aylmer Fisher aufgeteilt. Egon Pearson ist insbesondere für das Neyman-Pearson-Lemma bekannt.

Für die zweite Konstruktionsmethode von Schätzern benötigen wir etwas mehr Struktur, die wir auch im weiteren Verlauf immer wieder aufgreifen. Wir fordern Absolutstetigkeit der Wahrscheinlichkeitsmaße (siehe Definition A.32), sodass uns der Satz von Radon-Nikodym (siehe Satz A.33) Dichten liefert.

Definition 1.16 Ein statistisches Modell $(\mathcal{X}, \mathcal{F}, (\mathbb{P}_\vartheta)_{\vartheta \in \Theta})$ heißt **dominiert,** falls es ein σ-endliches Maß μ gibt, sodass $\mathbb{P}_\vartheta$ absolutstetig bezüglich μ ist für alle $\vartheta \in \Theta$. Für jedes $\vartheta \in \Theta$ bezeichnen wir die Radon-Nikodym-Dichte von $\mathbb{P}_\vartheta$ bezüglich μ mit

$$L(\vartheta, x) := \frac{d\mathbb{P}_\vartheta}{d\mu}(x), \quad \vartheta \in \Theta, x \in \mathcal{X},$$

und nennen sie **Likelihood-Funktion** oder kurz **Likelihood.**

Da wir aufgrund von gegebenen Daten X den zugrunde liegenden Parameter ϑ schätzen wollen, wird in der Statistik die Likelihood-Funktion als durch x parametrisierte Funktion in ϑ aufgefasst. Somit ist $\vartheta \mapsto L(\vartheta) = L(\vartheta, X)$ eine zufällige Funktion, der sogenannte Likelihood-Prozess.

Beispiel 1.17

Likelihood-Funktionen

1. Betrachte das statistische Modell $(\mathbb{R}, \mathcal{B}(\mathbb{R}), (N(\mu, \sigma^2))_{(\mu,\sigma^2)\in\mathbb{R}\times(0,\infty)})$. Als dominierendes Maß kann das Lebesgue-Maß gewählt werden, sodass die Likelihood-Funktion durch die Lebesgue-Dichte der Normalverteilung gegeben ist: $L((\mu, \sigma^2), x) = (2\pi\sigma^2)^{-1/2}e^{(-(x-\mu)^2/(2\sigma^2))}$, $x \in \mathbb{R}$.

2. Jedes statistische Modell auf dem Stichprobenraum $(\mathbb{N}, \mathcal{P}(\mathbb{N}))$ oder allgemeiner auf einem abzählbaren Raum $(\mathcal{X}, \mathcal{P}(\mathcal{X}))$ ist vom Zählmaß dominiert. Damit ist die Likelihood-Funktion durch die Zähldichte gegeben.

3. Ist $\Theta = \{\vartheta_1, \vartheta_2, ...\}$ abzählbar, so ist $\mu = \sum_i c_i \mathbb{P}_{\vartheta_i}$ mit $c_i > 0$ und $\sum_i c_i = 1$ ein dominierendes Maß.

◀

Methode 1.18 (Maximum-Likelihood-Schätzer) Für ein dominiertes statistisches Modell $(\mathcal{X}, \mathcal{F}, (\mathbb{P}_\vartheta)_{\vartheta\in\Theta})$ mit Likelihood-Funktion $L(\vartheta, x)$ heißt eine Statistik $\hat{\vartheta} : \mathcal{X} \to \Theta$ (Θ trage eine σ-Algebra) **Maximum-Likelihood-Schätzer** (englisch: *maximum likelihood estimator*, kurz: MLE), falls gilt:

$$L(\hat{\vartheta}(x), x) = \sup_{\vartheta\in\Theta} L(\vartheta, x) \quad \text{für } \mu\text{-f. a. } x \in \mathcal{X} \text{ und alle } \vartheta \in \Theta$$

Die Grundidee der Maximum-Likelihood-Schätzung ist im Fall diskreter Beobachtungen intuitiv: Wir wählen denjenigen Parameter $\hat{\vartheta}(x)$ aus, unter dem die Beobachtung $X = x$ die größte Wahrscheinlichkeit besitzt. Im allgemeinen Fall, zum Beispiel bei einer Likelihood-Funktion bezüglich des Lebesgue-Maßes, führt das Maximum-Likelihood-Prinzip sehr häufig, aber durchaus nicht immer, zu vernünftigen Schätzern.

▶ **Kurzbiografie (Ronald Aylmer Fisher)** Sir Ronald Aylmer Fisher wurde 1890 in London geboren. Von 1909 bis 1912 studierte er in Cambridge. Fisher lehrte zunächst an verschiedenen öffentlichen Schulen, bevor er anfing an der Rothamsted Experimental Station zu arbeiten, wo er in den Feldern Genetik, Evolution und Statistik forschte. Nach Pearsons Ausscheiden übernahm er seine Professur am University College London. 1943 besetzte er dann den Lehrstuhl für Genetik in Cambridge. Fisher prägte die theoretische Basis der Statistik und trug maßgeblich zu ihrem heutigen Wesen bei. Unter anderem führte er die Likelihood-Funktionen und den *Maximum-Likelihood-Schätzer*, die *analysis of variance* (ANOVA), das Konzept der Suffizienz, die nach ihm benannte Fisher-Information und vieles mehr ein. Ronald Aylmer Fisher starb 1962 in Adelaide, Australien.

Beispiel 1.19

Maximum-Likelihood-Schätzer – a

Betrachten wir wieder eine mathematische Stichprobe $X_1, \ldots, X_n$ normalverteilter Zufallsvariablen. Dann ist das statistische Modell $(\mathbb{R}^n, \mathcal{B}(\mathbb{R}^n), (\mathbb{P}_{\mu,\sigma^2}^{\otimes n})_{(\mu,\sigma^2) \in \mathbb{R} \times (0,\infty)})$ mit $\mathbb{P}_{\mu,\sigma^2} = \mathrm{N}(\mu, \sigma^2)$ vom Lebesgue-Maß auf $\mathbb{R}^n$ dominiert mit Likelihood-Funktion

$$L(\mu, \sigma^2; x) = (2\pi\sigma^2)^{-n/2} \prod_{j=1}^{n} \exp\left(-\frac{(x_j - \mu)^2}{2\sigma^2}\right), \quad x = (x_1, \ldots, x_n) \in \mathbb{R}^n.$$

Um den Maximum-Likelihood-Schätzer zu berechnen, nutzen wir, dass Extremstellen unter monotonen Transformationen erhalten bleiben. Die Anwendung des Logarithmus auf die Likelihood-Funktion ist eine solche monotone Transformation, die den Vorteil hat, dass aus dem Produkt eine Summe wird (schon Fisher verwendete diesen Trick). Diese sogenannte *Loglikelihood-Funktion* ist hier

$$l(\mu, \sigma^2; x) := \log L(\mu, \sigma^2; x) = -\frac{n}{2}(\log(2\pi) + \log\sigma^2) - \sum_{j=1}^{n} \frac{(x_j - \mu)^2}{2\sigma^2}.$$

An einer Maximalstelle von l verschwinden die ersten Ableitungen und wir erhalten

$$0 = \sigma^{-2} \sum_{j=1}^{n} (x_j - \mu), \quad \frac{n}{2\sigma^2} = \frac{1}{2\sigma^4} \sum_{j=1}^{n} (x_j - \mu)^2.$$

Umstellen der ersten Gleichung nach μ liefert $\hat{\mu} = \overline{X}_n$ und Einsetzen in die zweite Gleichung ergibt $\hat{\sigma}^2 = n^{-1} \sum_j (X_j - \overline{X}_n)^2$. Es ist leicht nachzuprüfen, dass $\hat{\mu}$ und $\hat{\sigma}^2$ tatsächlich das Maximierungsproblem lösen (und messbar sind). In diesem Fall stimmt der Maximum-Likelihood-Schätzer also mit dem Momentenschätzer aus Beispiel 1.15 überein. ◄

Beispiel 1.20

Maximum-Likelihood-Schätzer – b

Es sei $X_1, \ldots, X_n \sim \mathrm{Poiss}(\lambda)$ eine Poisson-verteilte mathematische Stichprobe mit Parameter $\lambda > 0$, das heißt $\mathbb{P}_\lambda(X_1 = k) = \lambda^k e^{-k}/k!$. Dann ist die gemeinsame Verteilung gegeben durch

$$\mathbb{P}_\lambda(X_1 = k_1, \ldots, X_n = k_n) = \frac{\lambda^{k_1 + \cdots + k_n} e^{-n\lambda}}{k_1! \cdots k_n!}, \quad k_1, \ldots, k_n \in \mathbb{N}_0,$$

und wird vom Zählmaß dominiert. Ableiten der Loglikelihood-Funktion nach λ und Nullsetzen führt auf den Maximum-Likelihood-Schätzer $\hat{\lambda} = \overline{X}_n$. Der zugehörige Nachweis einer hinreichenden Bedingung sei der Leserin überlassen. ◄

Beispiel 1.21

Maximum-Likelihood-Schätzer – c
Erinnern wir uns an das Saskia-Beispiel 1.6. Dort hatten wir die Stichprobe als Bernoulli-verteilt angenommen und das arithmetische Mittel der Stichprobe als Schätzer gewählt. Zu welchem Schätzer führt der Maximum-Likelihood-Ansatz mit logarithmischer Transformation? Tipp: Die Zähldichte $p_\vartheta(k)$ der Bernoulli-Verteilung lässt sich als

$$p_\vartheta(k) = \vartheta^k (1 - \vartheta)^{1-k}, \quad \text{wobei } k \in \{0,1\}, \ \vartheta \in [0,1],$$

schreiben. ◄

1.2.2 Minimax- und Bayes-Ansatz

Wir haben nun verschiedene Schätzmethoden, wie den Maximum-Likelihood-Schätzer oder die Momentenmethode kennengelernt. Natürlich gibt es weitere Konstruktionen und zahlreiche Variationen. Welche Konstruktionsmethode sollte anhand des gegebenen Schätzproblems ausgewählt werden?

Betrachten wir ein statistisches Modell $(\mathcal{X}, \mathcal{F}, (\mathbb{P}_\vartheta)_{\vartheta \in \Theta})$ mit abgeleitetem Parameter $\rho : \Theta \to \mathbb{R}^p$. Weiter sei eine Verlustfunktion ℓ gegeben. Als mögliches Vergleichskriterium hatten wir bereits die Risikofunktion $R(\vartheta, \hat{\rho}) = \mathbb{E}_\vartheta[\ell(\vartheta, \hat{\rho})]$ eines Schätzers $\hat{\rho}$ eingeführt. Man beachte jedoch folgendes Beispiel:

Beispiel 1.22

Risiken von Schätzern – a
Es sei $X \sim N(\mu, 1)$, $\mu \in \mathbb{R}$, und $\ell(\mu, \hat{\mu}) := (\hat{\mu} - \mu)^2$. Wir betrachten die beiden Schätzer $\hat{\mu}_1 := X$ und $\hat{\mu}_2 := 5$. Die Risiken sind dann gegeben durch

$$R(\mu, \hat{\mu}_1) = \mathbb{E}_\vartheta[(X - \mu)^2] = 1 \quad \text{und} \quad R(\mu, \hat{\mu}_2) = (5 - \mu)^2.$$

Damit hat $\hat{\mu}_1$ genau dann ein kleineres Risiko als $\hat{\mu}_2$, wenn $\mu \notin [4, 6]$. Welchen Schätzer sollen wir nun wählen in Anbetracht dessen, dass μ unbekannt ist? Ein möglicher Ansatz ist, die maximalen Risiken der Schätzer über alle $\mu \in \Theta$ zu bestimmen und dann den Schätzer zu wählen, der das kleinste maximale Risiko besitzt. Da $R(\mu, \hat{\mu}_1) = 1$ konstant in $\mu \in \mathbb{R}$ ist, während $\mu \mapsto R(\mu, \hat{\mu}_2)$ eine nach oben geöffnete Parabel beschreibt und damit beliebig groß werden kann, würden wir den Schätzer $\hat{\mu}_1$ verwenden. ◄

Definition 1.23 Im statistischen Modell $(\mathcal{X}, \mathcal{F}, (\mathbb{P}_\vartheta)_{\vartheta \in \Theta})$ mit abgeleitetem Parameter $\rho : \Theta \to \mathbb{R}^p$ und Verlustfunktion ℓ, heißt ein Schätzer $\hat{\rho}$ **minimax,** falls für das zugehörige Risiko R

$$\sup_{\vartheta \in \Theta} R(\vartheta, \hat{\rho}) = \inf_{\tilde{\rho}} \sup_{\vartheta \in \Theta} R(\vartheta, \tilde{\rho})$$

gilt, wobei sich das Infimum über alle Schätzer (das heißt messbaren Funktionen) $\tilde{\rho} : \mathcal{X} \to \mathbb{R}^p$ erstreckt.

Anstatt den maximal zu erwartenden Verlust zu minimieren, könnten wir die Risiken abhängig von ϑ gewichten und diese vergleichen. Der Schätzer mit dem geringsten gemittelten Risiko wird dann gewählt. Die nötige Struktur dafür gibt uns folgende Definition.

Definition 1.24 Der Parameterraum Θ trage eine σ-Algebra $\mathcal{F}_\Theta$, $\vartheta \mapsto \mathbb{P}_\vartheta(B)$ sei messbar für alle $B \in \mathcal{F}$, und die Verlustfunktion ℓ sei produktmessbar, das heißt

$$\ell : (\Theta \otimes \mathbb{R}^p, \mathcal{F}_\Theta \otimes \mathcal{B}(\mathbb{R}^p)) \to (\mathbb{R}_+, \mathcal{B}(\mathbb{R}_+)).$$

Als **a-priori-Verteilung** π des Parameters ϑ bezeichnen wir ein Wahrscheinlichkeitsmaß auf $(\Theta, \mathcal{F}_\Theta)$. Das zu π assoziierte **Bayes-Risiko** eines Schätzers $\hat{\rho}$ ist

$$R_\pi(\hat{\rho}) := \mathbb{E}_\pi[R(\vartheta, \hat{\rho})] = \int_\Theta \int_\mathcal{X} \ell(\vartheta, \hat{\rho}(x)) \mathbb{P}_\vartheta(\mathrm{d}x) \pi(\mathrm{d}\vartheta).$$

Der Schätzer $\hat{\rho}$ heißt **Bayes-Schätzer** oder **Bayes-optimal** (bezüglich π), falls

$$R_\pi(\hat{\rho}) = \inf_{\tilde{\rho}} R_\pi(\tilde{\rho}),$$

wobei sich das Infimum über alle Schätzer (das heißt messbaren Funktionen) $\tilde{\rho} : \mathcal{X} \to \mathbb{R}^p$ erstreckt.

A-priori-Verteilung oder englisch *prior distribution* ist insofern ein passender Name, als dass diese Verteilung gewählt wird, bevor die Daten beobachtet werden.

Bemerkung 1.25 (Bayes-Risiko) Das Bayes-Risiko kann auch als insgesamt zu erwartender Verlust in folgendem Sinne verstanden werden: Definiere $\Omega := \mathcal{X} \times \Theta$ und die gemeinsame Verteilung von Beobachtung und Parameter $\tilde{\mathbb{P}}$ auf $(\mathcal{X} \times \Theta, \mathcal{F} \otimes \mathcal{F}_\Theta)$ gemäß $\tilde{\mathbb{P}}(\mathrm{d}x, \mathrm{d}\vartheta) = \mathbb{P}_\vartheta(\mathrm{d}x)\pi(\mathrm{d}\vartheta)$. Bezeichnen X und T die Koordinatenprojektionen von Ω auf $\mathcal{X}$ bzw. Θ, dann gilt $R_\pi(\hat{\rho}) = \mathbb{E}_{\tilde{\mathbb{P}}}[\ell(T, \hat{\rho}(X))]$.

Beispiel 1.26

Risiken von Schätzern – b
Offensichtlich kann $\hat{\mu}_2$ aus Beispiel 1.22 kein Minimax-Schätzer sein. Tatsächlich werden wir später beweisen, dass $\hat{\mu}_1$ minimax ist. Unter der a-priori-Verteilung $\mu \sim \pi = U([4, 6])$ besitzt jedoch $\hat{\mu}_1$ ein kleineres Bayes-Risiko:

$$R_\pi(\hat{\mu}_2) = \mathbb{E}_\pi[(5 - \vartheta)^2] = \int_4^6 (5 - \vartheta)^2 \frac{1}{2} \mathrm{d}\vartheta = \frac{1}{3} < 1 = \mathbb{E}_\pi[1] = R_\pi(\hat{\mu}_1)$$

Die Ergebnisse zweier Methoden zur Beurteilung von Schätzern können sich also unter Umständen widersprechen. Dabei sei aber bemerkt, dass die a-priori-Verteilung $\mu \sim$ U([4, 6]) sehr künstlich erscheint und stark auf $\hat{\mu}_2$ zugeschnitten ist. ◄

Die a-priori-Verteilung π wird auch als subjektive Einschätzung der Verteilung des zugrunde liegenden Parameters interpretiert. Nachdem eine Beobachtung gemacht wurde, möchte man die Parameterverteilung mithilfe der zusätzlichen Information aktualisieren. Um diesen Vorgang formal zu beschreiben, erinnern wir uns an die bedingten Dichten aus Definition A.34 und die Bayes-Formel (Satz A.35).

Definition 1.27 Sei $(\mathcal{X}, \mathcal{F}, (\mathbb{P}_\vartheta)_{\vartheta \in \Theta})$ ein von μ dominiertes statistisches Modell mit Dichten $f^{X|T=\vartheta} := \frac{d\mathbb{P}_\vartheta}{d\mu}$. Sei π eine a-priori-Verteilung auf $(\Theta, \mathcal{F}_\Theta)$ mit Dichte f^T bezüglich eines Maßes ν. Ist $f^{X|T=\cdot} : \mathcal{X} \times \Theta \to \mathbb{R}_+$ $(\mathcal{F} \otimes \mathcal{F}_\Theta)$-messbar, dann ist die **a-posteriori-Verteilung** des Parameters, gegeben die Beobachtung $X = x$, definiert durch die ν-Dichte

$$f^{T|X=x}(\vartheta) = \frac{f^{X|T=\vartheta}(x) f^T(\vartheta)}{\int_\Theta f^{X|T=t}(x) f^T(t)\nu(dt)}, \quad \vartheta \in \Theta, \tag{1.4}$$

für $\tilde{\mathbb{P}}^X$-f. a. $x \in \mathcal{X}$ mit dem Wahrscheinlichkeitsmaß $\tilde{\mathbb{P}}^X$ aus Bemerkung 1.25. Das **a-posteriori-Risiko** eines Schätzers $\hat{\rho}$, gegeben $X = x$, ist definiert durch

$$R_\pi(\hat{\rho}|x) = \int_\Theta \ell(\vartheta, \hat{\rho}(x)) f^{T|X=x}(\vartheta)\nu(d\vartheta). \tag{1.5}$$

Der Name der a-posteriori-Verteilung oder englisch *posterior distribution* suggeriert bereits, dass diese Verteilung nach einer gemachten Beobachtung $x \in \mathcal{X}$ berechnet wird.

Bemerkung 1.28 (a-posteriori-Verteilung und -Risiko)

- Beachte, dass im Nenner von (1.4) die Randdichte $f^X = \int_\Theta f^{X|T=t}(\cdot) f^T(t)\nu(dt)$ bezüglich μ von X in $(\mathcal{X} \times \Theta, \mathcal{F} \otimes \mathcal{F}_\Theta, \tilde{\mathbb{P}})$ steht, sodass (1.4) für $\tilde{\mathbb{P}}^X$-f. a. $x \in \mathcal{X}$ wohldefiniert ist.
- Im diskreten Fall wird das Integral in (1.5) und im Nenner von (1.4) zu einer Summe, sodass wir genau die klassische Bayes-Formel erhalten.

Beispiel 1.29

a-posteriori-Verteilung und -Risiko
Sei $(\mathcal{X}, \mathcal{F}, (\mathbb{P}_\vartheta)_{\vartheta \in \Theta})$ ein von μ dominiertes statistisches Modell. Setze $\Theta = \{0,1\}$, $\mathcal{F}_\Theta := \mathcal{P}(\Theta)$, $\ell(\vartheta, r) = |\vartheta - r|$ (0-1-Verlust) und betrachte eine a-priori-Verteilung π mit $\pi(\{0\}) =: \pi_0$ und $\pi(\{1\}) =: \pi_1 = 1 - \pi_0$. Die Wahrscheinlichkeitsmaße $\mathbb{P}_0$ und $\mathbb{P}_1$ mögen Dichten p_0 und p_1 bezüglich eines Maßes μ besitzen (zum Beispiel $\mu = \mathbb{P}_0 + \mathbb{P}_1$).

Dann ist die a-posteriori-Verteilung auf Θ durch die Zähldichte

$$f^{T|X=x}(i) = \frac{\pi_i p_i(x)}{\pi_0 p_0(x) + \pi_1 p_1(x)}, \quad i = 0,1, \quad (\tilde{\mathbb{P}}^X\text{-f.ü.})$$

gegeben. Damit ist das a-posteriori-Risiko eines Schätzers $\hat{\vartheta}: \mathcal{X} \to \{0,1\}$ als Erwartungswert bezüglich der a-posteriori-Dichte gegeben durch

$$R_\pi(\hat{\vartheta}|x) = \frac{\hat{\vartheta}(x)\pi_0 p_0(x) + (1 - \hat{\vartheta}(x))\pi_1 p_1(x)}{\pi_0 p_0(x) + \pi_1 p_1(x)}.$$

Das a-posteriori-Risiko ist minimal für $\hat{\vartheta}_\pi(x) := \mathbb{1}(\pi_1 p_1(x) \geq \pi_0 p_0(x))$, was genau dem später zu besprechenden *Bayes-Klassifizierer* entspricht (siehe Kap. 5). ◀

▶ **Kurzbiografie (Thomas Bayes)** Thomas Bayes wurde um 1702 in London geboren. Er schrieb sich 1719 an der University of Edinburgh ein und studierte Logik und Theologie. Von etwa 1734 bis 1752 war er Pfarrer der presbyterianischen Kirche in Tunbridge Wells bei London. Erst in seinen späten Jahren vertiefte er sein Interesse an der Beschreibung von Wahrscheinlichkeiten und schrieb seine Ideen und Ergebnisse in Manuskripten nieder, die nach seinem Tod veröffentlicht wurden. Er war damit einer der ersten Statistiker, der sich mit Wahrscheinlichkeit befasste. Nicht nur der *Satz von Bayes* wurde nach ihm benannt, auch das große Gebiet der *Bayes-Statistik*. 1761 starb Thomas Bayes in Tunbridge Wells.

Satz 1.30 (Bayes-Risiko) *Es gelten die Bedingungen der vorangegangenen Definition. Für das Bayes-Risiko eines Schätzers $\hat{\rho}$ mit $R_\pi(\hat{\rho}) < \infty$ gilt dann*

$$R_\pi(\hat{\rho}) = \int_{\mathcal{X}} R_\pi(\hat{\rho}|x) f^X(x) \mu(\mathrm{d}x).$$

Minimiert $\hat{\rho}(x)$ für $\tilde{\mathbb{P}}^X$-fast alle x das a-posteriori-Risiko im Sinne von

$$R_\pi(\hat{\rho}|x) = \min_{r \in \mathbb{R}^p} \int_\Theta \ell(\vartheta, r) f^{T|X=x}(\vartheta) \nu(\mathrm{d}\vartheta),$$

dann ist $\hat{\rho}$ ein Bayes-Schätzer.

Beweis Umstellen von (1.4) ergibt $f^{T|X=x}(\vartheta) f^X(x) = f^{X|T=\vartheta}(x) f^T(\vartheta)$. Setzen wir dies für die Dichte von $\mathbb{P}_\vartheta(\mathrm{d}x)\pi(\mathrm{d}\vartheta)$ ein, ergibt sich

$$R_\pi(\hat\rho) = \int_\Theta \int_{\mathcal{X}} \ell(\vartheta, \hat\rho(x)) \mathbb{P}_\vartheta(\mathrm{d}x) \pi(\mathrm{d}\vartheta)$$

$$= \int_\Theta \int_{\mathcal{X}} \ell(\vartheta, \hat\rho(x)) f^{T|X=x}(\vartheta) f^X(x) \mu(\mathrm{d}x) \nu(\mathrm{d}\vartheta)$$

$$= \int_{\mathcal{X}} R_\pi(\hat\rho | x) f^X(x) \mu(\mathrm{d}x),$$

wobei wir im letzten Schritt den Satz von Fubini anwenden können, da die Integranden nichtnegativ sind. Minimiert $\hat\rho(x)$ punktweise den Integranden, so ist auch das Integral minimal. $\qquad\Box$

Dieser Satz liefert uns eine neue Methode zur Konstruktion von Schätzern. Hierzu erinnern wir uns daran, dass der *Median* einer Verteilung gerade durch das 0,5-Quantil gegeben ist. Das Wahrscheinlichkeitsmaß besitzt also genauso viel Masse unterhalb wie oberhalb des Medians. Der Median ist daher auch ein wichtiger Lageparameter, der im Gegensatz zum Mittelwert kein endliches Moment erfordert. Der *Modalwert* einer Verteilung ist durch die Maximalstelle der Dichte gegeben (was sowohl stetige Dichten als auch Zähldichten einschließt). Er existiert immer, ist aber nicht notwendigerweise eindeutig.

Korollar 1.31 *Unter quadratischem Verlust ist der Bayes-Schätzer gegeben durch den a-posteriori-Mittelwert*

$$\hat\rho(x) = \int_\Theta \rho(\vartheta) f^{T|X=x}(\vartheta) \nu(\mathrm{d}\vartheta).$$

Der Bayes-Schätzer bezüglich absolutem Verlust ist gegeben durch den Median der a-posteriori-Verteilung

$$\tilde\rho(x) = \inf\left\{ q \in \mathbb{R} : \int_{-\infty}^q f^{T|X=x}(\vartheta) \nu(\mathrm{d}\vartheta) \geq \frac{1}{2} \right\}.$$

Für den 0-1-Verlust ist der Bayes-Schätzer der Modalwert der a-posteriori-Verteilung, den man auch MAP nennt (Maximum a-posteriori).

Den Beweis dieses Korollars überlassen wir der Leserin als Übung. Für den wichtigen Fall, dass ρ die Identität ist, ergibt sich unter quadratischem Verlust der Bayes-Schätzer

$$\hat\vartheta(x) = \int_\Theta \vartheta f^{T|X=x}(\vartheta) \nu(\mathrm{d}\vartheta).$$

In einfachen Modellen ist der Parameterraum entweder endlich oder ein Intervall aus $\mathbb{R}$. In diesen Fällen ist ν normalerweise das Zählmaß bzw. das Lebesgue-Maß, sodass sich das vorangegangene Integral als Summe bzw. als Riemann-Integral schreiben lässt.

Methode 1.32 (Bayes-Schätzer) Durch die Wahl des 0-1-Verlusts, des absoluten oder des quadratischen Verlusts und einer a-priori-Verteilung im statistischen Modell erhalten wir nach Berechnung der a-posteriori-Verteilung und durch das vorangegangene Korollar einen expliziten Bayes-Schätzer.

Beispiel 1.33

Bayes-Schätzer

Stellen Sie sich vor, Sie gehen auf einen Jahrmarkt und sehen, wie sich eine aufgebrachte Menge um einen Mann versammelt. Viele Leute behaupten empört, der Mann hätte sie betrogen. Sie erinnern sich an die bisherige Lektüre dieses Buches und sagen bestimmt: „Lassen Sie mich durch! Ich bin Statistiker." Sofort werden Sie nach vorn gelassen zu dem angeblichen Betrüger. Er habe eine Münze, die so gezinkt sei, dass sie häufiger Zahl (0) zeige als Kopf (1). Sie stellen sich ein statistisches Modell

$$(\{0, \ldots, n\}, \mathcal{P}(\{0, \ldots, n\})), (\text{Bin}(n, p))_{p \in [0,1]})$$

vor und lassen den Mann $n = 5$ Mal die Münze werfen. Für mehr Münzwürfe und das Erstellen eines statistischen Tests ist keine Zeit, denn der Mob tobt. Sie entscheiden sich dafür, lediglich den Parameter zu schätzen. Nur einmal von den sechs Würfen zeigt die Münze Kopf. Wütende „SEHEN SIE!?" kommen von allen Seiten. Die Zähldichte $f^{X|T=p}$ der Binomialverteilung liefert dieser Erfolgsanzahl $X = 1$ den Wert

$$f^{X|T=p}(1) = \binom{5}{1} p^1 (1 - p)^4 = 5p(1 - p)^4.$$

Da Sie über den zu schätzenden Parameter p keinerlei Information haben, verwenden Sie als a-priori-Verteilung π die Gleichverteilung $U([0,1])$ mit zugehöriger Dichte $f^T(p) = \mathbb{1}_{[0,1]}(p)$ für $p \in [0,1]$. Die Dichte $f^{T|X=x}$ der a-posteriori-Verteilung ist also für die Beobachtung $X = 1$

$$f^{T|X=1}(p) = \frac{5p(1 - p)^4}{\int_0^1 5t(1 - t)^4 \mathrm{d}t} = 30p(1 - p)^4.$$

Schnell erkennen Sie, dass die vorliegende a-posteriori-Verteilung eine Beta-Verteilung zu den Parametern $\alpha = 2$ und $\beta = 5$ ist. Der Erwartungswert (als Bayes-Schätzer unter quadratischem Verlust) von p unter dieser Beta-Verteilung ist

$$\frac{\alpha}{\alpha + \beta} = \frac{2}{7},$$

der Modalwert (bei Betrachtung des 0-1-Verlusts) ist

$$\frac{\alpha - 1}{\alpha + \beta - 2} = \frac{1}{5},$$

und mit Ihrem Smartphone bestimmen Sie numerisch, dass der Median (Annahme des absoluten Verlusts) bei rund 0,265 liegt. Sie verkünden, dass erste Schätzungen darauf hindeuten, dass häufiger Zahl (0) als Kopf (1) fällt. „ACH WAS?!", ruft jemand ironisch von hinten. ◄

In diesem Beispiel haben wir gesehen, dass die Gleichverteilung als a-priori-Verteilung und die Binomialverteilung als Verteilung der Stichprobe zur Beta-Verteilung als a-posteriori-Verteilung führt. Diese Konjugation (lateinisch „Verbindung") wollen wir als formalen Begriff in der Bayes-Statistik definieren:

Definition 1.34 Eine Familie von Wahrscheinlichkeitsverteilungen nennt man **Verteilungsklasse** (oder auch Verteilungsfamilie). Sei $(\mathcal{X}, \mathcal{F}, (\mathbb{P}_\vartheta)_{\vartheta \in \Theta})$ ein von μ dominiertes, statistisches Modell mit Likelihood-Funktionen $(f^{X|T=\vartheta})_{\vartheta \in \Theta}$. Eine Verteilungsklasse $\mathcal{D}$ auf $(\Theta, \mathcal{F}_\Theta)$ heißt durch $(\mathbb{P}_\vartheta)_{\vartheta \in \Theta}$ **konjugiert** (lateinisch für „verbunden"), falls für jede a-priori-Verteilung $\pi \in \mathcal{D}$ und jede Beobachtung $X = x$ die a-posteriori-Verteilung ebenfalls zu $\mathcal{D}$ gehört.

Beispiel 1.35

Bayes-Schätzer, Konjugierte Verteilungsklasse
Sei $X_1, \ldots, X_n \sim N(\mu, \sigma^2)$ eine mathematische Stichprobe mit bekanntem $\sigma^2 > 0$ und a-priori-Verteilung $\mu \sim N(a, b^2)$. Mithilfe der Bayes-Formel kann die a-posteriori-Verteilung für eine Realisierung $x = (x_1, \ldots, x_n)$ berechnet werden. Da $f^{T|X=x}$ wieder eine Dichte, also normiert, sein muss, brauchen wir die Konstanten nicht mitzuberechnen und verwenden das Symbol $\propto$ für Gleichheit bis auf eine multiplikative Konstante:

$$f^{T|X=x}(\mu) \propto f^{X|T=\mu}(x) f^T(\mu)$$

$$\propto \exp\left(-\sum_{i=1}^{n} \frac{(x_i - \mu)^2}{2\sigma^2} \right) \exp\left(-\frac{(\mu - a)^2}{2b^2} \right)$$

$$\propto \exp\left(-\frac{\mu^2 - 2\mu\bar{x}_n}{2\sigma^2/n} - \frac{\mu^2 - 2a\mu}{2b^2} \right)$$

$$= \exp\left(-\frac{(b^2 + \sigma^2/n)\mu^2 - 2\mu(b^2\bar{x}_n + a\sigma^2/n)}{2b^2\sigma^2/n} \right)$$

$$\propto \exp\left(-\frac{1}{2}\left(\frac{n}{\sigma^2} + \frac{1}{b^2}\right)\left(\mu - \frac{b^2\bar{x}_n}{b^2 + \sigma^2/n} - \frac{a\sigma^2/n}{b^2 + \sigma^2/n}\right)^2 \right)$$

Gegeben die Beobachtung X, ist ϑ also gemäß

$$\mathrm{N}\left(\frac{b^2}{b^2+\frac{\sigma^2}{n}}\bar{X}_n+\frac{\frac{\sigma^2}{n}}{b^2+\frac{\sigma^2}{n}}a,\ \left(\frac{n}{\sigma^2}+\frac{1}{b^2}\right)^{-1}\right)$$

a-posteriori-verteilt. Der Bayes-Schätzer bezüglich quadratischem Verlust, gegeben durch den a-posteriori-Mittelwert, ist damit

$$\hat{\vartheta}_n=\frac{b^2}{b^2+\frac{\sigma^2}{n}}\bar{X}_n+\frac{\frac{\sigma^2}{n}}{b^2+\frac{\sigma^2}{n}}a.$$

Wir gewichten also den empirischen Mittelwert $\bar{X}_n$ und den a-priori-Mittelwert entsprechend des Verhältnisses der Varianzen $\frac{\sigma^2}{n}$ und b^2. Zudem sehen wir, dass die Verteilungsklasse der Normalverteilungen durch Normalverteilungen mit unbekanntem Erwartungswert und bekannter Varianz konjugiert werden. ◄

Bemerkung 1.36 Wenn eine konjugierte Verteilungsklasse vorliegt, wie soeben gesehen, dann ist es besonders einfach, die Bayes-Schätzer zu berechnen. Für komplexere Modelle führt die Berechnung der a-posteriori-Dichte mitunter auf hochdimensionale Integrale. Dazu werden häufig numerische Methoden wie MCMC-Methoden (Markov Chain Monte Carlo) verwendet.

Zum Schluss dieses Kapitels wollen wir noch einen Zusammenhang zwischen Minimax- und Bayes-Schätzer deutlich machen.

Lemma 1.37 *Unter den Bedingungen von Definition 1.27 gilt für jeden Schätzer $\hat{\rho}$*

$$\sup_{\vartheta\in\Theta}R(\vartheta,\hat{\rho})=\sup_{\pi}R_\pi(\hat{\rho}),$$

wobei sich das zweite Supremum über alle a-priori-Verteilungen π erstreckt. Insbesondere ist das Risiko eines Bayes-Schätzer stets kleiner oder gleich dem Minimax-Risiko.

Beweis Natürlich gilt $R_\pi(\hat{\rho})=\int_\Theta R(\vartheta,\hat{\rho})\pi(\mathrm{d}\vartheta)\leqslant\sup_{\vartheta\in\Theta}R(\vartheta,\hat{\rho})$ für alle π. Andererseits folgt durch Betrachtung der a-priori-Punktverteilungen δ_ϑ, $\vartheta\in\Theta$, dass $\sup_\pi R_\pi(\hat{\rho})\geqslant\sup_{\vartheta\in\Theta}R(\vartheta,\hat{\rho})$ gilt und somit die Behauptung folgt. □

Durch dieses Lemma erhalten wir untere Schranken für das Minimax-Risiko über das Risiko von Bayes-Schätzern. Mögliche Anwendungen illustriert der folgende Satz.

Satz 1.38 *Sei $X_1,\ldots,X_n$ eine $\mathrm{N}(\mu,\sigma^2)$-verteilte mathematische Stichprobe mit unbekanntem Erwartungswert $\mu\in\mathbb{R}$ und bekanntem $\sigma^2>0$. Bezüglich quadratischem Risiko ist das arithmetische Mittel $\bar{X}_n$ ein Minimax-Schätzer von μ.*

Beweis Wir betrachten a-priori-Verteilungen $\pi = \mathrm{N}(0, b^2)$ für μ. Nach Beispiel 1.35 ist die a-posteriori-Verteilung

$$\mathrm{N}\left(\frac{b^2 \bar{X}_n}{b^2 + \frac{\sigma^2}{n}}, \left(\frac{n}{\sigma^2} + b^{-2}\right)^{-1}\right).$$

Der Bayes-Schätzer bezüglich quadratischem Risiko ist gegeben durch den a-posteriori-Erwartungswert $\hat{\mu}_n = b^2 \bar{X}_n / (b^2 + \sigma^2 n^{-1})$ und sein a-posteriori-Risiko ist gegeben durch die Varianz der a-posteriori-Verteilung. Ist f^X die Randdichte von X bezüglich $\tilde{\mathbb{P}}$, folgt aus Satz 1.30:

$$R_\pi(\hat{\mu}_n) = \int_{\mathbb{R}^n} \mathrm{Var}_{T|X=x}(\mu) f^X(x) \mathrm{d}x$$
$$= \int_{\mathbb{R}^n} \left(n\sigma^{-2} + b^{-2}\right)^{-1} f^X(x) \mathrm{d}x = \left(n\sigma^{-2} + b^{-2}\right)^{-1}$$

Somit können wir das Minimax-Risiko nach unten abschätzen:

$$\inf_{\tilde{\mu}} \sup_{\mu \in \mathbb{R}} R(\mu, \tilde{\mu}) = \inf_{\tilde{\mu}} \sup_{\pi} R_\pi(\tilde{\mu}) \geqslant \inf_{\tilde{\mu}} \sup_{b>0} R_{\mathcal{N}(0,b^2)}(\tilde{\mu})$$
$$\geqslant \sup_{b>0} \inf_{\tilde{\mu}} R_{\mathcal{N}(0,b^2)}(\tilde{\mu})$$
$$= \sup_{b>0} \left(n\sigma^{-2} + b^{-2}\right)^{-1} = \frac{\sigma^2}{n},$$

wie behauptet, da $R(\mu, \bar{X}_n) = \sigma^2/n$. $\qquad\square$

Damit ist $\hat{\mu}_1$ aus Beispiel 1.22, wie in Beispiel 1.26 behauptet, minimax.

Bemerkung 1.39 Auch in höheren Dimensionen ist das koeffizientenweise Stichprobenmittel $\bar{X}_n$ ein Minimax-Schätzer für den Mittelwertvektor der Normalverteilung, das heißt das maximiale Risiko ist kleinstmöglich. Ab Dimension 3 gibt es jedoch Schätzer, insbesondere den sogenannten *James-Stein-Schätzer,* deren Risiko für jedes $\mu \in \mathbb{R}$ stets kleiner ist als das Risiko von $\bar{X}_n$. Dieser Effekt ist als *Stein-Phänomen* bekannt, siehe Lehmann und Casella (1998). In der Sprache der Entscheidungstheorie wird $\bar{X}_n$ als *nicht zulässig* bezeichnet. Hierbei gibt es keinen Widerspruch zur Mimimax-Eigenschaft von $\bar{X}_n$, denn die Verbesserung des James-Stein-Schätzers wird beliebig klein für $|\mu| \to \infty$.

1.3 Hypothesentests

Wir wenden uns nun der zweiten grundlegenden Fragestellung zu. Häufig ist weniger die gesamte zugrunde liegende Verteilung von Interesse als die Frage, ob eine bestimmte Eigenschaft erfüllt ist. Hierfür formuliert man die gefragte Eigenschaft als Hypothese und entscheidet dann, ob die gemachten Beobachtungen für oder gegen diese Hypothese sprechen. Die Entscheidung dafür oder dagegen beruht auf einem statistischen (Hypothesen-)Test.

1.3.1 Statistische Tests und ihre Fehler

Als einführendes Beispiel kann man sich ein Gerichtsverfahren vorstellen, bei dem eine Person beschuldigt wird, eine Straftat begangen zu haben. Das Gericht geht prinzipiell von der Annahme aus, dass der Angeklagte unschuldig ist. Diese Annahme nennen die Juristen Unschuldsvermutung, wir Statistiker nennen sie abstrakter *Nullhypothese* H_0. Die *Alternativhypothese* H_1 lautet, dass der Angeklagte schuldig ist. Es wird nun versucht, die Schuld des Angeklagten zu erörtern.

Das Gerichtsverfahren soll verhindern, den Angeklagten zu Unrecht zu verurteilen. Die Wahrscheinlichkeit für diesen sogenannten *Fehler 1. Art* soll anhand von Indizien und Argumentationen möglichst gering sein. Dies beeinflusst aber auch den sogenannten *Fehler 2. Art:* Ein Schuldiger sollte nicht freigesprochen werden. Beide Fehlerarten werden nicht gleichzeitig minimiert werden können. Die Unschuldsvermutung impliziert eine asymmetrische Gewichtung der Fehler erster und zweiter Art. Ganz ähnlich werden wir bei der Konstruktion statistischer Tests vorgehen.

Definition 1.40 Wir betrachten ein statistisches Modell $(\mathcal{X}, \mathcal{F}, (\mathbb{P}_\vartheta)_{\vartheta \in \Theta})$. Die Parametermenge sei in zwei disjunkte Teilmengen Θ_0 und Θ_1 zerlegt, das heißt $\Theta = \Theta_0 \cup \Theta_1$ und $\emptyset = \Theta_0 \cap \Theta_1$. Das **Testproblem** liest sich dann als

$$H_0 : \vartheta \in \Theta_0 \quad \text{gegen} \quad H_1 : \vartheta \in \Theta_1.$$

Dabei werden H_0, H_1 als **Hypothese** bezeichnet, genauer heißt H_0 **Nullhypothese** und H_1 **Alternativhypothese** oder **Alternative**.

Beispiel 1.41

Hypothesentest
Denken wir wieder an unser Saskia-Beispiel 1.6. Die Studierenden in der Umfrage hatten nur zwei Auswahlmöglichkeiten: Sie stimmten für 1, wenn sie mit ihrem Studium zufrieden waren, und für 0, wenn Sie mit ihrem Studium unzufrieden waren. Die Antworten $X_1, \ldots, X_n$ hatten wir als Bernoulli-verteilt modelliert mit Parameter $\vartheta = \mathbb{P}(X_i = 1) \in (0,1)$.

1. Laut einer Umfrage unter 6000 Studierenden[1] sind 74,9 % der Studierendenschaft eher zufrieden bis ganz und gar zufrieden mit ihrem Studium. Dieses Ergebnis kann Saskia anhand ihrer eigenen Erhebung überprüfen. Die entsprechende Nullhypothese lautet dann formal $H_0 : \vartheta \in [\frac{3}{4}, 1) =: \Theta_0$. Da wir die Parametermenge $\Theta = (0, 1)$ nach obiger Definition in disjunkte Teilmengen aufteilen müssen, bleibt für die Alternativhypothese H_1 der Parameterbereich $\Theta_1 = (0, \frac{3}{4})$ übrig. Das Testproblem lautet ausformuliert

$$H_0 : \vartheta \in [\frac{3}{4}, 1) \quad \text{gegen} \quad H_1 : \vartheta \in \left(0, \frac{3}{4}\right).$$

2. Saskia könnte auch die Hypothese aufstellen, dass das Verhältnis zwischen Studierenden, die mit ihrem Studium zufrieden bzw. unzufrieden sind, ausgewogen ist. Dies würde zur Nullhypothese $H_0 : \vartheta = 1/2$ und Alternative $H_1 : \vartheta \neq 1/2$ führen.

◄

Ein statistischer Test entscheidet nun zwischen Nullhypothese und Alternative aufgrund einer Beobachtung $x \in \mathcal{X}$.

Definition 1.42 Ein **nichtrandomisierter statistischer Test** ist eine messbare Abbildung

$$\varphi : (\mathcal{X}, \mathcal{F}) \to (\{0,1\}, \mathcal{P}(\{0,1\})),$$

wobei $\varphi(x) = 1$ bedeutet, dass die Nullhypothese verworfen/abgelehnt bzw. die Alternative angenommen wird, und $\varphi(x) = 0$ bedeutet, dass die Nullhypothese nicht verworfen wird bzw. akzeptiert wird. Die Menge $\{\varphi = 1\} = \{x \in \mathcal{X} : \varphi(x) = 1\}$ heißt **Ablehnbereich** von φ.

Ein **randomisierter statistischer Test** ist eine messbare Abbildung $\varphi : (\mathcal{X}, \mathcal{F}) \to ([0,1], \mathcal{B}([0,1]))$. Im Fall $\varphi(x) \in (0,1)$ entscheidet ein unabhängiges Bernoulli-Zufallsexperiment mit Erfolgswahrscheinlichkeit $p = \varphi(x)$, ob die Nullhypothese verworfen wird. Testen beinhaltet mögliche Fehlentscheidungen:

(i) **Fehler 1. Art** (auch α-*Fehler*, englisch: *type I error* oder *false positive*): Entscheidung für H_1, obwohl H_0 wahr ist,

(ii) **Fehler 2. Art** (auch β-*Fehler*, englisch: *type II error* oder *false negative*): Entscheidung für H_0, obwohl H_1 wahr ist.

---

[1] HIS (2008). *Studenten, die gegenwärtig mit den folgenden Bereichen ihres Lebens eher zufrieden bis ganz und gar zufrieden sind.* In Statista: https://de.statista.com/statistik/daten/studie/1440/umfrage/ zufriedenheit-von-studenten/ (Zugegriffen am 05. November 2020).

Wir werden uns zunächst auf nichtrandomisierte (statistische) Tests konzentrieren. Im folgenden Abschnitt wird sich jedoch auch zeigen, dass randomisierte Tests ihre (mathematische) Berechtigung haben.

Im einführenden Gerichtsbeispiel hatten wir die Schwierigkeit angemerkt, eine sinnvolle Schwelle zu finden, ab wann genügend Indizien und Argumente für eine Verurteilung vorliegen. Wir wollen nicht, dass ein Unschuldiger zu Unrecht verurteilt wird (Fehler 1. Art), und wir wollen auch nicht, dass ein Schuldiger frei gesprochen wird (Fehler 2. Art). In dieser Analogie soll also ein statistischer Test entscheiden, ob genügend Indizien und Argumente vorliegen.

Definition 1.43 Sei φ ein Test der Hypothese $H_0 : \vartheta \in \Theta_0$ gegen die Alternative $H_1 : \vartheta \in \Theta_1$ im statistischen Modell $(\mathcal{X}, \mathcal{F}, (\mathbb{P}_\vartheta)_{\vartheta \in \Theta})$. Die **Gütefunktion** von φ ist definiert als

$$\beta_\varphi : \Theta \to \mathbb{R}_+, \ \vartheta \mapsto \mathbb{E}_\vartheta[\varphi].$$

Ein Test φ erfüllt das **Signifikanzniveau** $\alpha \in [0,1]$ (oder φ ist ein **Test zum Niveau** α), falls $\beta_\varphi(\vartheta) \leqslant \alpha$ für alle $\vartheta \in \Theta_0$ gilt. Ein Test φ zum Niveau α heißt **unverfälscht,** falls $\beta_\varphi(\vartheta) \geqslant \alpha$ für alle $\vartheta \in \Theta_1$.

Erfüllt ein Test ein *vorher* festgelegtes Niveau α, so nennen wir das Ergebnis des Tests statistisch *signifikant* (zum Niveau α). In Definition 1.43 legen wir also $\alpha \in [0,1]$ vorher fest und konstruieren den Test φ anschließend so, dass für alle Parameter $\vartheta \in \Theta_0$ der Nullhypothese der Erwartungswert $\mathbb{E}_\vartheta[\varphi]$ kleiner gleich α ist.

Ist $\varphi : (\mathcal{X}, \mathcal{F}) \to (\{0,1\}, \mathcal{P}(\{0,1\}))$ ein nichtrandomisierter Test, so vereinfacht sich diese Forderung: Da

$$\mathbb{E}_\vartheta[\varphi] = 0 \cdot \mathbb{P}_\vartheta(\varphi = 0) + 1 \cdot \mathbb{P}_\vartheta(\varphi = 1) = \mathbb{P}_\vartheta(\varphi = 1)$$

gilt, erfüllt φ das Signifikanzniveau α, falls

$$\mathbb{P}_\vartheta(\varphi = 1) \leqslant \alpha \quad \text{für alle } \vartheta \in \Theta_0$$

gilt. Die Wahrscheinlichkeit, dass unser Test die Nullhypothese ablehnt, obwohl H_0 stimmt, soll also höchstens α sein. Das Signifikanzniveau α beschränkt damit die Wahrscheinlichkeit für Fehler 1. Art.

Greifen wir noch einmal die Analogie zum Gerichtswesen auf. Für Juristen ist es schlimmer, Unschuldige zu Unrecht zu verurteilen als Schuldige fälschlicherweise freizusprechen (Unschuldsvermutung). Für sie sind also Fehler 1. Art schwerwiegender als Fehler 2. Art. Deshalb wird versucht, die Fehler 1. Art durch ein geringes Signifikanzniveau α klein zu halten. Typische Werte sind $\alpha = 0,05$ und $\alpha = 0,01$.

Auf der Alternativmenge Θ_1 sollte die Gütefunktion möglichst groß sein, damit der Fehler 2. Art eines (nichtrandomisierten) Tests φ klein ist:

$$\mathbb{P}_\vartheta(\varphi = 0) = 1 - \mathbb{P}_\vartheta(\varphi = 1) = 1 - \beta_\varphi(\varphi) \quad \text{für } \vartheta \in \Theta_1$$

Die Unverfälschtheit ist hierbei eine sehr schwache Bedingung, die im Wesentlichen „unsinnige" Tests ausschließt.

In der Regel lassen sich die Wahrscheinlichkeiten für Fehler 1. und 2. Art nicht gleichzeitig minimieren. Deshalb verfährt man im Allgemeinen so, dass

(i) zuerst die Wahrscheinlichkeit für Fehler 1. Art durch ein vorgegebenes Signifikanzniveau begrenzt wird und dann

(ii) unter der Maßgabe von (i) ein Test φ gesucht wird, der die Wahrscheinlichkeit für Fehler 2. Art minimiert.

Als Nullhypothese H_0 sollte im Allgemeinen der bisherige Standard oder die aufgrund theoretischer Überlegungen erzielte Modellierung gewählt werden. Wird H_0 nicht zugunsten von H_1 abgelehnt, heißt das noch lange nicht, dass H_0 „wahr" ist, sondern nur, dass H_1 die Daten nicht besser als H_0 erklärt. Wird hingegen H_0 abgelehnt, besteht Grund zu der Annahme, dass die Modelle unter H_0 die Daten nicht hinreichend gut beschreiben.

Als Nächstes betrachten wir zwei Formen von Testproblemen, die oft in der Praxis auftauchen.

Definition 1.44 Es sei $(\mathcal{X}, \mathcal{F}, (\mathbb{P}_\vartheta)_{\vartheta \in \Theta})$ ein statistisches Modell, wobei $\Theta \subseteq \mathbb{R}$ ein zusammenhängendes Intervall ist.

1. Testprobleme der Form $H_0 : \vartheta \leqslant \vartheta_0$ gegen $H_1 : \vartheta > \vartheta_0$ oder $H_0 : \vartheta \geqslant \vartheta_0$ gegen $H_1 : \vartheta < \vartheta_0$ für ein $\vartheta_0 \in \Theta$ heißen **einseitig**.
2. Testprobleme der Form $H_0 : \vartheta = \vartheta_0$ gegen $H_1 : \vartheta \neq \vartheta_0$ für ein $\vartheta_0 \in \Theta$ heißen **zweiseitiges**.

Hypothesentests für einseitige bzw. zweiseitige Testproblems werden selbst **einseitig** bzw. **zweiseitig** genannt.

Beispiel 1.45

Einseitiger Binomialtest

Von den 13 Todesfällen unter 55- bis 65-jährigen Arbeitern eines Kernkraftwerks im Jahr 1995 waren 5 auf einen Tumor zurückzuführen. Die Todesursachenstatistik 1995 weist aus, dass Tumore bei etwa 1/5 aller Todesfälle die Ursache in der betreffenden Altersklasse (in der Gesamtbevölkerung) sind. Ist die beobachtete Häufung von tumorbedingten Todesfällen signifikant zum Niveau 5 %? Das heißt, ist die Wahrscheinlichkeit dafür, dass 5 von 13 Kernkraftwerksarbeitern an Tumoren gestorben sind, in Anbetracht dessen, dass allgemein jeder 5. an Tumoren stirbt, kleiner oder gleich 5 %?

Um diese Frage zu beantworten, beschreiben wir die Anzahl der Tumortoten als Zufallsvariable $X \in \{0, 1, \ldots, n\}$ mit $n = 13$. Als statistisches Modell, in das X abbildet, wählen wir $\mathcal{X} = \{0, \ldots n\}$, $\mathcal{F} = \mathcal{P}(\mathcal{X})$ und $\mathbb{P}_p = \text{Bin}(13, p)$. Der Parameter $p \in [0, 1]$ ist die Wahrscheinlichkeit, dass eine Person an einem Tumor gestorben ist. Wir wollen wissen, ob 5 von 13 Todesfällen eine signifikante Häufung zum Niveau $\alpha = 5\%$ sind. Diese Fragestellung führt auf das Testproblem

$$H_0 : p \leqslant 1/5 \quad \text{gegen} \quad H_1 : p > 1/5.$$

Wir müssen nun einen geeigneten (nichtrandomisierten) Test φ zum Niveau $\alpha = 0{,}05$ konstruieren. Naheliegenderweise wählen wir

$$\varphi(x) := \mathbb{1}_{\{x > c\}}. \tag{1.6}$$

Hierbei wollen wir den kritischen Wert $c > 0$ so wählen, dass $\beta_\varphi(p) \leqslant \alpha$ für alle $p \leqslant 1/5$ gilt. Wegen der zugrunde liegenden Binomialverteilung nennen wir diesen Test *Binomialtest*. Für $p \leqslant 1/5$ gilt

$$\beta_\varphi(p) = \mathbb{P}_p(\varphi = 1) = \mathbb{P}_p(X > c) \leqslant \sup_{p \leqslant 1/5} \mathbb{P}_p(X > c) \overset{!}{\leqslant} \alpha. \tag{1.7}$$

Um eine möglichst große Güte des Tests zu erreichen, sollte c unter dieser Nebenbedingung möglichst klein gewählt werden. Für die Verteilungsfunktion $\mathbb{P}_p(X \leqslant k)$ unserer Binomialverteilung gilt für $k \in \mathcal{X}$

$$\mathbb{P}_p(X \leqslant k) = \sum_{l=0}^{k} \binom{13}{l} p^l (1 - p)^{13-l}.$$

Da $p \mapsto \mathbb{P}_p(X \leqslant k)$ für alle $k \in \mathcal{X}$ monoton fallend auf $[0, 1]$ ist (dies sieht man durch Ableiten), folgt, dass $p \mapsto \mathbb{P}_p(X > c) = 1 - \mathbb{P}_p(X \leqslant c)$ monoton steigend ist. Folglich gilt mit (1.7), dass

$$\sup_{p \leqslant 1/5} \mathbb{P}_p(X > c) = \mathbb{P}_{1/5}(X > c) \overset{!}{\leqslant} \alpha = 0{,}05 \quad \Leftrightarrow \quad \mathbb{P}_{1/5}(X \leqslant c) \overset{!}{\geqslant} 0{,}95.$$

Da c eine natürliche Zahl sein sollte und wegen

$$\mathbb{P}_{1/5}(X \leqslant 4) \approx 0{,}901 \quad \text{und} \quad \mathbb{P}_{1/5}(X \leqslant 5) \approx 0{,}970,$$

wählen wir $c = 5$, siehe Abb. 1.4 auf Abschn. 1.3.2. Unser Test lautet also $\varphi(x) = \mathbb{1}_{\{x > 5\}}$. Setzen wir nun die Anzahl 5 von Kernkraftwerksarbeitern, die an einem Tumor gestorben sind, in φ ein, so erhalten wir 0. Das heißt, unser Test φ akzeptiert zum Niveau $\alpha = 0{,}05$ die Nullhypothese, dass die beobachteten Todesfälle nicht signifikant sind. Die Gütefunktion von φ ist

$$\beta_\varphi(p) = \mathbb{P}_p(X > 5) = \sum_{l=6}^{13} \binom{13}{l} p^l (1-p)^{13-l}, \quad p \in [0,1].$$

Wie zuvor gesehen, ist sie monoton wachsend und stetig, und es gilt

$$\sup_{p \leqslant 1/5} \beta_\varphi(p) = \beta_\varphi(1/5) \approx 0{,}03 < 0{,}05 = \alpha.$$

Aufgrund des diskreten Stichprobenraums kann der Binomialtest das Niveau also nicht voll ausschöpfen und der Fehler 2. Art ist nahe der Grenze $1/5$ sehr groß. ◄

Dieses Beispiel führt uns auf ein allgemeines Konstruktionsprinzip von Tests einer Hypothese $H_0 : \vartheta \in \Theta_0$ gegen die Alternative $H_1 : \vartheta \in \Theta_1$ mit $\Theta_0 \neq \emptyset$ und $\Theta_1 = \Theta \setminus \Theta_0$.

Methode 1.46 (Konstruktion von Tests durch kritische Werte) Für Ablehnbereiche $(\Gamma_\alpha)_{\alpha \in (0,1)} \subset \mathcal{B}(\mathbb{R})$ und eine Zufallsvariable $T : (\mathcal{X}, \mathcal{F}) \to (\mathbb{R}, \mathcal{B}(\mathbb{R}))$ seien Tests gegeben durch

$$\varphi_\alpha(x) = \mathbb{1}(T(x) \in \Gamma_\alpha), \quad x \in \mathcal{X}, \, \alpha \in (0,1). \tag{1.8}$$

T heißt **Teststatistik** oder **Prüfgröße**. $\{T(x) \in \Gamma_\alpha\}$ wird als **Ablehnbereich** oder **kritischer Bereich** bezeichnet. Oft werden die Ablehnbereiche als Intervalle $\Gamma_\alpha = (c_\alpha, \infty)$ konstruiert für sogenannte **kritische Werte**

$$c_\alpha = \inf \left\{ c \in \mathbb{R} : \sup_{\vartheta \in \Theta_0} \mathbb{P}_\vartheta(T(X) > c) \leqslant \alpha \right\}, \quad \alpha \in (0,1). \tag{1.9}$$

Bemerkung 1.47 Da $\sup_{\vartheta \in \Theta_0} \mathbb{P}_\vartheta$ kein Maß mehr ist, sobald Θ_0 aus mindestens zwei Elementen besteht, ist im Allgemeinen die Eigenschaft $\sup_{\vartheta \in \Theta_0} \mathbb{P}_\vartheta(T(X) > c_\alpha) \leqslant \alpha$ nicht erfüllt. Intuitiv widerspricht das dem Sinn eines kritischen Werts. Dieses Defizit kann leicht behoben werden: Fordert man die Gültigkeit der Vertauschungsbedingung

$$\lim_{c_n \downarrow c} \sup_{\vartheta \in \Theta_0} \mathbb{P}_\vartheta(T > c_n) = \sup_{\vartheta \in \Theta_0} \lim_{c_n \downarrow c} \mathbb{P}_\vartheta(T > c_n), \tag{1.10}$$

so folgt aus der σ-Stetigkeit von Maßen

$$\sup_{\vartheta \in \Theta_0} \mathbb{P}_\vartheta(T > c_\alpha) = \sup_{\vartheta \in \Theta_0} \lim_{c_n \downarrow c_\alpha} \mathbb{P}_\vartheta(T > c_n) = \lim_{c_n \downarrow c_\alpha} \sup_{\vartheta \in \Theta_0} \mathbb{P}_\vartheta(T > c_n) \leqslant \alpha.$$

Gl. (1.10) gilt beispielsweise für einfache Hypothesen, das heißt für $\Theta_0 = \{\vartheta_0\}$, da dann $\sup_{\vartheta \in \Theta_0} \mathbb{P}_\vartheta = \mathbb{P}_{\vartheta_0}$ ein Maß ist, oder wenn Monotonie wie in Beispiel 1.55 verwendet werden kann.

Um den kritischen Wert zu wählen und somit das Signifikanzniveau des Tests zu gewährleisten, muss die Verteilung der Teststatistik unter der Nullhypothese bekannt sein. Da man häufig Monotonieeigenschaften nutzen kann (wie im Beispiel 1.45), vereinfacht sich die Wahl von c_α im Fall von ein- oder zweiseitigen Testproblemen oft, wenn das Gleichheitszeichen in der Nullhypothese steht (siehe Definition 1.44). Im Spezialfall $\Theta_0 = \{\vartheta_0\}$ ist für einen einseitigen Test der kritische Wert c_α genau das $(1 - \alpha)$-*Quantil* der Verteilung von T unter $\mathbb{P}_{\vartheta_0}$.

Natürlich hängt sowohl die Teststatistik als auch der kritische Bereich vom jeweiligen Testproblem ab. Die Herausforderung ist also die Wahl einer Teststatistik, die (gut) geeignet ist, um die jeweilige Hypothese zu überprüfen. Nachdem wir in Beispiel 1.45 bereits einen einseitigen Binomialtest gesehen haben, illustriert das folgende Beispiel den zweiseitigen Fall.

Beispiel 1.48

Zweiseitiger Binomialtest
Wir wollen die *Hypothese:* „Es werden genauso viele Jungen wie Mädchen geboren."
überprüfen.
Sind bei $n \in \mathbb{N}$ Geburten w Mädchen zur Welt gekommen, ist es sinnvoll, als Stichprobenraum $\mathcal{X} = \{0, \dots, n\}$ zu wählen und als statistisches Modell $(\mathcal{X}, \mathcal{P}(\mathcal{X}), (\mathbb{P}_\vartheta)_{\vartheta \in [0,1]})$ mit Binomialverteilungen $\mathbb{P}_\vartheta = \mathrm{Bin}(n, \vartheta)$. Die Hypothese führt auf das zweiseitige Testproblem

$$H_0 : \vartheta = \vartheta_0 \quad \text{gegen} \quad H_1 : \vartheta \neq \vartheta_0$$

für $\vartheta_0 = \frac{1}{2}$, wobei $w \in \mathcal{X}$ beobachtet wird. Wir setzen das Niveau $\alpha = 0{,}05$. Die Teststatistik $T(w) = w$ führt auf den *zweiseitigen Binomialtest*

$$\varphi_\alpha(w) = 1 - \mathbb{1}_{\{u_\alpha(\vartheta) \leqslant w \leqslant o_\alpha(\vartheta)\}}$$

mit kritischen Werten

$$
\begin{aligned}
u_\alpha(\vartheta_0) &:= \max\{k \in \mathbb{N} : \mathbb{P}_{\vartheta_0}(\{0, \dots, k-1\}) \leqslant \alpha/2\} \quad \text{und} \\
o_\alpha(\vartheta_0) &:= \min\{k \in \mathbb{N} : \mathbb{P}_{\vartheta_0}(\{k+1, \dots, n\}) \leqslant \alpha/2\}.
\end{aligned}
\tag{1.11}
$$

Die symmetrische Verteilung der Fehlerwahrscheinlichkeiten am unteren und am oberen Rand ist dabei eine vernünftige Wahl, wobei auch jede andere Aufteilung des Niveaus α prinzipiell möglich ist.
Beachte, dass dieser zweiseitige Binomialtest nur im Fall $\vartheta_0 = 1/2$ symmetrisch um ϑ_0 ist, denn nur dann ist die Binomialverteilung symmetrisch, siehe Abb. 1.2. Im symmetrischen Fall erhalten wir die einfachere Darstellung $\varphi_\alpha(w) = 1 - \mathbb{1}_{\{|\frac{w}{n} - \frac{1}{2}| \leqslant c_\alpha\}}$ mit einem geeigneten kritischen Wert c_α.
Laut Statistischem Bundesamt wurden im Jahr 2018 in Hamburg 21.126 Kinder (lebend) geboren. Durch die Berechnung der Quantile der Binomialverteilung führt dies auf

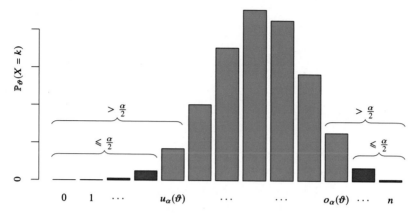

Abb. 1.2 Obere und untere Grenze des Annahmebereichs des zweiseitigen Binomialtests für ein $\vartheta > 1/2$.

$$u_{0,05}(1/2) = 10.421 \quad \text{und} \quad o_{0,05}(1/2) = 10.705 \quad \text{bzw.} \quad c_{0,05} = 0{,}00672.$$

Von diesen 21.126 Kindern waren 10.215 Mädchen. Setzen wir dies in φ_α ein, erhalten wir

$$\varphi_{0,05}(16.391) = 1 - \mathbb{1}_{\{|\frac{10.215}{21.126} - \frac{1}{2}| \leqslant c_{0,05}\}} = 1 - 0 = 1,$$

sodass unser Test φ_α zum Niveau $\alpha = 0{,}05$ die Nullhypothese „Es werden genauso viele Jungen wie Mädchen geboren." ablehnt. ◄

Bemerkung 1.49 (Normalapproximation) Aufgrund des zentralen Grenzwertsatzes kann die Binomialverteilung $\mathrm{Bin}(n, \vartheta)$ bei hinreichend großen Stichprobenumfängen durch eine Normalverteilung approximiert werden. Es bietet sich in diesem Fall also an, einen *Gauß-Test* zu verwenden, um den Binomialtest zu approximieren: Für $\vartheta \in (0,1)$ normalisieren wir die Beobachtung $X \sim \mathrm{Bin}(n, \vartheta)$ durch

$$Y := \frac{X - n\vartheta}{\sqrt{n\vartheta(1 - \vartheta)}}.$$

Aus dem zentralen Grenzwertsatz folgt dann, dass die Verteilung von Y für $n \to \infty$ gegen $\mathrm{N}(0,1)$ konvergiert. Für die Teststatistik $T(X) := |X/n - \vartheta|$ und eine standardnormalverteilte Zufallsvariable $Z \sim \mathrm{N}(0,1)$ erhalten wir

$$\mathbb{P}_\vartheta(T(X) > c_\alpha) = \mathbb{P}_\vartheta\left(\frac{|X - n\vartheta|}{\sqrt{n\vartheta(1-\vartheta)}} > \sqrt{\frac{n}{\vartheta(1-\vartheta)}}c_\alpha\right)$$

$$\stackrel{n\to\infty}{\approx} \mathbb{P}\left(|Z| > \sqrt{\frac{n}{\vartheta(1-\vartheta)}}c_\alpha\right)$$

$$= 2\left(1 - \mathbb{P}\left(Z \leqslant \sqrt{\frac{n}{\vartheta(1-\vartheta)}}c_\alpha\right)\right)$$

$$= 2\left(1 - \Phi\left(\sqrt{\frac{n}{\vartheta(1-\vartheta)}}c_\alpha\right)\right) \stackrel{!}{=} \alpha,$$

wobei Φ die Verteilungsfunktion der Standardnormalverteilung bezeichnet. Ist die Gleichheit für einen kritischen Wert c_α erfüllt, erhalten wir einen nichtrandomisierten Test, der asymptotisch (!) für $n \to \infty$ das Niveau α erreicht. Umformen ergibt

$$c_\alpha = \sqrt{\frac{\vartheta_0(1-\vartheta_0)}{n}}\Phi^{-1}\left(1 - \frac{\alpha}{2}\right)$$

mit $\vartheta = \vartheta_0$ unter H_0.

Die Normalapproximation hat den Vorteil, dass im Vergleich zur diskreten Binomialverteilung die Berechnung deutlich vereinfacht wird. Aufgrund der heutigen leistungsfähigen Computer ist dieses Argument in der Praxis allerdings zu vernachlässigen. Zusätzlich vereinfacht die Approximation jedoch die Interpretation der Teststatistik und ermöglicht einen Vergleich zwischen Studien mit verschieden großen Stichprobenumfängen.

Ob die Normalapproximation der Binomialverteilung tatsächlich passend ist, kann man gut an sogenannten QQ-Plots ablesen.

Bemerkung 1.50 (QQ-Plots) Ein *Quantil-Quantil-Plot*, *QQ-Plot* oder auch *QQ-Diagramm* ist ein exploratives, grafisches Werkzeug, in dem die Quantile zweier Zufallsvariablen gegeneinander aufgetragen werden, um ihre Verteilungen zu vergleichen. Da sie im Allgemeinen von großer Bedeutung ist, erklären wir im Detail, wie man die Verteilung einer Beobachtung mit der Standardnormalverteilung vergleicht: Die *Verteilungsfunktion!empirische* einer mathematischen Stichprobe $X_1, \ldots, X_N$ ist definiert als

$$F_N(x) := \frac{1}{N}\sum_{i=1}^{N} \mathbb{1}_{\{X_i \leqslant x\}}.$$

Für große N approximiert F_N die wahre Verteilungsfunktion F, da nach dem starken Gesetz der großen Zahlen $F_n(x) \to \mathbb{E}[\mathbb{1}_{\{X_1 \leqslant x\}}] = F(x)$ $\mathbb{P}$-f. s. für alle $x \in \mathbb{R}$ gilt (tatsächlich gilt diese Konvergenz sogar gleichmäßig auf $\mathbb{R}$ nach dem Satz von Gliwenko-Cantelli). Falls $X_i \sim N(\mu, \sigma^2)$, gilt $F(x) = \Phi(\frac{x-\mu}{\sigma})$. Für die Quantilfunktion gilt also

$$F^{-1}(\Phi(x)) = \Phi^{-1}(\Phi(x)) \cdot \sigma + \mu = \sigma \cdot x + \mu,$$

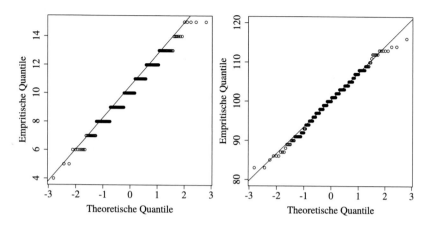

Abb. 1.3 QQ-Plot für eine binomialverteilte Stichprobe mit den Parameter $p = 1/2, n = 20$ (links) sowie $n = 200$ (rechts).

das heißt $F^{-1} \circ \Phi$ ist eine Gerade. Im QQ-Plot werden der Größe nach geordnete Werte (x_k) aus dem Intervall $[0,1]$ in die verallgemeinerte Inverse F_n^{-1} und in Φ^{-1} eingesetzt, sodass man für jedes x_k ein Quantilpaar erhält. Diese Paare werden (als Koordinatenpaare interpretiert) in ein Koordinatensystem eingetragen, und wenn die $X_i \sim N(\mu, \sigma^2)$ sind, sollten die Quantilpaare in etwa auf einer Geraden liegen.

Zur Illustration betrachten wir eine i.i.d. Stichprobe $X_1, \ldots, X_{200} \sim \text{Bin}(n, 1/2)$ für $n \in \{20, 200\}$ in Abb. 1.3. Die QQ-Plots zeigen deutlich, dass die Normalapproximation der Binomialverteilung für kleine n problematisch ist, aber für große n gut funktioniert. Genauer sollte $np(1 - p)$ hinreichend groß sein, was man aus dem Satz von Berry-Esseen folgern kann. Abb. 1.3 macht allerdings auch deutlich, dass selbst für $n = 200$ die extremen Quantile der Binomialverteilung noch deutlich von der Normalapproximation abweichen.

Beispiel 1.51

Planung des Stichprobenumfangs
In Beispiel 1.1 hatten wir uns gefragt, wie viele Studierende an der Umfrage von Saskia teilnehmen sollten, um ein aussagekräftiges Ergebnis zu erhalten. Wie wir im Folgenden sehen werden, kann diese Frage durch eine Betrachtung des Fehlers 2. Art beantwortet werden.

Gemäß Beispiel 1.6 wählen wir das statistische Modell

$$(\{0,1\}^n, \mathcal{P}(\{0,1\}^n), (\text{Ber}(\vartheta))_{\vartheta \in [0,1]}^{\otimes n}).$$

Die Summe $Y = X_1 + \cdots + X_n$ der zufriedenen Studentinnen und Studenten ist also wieder binomialverteilt. In Beispiel 1.41 interessierten wir uns für das Testproblem

$H_0 : \vartheta \geqslant \vartheta_0$ gegen $H_1 : \vartheta < \vartheta_0$ mit $\vartheta_0 = 3/4$. Wir legen ein Signifikanzniveau $\alpha \in (0,1)$ fest und betrachten den Test $\varphi_n(x) = \mathbb{1}_{\{x_1 + \ldots + x_n < c_n\}}$. Eine Normalapproximation liefert den kritischen Wert

$$c_n = n\vartheta_0 + \Phi^{-1}(\alpha)\sqrt{n\vartheta_0(1 - \vartheta_0)}$$

(dem/der Lesenden sei die Überprüfung überlassen, dass dies tatsächlich ein Test zum asymptotischen Niveau α ist). Wir modifizieren nun die Alternative etwas zu $H_1 : \vartheta < \vartheta_1$ für ein $\vartheta_1 < \vartheta_0$, sodass die Parameter der Hypothese und der Alternative voneinander getrennt sind. Wir wollen die Wahrscheinlichkeit für Fehler 2. Art auf höchstens $1 - \beta$ begrenzen, das heißt, es soll $\inf_{\vartheta \leqslant \vartheta_1} \beta_{\varphi_n}(\vartheta) = \beta_{\varphi_n}(\vartheta_1) \geqslant \beta$ gelten (die Gütefunktion ist monoton fallend). Wir berechnen

$$\beta \overset{!}{\leqslant} \beta_{\varphi_n}(\vartheta_1)$$

$$= \mathbb{P}_{\vartheta_1}\left(\sum_{j=1}^{n} X_j < c_n\right)$$

$$= \mathbb{P}_{\vartheta_1}\left(\frac{\sum_{j=1}^{n} X_j - n\vartheta_1}{\sqrt{n\vartheta_1(1 - \vartheta_1)}} < \frac{c_n - n\vartheta_1}{\sqrt{n\vartheta_1(1 - \vartheta_1)}}\right)$$

$$= \mathbb{P}_{\vartheta_1}\left(\frac{\sum_{j=1}^{n} X_j - n\vartheta_1}{\sqrt{n\vartheta_1(1 - \vartheta_1)}} < \frac{\sqrt{n}(\vartheta_0 - \vartheta_1) + \Phi^{-1}(\alpha)\sqrt{\vartheta_0(1 - \vartheta_0)}}{\sqrt{\vartheta_1(1 - \vartheta_1)}}\right)$$

$$\overset{ZGWS}{\approx} \Phi\left(\sqrt{n}\frac{\vartheta_0 - \vartheta_1}{\sqrt{\vartheta_1(1 - \vartheta_1)}} + \Phi^{-1}(\alpha)\sqrt{\frac{\vartheta_0(1 - \vartheta_0)}{\vartheta_1(1 - \vartheta_1)}}\right).$$

Wir erhalten damit die Bedingung

$$n \geqslant \frac{\vartheta_1(1 - \vartheta_1)}{(\vartheta_0 - \vartheta_1)^2}\left(\Phi^{-1}(\beta) - \Phi^{-1}(\alpha)\sqrt{\frac{\vartheta_0(1 - \vartheta_0)}{\vartheta_1(1 - \vartheta_1)}}\right)^2.$$

Insbesondere sehen wir, dass mehr Beobachtungen benötigt werden, um den Fehler 2. Art auch nahe der Nullhypothese, das heißt wenn $\vartheta_0 - \vartheta_1$ klein ist, durch $1 - \beta$ zu beschränken.

Setzen wir $\vartheta_0 = 3/4$, $\vartheta_1 = 0{,}7$, $\alpha = 0{,}1$ und $\beta = 0{,}9$, dann erhalten wir $n \approx 522$, was relativ wenig ist bei einer Grundgesamtheit von 20.000 Studierenden. Wollen wir hingegen die Wahrscheinlichkeiten für Fehler 1. und 2. Art weiter reduzieren, sagen wir mit $\alpha = 0{,}05$ und $\beta = 0{,}95$, erhalten wir $n \approx 860$. $\alpha = 0{,}01$ und $\beta = 0{,}99$ führen zu $n \approx 1720$. ◄

Ein wichtiges Konzept in der Anwendung statistischer Tests sind *p-Werte*. Um diese zu motivieren, bleiben wir beim Saskia-Beispiel. Wir wollen aber das Testproblem etwas umformulieren. Die Nullhypothese ist, dass die Studierenden eher sehr zufrieden sind mit ihrem Studium ($H_0 : \vartheta \in [3/4, 1)$), und wir wollen testen, ob sie mit ihrem Studium eher nicht zufrieden sind ($H_1 : \vartheta \in (0, 3/4)$). Nehmen wir an, wir erhalten durch die Umfrage eine Stichprobe, die im arithmetischen Mittel 0,5 ergibt. Die Hälfte ist also mit dem Studium (un-)zufrieden. Nun könnte man sich fragen, wie stark dieses Ergebnis der Nullhypothese widerspricht, denn immerhin ist die andere Hälfte der Stichprobe zufrieden und es haben (mit sehr hoher Wahrscheinlichkeit) nicht alle Studierenden die Umfrage beantwortet. Eine Antwort auf diese Frage liefert der *p-Wert*.

Definition 1.52 Sei $(\mathcal{X}, \mathcal{F}, (\mathbb{P}_\vartheta)_{\vartheta \in \Theta})$ ein statistisches Modell und der Test φ der Hypothese $H_0 : \vartheta \in \Theta_0 \neq \emptyset$ gegeben durch (1.8). Dann ist der **p-Wert** $p_\varphi(x)$ einer Realisierung $x \in \mathcal{X}$ bezüglich φ definiert als

$$p_\varphi(x) := \inf_{\alpha : T(x) \in \Gamma_\alpha} \sup_{\vartheta \in \Theta_0} \mathbb{P}_\vartheta(T(X) \in \Gamma_\alpha).$$

Statt nur zu prüfen, ob ein Test eine Hypothese akzeptiert oder ablehnt, gibt der p-Wert (auch „Signifikanzwahrscheinlichkeit", „Überschreitungswahrscheinlichkeit" oder „Signifikanzwert") das kleinste Signifikanzniveau an, zu dem eine Hypothese abgelehnt würde. Damit gibt der p-Wert Aufschluss darüber, „wie stark" die Daten der Hypothese widersprechen.

Der p-Wert spielt in der Wissenschaft (Biologie, Chemie, Medizin, Physik, Soziologie, ...) eine wichtige Rolle als Qualitätsmaß für die Relevanz beziehungsweise Richtigkeit einer Theorie. Zum Beispiel wurde in der Arbeit Abbott et al. (2016), die erstmals die Existenz der Gravitationswellen nachgewiesen hat, ein p-Wert von $7,5 \times 10^{-8}$ angegeben. Zudem hat der p-Wert für die Theorie des *multiplen Testens* eine große Bedeutung und ist als Zwischenresultat für Methoden, die beispielsweise die *false discovery rate* kontrollieren, eine fundamentale Größe, siehe Dickhaus (2014).

Folgender Satz zeigt, warum p-Werte in der Praxis sehr nützlich sind.

Satz 1.53 (Eigenschaften des p-Werts) *Es seien* $(\mathcal{X}, \mathcal{F}, (\mathbb{P}_\vartheta)_{\vartheta \in \Theta})$ *ein statistisches Modell,* $\alpha_0 \in (0, 1)$ *und* $\varphi = \mathbb{1}_{\{T > c_{\alpha_0}\}}$ *ein Niveau-*α_0*-Test der Hypothese* $H_0 : \vartheta \in \Theta_0 \neq \emptyset$ *mit einer Teststatistik* $T : \mathcal{X} \to \mathbb{R}$ *und kritischen Werten* c_α *aus (1.9). Unter der Annahme*

$$\sup_{\vartheta \in \Theta_0} \mathbb{P}_\vartheta(T > c_\alpha) \leqslant \alpha \qquad \text{für alle } \alpha \in (0, 1)$$

gilt für jede Realisierung $X = x \in \mathcal{X}$ *und* $t^* := T(x)$ *die Darstellung*

$$p_\varphi(x) = \inf_{t < t^*} \sup_{\vartheta \in \Theta_0} \mathbb{P}_\vartheta(T(X) > t) \tag{1.12}$$

sowie

$$\varphi(x) = \begin{cases} 1, & \text{falls } p_\varphi(x) < \alpha_0, \\ 0, & \text{falls } p_\varphi(x) > \alpha_0. \end{cases}$$

Beweis Im Folgenden schreiben wir $\mathbb{P}_0 := \sup_{\vartheta \in \Theta_0} \mathbb{P}_\vartheta$ ($\mathbb{P}_0$ ist kein Wahrscheinlichkeits-maß!). Wir beginnen mit folgenden elementaren Beobachtungen:

(i) Aus der Monotonie der Maße $\mathbb{P}_\vartheta$ folgt sofort, dass die Abbildung $c \mapsto \mathbb{P}_0(T > c)$ monoton fallend ist.

(ii) Sei $c < t^*, \alpha = \mathbb{P}_0(T > c)$ und c_α der entsprechende kritische Wert. Aus der Definition der kritischen Werte folgt sofort $c_\alpha \leqslant c$, und laut Voraussetzung gilt $\mathbb{P}_0(T > c_\alpha) \leqslant \alpha$. Aus der Monotonie (i) folgt dann aber

$$\alpha = \mathbb{P}_0(T > c) \leqslant \mathbb{P}_0(T > c_\alpha) \leqslant \alpha,$$

und somit $\mathbb{P}_0(T > c_\alpha) = \alpha$.

Im Fall $\mathbb{P}_0(T \geqslant t^*) = 1$ folgt aus (i)

$$p_\varphi(x) = \inf_{\alpha : t^* > c_\alpha} \mathbb{P}_0(T > c_\alpha) \geqslant \mathbb{P}_0(T \geqslant t^*) \geqslant 1.$$

Zusammen mit der trivialen oberen Schranke $p_\varphi(x) \leqslant 1$ und $\inf_{t < t^*} \mathbb{P}_0(T > t) \geqslant \mathbb{P}_0(T \geqslant t^*) \geqslant 1$ gilt somit Gleichheit in (1.12).

Sei nun $\mathbb{P}_0(T \geqslant t^*) < 1$ und $S := \{c_\alpha < t^*\}$ die Menge aller kritischen Werte kleiner als t^*. Wir zeigen zuerst $S \neq \emptyset$. Sei dazu $\vartheta \in \Theta_0$ beliebig. Da $\mathbb{P}_\vartheta$ ein Wahrscheinlichkeitsmaß ist, gilt $\lim_{c \to -\infty} \mathbb{P}_\vartheta(T > c) = 1$. Es gibt also ein $c < t^*$, sodass $\mathbb{P}_\vartheta(T > c) > \mathbb{P}_\vartheta(T \geqslant t^*)$. Daraus folgt

$$\mathbb{P}_0(T > c) \geqslant \mathbb{P}_\vartheta(T > c) > \mathbb{P}_0(T \geqslant t^*).$$

Sei c_α der entsprechende kritische Wert zu $\alpha = \mathbb{P}_0(T > c)$. Dann gilt $c_\alpha \leqslant c < t^*$, und somit $c_\alpha \in S$.

Betrachte das Supremum $s := \sup\{c_\alpha < t^*\}$ der kritischen Werte kleiner t^*, wobei nicht zwingend $s = t^*$ gelten muss. Wir zeigen jetzt, dass s auch ein kritischer Wert ist, es also ein $\alpha_s \in [0,1]$ mit $s = c_{\alpha_s}$ gibt. Sei dazu $\alpha_s = \mathbb{P}_0(T > s)$ und c_{α_s} der entsprechende kritische Wert mit $c_{\alpha_s} \leqslant s$. Wegen der Monotonie (i) und (ii) gilt für alle $c_\alpha \in S$

$$\mathbb{P}_0(T > c_\alpha) \geqslant \mathbb{P}_0(T > s) = \alpha_s = \mathbb{P}_0(T > c_{\alpha_s}).$$

Aus der Monotonie (i) folgt dann $c_{\alpha_s} \geqslant c_\alpha$ für alle $c_\alpha \in S$. Damit ist c_{α_s} eine obere Schranke für S und muss aufgrund von $c_{\alpha_s} \leqslant s$ mit dem Supremum s übereinstimmen. Aus der Monotonie (i) folgt sofort

$$\inf_{\alpha : t^* > c_\alpha} \mathbb{P}_0(T > c_\alpha) = \mathbb{P}_0(T > s). \tag{1.13}$$

Als Nächstes zeigen wir, dass zwischen s und t^* keine „Masse" mehr ist. Dazu argumentieren wir per Widerspruch. Angenommen, es gibt ein $s < s' < t^*$, sodass $\mathbb{P}_0(s' < T) < \mathbb{P}_0(s < $

$T) = \alpha_s$. Sei $\alpha' = \mathbb{P}_0(s' < T)$ und $c_{\alpha'} \leqslant s'$ der entsprechende kritische Wert. Aus (ii) folgt $\mathbb{P}_0(c_{\alpha'} < T) = \alpha'$. Andererseits folgt aus (i) und $\alpha' < \alpha_s$ auch, dass $c_{\alpha'} > s$ gelten muss. Wegen $c_{\alpha'} < t^*$ ist das ein Widerspruch zur Supremumseigenschaft von s. Folglich gilt

$$\inf_{s \leqslant s' < t^*} \mathbb{P}_0(T > s') = \mathbb{P}_0(T > s),$$

und zusammen mit (1.13) folgt die Gültigkeit von (1.12).

Man beachte nun, dass $\varphi(x) = 1$ genau dann gilt, wenn $T(x) = t^* > c_{\alpha_0}$. Die Annahme an die kritischen Werte und die Monotonie (i) von $\mathbb{P}_0$ liefern nun

$$\alpha_0 \geqslant \mathbb{P}_0(T > c_{\alpha_0}) \geqslant \inf_{\alpha : c_\alpha < t^*} \mathbb{P}_0(T > c_\alpha) = p_\varphi(x).$$

Äquivalent impliziert $p_\varphi(x) > \alpha_0$, dass $\varphi(x) = 0$ gelten muss. Im Fall $p_\varphi(x) < \alpha_0$ folgt aus

$$p_\varphi(x) = \inf_{c < t^*} \mathbb{P}_0(T > c),$$

dass es ein $c < t^*$ mit $p_\varphi(x) \leqslant \mathbb{P}_0(T > c) \leqslant \alpha_0$ gibt. Die Definition der kritischen Werte impliziert nun, dass $c \geqslant c_{\alpha_0}$ sein muss, und wegen $t^* > c \geqslant c_{\alpha_0}$ folgt $\varphi(x) = 1$. $\qquad\square$

Bemerkung 1.54 (p-Wert)

1. Unter den Voraussetzungen von Satz 1.53 kann man den p-Wert alternativ auch durch

$$p_\varphi(x) = \inf\{\alpha \in (0,1) : t^* > c_\alpha\}$$

   darstellen (Übung 1.8).
2. Alle Rahmenbedingungen des Experiments, insbesondere also das Signifikanzniveau, müssen vor seiner Durchführung festgelegt werden! Ein Signifikanzniveau darf nicht a posteriori aufgrund der erzielten p-Werte bestimmt werden. Dies widerspricht korrekter statistischer Praxis! Mathematisch wäre α eine Zufallsvariable (als Funktion in den Beobachtungen), und der vorangegangene Satz kann nicht angewendet werden.
3. Der Vorteil von p-Werten ist, dass sie unabhängig von einem a priori festgesetzten Signifikanzniveau α berechnet werden können. Deshalb werden in allen gängigen Statistik-Softwaresystemen statistische Hypothesentests über die Berechnung von p-Werten implementiert.

Beispiel 1.55

p-Wert

Auf Grundlage von i. i. d. normalverteilten Beobachtungen $X_1, \ldots, X_n \sim N(\mu, \sigma^2)$ mit unbekanntem Mittelwert $\mu \in \mathbb{R}$ und bekanntem $\sigma > 0$ soll das Testproblem

$$H_0 : \mu \leqslant \mu_0 \qquad \text{gegen} \qquad H_1 : \mu > \mu_0$$

untersucht werden. Da wir bereits wissen, dass im resultierenden statistischen Modell $(\mathbb{R}^n, \mathcal{B}(\mathbb{R})^{\otimes n}, (\mathbb{P}_\nu)_{\mu \in \mathbb{R}})$ mit $\mathbb{P}_\mu = N(\mu, \sigma^2)^{\otimes n}$ das Stichprobenmittel $\bar{X}_n$ ein guter Schätzer von μ (sogar ein Minimax-Schätzer) ist, wählen wir den Test $\varphi(x) = \mathbb{1}_{\{\bar{x}_n > c_\alpha\}}$ für kritische Werte $(c_\alpha)_{\alpha \in (0,1)}$ und der Teststatistik $T(x) = \bar{x}_n$. Wegen $\bar{X}_n \sim N(\mu, \sigma^2/n)$ unter $\mathbb{P}_\mu$ und der Monotonie der Verteilungsfunktion Φ der Standardnormalverteilung gilt für jedes $c \in \mathbb{R}$

$$\sup_{\mu \leqslant \mu_0} \mathbb{P}_\mu(\bar{X}_n > c) = \sup_{\mu \leqslant \mu_0} \left\{ 1 - \Phi\left(\frac{\sqrt{n}(c - \mu)}{\sigma}\right) \right\} = 1 - \Phi\left(\frac{\sqrt{n}(c - \mu_0)}{\sigma}\right).$$

Zum einen folgt hieraus $c_\alpha = \mu_0 + \frac{\sigma}{\sqrt{n}} q_{1-\alpha}$ für das $(1 - \alpha)$-Quantil von $N(0,1)$ und zum anderen ist die Bedingung $\sup_{\mu \leqslant \mu_0} \mathbb{P}_\mu(\bar{X}_n > c_\alpha) \leqslant \alpha$ aus Satz 1.53 erfüllt. Wir erhalten für den *einseitigen Gauß-Test* $\varphi(x) = \mathbb{1}_{\{x > \mu_0 + \frac{\sigma}{\sqrt{n}} q_{1-\alpha}\}}$ und für Realisierungen $x \in \mathbb{R}^n$ die p-Werte

$$p_\varphi(x) = 1 - \Phi\left(\frac{\sqrt{n}(\bar{x}_n - \mu_0)}{\sigma}\right) = \inf\{\alpha \in (0,1) : T(x) > c_\alpha\}.$$

◀

1.3.2 Das Neyman-Pearson-Lemma

Wir werden nun ein Optimalitätskriterium für Tests kennenlernen. Zur Motivation kommen wir auf Beispiel 1.45 zurück.

Beispiel 1.56

Randomisierte Tests
Wir betrachten erneut ein Binomialmodell Bin(13, p) auf $\mathcal{X} = \{0, \ldots n\}$. Da die Schwelle c des Binomialtests eine ganze Zahl ist, kann der Test $\varphi(x) := \mathbb{1}_{\{x > c\}}$ das Niveau $\alpha = 0{,}05$ insofern nicht voll ausschöpfen, als dass die Wahrscheinlichkeit für Fehler 2. Art nicht perfekt minimiert werden kann. An dieser Stelle hilft eine Randomisierung des Tests. Wir betrachten einen Test der Form

$$\tilde{\varphi}(x) = \begin{cases} 0, & x < c, \\ \gamma, & x = c, \\ 1, & x > c. \end{cases}$$

Statt die Hypothese wie in Beispiel 1.45 bei $X = c$ immer abzulehnen, fordern wir nun, dass im Fall $X = c$ die Nullhypothese mit einer Wahrscheinlichkeit γ abgelehnt wird, und führen hierzu ein unabhängiges Bernoulli-Experiment $B \sim \mathrm{Ber}(\gamma)$ mit Erfolgswahrscheinlichkeit γ durch. Wir wählen γ so, dass das gesamte Signifikanzniveau aus-

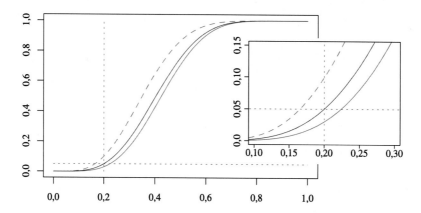

Abb. 1.4 Die Gütefunktionen der Tests $\varphi(x) := \mathbb{1}_{\{x>5\}}$ (grün, durchgezogen), $\bar{\varphi}(x) := \mathbb{1}_{\{x>4\}}$ (grün, gestrichelt) sowie des randomisierten Tests $\tilde{\varphi}$ (violett) im $\mathrm{Bin}(13, 1/5)$-Modell. Lila markiert sind das Niveau $\alpha = 0{,}05$ und der Parameterwert $p = 1/5$.

geschöpft wird, das heißt

$$0{,}05 \overset{!}{=} \mathbb{E}_{1/5}[\tilde{\varphi}] = \mathbb{P}_{1/5}(X > 5) + \gamma \cdot \mathbb{P}_{1/5}(X = 5).$$

Durch Umstellen nach γ ergibt sich $\gamma \approx 0{,}29$. Der resultierende randomisierte Test $\tilde{\varphi}$ besitzt somit das Niveau $\alpha = 0{,}05$ und ist zudem unverfälscht, siehe Abb. 1.4. Da die Gütefunktion des Binomialtests stets unter der Gütefunktion des randomisierten Tests liegt, hat Letzterer einen kleineren Fehler zweiter Art. ◄

In diesem Beispiel ist es uns gelungen, den Binomialtest zu verbessern. Es stellt sich die Frage, ob es auch einen besten Test gibt und, falls das der Fall ist, wie man diesen konstruieren kann. Die Antwort hierauf wollen wir im einfachen binären Modell studieren.

In diesem Fall besteht die Parametermenge nur aus zwei Parametern, sagen wir $\Theta = \{0, 1\}$. Wir möchten $H_0 : \vartheta = 0$ gegen $H_1 : \vartheta = 1$ testen. Das folgende grundlegende Resultat beschreibt Tests, die zu vorgegebenem Niveau die Wahrscheinlichkeit von Fehlern zweiter Art minimieren.

Satz 1.57 (Neyman-Pearson-Lemma) *Betrachte ein binäres statistisches Modell* $(\mathcal{X}, \mathcal{F},$ $(\mathbb{P}_\vartheta)_{\vartheta \in \{0,1\}})$ *mit Likelihood-Funktion L bezüglich eines dominierenden Maßes μ (zum Beispiel $\mu = \mathbb{P}_0 + \mathbb{P}_1$) sowie das Testproblem $H_0 : \vartheta = 0$ gegen $H_1 : \vartheta = 1$. Dann besitzt der (möglicherweise randomisierte) Test*

$$\varphi_\alpha(x) := \begin{cases} 1, & \text{falls } L(1, x) > c_\alpha L(0, x), \\ 0, & \text{falls } L(1, x) < c_\alpha L(0, x), \\ \gamma_\alpha, & \text{falls } L(1, x) = c_\alpha L(0, x) \end{cases} \tag{1.14}$$

mit Konstanten $c_\alpha \geqslant 0$, $\gamma_\alpha \in [0, 1]$ unter allen (auch randomisierten) Tests φ mit demselben Niveau $\mathbb{E}_0[\varphi] \leqslant \mathbb{E}_0[\varphi_\alpha]$ die kleinste Wahrscheinlichkeit für Fehler zweiter Art:

$$\mathbb{E}_1[1 - \varphi_\alpha] = \min_\varphi \mathbb{E}_1[1 - \varphi]$$

Beweis Das Resultat folgt, wenn wir $E_1[\varphi - \varphi_\alpha] \leqslant 0$ gezeigt haben. Hierzu verwenden wir ein geschicktes Maßwechselargument sowie $\varphi - \varphi_\alpha = \varphi - 1 \leqslant 0$ auf $\{L(1) > c_\alpha L(0)\}$ und $\varphi - \varphi_\alpha = \varphi \geqslant 0$ auf $\{L(1) < c_\alpha L(0)\}$:

$$\begin{aligned} \mathbb{E}_1[\varphi - \varphi_\alpha] &= \int_{\{L(1) > c_\alpha L(0)\}} (\varphi - \varphi_\alpha) L(1) d\mu + \int_{\{L(1) < c_\alpha L(0)\}} (\varphi - \varphi_\alpha) L(1) d\mu \\ &\quad + \int_{\{L(1) = c_\alpha L(0)\}} (\varphi - \varphi_\alpha) L(1) d\mu \\ &\leqslant \int_{\{L(1) > c_\alpha L(0)\}} (\varphi - \varphi_\alpha) c_\alpha L(0) d\mu \\ &\quad + \int_{\{L(1) < c_\alpha L(0)\}} (\varphi - \varphi_\alpha) c_\alpha L(0) d\mu \\ &\quad + \int_{\{L(1) = c_\alpha L(0)\}} (\varphi - \varphi_\alpha) c_\alpha L(0) d\mu \\ &= c_\alpha \mathbb{E}_0[\varphi - \varphi_\alpha] \\ &\leqslant 0, \end{aligned}$$

wobei wir in der letzten Zeile die Niveaubedingung $\mathbb{E}_0[\varphi] \leqslant \mathbb{E}_0[\varphi_\alpha]$ verwendet haben. $\square$

▶ **Kurzbiografie (Jerzy Neyman)** Jerzy Neyman (bzw. Yuri Czeslawovich) wurde 1894 in Bendery im Russischen Kaiserreich geboren. Er studierte Mathematik und Physik in Charkiw (Ukraine). Nach dem Studium arbeitete er zunächst an den Universitäten in Charkiw und Warschau, bevor er 1934 von Egon Pearson ans University College London geholte wurde. 1938 bekam er einen Ruf an die University of California in Berkeley, an der er das Statistik-Department aufbaute. 1981 starb Neymann in Kalifornien. Zu den wichtigsten Beiträgen Neymans zählen die Einführung von Konfidenzintervallen und das zusammen mit Egon Pearson bewiesene *Neyman-Pearson-Lemma*.

Definition 1.58 In einem binären statistischen Modell $(\mathcal{X}, \mathcal{F}, (\mathbb{P}_\vartheta)_{\vartheta \in \{0, 1\}})$ mit Likelihood-Funktion L bezüglich eines dominierenden Maßes heißt ein Test der Form (1.14) **Neyman-Pearson-Test.**

Bemerkung 1.59

1. Es sei der Leserin überlassen, zu zeigen, dass zu jedem Niveau $\alpha \in (0,1)$ durch Wahl von $c_\alpha \geqslant 0$ und $\gamma_\alpha \in [0,1]$ ein Neyman-Pearson-Test φ_α vom Niveau α existiert (Aufgabe 2.9). Im Fall einer einelementigen Hypothese und Alternative, man spricht auch von *einfacher Hypothese* und *einfacher Alternative*, kann somit stets ein optimaler Test angegeben werden. Aus dem vorherigen Beweis lässt sich auch folgern, dass jeder in diesem Sinne optimale Test fast sicher von der Form eines Neyman-Pearson-Tests ist.

2. Die Neyman-Pearson-Tests hängen nicht von der Wahl des dominierenden Maßes μ ab. Mittels Radon-Nikodym-Ableitungen sieht man nämlich mit dem kanonischen dominierenden Maß $\bar{\mu} = \mathbb{P}_0 + \mathbb{P}_1$ und $\bar{L}(\vartheta, x) = \frac{d\mathbb{P}_\vartheta}{d\bar{\mu}}(x)$:

$$L(\vartheta, x) = \frac{d\mathbb{P}_\vartheta}{d\mu}(x) = \frac{d\mathbb{P}_\vartheta}{d\bar{\mu}}(x) \frac{d\bar{\mu}}{d\mu}(x) = \bar{L}(\vartheta, x) \frac{d\bar{\mu}}{d\mu}(x).$$

Die Likelihood-Funktionen L und $\bar{L}$ unterscheiden sich also nur um einen in ϑ konstanten Faktor, der sich bei der Konstruktion des Neyman-Pearson-Tests herauskürzt. Beachte dazu $\mathbb{P}_\vartheta(\frac{d\bar{\mu}}{d\mu} = 0) = 0$ für $\vartheta \in \{0,1\}$ (Warum gilt das?).

Beispiel 1.60

Einseitiger Binomialtest

Wir nehmen Beispiel 1.45 wieder auf, testen aber nun für $n = 13$ und $p_0 = 1/5$, $p_1 = 1/4$ die einfache Hypothese „Tod durch Tumorerkrankung mit Wahrscheinlichkeit $p = p_0$" gegen die einfache Alternative „Tod durch Tumorerkrankung mit Wahrscheinlichkeit $p = p_1$". Wir erhalten das binäre statistische Modell $(\{0, \ldots, n\}, \mathcal{P}(\{0, \ldots, n\}), (\mathbb{P}_\vartheta)_{\vartheta \in \{0,1\}})$ mit $\mathbb{P}_0 = \text{Bin}(n, p_0)$ und $\mathbb{P}_1 = \text{Bin}(n, p_1)$. Mit dem Zählmaß als dominierendem Maß μ erhalten wir den *Likelihood-Quotienten*

$$\frac{L(1, k)}{L(0, k)} = \frac{\binom{n}{k} p_1^k (1 - p_1)^{n-k}}{\binom{n}{k} p_0^k (1 - p_0)^{n-k}} = \frac{(1 - p_1)^n}{(1 - p_0)^n} \left(\frac{p_1(1 - p_0)}{p_0(1 - p_1)} \right)^k.$$

Wegen $p_1 > p_0$ wächst dieser Quotient in $k \in \{0, \ldots, n\}$ streng monoton, und es gibt zu jedem $c_\alpha \geqslant 0$ ein $\tilde{c}_\alpha \geqslant 0$, sodass

$$\varphi_\alpha(k) := \begin{cases} 1, & \text{falls } L(1, k) > c_\alpha L(0, k) \\ 0, & \text{falls } L(1, k) < c_\alpha L(0, k) \\ \gamma_\alpha, & \text{falls } L(1, k) = c_\alpha L(0, k) \end{cases} = \begin{cases} 1, & \text{falls } k > \tilde{c}_\alpha, \\ 0, & \text{falls } k < \tilde{c}_\alpha, \\ \gamma_\alpha, & \text{falls } k = \tilde{c}_\alpha. \end{cases}$$

Wählen wir nun wie in Beispiel 1.56 $\tilde{c}_{0,05} = 5$, $\gamma_{0,05} \approx 0{,}29$, so erreicht $\varphi_{0,05}$ genau das Niveau $\alpha = 0{,}05$ und besitzt als Neyman-Pearson-Test unter allen randomisierten Tests zum Niveau $\alpha = 0{,}05$ die kleinste Fehlerwahrscheinlichkeit zweiter Art.

Der aufmerksamen Leserin ist vielleicht aufgefallen, dass die gesamte Testkonstruktion hier nicht vom exakten Wert p_1 abhängt. Wir haben nur $p_1 > p_0$ benutzt. Somit gilt sogar die weit stärkere Eigenschaft, dass es keinen Test φ von $H_0 : p = p_0$ gegen $H_1 : p > p_0$ vom Niveau $\alpha = 0{,}05$ gibt, der für irgendein $p \in (p_0, 1]$ eine größere Güte $\mathbb{E}_p[\varphi]$ besitzt als $\varphi_{0,05}$. Wenn wir noch das Monotonieargument aus Beispiel 1.45 heranziehen, dass $\varphi_{0,05}$ auch für die zusammengesetzte Hypothese $H_0 : p \leqslant p_0$ Niveau α besitzt, so können wir weiter schließen, dass der einseitige Binomialtest auf der Alternative maximale Güte unter allen Niveau-α-Tests für $H_0 : p \leqslant p_0$ gegen $H_1 : p > p_0$ besitzt. Solche Tests nennt man auch *UMP-Tests* (englisch: *uniformly most powerful tests*). ◄

Beispiel 1.61

Einseitiger Gauß-Test
Wir beobachten eine mathematische Stichprobe normalverteilter Zufallsvariablen X_1, $\ldots, X_n \sim \mathrm{N}(\mu, \sigma^2)$ mit $\sigma > 0$ bekannt und wollen für feste $\mu_0, \mu_1 \in \mathbb{R}$ die Hypothese $H_0 : \mu = \mu_0$ gegen $H_1 : \mu = \mu_1$ testen. Mit $\mathbb{P}_0 = \mathrm{N}(\mu_0, \sigma^2)^{\otimes n}$, $\mathbb{P}_1 = \mathrm{N}(\mu_1, \sigma^2)^{\otimes n}$ und dem n-dimensionalen Lebesgue-Maß als dominierendem Maß erhalten wir den Likelihood-Quotienten (als Statistik in den Beobachtungen geschrieben):

$$\frac{L(1)}{L(0)} = \exp\left(-\frac{1}{2\sigma^2} \sum_{i=1}^{n} \left((X_i - \mu_1)^2 - (X_i - \mu_0)^2\right)\right)$$

$$= \exp\left(-\frac{n}{\sigma^2}\left((\mu_0 - \mu_1)\bar{X}_n + \frac{\mu_1^2}{2} - \frac{\mu_0^2}{2}\right)\right)$$

mit dem Stichprobenmittel $\bar{X}_n = \frac{1}{n}\sum_{i=1}^{n} X_i$. Betrachten wir von nun an den Fall $\mu_1 > \mu_0$, sehen wir, dass der Likelihood-Quotient eine streng monotone Funktion in $\bar{X}_n$ ist und sonst nicht von den Beobachtungen abhängt. Also können wir wie beim Binomialtest durch Modifikation des kritischen Werts c_α jeden Neyman-Pearson-Test schreiben als

$$\varphi_\alpha := \begin{cases} 1, & \text{falls } \bar{X}_n > \tilde{c}_\alpha, \\ 0, & \text{falls } \bar{X}_n < \tilde{c}_\alpha, \\ \gamma_\alpha, & \text{falls } \bar{X}_n = \tilde{c}_\alpha \end{cases}$$

mit $\tilde{c}_\alpha \geqslant 0$, $\gamma_\alpha \in [0,1]$ geeignet. Unter $\mathbb{P}_0$ und $\mathbb{P}_1$ hat das Ereignis $\{\bar{X}_n = \tilde{c}_\alpha\}$ die Wahrscheinlichkeit Null, sodass wir auf Randomisierung verzichten und einfach $\gamma_\alpha = 0$ setzen können. Da unter $\mathbb{P}_0$ für das Stichprobenmittel $\bar{X}_n \sim \mathrm{N}(\mu_0, \sigma^2/n)$ gilt, erhalten wir somit einen Neyman-Pearson-Test vom Niveau $\alpha \in (0,1)$ durch

$$\varphi_\alpha = \mathbb{1}(\bar{X}_n > \mu_0 + \sigma n^{-1/2} q_{1-\alpha})$$

mit dem $(1-\alpha)$-Quantil $q_{1-\alpha}$ der Standardnormalverteilung, die gerade mit dem einseitigen Gauß-Test aus Beispiel 1.55 übereinstimmt. Genau wie beim einseitigen Binomialtest sieht man, dass φ_α sogar ein Test vom Niveau α für $H_0 : \mu \leqslant \mu_0$ gegen $H_1 : \mu > \mu_0$ mit UMP-Eigenschaft ist. ◄

Wie diese Beispiele demonstrieren, lässt sich die Neyman-Pearson-Theorie manchmal auch vom Fall einfacher Hypothesen auf einseitige Testprobleme übertragen. Die notwendige Strukturvoraussetzung dafür waren immer monotone Likelihood-Quotienten. Für die wichtigen zweiseitigen Testprobleme führt dieser Ansatz jedoch nicht zum Ziel, man kann sogar zeigen, dass für zweiseitige Binomial- oder Gauß-Testprobleme keine UMP-Tests existieren können. Stattdessen sollte für zweiseitige Testprobleme die Klasse der unverfälschten Tests betrachtet werden, für die unter geeigneten Bedingungen die Existenz von *besten, unverzerrten Tests* (englisch: *uniformly most powerfull unbiased*, kurz: UMPU) gezeigt werden kann.

Auch für allgemeine zusammengesetzte Hypothesen führt uns die Neyman-Pearson-Theorie auf einen intuitiven Ansatz zur Wahl der Teststatistik. Nehmen wir dazu ein allgemeines statistisches Modell $(\mathcal{X}, \mathcal{F}, (\mathbb{P}_\vartheta)_{\vartheta \in \Theta})$ mit Likelihood-Funktion L und Partition $\Theta = \Theta_0 \cup \Theta_1$ an, so können wir eine Teststatistik für $H_0 : \vartheta \in \Theta_0$ gegen $H_1 : \vartheta \in \Theta_1$ konstruieren, indem wir in Θ_0 und Θ_1 jeweils den Parameter wählen, der die Likelihood-Funktion maximiert, und damit, dem Neymann-Pearson-Ansatz folgend, den entsprechenden Likelihood-Quotienten bilden:

$$T(x) := \frac{\sup_{\vartheta \in \Theta_1} L(\vartheta, x)}{\sup_{\vartheta \in \Theta_0} L(\vartheta, x)}. \tag{1.15}$$

mit dem so definierten Likelihood-Quotienten erhalten wir eine sehr allgemeine Methode, Tests zu konstruieren.

> **Methode 1.62 (Likelihood-Quotiententest)** Für ein dominiertes statistisches Modell $(\mathcal{X}, \mathcal{F}, (\mathbb{P}_\vartheta)_{\vartheta \in \Theta})$ mit Likelihood-Funktion $L(\vartheta, x)$ betrachte das Testproblem $H_0 : \vartheta \in \Theta_0$ gegen $H_1 : \vartheta \in \Theta_1$. Für $c_\alpha \geqslant 0$ und $\gamma_\alpha \in [0,1]$ sowie T aus (1.15) ist ein **Likelihood-Quotiententest** (englisch: *likelihood ratio test*, kurz: LR-Test) gegeben durch
>
> $$\varphi_\alpha(x) = \mathbb{1}(T(x) > c_\alpha) + \gamma_\alpha \mathbb{1}(T(x) = c_\alpha), \quad x \in \mathcal{X}.$$

Es ist leicht einzusehen, dass unter H_i, $i = 0,1$, fast sicher $\sup_{\vartheta \in \Theta_i} L(\vartheta) > 0$ gilt, sodass ein Likelihood-Quotiententest φ_α fast sicher wohldefiniert ist (ist der Nenner in T gleich null, so setze $T = +\infty$, da dies fast sicher nur unter H_1 geschieht, wo der Zähler fast sicher positiv ist).

Eine andere Interpretation des Likelihood-Quotententests ergibt sich, wenn die Maximum-Likelihood-Schätzer $\hat{\vartheta}_0$ und $\hat{\vartheta}_1$ von ϑ über den Parametermengen Θ_0 bzw. Θ_1 existieren. Dann ist der Likelihood-Quotient gerade

$$T(x) = \frac{L(\hat{\vartheta}_1(x), x)}{L(\hat{\vartheta}_0(x), x)},$$

und wir können den Likelihood-Quotententest als einen Neyman-Pearson-Test zwischen den geschätzten Parametern $\hat{\vartheta}_0$ und $\hat{\vartheta}_1$ interpretieren. Beachte dazu aber, dass die Schätzer zufällig sind und das Neyman-Pearson-Lemma keine Anwendung findet. ähnlich wie bei der Maximum-Likelihood-Methode führt der Likelihood-Quotententest häufig, aber nicht immer zu guten Tests.

Beispiel 1.63

Zweiseitiger Binomialtest
In Beispiel 1.48 haben wir den zweiseitigen Binomialtest für $\mathbb{P}_\vartheta = \mathrm{Bin}(n, \vartheta)$ und $H_0 : \vartheta = \vartheta_0$ gegen $H_1 : \vartheta \neq \vartheta_0$ kennengelernt. Als Likelihood-Quotentenstatistik erhalten wir für $\vartheta \in (0,1)$ fest und $\hat{\vartheta}(k) = k/n$

$$T(k) = \frac{\sup_{\vartheta \neq \vartheta_0} \vartheta^k (1-\vartheta)^{n-k}}{\vartheta_0^k (1-\vartheta_0)^{n-k}} = \frac{\hat{\vartheta}(k)^k (1-\hat{\vartheta}(k))^{n-k}}{\vartheta_0^k (1-\vartheta_0)^{n-k}}, \quad k \in \{0, \dots, n\}.$$

Im Fall $\vartheta_0 = 1/2$ vereinfacht sich dies durch Einsetzen zu $T(k) = (2n)^{-n} k^k (n-k)^{n-k}$. Damit ist T um $n/2$ symmetrisch ($T(k) = T(n-k)$ für $0 \leqslant k \leqslant n/2$) und wachsend ($T(k+1) > T(k)$ für $k \geqslant n/2$). Der Likelihood-Quotententest lässt sich somit schreiben als $\varphi_\alpha(k) = \mathbb{1}(|k - n/2| > \tilde{c}_\alpha) + \gamma_\alpha \mathbb{1}(|k - n/2| = \tilde{c}_\alpha)$, was genau dem zweiseitigen Binomialtest entspricht. Beachte, dass für $\vartheta_0 \neq 1/2$ die Asymmetrie der $\mathrm{Bin}(n, \vartheta_0)$-Verteilung zu einer Teststatistik führt, die nicht symmetrisch um $\vartheta_0 n$ ist. ◄

Beispiel 1.64

Zweiseitiger Gauß-Test
Aufgrund einer mathematischen Stichprobe $X_1, \dots, X_n \sim \mathrm{N}(\mu, \sigma^2)$ mit bekanntem $\sigma > 0$ wollen wir für festes $\mu_0 \in \mathbb{R}$ die Hypothese $H_0 : \mu = \mu_0$ gegen $H_1 : \mu \neq \mu_0$ testen. Aus Stetigkeitsgründen ist das Supremum der Likelihood-Funktion über $\mu \in \mathbb{R} \setminus \{\mu_0\}$ gleich dem Supremum über ganz $\mathbb{R}$, was am Stichprobenmittel als Maximum-Likelihood-Schätzer $\hat{\mu} = \bar{X}$ angenommen wird, und die Likelihood-Quotentenstatistik (in den Beobachtungen geschrieben) ist

$$T = \exp\left(-\frac{1}{2\sigma^2} \sum_{i=1}^n \left((X_i - \bar{X})^2 - (X_i - \mu_0)^2\right)\right) = \exp\left(\frac{n}{2\sigma^2}\left(\mu_0 - \bar{X}\right)^2\right).$$

Eine einfache statistische Herleitung der zweiten Identität ergibt sich, wenn man

$$\frac{1}{n} \sum_{i=1}^{n} (X_i - \mu_0)^2 = (\bar{X} - \mu_0)^2 + \frac{1}{n} \sum_{i=1}^{n} (X_i - \bar{X})^2$$

als Bias-Varianz-Zerlegung bezüglich der empirischen Verteilung der (X_i) versteht. Wir bemerken, dass T in $|\bar{X} - \mu_0|$ streng monoton wächst und auf Randomisierung verzichtet werden kann, sodass

$$\varphi_\alpha = \mathbb{1}\left(|\bar{X} - \mu_0| > \sigma n^{-1/2} q_{1-\alpha/2}\right)$$

wegen $\bar{X} \sim N(\mu_0, \sigma^2/n)$ unter H_0 ein Likelihood-Quotiententest zum Niveau α ist. Man nennt φ_α *zweiseitigen Gauß-Test*. ◄

1.4 Konfidenzmengen

In unserem Saskia-Beispiel 1.6 wird eine Umfrage unter Studierenden durchgeführt, die nur von einem Teil der Studierenden beantwortet wird. Die Antworten aus der Stichprobe ergeben im Mittel einen Wert, von dem wir nicht wissen, ob er der Durchschnittsantwort aller Studierenden (auch jener, die nicht an der Umfrage teilgenommen haben) entspricht. Anhand dieser Stichprobe lässt sich jedoch ein Intervall angeben, das den wahren Mittelwert mit einer gegebenen Wahrscheinlichkeit enthält, und zwar egal, welcher wahre Mittelwert die Wahrscheinlichkeitsverteilung bestimmt.

Statt wie in der Parameterschätzung einen einzelnen Wert zu bestimmen, der möglichst in der Nähe des wahren Parameters liegt, wollen wir also nun Bereiche angeben, von denen wir mit einer gewissen Zuversicht (Konfidenz) sagen können, dass der wahre Parameter in ihnen liegt. Daher werden diese Bereiche auch als „Konfidenzmengen" oder „Konfidenzbereiche" bezeichnet. In allen Wissenschaften ist diese Quantifizierung der statistischen Unsicherheit (englisch: *uncertainty quantification*) von großer Bedeutung.

Definition 1.65 Sei $(\mathcal{X}, \mathcal{F}, (\mathbb{P}_\vartheta)_{\vartheta \in \Theta})$ ein statistisches Modell mit abgeleitetem Parameter $\rho : \Theta \to \mathbb{R}^d$. Eine mengenwertige Abbildung

$$C : \mathcal{X} \to \mathcal{P}(\mathbb{R}^d)$$

heißt **Konfidenzmenge zum Konfidenzniveau** $1 - \alpha$ (oder zum Irrtumsniveau α) für $\alpha \in (0,1)$, falls die Messbarkeitsbedingung $\{x \in \mathcal{X} : \rho(\vartheta) \in C(x)\} \in \mathcal{F}$ für alle $\vartheta \in \Theta$ erfüllt ist und

$$\mathbb{P}_\vartheta(\rho(\vartheta) \in C) = \mathbb{P}_\vartheta\big(\{x \in \mathcal{X} : \rho(\vartheta) \in C(x)\}\big) \geqslant 1 - \alpha \quad \text{für alle } \vartheta \in \Theta$$

gilt. Im Fall $d = 1$ und falls $C(x)$ für jedes $x \in \mathcal{X}$ ein Intervall ist, heißt C **Konfidenzintervall.**

Bemerkung 1.66 (Konfidenzmengen) Hier ist $\rho(\vartheta)$ fixiert, während C zufällig ist. Konfidenzmengen sind also wie folgt zu interpretieren: Werden in m unabhängigen Experimenten für (verschiedene) Parameter Konfidenzmengen zum Niveau $1 - \alpha = 0,95$ konstruiert, dann liegt der unbekannte Parameter $\rho(\vartheta)$ in 95 % der Fälle in der jeweiligen Konfidenzmenge (für m hinreichend groß; starkes Gesetz der großen Zahlen), unabhängig davon, welches $\vartheta \in \Theta$ vorliegt. Man spricht aber *nicht* davon, dass mit 95 %-iger Wahrscheinlichkeit $\rho(\vartheta)$ in $C(x)$ liegt, denn wir betrachten gar kein Wahrscheinlichkeitsmaß auf Θ.

Die Menge $C = \mathbb{R}^d$ ist stets eine (triviale) Konfidenzmenge zu jedem beliebigen Niveau, die uns aber keine Information über $\rho(\vartheta)$ liefert. Je kleiner die Konfidenzmenge ist, desto genauere Aussagen erhalten wir über den unbekannten Parameter. Wir werden uns daher bemühen, Konfidenzmengen möglichst klein zu konstruieren, sodass das Konfidenzniveau gerade noch eingehalten wird.

Wie kann von einer erhobenen Stichprobe ausgehend eine Konfidenzmenge konstruiert werden? Ein häufig verwendetes Konstruktionsprinzip für die Konfidenzintervalle ist die Verwendung eines Schätzers und seiner Verteilung, wie die nächsten Beispiele illustrieren.

Beispiel 1.67

Konstruktion von Konfidenzintervallen – a
Wir wollen ein Konfidenzintervall für Saskias Umfrage zur Studierendenzufriedenheit konstruieren. In Beispiel 1.6 hatten wir das statistische Modell $(\{0,1\}^n, \mathcal{P}(\{0,1\}^n),$ $(\text{Ber}(p)^{\otimes n})_{p \in (0,1)})$ betrachtet und als Schätzer $\hat{\rho}_n$ wählten wir das arithmetische Mittel der Stichprobe. Unsere Grundidee zur Konstruktion des Konfidenzintervalls ist es, um den Schätzer $\hat{\rho}_n$ ein symmetrisches Intervall

$$C_n := [\hat{\rho}_n - \varepsilon_n, \hat{\rho}_n + \varepsilon_n]$$

aufzuspannen, wobei wir ε_n noch näher bestimmen müssen. Damit C_n ein Konfidenzintervall zum Irrtumsniveau $\alpha \in (0,1)$ ist, fordern wir

$$\mathbb{P}_p(p \in C_n) = \mathbb{P}_p(|\hat{\rho}_n - p| \leqslant \varepsilon_n) = \mathbb{P}_p\left(\left| \sum_{i=1}^{n}(X_i - p) \right| \leqslant n\varepsilon_n \right) \overset{!}{\geqslant} 1 - \alpha.$$

Wegen $\sum_{i=1}^{n} X_i \sim \text{Bin}(n, p)$ können wir ε_n numerisch mithilfe der Quantile der Binomialverteilung bestimmen. Alternativ dazu wird im Folgenden eine Normalapproximation verwendet, wobei das resultierende Konfidenzintervall dann nur asymptotisch für große n das Niveau $1 - \alpha$ besitzt.
Es gilt für eine Zufallsvariable $Z \sim \text{N}(0,1)$

$$
\begin{aligned}
\mathbb{P}_p(p \in C_n) &= \mathbb{P}_p\left(\left| \sum_i X_i - np \right| \leqslant n\varepsilon_n \right) \\
&= \mathbb{P}_p\left(\frac{|\sum_i X_i - np|}{\sqrt{np(1-p)}} \leqslant \frac{n\varepsilon_n}{\sqrt{np(1-p)}} \right) \\
&\approx \mathbb{P}\left(|Z| \leqslant \sqrt{\frac{n}{p(1-p)}}\,\varepsilon_n \right) \\
&= \Phi\left(\sqrt{\frac{n}{p(1-p)}}\,\varepsilon_n \right) - \Phi\left(-\sqrt{\frac{n}{p(1-p)}}\,\varepsilon_n \right) \\
&= 2\Phi\left(\sqrt{\frac{n}{p(1-p)}}\,\varepsilon_n \right) - 1 \overset{!}{=} 1 - \alpha,
\end{aligned}
$$

wobei wir die Gleichheit mit $1 - \alpha$ fordern, um das Konfidenzniveau voll auszuschöpfen. Mit dem $(1 - \alpha/2)$-Quantil $q_{1-\alpha/2}$ erhalten wir damit

$$
\varepsilon_n = \sqrt{\frac{p(1-p)}{n}}\, q_{1-\alpha/2}.
$$

Da p unbekannt ist, ersetzen wir es durch den ungünstigsten Fall $p = 1/2$, der $p(1-p)$ maximiert. Wir erhalten so das Konfidenzintervall

$$
C_n = \left[\hat{\rho}_n - \frac{1}{2\sqrt{n}} q_{1-\alpha/2}, \quad \hat{\rho}_n + \frac{1}{2\sqrt{n}} q_{1-\alpha/2} \right].
$$

◀

Beispiel 1.68

Konstruktion von Konfidenzintervallen – b

Selbst wenn die Verteilung des Schätzers $\hat{\rho}_n$ nicht explizit bekannt ist, können Konfidenzintervalle konstruiert werden, sofern sich $\hat{\rho}_n$ um den wahren Wert $\rho(\vartheta)$ konzentriert. In diesem Fall verwenden wir, dass die Wahrscheinlichkeit $\mathbb{P}_\vartheta(|\hat{\rho}_n - \rho(\vartheta)| > \varepsilon)$ klein wird, wenn ε groß wird. Wir wollen diese Idee im Modell aus Beispiel 1.67 verdeutlichen. Für $C_n := (\hat{\rho}_n - \varepsilon_n, \hat{\rho}_n + \varepsilon_n)$ gilt wegen der Tschebyscheff-Ungleichung

$$
\begin{aligned}
\mathbb{P}_p(p \in C_n) &= \mathbb{P}_p(|\hat{\rho}_n - p| < \varepsilon_n) \\
&= \mathbb{P}_p\left(\left| \sum_{i=1}^n X_i - np \right| < n\varepsilon_n \right) \\
&\geqslant 1 - \frac{\mathrm{Var}(\sum_i X_i)}{n^2 \varepsilon_n^2} \\
&= 1 - \frac{np(1-p)}{n^2 \varepsilon_n^2} \overset{!}{\geqslant} 1 - \alpha.
\end{aligned}
$$

Wir schätzen wieder $p(1 - p) \leqslant 1/4$ ab und erhalten $\varepsilon_n = 1/\sqrt{4n\alpha}$. Damit erhalten wir das (nicht asymptotische) Konfidenzintervall $C_n = \left(\hat{\rho}_n - \frac{1}{2\sqrt{n\alpha}}, \hat{\rho}_n + \frac{1}{2\sqrt{n\alpha}} \right)$. Allerdings ist die Abschätzung mit der Tschebyscheff-Ungleichung sehr grob und führt daher zu einem sehr vorsichtigen bzw. konservativen Konfidenzintervall. Beispielsweise erhalten wir für $n = 50$, $\alpha = 0,05$ und $\hat{p} = 0,5$ das Konfidenzintervall $C_n = [0,361; 0,639]$ aus Beispiel 1.67, und die gerade diskutierte Konstruktion liefert $C_n = [0,184; 0,816]$. Das Konfidenzintervall kann jedoch verkleinert werden, wenn eine stärkere Konzentration von $\hat{\rho}_n$ um $\rho(\vartheta)$ genutzt werden kann. ◄

Eine alternative Konstruktion von Konfidenzmengen bietet folgender Korrespondenzsatz:

Satz 1.69 (Korrespondenzsatz) *Es sei* $(\mathcal{X}, \mathcal{F}, (\mathbb{P}_\vartheta)_{\vartheta \in \Theta})$ *ein statistisches Modell und* $\alpha \in (0,1)$. *Dann gilt:*

(i) *Liegt für jedes* $\vartheta_0 \in \Theta$ *ein Test* φ_{ϑ_0} *der Hypothese* $H_0 : \vartheta = \vartheta_0$ *zum Signifikanzniveau* α *vor, so definiert* $C(x) := \{\vartheta_0 \in \Theta : \varphi_{\vartheta_0}(x) = 0\}$ *für* $x \in \mathcal{X}$ *eine Konfidenzmenge zum Konfidenzniveau* $1 - \alpha$.

(ii) *Ist* C *eine Konfidenzmenge zum Niveau* $1 - \alpha$, *dann ist* $\varphi_{\vartheta_0}(x) := 1 - \mathbb{1}_{C(x)}(\vartheta_0)$ *ein Niveau-α-Test der Hypothese* $H_0 : \vartheta = \vartheta_0$.

Es gibt also eine Eins-zu-eins-Beziehung zwischen Hypothesentests und Konfidenzmengen. Die Konfidenzmenge in (i) enthält all jene ϑ_0, für die der Test φ_{ϑ_0} die Nullhypothese aufgrund der beobachteten Stichprobe x nicht verwirft.

Beweis Nach Konstruktion erhält man in beiden Fällen

$$\forall \vartheta \in \Theta : \forall x \in \mathcal{X} : \varphi_\vartheta(x) = 0 \iff \vartheta \in C(x).$$

Damit ist φ_ϑ genau dann ein Test zum Niveau α für alle ϑ, wenn

$$1 - \alpha \leqslant \mathbb{P}_\vartheta(\varphi = 0) = \mathbb{P}_\vartheta(\{x : \vartheta \in C(x)\}),$$

und somit ist C eine Konfidenzmenge zum Niveau α. □

Bezeichnen wir den Annahmebereich der Tests φ_ϑ mit $A(\vartheta)$, liefert uns der Korrespondenzsatz folgende Methode:

Methode 1.70 (Konstruktion von Konfidenzmengen) Sei $(\mathcal{X}, \mathcal{F}, (\mathbb{P}_\vartheta)_{\vartheta \in \Theta})$ ein statistisches Modell und $\alpha \in (0,1)$. Wähle zu jedem $\vartheta \in \Theta$ ein $A(\vartheta) \in \mathcal{F}$ mit $\mathbb{P}_\vartheta(A(\vartheta)) \geqslant 1 - \alpha$ und setze $C(x) := \{\vartheta \in \Theta : x \in A(\vartheta)\}$ für $x \in \mathcal{X}$. Dann gilt

$$x \in A(\vartheta) \quad \Leftrightarrow \quad \vartheta \in C(x),$$

woraus mit obigem Satz folgt

$$\mathbb{P}_\vartheta(\{x \in \mathcal{X} : \vartheta \in C(x)\}) \geqslant 1 - \alpha \quad \forall \vartheta \in \Theta.$$

Man könnte zunächst meinen, dass durch diese Methode die Schwierigkeit der Konstruktion lediglich von $C(x)$ auf $A(\vartheta)$ verschoben wurde, aber dadurch haben wir einen Vorteil erlangt: $A(\vartheta)$ ist eine Teilmenge von $\mathcal{X}$, die wir mit $\mathbb{P}_\vartheta$ messen können, und aus der Kenntnis von $\mathbb{P}_\vartheta$ ergibt sich meist eine einfache Wahl eines Ereignisses $A(\vartheta)$ mit Wahrscheinlichkeit $1 - \alpha$.

Beispiel 1.71

Konstruktion von Konfidenzmengen

Wir wollen ein Konfidenzintervall für die Geburtswahrscheinlichkeit von Mädchen in Hamburg berechnen. In Beispiel 1.48 hatten wir die Anzahl der Mädchen unter n Geburten mit $X \sim \text{Bin}(n, \vartheta)$ modelliert, wobei $\vartheta \in \Theta := (0,1)$ und der Stichprobenraum $\mathcal{X} = \{0, 1, ..., n\}$ ist. Wir wählen ein Niveau $\alpha \in (0,1)$. Die Annahmebereiche der in Beispiel 1.48 konstruierten Tests sind gegeben durch

$$A(\vartheta) := \{x \in \mathcal{X} : u_\alpha(\vartheta) \leqslant x \leqslant o_\alpha(\vartheta)\}$$

mit $u_\alpha(\vartheta)$ und $o_\alpha(\vartheta)$ aus (1.11). Damit schneiden wir von der gesamten möglichen Wahrscheinlichkeitsmasse an beiden Enden $\frac{\alpha}{2}$ ab, sodass in der Mitte $1 - \alpha$ übrig bleibt (siehe Abb. 1.2). Da wir $A(\vartheta)$ gewählt haben, nutzen wir nun die Beziehung

$$x \in A(\vartheta) \quad \Leftrightarrow \quad \vartheta \in C(x) \quad \text{für alle } x \in \mathcal{X}, \vartheta \in \Theta,$$

um die Konfidenzmenge C zu bestimmen. Die Leserin überprüfe selbst, dass $u_\alpha : [0,1] \rightarrow \{0, 1, ..., n\}$ monoton fallend und rechtsseitig stetig ist und $o_\alpha : [0,1] \rightarrow \{0, 1, ..., n\}$ monoton wachsend und linksseitig stetig ist. Folglich ist

$$C(x) := \left[\inf\{\vartheta \in \Theta : o_\alpha(\vartheta) = x\}, \sup\{\vartheta \in \Theta : u_\alpha(\vartheta) = x\} \right]$$

ein Konfidenzintervall zum Konfidenzniveau $1 - \alpha$. Es wird *Clopper-Pearson-Intervall* genannt. Die Berechnung des Infimums und des Supremums ist eine numerische Aufgabe.

Für $n = 21.126$ Geburten im Jahr 2018, von denen 10.215 weiblich waren, erhalten wir folgendes Konfidenzintervall zum Niveau $1 - \alpha = 0,95$ für die Wahrscheinlichkeit, dass ein Mädchen geboren wurde:

$$C = [0,4768; \ 0,4903]$$

◀

Bemerkung 1.72 (Einseitige Konfidenzbereiche) Bisher haben wir nur zweiseitige Konfidenzintervalle gesehen. Eine andere Variante sind *einseitige Konfidenzintervalle*. Das heißt, dass nur eine Seite von den Beobachtungen abhängt und die andere fest ist. Im vorherigen Beispiel könnte man analog das Konfidenzintervall

$$\widetilde{C}(x) := \big[0, \sup\{\vartheta \in \Theta : \widetilde{u}_\alpha(\vartheta) = x\})\big), \quad x \in \mathcal{X},$$

konstruieren mit

$$\widetilde{u}_\alpha(\vartheta) := \max\{k \in \mathcal{X} : \mathbb{P}_\vartheta(X < k) \leqslant \alpha\}.$$

Nach unten verliert diese Konstruktion des Konfidenzintervalls zwar an Aussagekraft, aber nach oben gewinnt es ebenjene, da die Obergrenze schärfer wird.

1.5   Aufgaben

1.1 Wir betrachten eine auf dem Intervall $[a, b]$ gleichverteilte mathematische Stichprobe $X_1, \ldots, X_n$ für $n \in \mathbb{N}$ und unbekannte Parameter $-\infty < a < b < \infty$.

a) Formalisieren Sie das statistische Modell.
b) Bestimmen Sie Momentenschätzer für a und b.
c) Bestimmen Sie die Maximum-Likelihood-Schätzer für a und b.
d) Welches quadratische Risiko hat der Maximum-Likelihood-Schätzer?

1.2 Um die Gesamtanzahl N der insgesamt in Berlin registrierten Taxis zu schätzen, notiert sich ein Tourist die Konzessionsnummern von $n < N$ vorbeifahrenden Taxis (Wiederholungen möglich). Er nimmt an, dass alle Taxis von 1 bis N durchnummeriert sind und die beobachteten Taxinummern unabhängig voneinander und mit gleicher Wahrscheinlichkeit vorbeifahren.

a) Formalisieren Sie das statistische Modell.
b) Berechnen Sie aus den notierten Nummern $X_1, \ldots, X_n$ einen Maximum-Likelihood-Schätzer $\hat{N}$ für N. Ist dieser erwartungstreu?
c) Berechnen Sie approximativ für großes N den relativen Erwartungswert $\mathbb{E}[\hat{N}]/N$.
   Hinweis: Fassen Sie einen geeigneten Ausdruck als Riemann-Summe auf.

1.3 Sei $X_1, \ldots, X_n$ eine mathematische Stichprobe reeller Zufallsvariablen mit der Verteilung $\mathbb{P}_\vartheta$, $\vartheta \in \Theta$. Für $k > 0$ betrachten wir die Funktion

$$\psi_k : \mathbb{R} \to \mathbb{R}, \quad \psi_k(x) = \begin{cases} -k, & x < -k, \\ x, & |x| \leqslant k, \\ k, & x > k. \end{cases}$$

a) Beweisen Sie, dass ein $h_k \in \mathbb{R}$ existiert, sodass $\mathbb{E}[\psi_k(X_1 - h_k)] = 0$. Der *Huber-Schätzer* $\hat{h}_k$ von h_k ist definiert als Nullstelle der Funktion

$$\mathbb{R} \ni h \mapsto \sum_{i=1}^{n} \psi_k(X_i - h).$$

Weisen Sie nach, dass auch $\hat{h}_k$ stets existiert.

b) Zeigen Sie, dass h_k für $k \to 0$ gegen einen Median von $\mathbb{P}_\vartheta$ konvergiert. Beweisen Sie im Fall $\mathbb{E}[|X_1|] < \infty$, dass h_k für $k \to \infty$ gegen den Mittelwert von $\mathbb{P}_\vartheta$ konvergiert.

c) Sei nun $\mathbb{P}_\vartheta$ die Cauchy-Verteilung mit Parameter $\vartheta = (x_0, \gamma) \in \mathbb{R} \times \mathbb{R}_+$ und Lebesgue-Dichte

$$f_{x_0, \gamma}(x) = \frac{1}{\pi} \frac{\gamma}{(x - x_0)^2 + \gamma^2}, \quad x \in \mathbb{R}.$$

Bestimmen Sie h_k in Abhängigkeit von $\vartheta = (x_0, \gamma)$ für alle $k > 0$.

d) Simulieren Sie $n = 200$ unabhängige Zufallsvariablen mit den Randverteilungen

   (i) Lognormalverteilung $\log N(\mu, \sigma)$ mit Parametern $\mu = 1, \sigma^2 = 1$ sowie $\mu = 1, \sigma^2 = 3$.
   (ii) Cauchy-Verteilung mit Parametern $x_0 = 0, \gamma = 1$ und $x_0 = 0, \gamma = 5$.

Bestimmen Sie in allen vier Szenarien den theoretischen Median und den Mittelwert. Berechnen Sie außerdem $\hat{h}_k$ für $k \in \{\frac{1}{10}, \frac{1}{2}, 1, 2, 5, 10, 20, 50\}$. Stellen Sie Ihre Ergebnisse graphisch dar.

1.4 Sei $(\mathcal{X}, \mathcal{F}, (\mathbb{P}_\vartheta)_{\vartheta \in \Theta})$ mit $\Theta = \mathbb{R}$ ein von μ dominiertes statistisches Modell mit Dichten $f_{X|T=\vartheta} := \frac{d\mathbb{P}_\vartheta}{d\mu}$ und sei π eine a-priori-Verteilung auf $(\Theta, \mathcal{F}_\Theta)$ mit Dichte f_T bezüglich eines Maßes ν. Nehmen Sie an, dass $f_{X|T=\cdot} : \mathcal{X} \times \Theta \to \mathbb{R}_+$ $(\mathcal{F} \otimes \mathcal{F}_\Theta)$-messbar ist. Zeigen Sie:

a) Unter quadratischem Verlust ist der Bayes-Schätzer gegeben durch den a-posteriori-Erwartungswert.

b) Unter absolutem Verlust ist der Bayes-Schätzer gegeben durch den a-posteriori-Median.

c) Unter 0-1-Verlust ist der Bayes-Schätzer gegeben durch den a-posteriori-Modus (das heißt der Maximalstelle der a-posteriori-Verteilung).

1.5 Es sei $X \sim \text{Bin}(n, p)$ binomialverteilt mit $n \in \mathbb{N}$ und $p \in [0,1]$, und sei die a-priori-Verteilung π für p auf $[0,1]$ gegeben durch eine Beta-Verteilung $\text{Beta}(\alpha, \beta)$ mit Parametern $\alpha, \beta > 0$.

a) Zeigen Sie, dass die Gleichverteilung $U([0,1])$ ein Spezialfall der Beta-Verteilung ist.
b) Beweisen Sie, dass die Beta-Verteilungen zur Binomialverteilung konjugiert sind, das heißt die a-posteriori-Verteilung ist wieder Beta-verteilt. Bestimmen Sie die Parameter der a-posteriori-Beta-Verteilung.
c) Folgern Sie, dass der Bayes-Schätzer unter quadratischem Verlust gegeben ist durch

$$\hat{p}_{a,b} = \frac{a + X}{a + b + n}.$$

Bestimmen Sie dessen mittleres quadratisches Risiko $\mathbb{E}_p[|\hat{\beta}_{a,b} - p|^2]$ in Abhängigkeit von a, b und p.
d) Wählen Sie $a^*, b^* > 0$ so, dass $\max_{p \in [0,1]} \mathbb{E}_p[|\hat{\beta}_{a,b} - p|^2]$ minimal ist. Folgern Sie, dass $\hat{p}_{a^*,b^*}$ minimax-Schätzer ist und der Maximum-Likelihood-Schätzer $\hat{p} = X/n$ nicht minimax ist.

1.6 Die Vertriebsleiterin einer Getreidemühle geht davon aus, dass ihre angebotenen Mehlpackungen ein mittleres Füllgewicht von $1000\,\text{g}$ mit einer Standardabweichung von $12{,}5\,\text{g}$ haben. Sie möchte die Füllmenge mit einem statistischen Test überprüfen. Eine genauere Untersuchung an $n = 40$ Packungen zeigt, dass die Füllmenge im Durchschnitt $1004{,}32\,\text{g}$ beträgt.

a) Formalisieren Sie das statistische Modell und das Testproblem unter einer Normalverteilungsannahme an die Packungsgewichte.
b) Konstruieren Sie einen Test φ zum Niveau $\alpha = 0{,}05$ unter Verwendung des Durchschnittsgewichts als Teststatistik. Verwirft dieser Test die Hypothese?
c) Stellen Sie die Gütefunktion von φ mithilfe der Verteilungsfunktion der Standardnormalverteilung $\Phi : \mathbb{R} \to [0,1]$ dar.

1.7 Am Hamburger U-Bahnhof Schlump treffen $n \in \mathbb{N}$ Studierende ein und müssen jeweils X_i Minuten auf die Bahn warten, $i = 1, \dots, n$. Bezeichnet $\vartheta > 0$ die erwartete Wartezeit, soll

$$H_0 : \vartheta \leqslant \vartheta_0 \quad \text{gegen} \quad H_1 : \vartheta > \vartheta_0$$

für ein $\vartheta_0 > 0$ getestet werden. Hierzu wird die Teststatistik $\varphi_c(X_1, \dots, X_n) = \mathbb{1}_{(c,\infty)}(\bar{X}_n)$ mit kritischem Wert $c > 0$ und $\bar{X}_n = \frac{1}{n}\sum_{i=1}^n X_i$ verwendet.

a) Begründen Sie, warum die Exponentialverteilungsannahme $X_1, \ldots, X_n \overset{\text{i.i.d.}}{\sim} \text{Exp}(\lambda)$ mit Parameter $\lambda > 0$ sinnvoll ist, und formulieren Sie das Testproblem in Abhängigkeit von λ.

b) Bestimmen Sie die Verteilung von $\bar{X}_n$. *Hinweis:* $\text{Exp}(\lambda) = \Gamma(1, \lambda)$.

c) Berechnen Sie $c > 0$ so, dass φ_c ein Test zum Niveau $\alpha \in (0,1)$ ist.

d) Notieren Sie sich die Zeit, die Sie heute auf dem Heimweg auf die U-Bahn warten mussten.

1.8 Betrachten Sie ein statistisches Modell $(\mathcal{X}, \mathcal{F}, (\mathbb{P}_\vartheta)_{\vartheta \in \Theta})$ und einen Test der Hypothese $H_0 : \vartheta \in \Theta_0 \neq \emptyset$ zum Niveau $\alpha \in (0,1)$ der Form $\varphi = \mathbb{1}_{\{T > c_\alpha\}}$ mit Teststatistik T und kritischen Werten $c_\alpha, \alpha \in (0,1)$. Falls $\sup_{\vartheta \in \Theta_0} \mathbb{P}_\vartheta (T > c_\alpha) \leqslant \alpha$ für alle $\alpha \in (0,1)$, gilt für den p-Wert

$$p_\varphi(x) = \inf \{\alpha \in [0,1] : T(x) > c_\alpha\}.$$

1.9 Zeigen Sie, dass im statistischen Modell $(\mathcal{X}, \mathcal{F}, (\mathbb{P}_\vartheta)_{\vartheta \in \{0,1\}})$ zu jedem $\alpha \in (0,1)$ ein Neyman-Pearson-Test zum Niveau α existiert.

1.10 Die mathematische Stichprobe $X_1, \ldots, X_n$ sei gemäß $N(\mu, \sigma^2)$ verteilt mit unbekanntem $\mu \in \mathbb{R}$ und unbekanntem $\sigma > 0$.

a) Bestimmen Sie den Maximum-Likelihood-Schätzer $\hat{\sigma}^2$ für σ^2.

b) Konstruieren Sie einen Likelihood-Quotiententest für das Testproblem

$$H_0 : \sigma^2 = \sigma_0^2 \quad \text{gegen} \quad H_1 : \sigma^2 \neq \sigma_0^2$$

für ein $\sigma_0 > 0$. Zeigen Sie, dass dieser Test für geeignete $a, b > 0$ von der Form $T = 1 - \mathbb{1}(a \leqslant \frac{\hat{\sigma}^2}{\sigma_0^2} \leqslant b)$ ist.

c) Verwenden Sie, dass $\frac{n\hat{\sigma}^2}{\sigma_0}$ unter der Hypothese χ^2-verteilt ist, um a und b so zu wählen, dass T ein Test zum Niveau $\alpha \in (0,1)$ ist.

1.11 Ein Experimentator macht $n \in \mathbb{N}$ unabhängige normalverteilte Messungen mit unbekanntem Erwartungswert $\mu \in \mathbb{R}$. Die Varianz $\sigma^2 > 0$ meint er zu kennen.

a) Welches Konfidenzintervall C_{α, σ^2} für μ wird er zu einem vorgegeben Irrtumsniveau $\alpha \in (0,1)$ angeben?

b) Welches Irrtumsniveau hat dieses Konfidenzintervall C_{α, σ^2}, wenn die Varianz in Wirklichkeit den Wert $\tilde{\sigma}^2 > 0$ annimmt?

c) Simulieren Sie in 500 Durchgängen jeweils 20 unabhängige $N(0,1)$-verteilte Zufallsvariablen $X_1, \ldots, X_{20}$ bzw. $N(0, 2)$-verteilte Zufallsvariablen $Y_1, \ldots, Y_{20}$. Bestimmen Sie in jeder Iteration $C_{\alpha, 1}$ unter Verwendung von (X_i) bzw. (Y_i). Für wie viele Realisierungen von (X_i) bzw. (Y_i) liegt $\mu = 0$ in $C_{\alpha, 1}$ für $\alpha \in \{\frac{1}{100}, \frac{1}{20}, \frac{1}{10}, \frac{1}{4}, \frac{1}{2}\}$. Bestimmen Sie jeweils das Verhältnis zur Anzahl der Simulationsdurchgänge 500.

Das lineare Modell

2

Mit der einfachen linearen Regression beginnend, werden wir in diesem Kapitel das lineare Modell im Detail studieren. Dieses schließt die multiple sowie die polynomiale Regression ein. Insbesondere befassen wir uns mit der verallgemeinerten Methode der kleinsten Quadrate. Unter einer Normalverteilungsannahme an die Beobachtungsfehler konstruieren wir anschließend Hypothesentests und Konfidenzmengen basierend auf t- und F-Statistiken. Als Spezialfall ergibt sich die Varianzanalyse.

2.1 Regression und kleinste Quadrate

Nachdem wir uns bisher mit einigen Grundbegriffen und Fragestellungen in der Statistik befasst haben, wollen wir nun das lineare Modell studieren. Die beobachteten Daten werden in dieser Modellklasse durch bekannte Einflussvariablen erklärt, wobei eine lineare Abhängigkeit von den unbekannten Parametern angenommen wird. Lineare Modelle finden unzählige Anwendungen und sind mathematisch relativ leicht zu analysieren. Insbesondere die Methode der kleinsten Quadrate, auf die wir noch genauer eingehen werden, hat seit über 200 Jahren nicht an Bedeutung verloren.

Regression bezeichnet die statistische Analyse des (nicht unbedingt linearen) Zusammenhangs zwischen einer *Zielgröße Y* (auch *Regressand, Response-Variable* oder *abhängige Variable* genannt) und einem Vektor von *Kovariablen* $X = (X_1, ..., X_n)$ (oder auch *Regressoren, erklärenden Variablen, unabhängigen Variablen*). Die Kovariablen können zufällig oder deterministisch sein. Wir sprechen in diesen Fällen von *zufälligem Design* bzw. *deterministischem Design*. Im Folgenden betrachten wir meist den letzteren Fall und schreiben der Klarheit halber $X = (x_1, ..., x_n)$. Sind die Kovariablen zufällig, aber von den Beobachtungsfehlern unabhängig, so können wir auf X bedingen und die Resultate von deterministischem Design auf zufälliges Design übertragen.

© Der/die Autor(en), exklusiv lizenziert durch Springer-Verlag GmbH, DE, ein Teil von
Springer Nature 2021

M. Trabs et al., *Statistik und maschinelles Lernen*,
https://doi.org/10.1007/978-3-662-62938-3_2

Wir beginnen mit der einfachen linearen Regression:

Definition 2.1   Im Modell der **einfachen linearen Regression** werden

$$Y_i = ax_i + b + \varepsilon_i, \quad i \in \{1, \dots, n\},$$

für gegebene Kovariablen $x_1, \dots, x_n \in \mathbb{R}$ beobachtet. Hierbei sind die Beobachtungsfehler $\varepsilon_1, \dots, \varepsilon_n$ zentrierte und unkorrelierte Zufallsvariablen ($\mathbb{E}[\varepsilon_i] = 0$) mit endlicher Varianz $\mathrm{Var}(\varepsilon_i) = \sigma^2 > 0$. Die Parameter $a, b \in \mathbb{R}$ sind unbekannt und bestimmen die **Regressionsgerade** $y = ax + b$.

Aufgrund der Beobachtungsfehler ε_i ist der Zusammenhang zwischen den Kovariablen x_i und den Regressanden Y_i nicht deterministisch. Stattdessen beobachten wir eine zufällige Punktewolke um die Regressiongerade, die den linearen Zusammenhang möglichst gut beschreibt. Das Ziel ist die Schätzung der Parameter a und b. Der Parameter σ ist typischerweise nicht das Ziel der statistischen Inferenz und somit ein *Störparameter*.

Beispiel 2.2

Einfache lineare Regression, Okuns Gesetz
Y_i bezeichnet das Wachstum des Bruttoinlandsprodukts von Deutschland im Jahr i. Die Kovariable x_i ist die Veränderung der Arbeitslosenquote im Vergleich zum Vorjahr. Unter Verwendung der Daten von 1992 bis 2012 aus den *World Development Indicators* der Weltbank erhalten wir als Regressionsgrade $y = -1{,}080x + 1{,}338$. Betrachten wir alle sechs Gründungsmitglieder der EU im gleichen Zeitraum, ergibt sich ganz ähnlich $y = -1{,}075x + 1{,}819$, siehe Abb. 2.1. Der lineare Zusammenhang beider Größen ist als *Okuns Gesetz* bekannt. ◄

Um die den Daten zugrunde liegenden Parameter a, b und damit die Regressiongerade zu schätzen, werden wir die uns schon bekannte Maximum-Likelihood-Methode anwenden. Dafür nehmen wir an, dass $\varepsilon_1, \dots, \varepsilon_n$ unabhängig und $N(0, \sigma^2)$-verteilt sind. Weil $ax_i + b$ für alle i deterministisch in $\mathbb{R}$ ist, gilt für die Beobachtungen in der einfachen linearen Regression

$$Y_i = ax_i + b + \varepsilon_i \sim N(ax_i + b, \sigma^2).$$

Das statistische Modell ist somit durch

$$\left(\mathbb{R}^n, \mathcal{B}(R^n), \left(\bigotimes_{i=1}^{n} N(ax_i + b, \sigma^2) \right)_{a,b \in \mathbb{R}, \sigma > 0} \right)$$

gegeben. Es ergibt sich für $y = (y_1, \dots, y_n) \in \mathbb{R}^n$ die Likelihood-Funktion

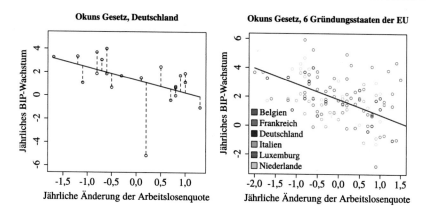

Abb. 2.1 Jährliche prozentuale Veränderung der Arbeitslosenquote und jährliches Wachstum des Bruttoinlandprodukts zwischen 1992 und 2012 für Deutschland *(links)* beziehungsweise für die 6 Gründungsstaaten der EU *(rechts)* sowie jeweilige Regressionsgrade.

$$L(a, b, \sigma; y) = \prod_{i=1}^{n} (2\pi\sigma^2)^{-1/2} \exp\left(-\frac{(y_i - ax_i - b)^2}{2\sigma^2}\right)$$

$$= (2\pi\sigma^2)^{-n/2} \exp\left(-\frac{1}{2\sigma^2} \sum_{i=1}^{n} (y_i - ax_i - b)^2\right).$$

Die Terme $y_i - ax_i - b$ nennt man auch *Residuen*. Das Maximieren der Likelihood über a, b ist also äquivalent zum Minimieren der Summe der quadrierten Residuen (englisch: *residual sum of squares,* kurz: RSS). Auch wenn die Fehler nicht normalverteilt sind, kann diese Methode gute Ergebnisse erzielen.

Methode 2.3 (Kleinste Quadrate) In der einfachen linearen Regression sind die Kleinste-Quadrate-Schätzer (englisch: *least squares estimator,* kurz: LSE) $\hat{a}, \hat{b}$ durch Minimierung der Summe der quadrierten Residuen gegeben:

$$(\hat{a}, \hat{b}) := \arg\min_{(a,b)\in\mathbb{R}^2} \sum_{i=1}^{n} (Y_i - ax_i - b)^2$$

Da die Kleinste-Quadrate-Schätzer nicht von σ^2 abhängen, sind sie auch im Fall von unbekannter Fehlervarianz anwendbar. Zudem kann die Lösung dieses Minimierungsproblems explizit berechnet werden.

Lemma 2.4 *In der einfachen linearen Regression mit unabhängigen und* $N(0, \sigma^2)$-*verteilten Fehlern ist der Maximum-Likelihood-Schätzer gleich dem Kleinste-Quadrate-Schätzer. Zudem gilt*

$$\hat{a} = \frac{\sum_{i=1}^n (x_i - \bar{x}_n)(Y_i - \bar{Y}_n)}{\sum_{i=1}^n (x_i - \bar{x}_n)^2} \quad und \quad \hat{b} = \bar{Y}_n - \hat{a}\,\bar{x}_n$$

mit $\bar{Y}_n := \frac{1}{n} \sum_{i=1}^n Y_i$ *und* $\bar{x}_n := \frac{1}{n} \sum_{i=1}^n x_i$, *falls es* $i, j \in \{1, \ldots, n\}$ *gibt mit* $x_i \neq x_j$.

Beweis Es bleibt festzustellen, dass wir durch Differenzieren in a und b folgende Normalengleichungen erhalten:

$$0 = \sum_{i=1}^n x_i (Y_i - ax_i - b) \quad und \quad 0 = \sum_{i=1}^n (Y_i - ax_i - b)$$

Man prüft leicht nach, dass diese Gleichungen durch $\hat{a}$ und $\hat{b}$ gelöst werden, sofern die Stichprobenvarianz der (x_i) nicht null ist, das heißt falls $\frac{1}{n} \sum_{i=1}^n (x_i - \bar{x}_n)^2 > 0$ gilt. Dies ist genau dann der Fall, wenn es x_i, x_j mit $x_i \neq x_j$ gibt. Offensichtlich liegt bei $(\hat{a}, \hat{b})$ ein Minimum des streng konvexen Kleinste-Quadrate-Kriteriums vor. $\square$

Der Maximum-Likelihood-Ansatz liefert auch unter anderen Verteilungsannahmen an die (ε_i) sinnvolle Schätzer, siehe Aufgabe 2.1. Die Kleinste-Quadrate-Methode ist jedoch aufgrund ihrer guten Eigenschaften mit Abstand die populärste.

▶ **Kurzbiografie (Carl Friedrich Gauß)** Carl Friedrich Gauß wurde 1777 in Braunschweig geboren. Früh galt er als Wunderknabe, was ihm die Gönnerschaft des Herzogs von Braunschweig einbrachte. Er unterstützte ihn vor allem finanziell, sodass er ab 1795 in Göttingen studieren konnte. Gauß beschäftigte sich mit Philologie, Mathematik, Physik und insbesondere mit Astronomie. An der Universität Helmstedt reichte er 1799 seine Doktorarbeit ein. Danach arbeitete er intensiv an seinem einflussreichen Lehrbuch zu höherer Arithmetik, der *Disquisitiones Arithmeticae*. 1801 gelang es ihm, den Zwergplaneten Ceres mithilfe seiner *Methode der kleinsten Quadrate* wiederaufzufinden. Wenig später wurde er Universitätsprofessor und Direktor der Sternwarte in Göttingen. Zahlreiche Methoden und Ideen sind nach ihm benannt, unter anderem das gaußsche Eliminationsverfahren zur Diagonalisierung und Invertierung von Matrizen, die Gauß-Verteilung (trotz reichlicher Vorarbeit von de Moivre, Laplace und Poisson) und die Methode der kleinsten Quadrate. 1855 starb Gauß in Göttingen.

Auch wenn kein linearer Zusammenhang vorliegt, kann die lineare Regression zur Untersuchung aller möglichen Zusammenhänge herangezogen werden: Der Abstand zur nächsten Autobahn (Regressor) als Einfluss auf die Anzahl der nächtlich geschlafenen Stunden (Regressand), der Betrag des Geldes auf dem Konto (Regressor) als Einfluss auf das Wohlbefinden (Regressand), die Anzahl der Sonnenstunden (Regressor) als Einfluss auf den Vitamin-D-Gehalt im Körper (Regressand) etc. Dabei muss man jedoch beachten, dass die Kalbrierung eines linearen Modells anhand von Daten, die keinem linearen Zusammenhang folgen, zu einem möglicherweise großen Modellfehler führen und gegebenfalls falsche Schlussfolgerungen suggerieren, siehe Beispiel 2.9 sowie Aufgabe 2.3.

Bei der einfachen linearen Regression wird der Regressand durch eine Kovariable erklärt. Allgemeiner kann man den Einfluss mehrerer Kovariablen untersuchen.

Definition 2.5 Bei $k \geq 2$ Kovariablen $x_j = (x_{1,j}, \ldots, x_{n,j})^\top \in \mathbb{R}^n$, $j = 1, \ldots, k$, und n Beobachtungen Y_i erhalten wir das **multiple lineare Regressionsmodell**

$$Y_i = \beta_0 + \sum_{j=1}^{k} \beta_j x_{i,j} + \varepsilon_i, \quad i = 1, \ldots, n,$$

wobei die Fehlerterme $(\varepsilon_i)_{i=1,\ldots,n}$ zentriert und unkorreliert sind mit $0 < \mathrm{Var}(\varepsilon_i) =: \sigma^2 < \infty$. In Vektorschreibweise erhalten wir die lineare Gleichung

$$Y = X\beta + \varepsilon$$

mit

Responsevektor $Y = (Y_1, \ldots, Y_n)^\top \in \mathbb{R}^n$,

Designmatrix $X := \begin{pmatrix} 1 & x_{1,1} & \cdots & x_{1,k} \\ \vdots & \vdots & & \vdots \\ 1 & x_{n,1} & \cdots & x_{n,k} \end{pmatrix} \in \mathbb{R}^{n \times (k+1)}$,

Fehlervektor $\varepsilon := (\varepsilon_1, \ldots, \varepsilon_n)^\top \in \mathbb{R}^n$,

Parametervektor $\beta := (\beta_0, \ldots, \beta_k)^\top \in \mathbb{R}^{k+1}$.

Bemerkung 2.6 Wechselwirkungen zwischen zwei Kovariablen x_i und x_j werden in der Praxis oft durch Interaktionsterme $x_{i,k} \cdot x_{i,j}$ in der Designmatrix modelliert.

Kategorielle Kovariablen können durch eine Menge von sogenannten *Dummy-Variablen,* das heißt $\{0, 1\}$-wertigen Variablen, kodiert werden, um nicht implizit eine (inadäquate) Metrisierung auf dem diskreten Wertebereich solcher Kovariablen zu erzeugen. Eine kategorielle Kovariable mit ℓ möglichen Ausprägungen wird dabei durch $(\ell-1)$ viele $\{0, 1\}$-wertige Variablen repräsentiert. Die j-te Dummy-Variable kodiert das Ereignis, dass die Kategorie $(j+1)$ bei der zugehörigen Kovariablen vorliegt. Sind alle $(\ell-1)$ Indikatoren gleich null, so entspricht dies der (Referenz-) Kategorie 1 der zugehörigen kategoriellen Kovariablen. Wir werden dieses Vorgehen insbesondere bei der Varianzanalyse in Abschn. 2.3 verwenden, wo die *Faktoren* kategorielle Kovariablen sind.

Die Vektorschreibweise führt uns auf die allgemeine Form des linearen Modells. Dabei muss insbesondere die erste Spalte der Designmatrix nicht nur aus Einsen bestehen. Zudem werden Korrelationen zwischen den Fehlertermen ε_i zugelassen. Zunächst betrachten wir den klassischen Fall, in dem die Parameterdimension p kleiner als die Stichprobengröße n ist. Für den Fall $p \geq n$ werden wir in Abschn. 4.4 eine Schätzmethode kennenlernen.

Definition 2.7   Ein **lineares Modell** mit n reellwertigen Beobachtungen $Y = (Y_1, \ldots, Y_n)^\top$ und p-dimensionalem Parameter $\beta \in \mathbb{R}^p$, $p < n$, besteht aus einer reellen Matrix $X \in \mathbb{R}^{n \times p}$ von vollem Rang p, der **Designmatrix**, und einem Zufallsvektor $\varepsilon = (\varepsilon_1, \ldots, \varepsilon_n)^\top$, den **Fehler- oder Störgrößen**, mit $\mathbb{E}[\varepsilon_i] = 0$ und positiv definiter Kovarianzmatrix $\Sigma := \mathbb{C}\mathrm{ov}(\varepsilon) = (\mathrm{Cov}(\varepsilon_i, \varepsilon_j))_{i,j=1,\ldots,n}$. Beobachtet wird eine Realisierung von

$$Y = X\beta + \varepsilon.$$

Wir sprechen vom **gewöhnlichen linearen Modell**, falls $\Sigma = \sigma^2 E_n$ für ein Fehlerniveau $\sigma > 0$ gilt.

Bemerkung 2.8 (symmetrisch, positiv-definit)   Wir schreiben $\Sigma > 0$, falls Σ eine symmetrische, positiv-definite Matrix ist. Dann ist $\Sigma = TDT^\top$ diagonalisierbar mit einer Diagonalmatrix $D = \mathrm{diag}(\lambda_1, \ldots, \lambda_n)$, Eigenwerten $\lambda_i > 0$, $i = 1, \ldots, n$, und einer Orthogonalmatrix T. Wir setzen $\Sigma^{-1/2} := TD^{-1/2}T^\top$ mit $D^{-1/2} := \mathrm{diag}(\lambda_1^{-1/2}, \ldots, \lambda_n^{-1/2})$ und erhalten

$$(\Sigma^{-1/2})^2 = \Sigma^{-1} \quad \text{und} \quad |\Sigma^{-1/2}v|^2 = \langle \Sigma^{-1}v, v \rangle.$$

Zusätzlich zur einfachen und multiplen Regression umfasst das lineare Modell weitere wichtige Beispiele.

Beispiel 2.9

Polynomiale Regression
Wir beobachten für ein $p \in \mathbb{N}$

$$Y_i = a_0 + a_1 x_i + a_2 x_i^2 + \cdots + a_{p-1} x_i^{p-1} + \varepsilon_i, \quad i = 1, \ldots, n.$$

Die Regressionsfunktion ist damit keine Gerade mehr, sondern ein Polynom vom Grad $p - 1$. Die Koeffizienten des Polynoms bilden den unbekannten Parametervektor $\beta = (a_0, \ldots, a_{p-1})^\top$. Es ergibt sich eine Designmatrix vom Vandermonde-Typ

$$X = \begin{pmatrix} 1 & x_1 & x_1^2 & \cdots & x_1^{p-1} \\ \vdots & \vdots & \vdots & & \vdots \\ 1 & x_n & x_n^2 & \cdots & x_n^{p-1} \end{pmatrix}.$$

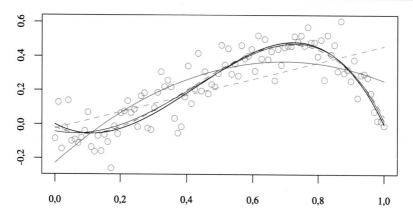

Abb. 2.2 Beobachtungen $(X_i, Y_i)_{i=1,...,n}$ aus einem polynomialen Regressionsmodell vom Grad 4 sowie die wahre Regressionsfunktion (schwarz) und geschätzte Regressionspolynome vom Grad eins (grün, gestrichelt), zwei (grün, durchgezogen), drei (violett, gestrichelt), vier (violett, durchgezogen).

Die Matrix hat vollen Rang, sofern p der Designpunkte (x_i) verschieden sind, was über die sogenannte Vandermonde-Determinante leicht nachzuweisen ist. Abb. 2.2 zeigt $n = 100$ Beobachtungen, die durch ein Regressionspolynom vom Grad vier, äquidistante Designpunkte $x_i = (i - 1)/(n - 1)$ und i.i.d. Beobachtungsfehler $\varepsilon_i \sim \mathrm{N}(0; 0,1)$ erzeugt wurden. ◄

Beispiel 2.10

Orthogonales Design
Beobachten wir $(x_i, Y_i)_{i=1,...,n}$ für reellwertige Kovariablen $x_i \in \mathbb{R}$ und Regressanden Y_i, können wir das Regressionsmodell in der Form

$$Y_i = f(x_i) + \varepsilon_i, \qquad i = 1, \ldots, n,$$

mit einer unbekannten Regressionsfunktion f schreiben. In der polynomiellen Regression postulieren wir, dass f ein Polynom vom Grad $p - 1$ ist, und beschreiben f als Linearkombination der ersten p Monome $(x^{k-1})_{k=1,...,p}$. Analog können andere Basisfunktionen $(\varphi_k)_{k=1,...,p}$ verwendet werden, um $f(x) = \sum_{k=1}^{p} \beta_k \varphi_k(x)$ zu modellieren. Im Hinblick auf das Beobachtungsschema ist es nützlich, wenn die $(\varphi_i)_{i=1,...,p}$ ein Orthonormalsystem bezüglich des *empirischen Skalarproduktes*

$$\langle f, g \rangle_n := \frac{1}{n} \sum_{i=1}^{n} f(x_i) g(x_i)$$

bilden. In diesem Fall besitzt die Designmatrix $X = (\varphi_j(x_i))_{i=1,...,n, j=1,...,p}$ die Eigenschaft $X^\top X = n E_p$, weshalb wir von *orthogonalem Design* sprechen. Beispielsweise können die Monome mittels Gram-Schmidt-Verfahren bezüglich $\langle \cdot, \cdot \rangle_n$ orthogonalisiert werden. Es sei bemerkt, dass für äquidistantes Design das empirische Skalarprodukt für $n \to \infty$ gegen das L^2-Skalarprodukt konvergiert, siehe hierzu Beispiel 4.13. ◄

Übertragen wir die Kleinste-Quadrate-Methode (siehe Methode 2.3) von der einfachen linearen Regression auf den allgemeinen Fall, erhalten wir folgendes Verfahren zur Schätzung des Parametervektors β im linearen Modell:

Methode 2.11 (Kleinste-Quadrate-Schätzer) Der **gewichtete Kleinste-Quadrate--Schätzer** $\hat{\beta}$ von β minimiert den gewichteten euklidischen Abstand zwischen Beobachtungen und Modellvorhersage:

$$|\Sigma^{-1/2}(Y - X\hat{\beta})|^2 = \inf_{b \in \mathbb{R}^p} |\Sigma^{-1/2}(Y - Xb)|^2$$

Im gewöhnlichen Fall $\Sigma = \sigma^2 E_n$ ergibt sich der **gewöhnliche Kleinste-Quadrate-Schätzer** (englisch: *ordinary least squares*, kurz: OLS) $\hat{\beta}$ mit

$$|Y - X\hat{\beta}|^2 = \inf_{b \in \mathbb{R}^p} |Y - Xb|^2,$$

der unabhängig von der Kenntnis von σ^2 ist.

Bemerkung 2.12 (Gewichteter Kleinster-Quadrate-Schätzer) In der einfachen linearen Regression hatten wir den Kleinste-Quadrate-Schätzer mit normalverteilten, unabhängigen und identisch verteilten Fehlern hergeleitet. Das allgemeine lineare Modell können wir hierauf zurückführen, indem wir die beobachteten Daten entsprechend der Kovarianzmatrix Σ gewichten, genauer betrachten wir $\Sigma^{-1/2}Y$. Für die entsprechend gewichteten Fehler $\Sigma^{-1/2}\varepsilon$ gilt nämlich

$$\mathbb{C}\text{ov}(\Sigma^{-1/2}\varepsilon) = \Sigma^{-1/2}\mathbb{C}\text{ov}(\varepsilon)(\Sigma^{-1/2})^\top = \Sigma^{-1/2}\Sigma\Sigma^{-1/2} = E_n.$$

Aus $\Sigma^{-1/2}\varepsilon = \Sigma^{-1/2}(Y - X\beta)$ folgt der Ansatz des gewichteten Kleinste-Quadrate-Schätzers.

Beispiel 2.13

Polynomiale Regression
Im Modell aus Beispiel 2.9 und Abb. 2.2 wenden wir nun die Kleinste-Quadrate-Methode zur Schätzung der unbekannten Koeffizienten des zugrunde liegenden Regressionspolynoms an. Anhand der Beobachtungen aus Abb. 2.2 kalibrieren wir polynomiale Regressionsmodelle der Grade 1, 2, 3 und 4. Da in den ersten drei Fällen das zur Schätzung verwendete Modell nicht mit dem wahren Modell, das die Daten erzeugt hat, übereinstimmt,

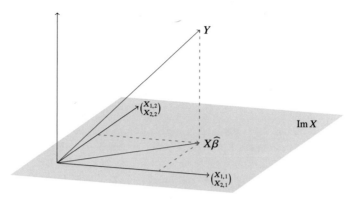

Abb. 2.3 Geometrische Interpretation des Kleinste-Quadrate-Schätzers mit $n = 3$ und $p = 2$.

weisen diese Schätzungen einen Modellfehler auf. Dieser zeigt sich insbesondere für die Grade eins und zwei in einer deutlichen Abweichung der geschätzten von der wahren Regressionsfunktion. Andererseits scheint bereits ein Polynom vom Grad drei die Daten gut zu beschreiben, da der zusätzliche vierte Grad kaum zu Änderungen führt. ◀

Wir betrachten das gewöhnliche lineare Modell mit $\Sigma = E_n$ und einem zweidimensionalen Parameter $\beta \in \mathbb{R}^2$, das heißt $p = 2$. Die Designmatrix X ist dann eine $(n \times 2)$-Matrix und wir beobachten einen Punkt $Y \in \mathbb{R}^n$. Der Kleinste-Quadrate-Schätzer gibt nun den Wert $b = \hat{\beta}$ an, an dem der euklidische Abstand zwischen Y und der Ebene $\mathrm{Im} X = \{Xb : b \in \mathbb{R}^2\}$ minimal ist. Folglich ist $X\hat{\beta}$ die *Orthogonalprojektion* von Y auf $\mathrm{Im} X$, siehe Abb. 2.3.

Diese geometrische Anschauung lässt sich auch ganz allgemein formulieren und führt zu einer expliziten Lösung des Minimierungsproblems.

Lemma 2.14 (Kleinste-Quadrate-Schätzer) *Es seien $\Sigma > 0$ und X von vollem Rang. Setze $X_\Sigma := \Sigma^{-1/2} X$. Mit Π_{X_Σ} werde die Orthogonalprojektion von $\mathbb{R}^n$ auf den Bildraum $\mathrm{Im}(X_\Sigma) = \{X_\Sigma b : b \in \mathbb{R}^p\}$ bezeichnet. Dann gilt*

$$\Pi_{X_\Sigma} = X_\Sigma (X_\Sigma^\top X_\Sigma)^{-1} X_\Sigma^\top$$

und für den Kleinste-Quadrate-Schätzer

$$\hat{\beta} = X_\Sigma^{-1} \Pi_{X_\Sigma} \Sigma^{-1/2} Y = (X^\top \Sigma^{-1} X)^{-1} X^\top \Sigma^{-1} Y.$$

Insbesondere existiert der Kleinste-Quadrate-Schätzer, ist eindeutig und erwartungstreu, und es gilt $X_\Sigma \hat{\beta} = \Pi_{X_\Sigma}(\Sigma^{-1/2} Y)$.

Beweis Da $\Sigma > 0$ symmetrisch ist, gilt $\Sigma = T D T^\top$ mit einer Diagonalmatrix D und einer Orthogonalmatrix T ($T T^\top = E_n$). Die Symmetrie von Σ liefert darüberhinaus

$$\Sigma^{-1/2} = (\Sigma^{-1/2})^\top \quad \text{und} \quad X_\Sigma^\top = (\Sigma^{-1/2}X)^\top = X^\top(\Sigma^{-1/2})^\top = X^\top\Sigma^{-1/2}. \quad (2.1)$$

Wir zeigen zuerst, dass $X_\Sigma^\top X_\Sigma = X^\top\Sigma^{-1}X$ invertierbar ist: Für jedes $v \in \mathbb{R}^p$ mit $X^\top\Sigma^{-1}Xv = 0$ folgt aus (2.1)

$$0 = v^\top X^\top\Sigma^{-1}Xv = |\Sigma^{-1/2}Xv|^2.$$

Da $\Sigma^{-1/2}$ vollen Rang hat, muss dann $|Xv| = 0$ gelten. Aus dem vollen Rang von X folgt wiederum $v = 0$. Also besteht der Kern von $X_\Sigma^\top X_\Sigma$ nur aus dem Nullvektor, und $X_\Sigma^\top X_\Sigma$ ist invertierbar.

Wir setzen nun $\Pi_{X_\Sigma} := X_\Sigma(X_\Sigma^\top X_\Sigma)^{-1}X_\Sigma^\top$ und $w = \Pi_{X_\Sigma}v$ für ein $v \in \mathbb{R}^n$. Dann folgt $w \in \mathrm{Im}(X_\Sigma)$ und im Fall $v = X_\Sigma u$ durch Einsetzen $w = \Pi_{X_\Sigma}X_\Sigma u = v$, sodass Π_{X_Σ} eine Projektion auf $\mathrm{Im}(X_\Sigma)$ ist. Zudem ist Π_{X_Σ} selbstadjungiert (symmetrisch) wegen

$$\left((X_\Sigma^\top X_\Sigma)^{-1}\right)^\top = \left((X^\top\Sigma^{-1}X)^{-1}\right)^\top = \left((X^\top\Sigma^{-1}X)^\top\right)^{-1}$$
$$= \left(X^\top(\Sigma^{-1})^\top X\right)^{-1} = (X^\top\Sigma^{-1}X)^{-1} = \left(X_\Sigma^\top X_\Sigma\right)^{-1}. \quad (2.2)$$

Somit ist Π_{X_Σ} sogar eine Orthogonalprojektion:

$$\forall u \in \mathbb{R}^n, \forall w \in \mathrm{Im}(X_\Sigma) : \langle u - \Pi_{X_\Sigma}u, w \rangle = \langle u, w \rangle - \langle u, \Pi_{X_\Sigma}w \rangle = 0$$

Aus der Eigenschaft $\hat{\beta} = \arg\min_b |\Sigma^{-1/2}(Y - Xb)|^2$ folgt, dass $\hat{\beta}$ die beste Approximation von $\Sigma^{-1/2}Y$ durch $X_\Sigma b$ liefert. Diese ist durch die Orthogonalprojektionseigenschaft

$$\Pi_{X_\Sigma}\Sigma^{-1/2}Y = X_\Sigma\hat{\beta}$$

bestimmt. Es folgt

$$X_\Sigma^\top\Pi_{X_\Sigma}\Sigma^{-1/2}Y = (X_\Sigma^\top X_\Sigma)\hat{\beta} \Rightarrow (X_\Sigma^\top X_\Sigma)^{-1}X^\top\Sigma^{-1}Y = \hat{\beta}.$$

Schließlich folgt aus der Linearität des Erwartungswerts und $\mathbb{E}[\varepsilon] = 0$

$$\mathbb{E}[\hat{\beta}] = \mathbb{E}[(X_\Sigma^\top X_\Sigma)^{-1}X^\top\Sigma^{-1}(X\beta + \varepsilon)] = \beta + 0 = \beta.$$

Damit ist $\hat{\beta}$ erwartungstreu. $\square$

Bemerkung 2.15

- Im gewöhnlichen linearen Modell gilt $\hat{\beta} = (X^\top X)^{-1}X^\top Y$, sodass der Kleinste-Quadrate-Schätzer unabhängig vom unbekannten Parameter $\sigma > 0$ ist.
- $X_\Sigma^\dagger := (X_\Sigma^\top X_\Sigma)^{-1}X_\Sigma^\top$ heißt auch *Moore-Penrose-(Pseudo-)Inverse* von X_Σ. Die Bezeichnung Pseudoinverse ist motiviert durch die Eigenschaften $X_\Sigma^\dagger X_\Sigma = E_p$ und $X_\Sigma X_\Sigma^\dagger|_{\mathrm{Im}(X_\Sigma)} = E_n|_{\mathrm{Im}(X_\Sigma)}$. Insbesondere erhalten wir $\hat{\beta} = X_\Sigma^\dagger\Sigma^{-1/2}Y$ bzw. die Vereinfachung $\hat{\beta} = X^\dagger Y$ im gewöhnlichen linearen Modell.

Der folgende zentrale Satz der Regressionsanalyse zeigt, dass der Kleinste-Quadrate-Schätzer optimal ist, wenn wir uns auf Schätzer beschränken, die linear in den Daten Y und erwartungstreu sind.

Satz 2.16 (Gauß-Markov) *Im linearen Modell gilt:*

(i) *Der Parameter* $\rho = \langle \beta, v \rangle$ *für ein* $v \in \mathbb{R}^p$ *wird von* $\hat{\rho} = \langle \hat{\beta}, v \rangle$ *erwartungstreu geschätzt, und* $\hat{\rho}$ *besitzt unter allen linearen erwartungstreuen Schätzern die minimale Varianz* $\mathrm{Var}(\hat{\rho}) = |X_\Sigma (X_\Sigma^\top X_\Sigma)^{-1} v|^2$.

(ii) *Der Kleinste-Quadrate-Schätzer* $\hat{\beta}$ *besitzt unter allen linearen erwartungstreuen Schätzern von* β *minimale Kovarianzmatrix, nämlich* $\mathbb{C}\mathrm{ov}(\hat{\beta}) = (X_\Sigma^\top X_\Sigma)^{-1}$, *das heißt für alle linearen, erwartungstreuen Schätzer* $\tilde{\beta}$ *ist* $\mathbb{C}\mathrm{ov}(\tilde{\beta}) - \mathbb{C}\mathrm{ov}(\hat{\beta}) \geq 0$ *eine positiv semi-definite Matrix.*

Beweis (i) Die Linearität ist klar und aus dem vorangegangenen Lemma folgt, dass $\hat{\rho}$ erwartungstreu ist. Für die Varianz ergibt sich

$$
\begin{aligned}
\mathrm{Var}(\hat{\rho}) &= \mathbb{E}\big[\langle \hat{\beta} - \beta, v \rangle^2\big] \\
&= \mathbb{E}\big[\langle (X^\top \Sigma X)^{-1} X^\top \Sigma^{-1} \varepsilon, v \rangle^2\big] \\
&= \mathbb{E}\big[\langle \varepsilon, \Sigma^{-1} X (X^\top \Sigma X)^{-1} v \rangle^2\big] \\
&= v^\top (X^\top \Sigma X)^{-1} X^\top \Sigma^{-1} \Sigma \Sigma^{-1} X (X^\top \Sigma X)^{-1} v \\
&= |X_\Sigma (X_\Sigma^\top X_\Sigma)^{-1} v|^2.
\end{aligned}
$$

Sei nun $\tilde{\rho}$ ein beliebiger linearer Schätzer von ρ. Dann gibt es ein $w \in \mathbb{R}^n$, sodass $\tilde{\rho} = \langle Y, w \rangle$ (Satz von Riesz). Dies impliziert, dass für alle $\beta \in \mathbb{R}^p$

$$
\mathbb{E}[\langle Y, w \rangle] = \rho \Rightarrow \mathbb{E}[\langle Y, w \rangle] = \langle X\beta, w \rangle = \langle \beta, v \rangle \Rightarrow \langle X^\top w - v, \beta \rangle = 0
$$

und somit $v = X^\top w = X_\Sigma^\top \Sigma^{1/2} w$. Da Π_{X_Σ} eine Projektion ist und $\Sigma = T D T^\top$ mit Diagonalmatrix D und Orthogonalmatrix T, erhalten wir mithilfe des Satzes von Pythagoras

$$
\begin{aligned}
\mathrm{Var}(\tilde{\rho}) &= \mathbb{E}[\langle \varepsilon, w \rangle^2] = \mathbb{E}[w^\top \varepsilon \varepsilon^\top w] \\
&= w^\top \Sigma w = |\Sigma^{1/2} w|^2 = |\Pi_{X_\Sigma}(\Sigma^{1/2} w)|^2 + |(E - \Pi_\Sigma)(\Sigma^{1/2} w)|^2.
\end{aligned}
$$

Damit gilt

$$
\begin{aligned}
\mathrm{Var}(\tilde{\rho}) &\geq |\Pi_{X_\Sigma}(\Sigma^{1/2} w)|^2 = |X_\Sigma (X_\Sigma^\top X_\Sigma)^{-1} X^\top w|^2 \\
&= |X_\Sigma (X_\Sigma^\top X_\Sigma)^{-1} v|^2 = \mathrm{Var}(\hat{\rho}).
\end{aligned}
$$

(ii) Sei $\tilde{\beta}$ ein linearer, erwartungstreuer Schätzer. Dann ist $\mathbb{C}\mathrm{ov}(\tilde{\beta}) - \mathbb{C}\mathrm{ov}(\hat{\beta})$ genau dann eine positiv semi-definite Matrix, wenn

$$\forall v \in \mathbb{R}^p : v^\top (\mathbb{C}\mathrm{ov}(\tilde{\beta}) - \mathbb{C}\mathrm{ov}(\hat{\beta}))v \geq 0.$$

Sei $v \in \mathbb{R}^p$. Nach Annahme sind $\langle v, \tilde{\beta} \rangle$ und $\langle v, \hat{\beta} \rangle$ lineare, erwartungstreue Schätzer und aus (ii) folgt daher

$$0 \leq \mathbb{C}\mathrm{ov}(\langle v, \tilde{\beta} \rangle) - \mathbb{C}\mathrm{ov}(\langle v, \hat{\beta} \rangle) = \mathbb{C}\mathrm{ov}(v^\top \tilde{\beta}) - \mathbb{C}\mathrm{ov}(v^\top \hat{\beta}) = v^\top (\mathbb{C}\mathrm{ov}(\tilde{\beta}) - \mathbb{C}\mathrm{ov}(\hat{\beta}))v.$$

Weiter gilt wegen (ii) für beliebiges $v \in \mathbb{R}^p$

$$
\begin{aligned}
v^\top \mathbb{C}\mathrm{ov}(\hat{\beta})v &= \mathbb{C}\mathrm{ov}(\langle \hat{\beta}, v \rangle) \\
&= |X_\Sigma (X_\Sigma^\top X_\Sigma)^{-1} v|^2 \\
&= \langle X_\Sigma (X_\Sigma^\top X_\Sigma)^{-1} v, X_\Sigma (X_\Sigma^\top X_\Sigma)^{-1} v \rangle \\
&= v^\top (X_\Sigma^\top X_\Sigma)^{-1} X_\Sigma^\top X_\Sigma (X_\Sigma^\top X_\Sigma)^{-1} v \\
&= v^\top (X_\Sigma^\top X_\Sigma)^{-1} v,
\end{aligned}
$$

woraus $\mathbb{C}\mathrm{ov}(\hat{\beta}) = (X_\Sigma^\top X_\Sigma)^{-1}$ folgt. $\square$

▶ **Kurzbiografie (Andrey Andreyevich Markov)** Andrey Andreyevich Markov wurde 1856 in Rjasan, rund 200 km südöstlich von Moskau, geboren und wuchs in St. Petersburg auf. Er studierte an der St. Petersburger Universität Mathematik und Physik, wobei er unter anderem Vorlesungen von Tschebyscheff besuchte. Kurz nach seiner Promotion wurde er Professor und in die russische Akademie der Wissenschaften gewählt. Markov leistete wichtige Beiträge zur Stochastik und Analysis und insbesondere zu stochastischen Prozessen, wobei etliche Resultate nach ihm benannt wurden, beispielsweise die Markov-Eigenschaft, die Markov-Ungleichung, der Markov-Prozess und der *Satz von Gauß-Markov*. Markov starb 1922.

Da wir das Funktional $\rho := \rho(\beta) := \langle v, \beta \rangle$ mit $\hat{\rho} = \rho(\hat{\beta})$ durch Einsetzen von $\hat{\beta}$ schätzen, nennt man $\hat{\rho}$ *plugin-Schätzer*. Eine typische Anwendung sind Vorhersagen. Aufgrund des Schätzers $\hat{\beta}$ von β können wir für neue Kovariablen $v := (x_{n+1,1}, \dots, x_{n+1,p})^\top$ die zugehörige Beobachtung $Y_{n+1} = v^\top \beta + \varepsilon_{n+1}$ vorhersagen, indem wir $\langle v, \hat{\beta} \rangle$ berechnen. Eine weitere wichtige Anwendung ist die Schätzung einzelner Koeffizienten des Vektors β.

Bemerkung 2.17 (BLUE, GLS)

1. Man sagt, dass der Schätzer $\hat{\rho}$ im Satz von Gauß-Markov **bester linearer erwartungstreuer Schätzer** (englisch: *best linear unbiased estimator*, kurz: BLUE) ist. Eingeschränkt auf lineare, erwartungstreue Schätzer ist der Kleinste-Quadrate-Schätzer damit minimax bezüglich quadratischem Verlust, siehe Definition 1.23. Ob es einen besseren nichtlinearen Schätzer geben kann, werden wir in Kap. 3 beantworten.

2. Der Kleinste-Quadrate-Schätzer mit allgemeiner Kovarianzmatrix Σ wird im Englischen zur Abhebung vom gewöhnlichen Kleinste-Quadrate-Schätzer (OLS) auch ver-

allgemeinerter Kleinste-Quadrate-Schätzer (englisch: *generalized least squares,* kurz: GLS) genannt und wurde erstmals von Alexander Aitken im Jahre 1934 beschrieben. Aitken hatte den Satz von Gauß-Markov, der sich eigentlich nur mit dem gewöhnlichen Fall beschäftigte, auf das allgemeine Modell übertragen.

3. Wegen $\mathbb{E}[|Z|^2] = \sum_{i=1,\dots,p} \mathbb{E}[Z_i^2] = \mathrm{tr}(\mathbb{E}[ZZ^\top])$ für Zufallsvektoren $Z \in \mathbb{R}^p$ und mit der Spur $\mathrm{tr}(\cdot)$ einer Matrix ist der mittlere quadratische Fehler von $\hat{\beta}$ gegeben durch $\mathbb{E}[|\hat{\beta} - \beta|^2] = \mathrm{tr}((X_\Sigma^T X_\Sigma)^{-1})$. Für ein gewöhnliches lineares Modell mit orthogonalem Design (Beispiel 2.10) gilt $X_\Sigma^T X_\Sigma = X^\top \Sigma^{-1} X = \frac{n}{\sigma^2} E_p$ und daher

$$\mathbb{E}[|\hat{\beta} - \beta|^2] = \frac{\sigma^2 p}{n}. \tag{2.3}$$

Die Abhängigkeit des Fehlers vom Stichprobenumfang n, der Parameterdimension p und dem Rauschniveau σ ist hier besonders offenkundig.

Im Spezialfall des gewöhnlichen linearen Modells ist es von großem Interesse, das *Rauschniveau* σ^2 zu schätzen. Dieses ist der einzige unbekannte Wert in der Fehlerformel (2.3) und wird uns die Konstruktion von Tests und Konfidenzbereichen ermöglichen.

Lemma 2.18 *Im gewöhnlichen linearen Modell mit $\sigma > 0$ und Kleinste-Quadrate-Schätzer $\hat{\beta}$ gilt $X\hat{\beta} = \Pi_X Y$ (mit $\Pi_X := \Pi_{X_{E_n}}$). $R := Y - X\hat{\beta}$ bezeichne den Vektor der **Residuen**. Dann ist die Stichprobenvarianz*

$$\hat{\sigma}^2 := \frac{|R|^2}{n-p} = \frac{|(E_n - \Pi_X)Y|^2}{n-p}$$

ein erwartungstreuer Schätzer von σ^2.

Beweis $X\hat{\beta} = \Pi_X Y$ folgt aus Lemma 2.14. Einsetzen zeigt $\mathbb{E}[|Y - X\hat{\beta}|^2] = \mathbb{E}[|Y - \Pi_X Y|^2] = \mathbb{E}[|(E_n - \Pi_X)\varepsilon|^2]$. Mithilfe der Spur und Eigenschaften der Orthogonalprojektion $E_n - \Pi_X$ vom Rang $n - p$ berechnen wir

$$\mathbb{E}\big[|(E_n - \Pi_X)\varepsilon|^2\big] = \mathrm{tr}\big((E_n - \Pi_X)\mathbb{E}[\varepsilon\varepsilon^\top](E_n - \Pi_X)\big) = \sigma^2\mathrm{tr}(E_n - \Pi_X) = \sigma^2(n-p),$$

was die Behauptung impliziert. $\qquad\square$

Eine alternative Normierung der Stichprobenvarianz ergibt sich aus dem Maximum-Likelihood-Ansatz im normalverteilten gewöhnlichen linearen Modell. Dieser liefert $\hat{\sigma}_{ML}^2 = |R|^2/n$ als Schätzer für σ^2 (siehe Aufgabe 2.6). In der Praxis wird der erwartungstreue Schätzer $\hat{\sigma}^2$ häufig bevorzugt, wobei dieser jedoch eine größere Varianz als $\hat{\sigma}_{ML}^2$ aufweist.

Nachdem uns die Maximum-Likelihood-Methode auf den Kleinste-Quadrate-Schätzer geführt hat, soll nun der Bayes-Ansatz für das lineare Modell untersucht werden.

Satz 2.19 (Bayes-Schätzer im linearen Modell) *Im gewöhnlichen linearen Modell $Y = X\beta + \varepsilon$ mit $\varepsilon \sim \mathrm{N}(0, \sigma^2 E_n)$ und bekanntem $\sigma > 0$ genüge $\beta \in \mathbb{R}^p$ der a-priori-Verteilung*

$$\beta \sim \mathrm{N}(m, \sigma^2 M)$$

mit $m \in \mathbb{R}^p$ und symmetrischer, positiv definiter Matrix $M \in \mathbb{R}^{p \times p}$. Dann ist die a-posteriori-Verteilung von β, gegeben eine realisierte Beobachtung $y \in \mathbb{R}^n$, wiederum normalverteilt:

$$\beta | Y = y \sim \mathrm{N}(\mu_y, \sigma^2 \Sigma_y) \quad \text{mit} \quad \Sigma_y = \left(X^\top X + M^{-1}\right)^{-1}, \ \mu_y = \Sigma_y (X^\top y + M^{-1} m)$$

Insbesondere ist der Bayes-Schätzer bezüglich quadratischem Verlust gegeben durch

$$\hat{\beta}_{\mathrm{Bayes}} = \left(X^\top X + M^{-1}\right)^{-1}(X^\top Y + M^{-1} m).$$

Beweis Für die a-posteriori-Dichte an der Stelle $t \in \mathbb{R}^p$ gilt

$$f^{\beta | Y = y}(t) \propto f^{Y | \beta = t}(y) f_\beta(t)$$

$$\propto \exp\left(-\frac{1}{2\sigma^2}(y - Xt)^\top (y - Xt)\right) \exp\left(-\frac{1}{2\sigma^2}(t - m)^\top M^{-1}(t - m)\right)$$

$$\propto \exp\left(\frac{1}{\sigma^2} t^\top X^\top y - \frac{1}{2\sigma^2} t^\top X^\top X t - \frac{1}{2\sigma^2} t^\top M^{-1} t + \frac{1}{\sigma^2} t^\top M^{-1} m\right)$$

$$= \exp\left(\frac{1}{\sigma^2} t^\top (X^\top y + M^{-1} m) - \frac{1}{2\sigma^2} t^\top \underbrace{\left(X^\top X + M^{-1}\right)}_{=: \Sigma_y^{-1}} t\right)$$

$$= \exp\left(\frac{1}{\sigma^2} t^\top \Sigma_y^{-1} \underbrace{\Sigma_y (X^\top y + M^{-1} m)}_{=: \mu_y} - \frac{1}{2\sigma^2} t^\top \Sigma_y^{-1} t\right)$$

$$\propto \exp\left(-\frac{1}{2\sigma^2}\left(t^\top \Sigma_y^{-1} t - 2 t^\top \Sigma_y^{-1} \mu_y + \mu_y^\top \Sigma_y^{-1} \mu_y\right)\right)$$

$$= \exp\left(-\frac{1}{2\sigma^2}(t - \mu_y)^\top \Sigma_y^{-1}(t - \mu_y)\right).$$

Daher ist β, gegeben $Y = y$, normalverteilt mit der Kovarianzmatrix Σ_y und dem Erwartungswert μ_y. Korollar 1.31 liefert den Rest der Behauptung. $\square$

Bemerkung 2.20 (Mehrstufiges Bayes-Modell) Indem wir den Parameter σ^2 mit einer a-priori-Verteilung versehen und β gemäß einer von σ abhängigen a-priori-Verteilung wählen, erhalten wir ein mehrstufiges Bayes-Modell. Da besonders konjugierte Verteilungsklassen von Interesse sind, wird hierzu oft die *inverse Gammaverteilung* verwendet: Ist $Z \sim \Gamma(a, b)$, so ist $1/Z \sim \mathrm{IG}(a, b)$ invers gammaverteilt mit Parametern $a, b > 0$ und Lebesgue-Dichte

$$f_{a,b}(x) = \frac{b^a}{\Gamma(a)} x^{-(a-1)} e^{-b/x} \mathbb{1}_{(0,\infty)}(x), \quad x \in \mathbb{R}.$$

Skalieren wir die Varianz des normalverteilten β mit σ^2, erhalten wir das Bayes-Modell

$$Y|\beta, \sigma^2 \sim \mathrm{N}(X\beta, \sigma^2 E), \quad \beta|\sigma^2 \sim \mathrm{N}(m, \sigma^2 M), \quad \sigma^2 \sim \mathrm{IG}(a, b).$$

Die gemeinsame Verteilung von $(\beta, \sigma^2) \sim \mathrm{NIG}(m, M, a, b)$ wird *normal-inverse Gamma-verteilung* genannt und besitzt die Dichte

$$f(\beta, \sigma^2) = \frac{C}{(\sigma^2)^{p/2+a+1}} \exp\left(-\frac{1}{2\sigma^2}\left((\beta - m)^\top M^{-1}(\beta - m) + 2b\right)\right) \quad \text{mit}$$

$$C = \frac{b^a}{(2\pi)^{p/2}|M|^{1/2}\Gamma(a)}, \quad \beta \in \mathbb{R}^p, \sigma^2 > 0.$$

In diesem Modell ist die a-posteriori-Verteilung von σ^2, gegeben β und Y, gegeben durch $\sigma^2|\beta, Y \sim \mathrm{IG}(a', b')$ mit $a' = a + \frac{n}{2} + \frac{p}{2}$ und

$$b' = b + \frac{1}{2}(Y - X\beta)^\top(Y - X\beta) + \frac{1}{2}(\beta - m)^\top M^{-1}(\beta - m).$$

Die a-posteriori-Verteilung von (β, σ^2), gegeben Y, ist $(\beta, \sigma^2)|Y \sim \mathrm{NIG}(\tilde{m}, \tilde{M}, \tilde{a}, \tilde{b})$ mit den Parametern

$$\tilde{M} = (X^\top X + M^{-1})^{-1}, \quad \tilde{m} = \tilde{M}(M^{-1}m + X^\top y),$$

$$\tilde{a} = a + \frac{n}{2}, \quad \tilde{b} = b + \frac{1}{2}\left(Y^\top Y + m^\top M^{-1}m - \tilde{m}^\top \tilde{M}^{-1}\tilde{m}\right),$$

siehe Fahrmeir et al. (2009, Abschn. 3.5).

In einem Spezialfall von Satz 2.19 erhalten wir eine weitere Darstellung des Bayes-Schätzers.

Korollar 2.21 *Unter den Voraussetzungen von Satz 2.19 mit $m = 0$ und $M = \lambda^{-1}E_p$ für ein $\lambda > 0$ gilt für den Bayes-Schätzer unter quadratischem Verlust*

$$\hat{\beta}_{\mathrm{Bayes}} = \arg\min_{\beta \in \mathbb{R}^p}\left(|Y - X\beta|^2 + \lambda|\beta|^2\right).$$

Beweis Im Spezialfall $m = 0$ und $M = \lambda^{-1}E_p$ folgt aus Satz 2.19

$$\hat{\beta}_{\mathrm{Bayes}} = \left(X^\top X + \lambda E_p\right)^{-1}X^\top Y.$$

Andererseits gilt

$$\arg\min_\beta \left((Y^\top - \beta^\top X^\top)(Y - X\beta) + \lambda\beta^\top\beta \right)$$
$$= \arg\min_\beta \left(-2Y^\top X\beta + \beta^\top(X^\top X + \lambda E_p)\beta \right).$$

Null setzen des Differenzials der Funktion $\beta \mapsto -2Y^\top X\beta + \beta^\top(X^\top X + \lambda E_p)\beta$ liefert $0 = -2Y^\top X + 2\beta^\top(X^\top X + \lambda E_p)$, sodass aus der Positivität und Symmetrie von $X^\top X + \lambda E_p$ die Behauptung folgt. □

Der Bayes-Ansatz führt uns also zu einer neuen Schätzmethode im linearen Modell:

Methode 2.22 (Ridge-Regression) Im linearen Modell $Y = X\beta + \varepsilon$ ist der **Ridge-Regressionsschätzer** oder **Shrinkage-Schätzer** mit Penalisierung $\lambda > 0$ definiert als

$$\hat{\beta}_{\text{ridge}} = \arg\min_{\beta\in\mathbb{R}^p} \left(|Y - X\beta|^2 + \lambda|\beta|^2 \right).$$

Der Strafterm $\lambda|\beta|^2$ führt zu Lösungen des Minimierungsproblems, die kleine Parametervektoren β bevorzugen, und daher zur Bezeichnung *shrinkage* ("Schrumpfung") führt. Diesen Effekt sieht man auch direkt am Bayes-Ansatz in Satz 2.19, da dort eine a-priori-Verteilung verwendet wird, die um $\beta = 0$ zentriert ist. Um die Bezeichnung *ridge* zu verstehen, erinnern wir uns daran, dass die ursprüngliche Motivation des Kleinste-Quadrate-Schätzers das Maximum-Likelihood-Prinzip war. Führen nun mehrere Parameterwahlen β zu vergleichbar großen Likelihoods, ähnelt die Kontur der Likelihood-Funktion einem Bergkamm (englisch: *ridge*). Das Finden des Maximums oder äquivalent des Minimums der quadrierten Residuen (in einem langen Tal) ist numerisch schwierig. Wenn wir durch Hinzufügen des strikt konvexen Strafterms das Tal an den Seiten anheben, entsteht ein leichter zu findendes globales Minimum.

Abb. 2.4 illustriert diesen Sachverhalt, wobei wir für die Simulation folgendes Modell benutzt haben: $X \in \mathbb{R}^{10\times2}$, $X_{i,1} = 1$, $X_{j,2} \sim U([0,1])$ für alle $i, j = 1, ..., 10$, $\beta = (2, 1/2)^\top$, $\varepsilon_i \sim N(0, 1/10)$ mit $\Sigma = 0, 1 \cdot E_{10}$ und $\lambda = 15$.

Den Einfluss des Strafterms wollen wir im Spezialfall von orthogonalem Design, das heißt für $X^\top X = nE_p$ und $p \leq n$, genauer untersuchen, siehe auch Aufgabe 2.9 zum Vergleich zwischen Ridge-Regressionsschätzer und dem Kleinste-Quadrate-Schätzer.

Lemma 2.23 *Im gewöhnlichen linearen Modell* $Y = X\beta + \varepsilon$ *mit* $\varepsilon \sim N(0, \sigma^2 E_n)$, $\sigma > 0$ *und* $X^\top X = nE_p$ *gilt für die Ridge-Regressionsschätzer mit Penalisierungsparameter* $\lambda > 0$

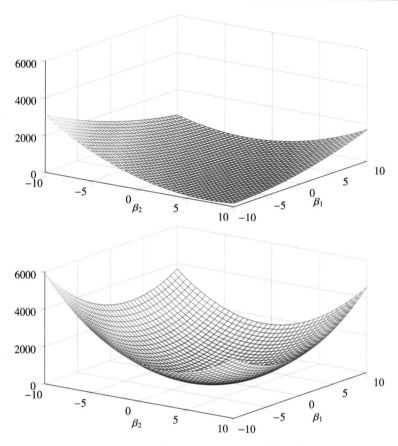

Abb. 2.4 Quadrierte Residuen in Abhängigkeit von $\beta = (\beta_1, \beta_2)^\top \in \mathbb{R}^2$ ohne Strafterm *(oben)* und mit ℓ^2-Strafterm *(unten)*.

$$\mathbb{E}\big[|\hat{\beta}_{\text{ridge}} - \beta|^2\big] = \frac{|\beta|^2}{(1 + n/\lambda^2)^2} + \frac{1}{(1 + \lambda^2/n)^2} \frac{\sigma^2 p}{n}.$$

Beweis Aus Korollar 2.21 erhalten wir $\hat{\beta}_{\text{ridge}} = (X^\top X + \lambda^2 E_p)^{-1}(X^\top Y)$, sodass

$$\hat{\beta}_{\text{ridge}} - \beta = (X^\top X + \lambda^2 E_p)^{-1} X^\top X \beta - \beta + (X^\top X + \lambda^2 E_p)^{-1} X^\top \varepsilon$$
$$= -(X^\top X + \lambda^2 E_p)^{-1} \lambda^2 \beta + (X^\top X + \lambda^2 E_p)^{-1} X^\top \varepsilon.$$

Aus der Bias-Varianz-Zerlegung, $\mathbb{E}[|Z|^2] = \text{tr}(\mathbb{E}[ZZ^\top])$ für beliebige Zufallsvektoren $Z \in \mathbb{R}^p$ und dem Einsetzen von $X^\top X = n E_p$ folgt

$$\mathbb{E}[|\hat{\beta}_{\text{ridge}} - \beta|^2] = \lambda^4 |(X^\top X + \lambda^2 E_p)^{-1}\beta|^2 + \sigma^2 \text{tr}\big((X^\top X$$
$$+ \lambda^2 E_p)^{-1} X^\top X (X^\top X + \lambda^2 E_p)^{-1}\big)$$
$$= \frac{|\beta|^2}{(1 + n\lambda^{-2})^2} + \frac{\sigma^2 pn}{(n + \lambda^2)^2}.$$

Damit ergibt sich die behauptete Darstellung des mittleren quadratischen Fehlers von $\hat{\beta}_{\text{ridge}}$. □

Im Vergleich zum mittleren quadratischen Fehler $\mathbb{E}[|\hat{\beta} - \beta|^2] = \sigma^2 p/n$ des Kleinste-Quadrate-Schätzers $\hat{\beta}$ wird die Varianz des Ridge-Regressionsschätzers auf Kosten eines zusätzlichen Bias verringert. Da der Bias proportional zu $|\beta|^2$ wächst, ist der Shrinkageansatz insbesondere sinnvoll, wenn $|\beta|$ klein ist. Die richtige Wahl des Penalisierungsparameters λ ist hierbei allerdings entscheidend. Eine optimale Wahl von λ hängt vom unbekannten Vektor β ab und ist dem Statistiker nicht zugänglich (Aufgabe 2.9).

Der Ridge-Regressionsschätzer liefert bei kleinen $|\beta|^2$ auch noch gute Schätzergebnisse, wenn die Parameterdimension nicht viel kleiner als die Anzahl der Beobachtungen ist: Die in der Dimension linear wachsende Varianz $\sigma^2 p$ des Kleinste-Quadrate-Schätzers wird durch den Penalisierungsparameter reduziert.

Die Ridge-Regression wird insbesondere bei schlecht konditionierter Designmatrix X, also wenn das Verhältnis von größtem zu kleinstem Eigenwert von $X^\top X$ groß ist, verwendet. Dann ist einerseits die Lösung des Minimierungsproblems $\hat{\beta}_{\text{ridge}} = (X^\top X + \lambda^2 E_p)^{-1} X^\top Y$ numerisch stabiler, da die Matrix $X^\top X + \lambda^2 E_p$ besser konditioniert ist. Andererseits kann man analog zum Lemma beweisen, dass die Varianz des Schätzers insbesondere in Richtung der Eigenvektoren zu den kleinen Eigenwerten von $X^\top X$ stark reduziert wird. Der Strafterm führt also zu einer numerischen wie statistischen Regularisierung.

Möchte man β in einem hochdimensionalen linearen Modell schätzen, also im Fall $p \gg n$, ist auch der Ridge-Regressionsschätzer nicht mehr zielführend. Man kann aber den ℓ^2-Strafterm durch einen ℓ^1-Strafterm ersetzen, was typischerweise zu spärlich besetzten (englisch: *sparse*) Lösungen des Minimierungsproblems führt und auch bei sehr großen Parameterdimensionen p gut funktioniert. Die resultierende Schätzmethode ist der sogenannte Lasso-Schätzer, den wir in Abschn. 4.4 studieren werden.

Bevor wir uns im nächsten Abschnitt mit statistischer Inferenz, also der Konstruktion von Tests und Konfidenzintervallen, im linearen Modell beschäftigen, wollen wir auf den Fall von *zufälligem Design* eingehen.

Das lineare Modell liest sich dann als

$$Y_i = X_i^\top \beta + \varepsilon_i, \quad i = 1, \ldots, n,$$

wobei der Kovariablenvektor $X_i \in \mathbb{R}^p$ für den Regressanden Y_i zufällig ist. Wir beobachten also die Paare $(X_i, Y_i)_{i=1,\ldots,n}$ und nehmen vereinfachend an, dass diese Zufallsvektoren unabhängig und gleichverteilt sind und X_i unabhängig von ε_i ist. In der Notation $Y = X\beta + \varepsilon$

aus Definition 2.7 enthält $X_i = (X_{i,1}, \ldots, X_{i,p})^\top$ die Einträge der $i$ten Zeile der Designmatrix X. (Damit ist die doppelte Verwendung des Buchstaben X konsistent, auch wenn sie zunächst etwas verwirrend erscheinen mag.) Die Kovarianzmatrix der Beobachtungsfehler ist unter der i.i.d.-Annahme eine Diagonalmatrix $\Sigma = \sigma^2 E_n$.

Aufgrund der Unabhängigkeit von X_i und ε_i können wir durch Bedingen auf $X_1, \ldots, X_n$ unsere vorherigen Resultate übertragen. Andererseits ermöglicht die i.i.d.-Annahme eine recht einfache Analyse des Kleinste-Quadrate-Schätzers bei großen Stichprobenumfängen. Nach Lemma 2.14 ist der Schätzer durch

$$\hat{\beta} = \left(\frac{1}{n}X^\top X\right)^{-1}\frac{1}{n}X^\top Y$$

gegeben, wobei

$$\frac{1}{n}X^\top X = \frac{1}{n}\sum_{i=1}^{n} X_i X_i^\top$$

gerade die Kovarianzmatrix von $(X_i)_{i=1,\ldots,n}$ schätzt, sofern diese zentriert sind:

Definition 2.24 Es seien $X_1, \ldots, X_n$ unabhängige und identisch verteilte Zufallsvektoren im $\mathbb{R}^p$ mit $\mathbb{E}[X_i] = 0$ und $\mathbb{E}[|X_1|^2] < \infty$. Dann heißen

$$\Sigma_n = \frac{1}{n}\sum_{i=1}^{n} X_i X_i^\top \quad \text{und} \quad \Sigma_X = \mathbb{E}[X_1 X_1^\top] = \mathbb{C}\text{ov}(X_1)$$

empirische Kovarianzmatrix bzw. **Design-Kovarianzmatrix**.

Es sei daran erinnert, dass der Erwartungswert eines Vektors bzw. einer Matrix einträgeweise berechnet wird. Falls X_1 nicht zentriert ist, ist Σ_X nicht mehr die Kovarianzmatrix des Designs und man müsste eigentlich von der Matrix der zweiten Momente sprechen, was aber nicht gängig ist.

In Übung 2.11 sehen wir, dass bei einer Normalverteilung die empirische Kovarianzmatrix Σ_n als Schätzung der Design-Kovarianzmatrix Σ_X einen Fehler in Frobeniusnorm $\mathbb{E}[\|\Sigma_n - \Sigma_X\|_2^2]^{1/2}$ der Ordnung $pn^{-1/2}$ im Stichprobenumfang n und in der Dimension p aufweist. Das Gesetz der großen Zahlen impliziert (eintragsweise)

$$\Sigma_n \overset{n\to\infty}{\to} \Sigma_X \quad f.s.$$

Man vergleiche hierzu auch die Konvergenz der empirischen Kovarianzmatrix unter deterministischem äquidistanten Design in Beispiel 4.13. Wenden wir noch einmal das Gesetz der großen Zahlen sowie $\mathbb{E}[\varepsilon_i] = 0$ und die Unabhängigkeit von X_i und ε_i an, erhalten wir andererseits f.s.

$$\frac{1}{n} X^\top Y = \left(\frac{1}{n} \sum_{i=1}^n X_{i,1} Y_i, \ldots, \frac{1}{n} \sum_{i=1}^n X_{i,p} Y_i \right)^\top$$

$$\stackrel{n \to \infty}{\to} \mathbb{E}[X_1 Y_1]$$

$$= \mathbb{E}[X_1 X_1^\top \beta] + \mathbb{E}[X_1 \varepsilon_1]$$

$$= \mathbb{E}[X_1 X_1^\top] \beta + \mathbb{E}[X_1] \mathbb{E}[\varepsilon_1]$$

$$= \Sigma_X \beta.$$

Ist Σ_X invertierbar, folgt mit dem Continuous-Mapping-Theorem die fast sichere Konsistenz von $\hat{\beta}$:

$$\hat{\beta} \stackrel{n \to \infty}{\to} \beta \quad \text{f.s.}$$

Ähnlich kann man die asymptotische Normalität von $\hat{\beta}$ zeigen, siehe Aufgabe 2.12.

Insbesondere unter zufälligem Design ist der Vorhersagefehler einer neuen unabhängigen Beobachtung (X_{n+1}, Y_{n+1}), die wie (X_1, Y_1) verteilt ist, von Interesse. Wir betrachten hierbei den Erwartungswert nur bezüglich (X_{n+1}, Y_{n+1}):

$$\mathbb{E}_{(X_{n+1}, Y_{n+1})}[|Y_{n+1} - X_{n+1}\hat{\beta}|^2] = \mathbb{E}_{X_{n+1}}[|X_{n+1}(\hat{\beta} - \beta)|^2] + \mathbb{E}[\varepsilon_{n+1}^2]$$

$$= (\hat{\beta} - \beta)^\top \Sigma_X (\hat{\beta} - \beta) + \sigma^2$$

Während das σ^2 unvermeidbar durch den Beobachtungsfehler der neuen Beobachtung Y_{n+1} verursacht wird, gewichten wir den Schätzfehler $\hat{\beta} - \beta$ entsprechend der Verteilung der Kovariablen. Man beachte, dass dieser Term strukturell auch bei deterministischem Design durch Betrachten von $\frac{1}{n}\mathbb{E}[|X\hat{\beta} - X\beta|^2] = (\hat{\beta} - \beta)^\top \Sigma_n (\hat{\beta} - \beta)$ auftaucht.

2.2   Inferenz unter Normalverteilungsannahme

Statistische Inferenz umfasst die Konstruktion von Tests und Konfidenzintervallen. Im Gegensatz zur Schätztheorie aus dem letzten Abschnitt, benötigen wir hier eine explizite Annahme an die Verteilung des Fehlervektors ε im linearen Modell. Im Folgenden werden wir stets das gewöhnliche lineare Modell unter der Normalverteilungsannahme $(\varepsilon_i) \sim N(0, \sigma^2 E_n)$ betrachten, da die Abweichungen der (Mess-)Werte vieler natur-, wirtschafts- und ingenieurswissenschaftlicher Vorgänge durch die Normalverteilung in guter Näherung beschrieben werden können.

Ist die Fehlervarianz σ^2 bekannt, lassen sich unter der Normalverteilungsannahme leicht Konfidenzintervalle konstruieren:

Beispiel 2.25

Sind die Messfehler $(\varepsilon_i) \sim N(0, \sigma^2 E_n)$ gemeinsam normalverteilt und $\rho = \langle v, \beta \rangle$ für $v \in \mathbb{R}^k$, so gilt

$$\hat{\beta} \sim N(\beta, \sigma^2(X^\top X)^{-1}) \quad \text{und} \quad \hat{\rho} = \langle v, \hat{\beta} \rangle \sim N(\rho, \sigma^2 v^\top (X^\top X)^{-1} v).$$

Ist $\sigma > 0$ bekannt, so ist ein Konfidenzintervall zum Niveau $1 - \alpha$ für ρ gegeben durch

$$\left[\hat{\rho} - q_{1-\alpha/2}\sigma\sqrt{v^\top(X^\top X)^{-1}v}, \ \hat{\rho} + q_{1-\alpha/2}\sigma\sqrt{v^\top(X^\top X)^{-1}v} \right],$$

mit dem $(1 - \alpha/2)$-Quantil $q_{1-\alpha/2}$ der Standardnormalverteilung. Beachte, dass dieses Konfidenzintervall über den Korrespondenzsatz 1.69 dem zweiseitigen Gauß-Test aus Beispiel 1.64 entspricht. Insbesondere ergibt sich für $\alpha = 0{,}05$ der Wert $q_{0,975} \approx 1{,}96$, der in Anwendungen häufig auftaucht. ◄

Die Annahme in diesem Beispiel, dass σ bekannt sei, ist in den wenigsten Fällen erfüllt. Bei unbekanntem Rauschniveau können wir σ durch den Schätzer $\hat{\sigma}$ ersetzen. Ist $\hat{\sigma}$ konsistent, dann folgt aus Slutzkys Lemma, dass das resultierende Konfidenzintervall beziehungsweise der entsprechende Test das vorgegebene Niveau zumindest asymptotisch erreicht. Im nächsten Abschnitt werden wir sehen, dass man sogar die Verteilung der normalisierten Statistiken explizit bestimmen und so Konfidenzbereiche und Tests konstruieren kann, die auch für endliche Stichprobengrößen ein gegebenes Niveau genau erreichen.

Folgende Verteilungen sind essentiell für die angestrebte Inferenz und bilden die Grundlage für die vielfach genutzten t- und F-Tests.

Definition 2.26 Die **t-Verteilung** $t(n)$ (oder Student-t-Verteilung) mit $n \in \mathbb{N}$ Freiheitsgraden auf $(\mathbb{R}, \mathcal{B}(\mathbb{R}))$ ist gegeben durch die Lebesgue-Dichte

$$t_n(x) = \frac{\Gamma(\frac{n+1}{2})}{\Gamma(\frac{n}{2})\sqrt{\pi n}} \left(1 + \frac{x^2}{n} \right)^{-(n+1)/2}, \quad x \in \mathbb{R}.$$

Dabei bezeichnet $\Gamma(p) = \int_0^\infty t^{p-1} e^{-t} dt$ die Gammafunktion.

Definition 2.27 Die **F-Verteilung** $F(m, n)$ (oder Fisher-Verteilung) mit $(m, n) \in \mathbb{N}^2$ Freiheitsgraden auf $(\mathbb{R}, \mathcal{B}(\mathbb{R}))$ ist gegeben durch die Lebesgue-Dichte

$$f_{m,n}(x) = \frac{m^{m/2} n^{n/2}}{B(\frac{m}{2}, \frac{n}{2})} \frac{x^{m/2-1}}{(mx + n)^{(m+n)/2}} \mathbb{1}_{\mathbb{R}^+}(x), \quad x \in \mathbb{R}.$$

Dabei bezeichnet $B(p, q) = \dfrac{\Gamma(p)\Gamma(q)}{\Gamma(p + q)}$ die Betafunktion.

Lemma 2.28 *Es seien $X_1, \ldots, X_m, Y_1, \ldots, Y_n$ unabhängige $N(0, 1)$-verteilte Zufallsvariablen. Dann gilt*

$$T_n := \frac{X_1}{\sqrt{\frac{1}{n}\sum_{j=1}^n Y_j^2}} \sim t(n) \quad \text{und} \quad F_{m,n} := \frac{\frac{1}{m}\sum_{i=1}^m X_i^2}{\frac{1}{n}\sum_{j=1}^n Y_j^2} \sim F(m, n).$$

Beweis Es gilt $T_n^2 = F_{1,n}$, sodass mittels Dichtetransformation $f^{|T_n|}(x) = f^{F_{1,n}}(x^2)2x$, $x \geq 0$, gilt. Da T_n symmetrisch (wie $-T_n$) verteilt ist, folgt $f^{T_n}(x) = f^{F_{1,n}}(x^2)|x|$, $x \in \mathbb{R}$, und Einsetzen zeigt die Behauptung für T_n, sofern $F_{1,n}$ F$(1, n)$-verteilt ist.

Um die Behauptung für $F_{m,n}$ nachzuweisen, benutzen wir, dass $X := \sum_{i=1}^{m} X_i^2$ bzw. $Y := \sum_{j=1}^{n} Y_j^2$ gemäß $\chi^2(m)$ bzw. $\chi^2(n)$ verteilt sind. Wegen der Unabhängigkeit von X und Y und des Satzes von Fubini gilt für $z > 0$ (setze $w = x/y$)

$$
\begin{aligned}
\mathbb{P}(X/Y \leq z) &= \int_0^\infty \int_0^\infty \mathbb{1}_{\{x/y \leq z\}} f^X(x) f^Y(y) \mathrm{d}x \mathrm{d}y \\
&= \int_0^z \left(\int_0^\infty f^X(wy) f^Y(y) y \mathrm{d}y \right) \mathrm{d}w.
\end{aligned}
$$

Setzen wir die χ^2-Dichten ein und substituieren $w = (z+1)y$ und $t = w/2$, ergibt sich die Dichte von X/Y:

$$
\begin{aligned}
f^{X/Y}(z) &= \int_0^\infty f^X(zy) f^Y(y) y \mathrm{d}y \\
&= \frac{2^{-(m+n)/2}}{\Gamma(\frac{m}{2})\Gamma(\frac{n}{2})} \int_0^\infty (zy)^{m/2-1} y^{n/2} e^{-(zy+y)/2} \mathrm{d}y \\
&= \frac{2^{-(m+n)/2}}{\Gamma(\frac{m}{2})\Gamma(\frac{n}{2})} \int_0^\infty (zw/(z+1))^{m/2-1} (w/(z+1))^{n/2} e^{-w/2} (z+1)^{-1} \mathrm{d}w \\
&= \frac{z^{m/2-1}(z+1)^{-(m+n)/2}}{\Gamma(\frac{m}{2})\Gamma(\frac{n}{2})} \int_0^\infty 2^{-((m+n)/2-1)} 2^{-1} w^{(m+n)/2-1} e^{-w/2} \mathrm{d}w \\
&= \frac{z^{m/2-1}(z+1)^{-(m+n)/2}}{\Gamma(\frac{m}{2})\Gamma(\frac{n}{2})} \int_0^\infty t^{((m+n)/2-1)} e^t \mathrm{d}t \\
&= \frac{\Gamma(\frac{m+n}{2})}{\Gamma(\frac{m}{2})\Gamma(\frac{n}{2})} z^{m/2-1}(z+1)^{-(m+n)/2}, \quad z > 0.
\end{aligned}
$$

Dichtetransformation ergibt damit für $F_{m,n} = \frac{n}{m}\frac{X}{Y}$ die Dichte $\frac{m}{n} f^{X/Y}(\frac{m}{n}x) = f_{m,n}(x)$. $\square$

Bemerkung 2.29 (t- und F-Verteilung) Die t-Verteilung ist symmetrisch zur Symmetrieachse $x = 0$ und glockenförmig. Die Dichte fällt jedoch nur polynomiell statt exponentiell schnell ab. Insbesondere besitzt die t(n)-Verteilung für jedes $n \in \mathbb{N}$ nur Momente bis zur Ordnung $p < n$. Man spricht von *heavy tails,* was man mit „schweren Flanken" übersetzen könnte. Für $n = 1$ ist die t(n)-Verteilung gerade die Cauchy-Verteilung, und für $n \to \infty$ konvergiert sie schwach gegen die Standardnormalverteilung, was man leicht aus dem letzten Lemma folgern kann, siehe auch Abb. 2.5. Die F-Verteilung hat ebenfalls heavy tails. Es gilt $F_{1,n} = T_n^2$. Für $n \to \infty$ konvergiert $mF_{m,n}$ gegen die $\chi^2(m)$-Verteilung.

Folgendes Hilfsresultat zur Verteilung von quadratischen Formen wird uns auch bei der Konstruktion von Tests und Konfidenzbändern im linearen Modell helfen:

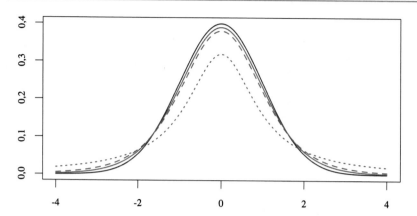

Abb. 2.5 Für $n \to \infty$ konvergiert die Dichte der t(n)-Verteilung (grün) gegen jene der Standardnormalverteilung (violett). Gepunktet entspricht t(1), gestrichelt t(5) und durchgezogen t(10).

Lemma 2.30 *Sei $Z \sim N(0, E_n)$ und sei $R \in \mathbb{R}^{n \times n}$ eine Orthogonalprojektion vom Rang* rank$(R) = r \le n$. *Dann gilt*

(i) $Z^\top R Z \sim \chi^2(r)$,

(ii) *$Z^\top R Z$ ist unabhängig von BZ für jede Matrix $B \in \mathbb{R}^{p \times n}$ mit $BR = 0$,*

(iii) *für jede weitere Orthogonalprojektion $S \in \mathbb{R}^{n \times n}$ mit rank$(S) = s \le n$ und $RS = 0$ sind $Z^\top R Z$ und $Z^\top S Z$ unabhängig, und es gilt*

$$\frac{s}{r} \frac{Z^\top R Z}{Z^\top S Z} \sim F(r, s).$$

Beweis (i) Als Orthogonalprojektion ist R symmetrisch und idempotent ($R = R^\top$ und $R^2 = R$). Daher existiert eine Orthogonalmatrix T mit

$$R = T D_r T^\top \quad \text{und} \quad D_r = \begin{pmatrix} E_r & 0 \\ 0 & 0 \end{pmatrix}.$$

Da T orthogonal ist und Z standardnormalverteilt, folgt $W := T^\top Z \sim N(0, E_n)$. Wegen

$$Z^\top R Z = Z^\top (T D_r T^\top) Z = (T^\top Z)^\top D_r (T^\top Z) = W^\top D_r W = \sum_{i=1}^{r} W_i^2$$

ist $Z^\top R Z$ $\chi^2(r)$-verteilt.

(ii) Wir setzen $Y := BZ \sim N(0, B^\top B)$ und $V := RZ \sim N(0, R)$. Dann gilt

$$\text{Cov}(Y, V) = B\text{Cov}(Z) R^\top = BR = 0.$$

Weiter haben wir $Z^\top R Z = Z^\top R^2 Z = (RZ)^\top (RZ) = V^\top V$. Da (Y, V) als Lineartransformation von Z gemeinsam normalverteilt ist, folgt aus der Unkorreliertheit bereits die Unabhängigkeit von Y und V und somit auch die von $Y = BZ$ und $V^\top V = Z^\top RZ$.

(iii) Genau wie in (ii) folgt die Unabhängigkeit von $Y := SZ$ und $V := RZ$ und somit auch die Unabhängigkeit von $Y^\top Y = Z^\top SZ$ und $V^\top V = Z^\top RZ$. Zusammen mit (i) und dem vorangegangenen Lemma folgt die Behauptung. $\square$

Als Folgerung erhalten wir Tests und Konfidenzbereiche für die Schätzung von β und linearen Funktionalen im gewöhnlichen linearen Modell unter der Normalverteilungsannahme:

Satz 2.31 (F-Test) *Betrachte im gewöhnlichen linearen Modell unter der Normalverteilungsannahme* $\varepsilon \sim \mathrm{N}(0, \sigma^2 E_n)$ *mit unbekanntem* $\sigma > 0$ *das Testproblem* $H_0 : \beta = \beta_0$, $\sigma > 0$ *gegen* $H_1 : \beta \neq \beta_0, \sigma > 0$. *Dann ist der zweiseitige F-Test (auch* **Fisher-Test***)*

$$\varphi_\alpha = \mathbb{1}(F_{p,n-p}(Y) > q_{\mathrm{F}(p,n-p);1-\alpha}) \quad \text{mit} \quad F_{p,n-p} := \frac{\frac{1}{p}|X(\hat\beta - \beta_0)|^2}{\hat\sigma^2},$$

dem Kleinste-Quadrate-Schätzer $\hat\beta$, *der empirischen Stichprobenvarianz* $\hat\sigma^2 = \frac{1}{n-p}|Y - X\hat\beta|^2$ *und dem* $(1-\alpha)$-*Quantil* $q_{\mathrm{F}(p,n-p);1-\alpha}$ *der* $\mathrm{F}(p, n-p)$-*Verteilung ein Likelihood-Quotiententest zum Niveau* $\alpha \in (0, 1)$.

Beweis Da der Kleinste-Quadrate-Schätzer gerade der Maximum-Likelihood-Schätzer unter Normalverteilung ist, können wir die Likelihood für alle $\sigma^2 > 0$ über

$$\sup_{\beta \in \mathbb{R}^p \setminus \{\beta_0\}} L(\sigma^2, \beta) = L(\sigma^2, \hat\beta)$$

maximieren. Wir erhalten für den Likelihood-Quotienten (Methode 1.62)

$$T = \frac{\sup_{\sigma^2 > 0} L(\hat\beta, \sigma^2)}{\sup_{\sigma^2 > 0} L(\beta_0, \sigma^2)} = \frac{\sup_{\sigma^2 > 0} \sigma^{-n} \exp(-\frac{1}{2\sigma^2}|Y - X\hat\beta|^2)}{\sup_{\sigma^2 > 0} \sigma^{-n} \exp(-\frac{1}{2\sigma^2}|Y - X\beta_0|^2)}.$$

Wegen

$$\frac{\mathrm{d}}{\mathrm{d}\sigma^2}\left(-\frac{n}{2}\log\sigma^2 - \frac{1}{2\sigma^2}|Y - X\hat\beta|^2\right) = -\frac{n}{2\sigma^2} + \frac{1}{2\sigma^4}|Y - X\hat\beta|^2,$$

wird das Supremum im Zähler von T bei $\hat\sigma^2_{\mathrm{MLE},1} = \frac{1}{n}|Y - X\hat\beta|^2$ angenommen. Analog wird das Supremum im Nenner von T bei $\hat\sigma^2_{\mathrm{MLE},0} = \frac{1}{n}|Y - X\beta_0|^2$ angenommen. Nutzen wir noch $X\hat\beta = \Pi_X Y$ und die Orthogonalität $(E_n - \Pi_X)\Pi_X = 0$, so erhalten wir

$$T = \frac{\hat{\sigma}_{\mathrm{MLE},1}^{-n}}{\hat{\sigma}_{\mathrm{MLE},0}^{-n}} = \left(\frac{|Y - X\beta_0|^2}{|Y - \Pi_X Y|^2} \right)^{n/2}$$

$$= \left(\frac{|(E_n - \Pi_X)Y|^2 + |\Pi_X(Y - X\beta_0)|^2}{|Y - \Pi_X Y|^2} \right)^{n/2} = \left(1 + \frac{|X(\hat{\beta} - \beta_0)|^2}{(n-p)\hat{\sigma}^2} \right)^{n/2}$$

mit der empirischen Stichprobenvarianz $\hat{\sigma}^2 = |Y - \Pi_X Y|^2/(n-p)$. Durch monotone Transformation hat also ein Likelihood-Quotiententest die Form

$$\varphi_\alpha = \mathbb{1}\left(\frac{\frac{1}{p}|X(\hat{\beta} - \beta_0)|^2}{\hat{\sigma}^2} > \tilde{c}_\alpha \right),$$

wobei wir wegen der stetigen Verteilung auf die Randomisierung verzichten können. Da Π_X und $E_n - \Pi_X$ als Projektionen auf $\mathrm{Im}(X)$ bzw. $(\mathrm{Im}(X))^\perp$ symmetrische, idempotente Matrizen mit Rang p bzw. $(n-p)$ sind und $(E_n - \Pi_X)\Pi_X = 0$ gilt, folgt aus Lemma 2.30 unter H_0:

$$\frac{\frac{1}{p}|X(\hat{\beta} - \beta_0)|^2}{\hat{\sigma}^2} = \frac{(n-p)}{p} \frac{\varepsilon^\top \Pi_X \varepsilon}{\varepsilon^\top (E_n - \Pi_X)\varepsilon} \sim F(p, n-p).$$

Man beachte, dass sich der wahre Wert von σ^2 im Bruch herauskürzt. Wählen wir also $\tilde{c}_\alpha = q_{\mathrm{F}(p,n-p);1-\alpha}$, so besitzt φ_α Niveau α unter H_0. □

Im Allgemeinen bezeichnen wir einen Hypothesentest als F-Test, wenn seine Teststatistik unter der Nullhypothese einer F-Verteilung folgt. Zwei Hauptanwendungen von F-Tests sind die Überprüfung, ob die Regressionskoeffizienten in der linearen Regression signifikant von vorgegebenen Koeffizienten abweichen, und der Nachweis, ob sich die Mittelwerte aus zwei oder mehr Stichproben aus unterschiedlichen, normalverteilten Populationen signifikant unterscheiden (Varianzanalyse, Abschn. 2.52).

Beispiel 2.32

F-Test, Happiness-Score
Erinnern wir uns an den World Happiness Report und speziell an den Zusammenhang zwischen pro-Kopf-Bruttoinlandsprodukt und Happiness-Score (siehe Beispiel 1.2). Ein Glücksforscher gibt als Faustregel die Formel $y = 2x + 4$ für den Happiness-Score y und das pro-Kopf-Bruttoinlandsprodukt x an. Mit $p = 2$ und $n = 156$ ist die Hypothese damit $H_0 : \beta = \beta_0$ für $\beta_0 = (4, 2)^\top$. Wir legen das Signifikanzniveau auf $\alpha = 0,05$ fest. Unter Zuhilfenahme einer Statistik-Software bestimmen wir den Kleinste-Quadrate-Schätzer, die Stichprobenvarianz, das entsprechende $(1 - \alpha)$-Quantil der $F_{2;198}$-Verteilung sowie den Wert der F-Statistik:

$$\hat{\beta} \approx \begin{pmatrix} 3,40 \\ 2,22 \end{pmatrix}, \quad \hat{\sigma}^2 \approx 0,46, \quad q_{\mathrm{F}(p,n-p);1-\alpha} \approx 3,05 \quad \text{und} \quad F_{p,n-p}(Y) \approx 28,77$$

Wegen $F_{p,n-p}(Y) > q_{F(p,n-p);1-\alpha}$ wird die Nullhypothese verworfen. Die Faustregel ist demnach eine zu starke Vereinfachung der tatsächlichen Parameterwerte. ◄

Für das Testen des reellen Parameters $\rho = \langle v, \beta \rangle$ zu gegebenem $v \in \mathbb{R}^p$ erhalten wir:

Satz 2.33 (t-Test) *Im gewöhnlichen linearen Modell unter Normalverteilungsannahme $\varepsilon \sim N(0, \sigma^2 E_n)$ mit unbekanntem $\sigma > 0$ betrachten wir den abgeleiteten Parameter $\rho = \langle v, \beta \rangle$ für ein $v \in \mathbb{R}^p \setminus \{0\}$. Dann ist der Likelihood-Quotiententest der Hypothese $H_0 : \rho = \rho_0, \sigma > 0$ gegen die Alternative $H_1 : \rho \neq \rho_0, \sigma > 0$ für ein $\rho_0 \in \mathbb{R}$ zum Niveau $\alpha \in (0, 1)$ gegeben durch den zweiseitigen t-Test (auch **Student-t-Test**)*

$$\varphi_\alpha = \mathbb{1}\left(|T_{n-p}(Y)| > q_{t(n-p);1-\alpha/2}\right) \quad \text{mit} \quad T_{n-p}(Y) := \frac{\hat{\rho} - \rho_0}{\hat{\sigma}\sqrt{v^\top (X^\top X)^{-1} v}}$$

und $\hat{\rho} = \langle v, \hat{\beta} \rangle$, dem Kleinste-Quadrate-Schätzer $\hat{\beta}$, der empirischen Stichprobenvarianz $\hat{\sigma}^2$ und dem $(1 - \alpha/2)$-Quantil $q_{t(n-p);1-\alpha/2}$ der $t(n - p)$-Verteilung.

Im Allgemeinen bezeichnen wir Hypothesentests, deren Teststatistik unter der Nullhypothese t-verteilt sind, als t-Tests. Neben dem Einstichproben-t-Test gibt es auch den *Zweistichproben-t-Test*, der die Mittelwerte zweier unabhängiger Stichproben auf Gleichheit testet (siehe Korollar 2.55).

Beweis Der direkte Nachweis, dass der angegebene t-Test ein Likelihood-Quotiententest ist, verbleibt als übung, siehe Aufgabe 2.13. Später wird diese Aussage in Beispiel 2.41 auch aus der allgemeinen Theorie folgen.

Aus dem Satz von Gauß-Markov und der Normalverteilungsannahme folgt $\hat{\rho} \sim N(\rho_0, \sigma^2 v^\top (X^\top X)^{-1} v)$ unter $H_0 : (\beta, \sigma) \in \{b \in \mathbb{R}^p : \langle v, b \rangle = \rho_0\} \times (0, \infty)$. Daraus folgt

$$\frac{\hat{\rho} - \rho_0}{\sigma\sqrt{v^\top (X^\top X)^{-1} v}} \sim N(0, 1) \text{ unter } H_0.$$

Andererseits sind $\hat{\rho}$ und $\hat{\sigma}^2$ unabhängig (wegen $(E_n - \Pi_X)\Pi_X = 0$ und Lemma 2.30), und es gilt $\hat{\sigma}^2 = \sigma^2 Y/(n - p)$ für eine Zufallsvariable $Y \sim \chi^2(n - p)$. Damit ist

$$\frac{\hat{\rho} - \rho_0}{\sqrt{\hat{\sigma}^2 v^\top (X^\top X)^{-1} v}} \sim t(n - p) \text{ unter } H_0,$$

und die Behauptung folgt durch Wahl des richtigen Quantils. □

Beispiel 2.34

Einstichproben-t-Test

Mit dem Einstichproben-t-Test wird auf den Mittelwert einer i.i.d. normalverteilten Stichprobe getestet. Mögliche Anwendungsfälle sind Nachweise, ob Sollwerte, zum Beispiel das Füllgewicht von Zuckerpackungen, eingehalten werden oder die Istwerte signifikant davon abweichen.

Wir beobachten also $Y_i = \beta + \varepsilon_i$ mit $\varepsilon_i \sim N(0, \sigma^2)$ und unbekanntem Mittelwert β. Wir erhalten ein lineares Modell mit $X = (1, ..., 1)^\top \in \mathbb{R}^n$ und dem empirischen Mittelwert als Schätzer für β:

$$\hat{\beta} = (X^\top X)^{-1} X^\top Y = \frac{1}{n} \sum_{i=1}^{n} Y_i$$

Wir wenden nun Satz 2.33 an, wobei $p = 1$ und $v = 1$, sodass $\rho = \beta$ und $\hat{\rho} = \hat{\beta}$. Wir erhalten die Teststatistik

$$T_{n-1}(Y) = \frac{\sqrt{n}(\bar{Y} - \rho_0)}{\hat{\sigma}}.$$

Im Gegensatz zum Gauß-Test aus Beispiel 2.25 wird also im t-Test die Varianz σ^2 durch die Stichprobenvarianz $\hat{\sigma}^2$ ersetzt und ein Quantil der t-Verteilung benutzt. ◄

▶ **Kurzbiografie (William Sealy Gosset)** William Sealy Gosset wurde 1876 in Canterbury (Südostengland) geboren und studierte Chemie und Mathematik am New College in Oxford. Im Anschluss begann er bei der Dubliner Brauerei Arthur Guiness & Son zu arbeiten. Gossets Augenmerk war auf statistische Tests mit kleinen Stichprobengrößen gerichtet, was ein typisches Problem von Brauereien war. Da die Guiness-Brauerei ihren Mitarbeitern verbot, Arbeiten zu veröffentlichen, publizierte Gosset seine Erkenntnisse unter dem Pseudonym *Student* – daher auch der Name *Student-t-Verteilung*. Insbesondere Ronald Aylmer Fisher erkannte die Bedeutung von Gossets Arbeiten und entwickelte sie weiter, woraus die *t-Teststatistik* und die Anwendung der t-Verteilung in der Regressionsanalyse entstand. 1935 nahm Gosset eine Führungsposition in der neuen Guiness-Brauerei in London an, starb jedoch schon zwei Jahre später.

Der Korrespondenzsatz 1.69 zwischen Tests und Konfidenzbereichen liefert uns sofort folgende wichtige Konstruktionen von Konfidenzmengen:

Satz 2.35 (Konfidenzmengen im linearen Modell) *Im gewöhnlichen linearen Modell unter der Normalverteilungsannahme $\varepsilon \sim N(0, \sigma^2 E_n)$ für $\sigma > 0$ gelten für den Kleinste-Quadrate-Schätzer $\hat{\beta}$ und die empirische Stichprobenvarianz $\hat{\sigma}^2$ folgende Konfidenzaussagen für gegebenes Niveau $\alpha \in (0, 1)$:*

(i) *Ist $q_{F(p,n-p);1-\alpha}$ das $(1 - \alpha)$-Quantil der $F(p, n - p)$-Verteilung, so ist*

$$C := \left\{ \beta \in \mathbb{R}^p \,\big|\, |X(\beta - \hat{\beta})|^2 < p\hat{\sigma}^2 q_{\mathrm{F}(p, n-p); 1-\alpha} \right\}$$

ein Konfidenzellipsoid zum Konfidenzniveau $1 - \alpha$ für β.

(ii) *Ist $q_{\mathrm{t}(n-p); 1-\alpha/2}$ das $(1 - \frac{\alpha}{2})$-Quantil der $\mathrm{t}(n - p)$-Verteilung, so ist*

$$I := \left[\hat{\rho} - \hat{\sigma}\sqrt{v^\top (X^\top X)^{-1} v}\, q_{\mathrm{t}(n-p); 1-\alpha/2}, \ \hat{\rho} + \hat{\sigma}\sqrt{v^\top (X^\top X)^{-1} v}\, q_{\mathrm{t}(n-p); 1-\alpha/2} \right]$$

ein Konfidenzintervall zum Konfidenzniveau $1 - \alpha$ für $\rho = \langle v, \beta \rangle$.

Eine allgemeinere Klasse statistischer Fragestellungen im linearen Modell sind lineare (bzw. affine) Testprobleme. Sie bieten eine Vielzahl von Anwendungsmöglichkeiten und sind aufgrund ihrer hohen Relevanz standardmäßig in Statistik-Software, wie zum Beispiel R (siehe linear.hypothesis im car-Paket), implementiert.

Definition 2.36 Im gewöhnlichen linearen Modell ist ein (zweiseitiges) **lineares Testproblem** gegeben durch

$$H_0 : K\beta = c \quad \text{gegen} \quad H_1 : K\beta \neq c$$

für eine (deterministische) Matrix $K \in \mathbb{R}^{r \times p}$ mit vollem Rang $\mathrm{rank}(K) = r \leq p$ und einem Vektor $c \in \mathbb{R}^r$. K wird **Kontrastmatrix** genannt.

Unter der Hypothese H_0 werden also insgesamt $r \leq p$ linear unabhängige Bedingungen an die Parameter des linearen Modells gestellt. Neben den Testproblemen die mit dem F-Test aus Satz 2.31 und dem t-Test aus Satz 2.33 behandelt wurden, umfassen lineare Testprobleme weitere wichtige Beispiele.

Beispiel 2.37

Lineare Testprobleme

1. Ein Test auf Gleichheit zweier Regressionskoeffizienten ist für $j, l \in \{1, \ldots, p\}$, $j \neq l$, gegeben durch

$$H_0 : \beta_j = \beta_l \quad \text{gegen} \quad H_1 : \beta_j \neq \beta_l.$$

Dies wird durch die Kontrastmatrix $K = (a_{1,i}) \in \mathbb{R}^{1 \times p}$ mit $a_{1,i} = \mathbb{1}_{\{i=j\}} - \mathbb{1}_{\{i=l\}}$ und $c = 0$ modelliert.

2. Der Globaltest

$$H_0 : \forall j \in \{1, \ldots, d\} : \beta_j = 0 \quad \text{gegen} \quad H_1 : \exists j \in \{1, \ldots, d\} : \beta_j \neq 0$$

wird mit der Kontrastmatrix $K = E_p$ und $c = (0, \ldots, 0)^\top$ beschrieben.

3. Der Test eines Subvektors $\beta^* = (\beta_1^*, \ldots, \beta_r^*)^\top$ mit $r \leq p$, das heißt

$$H_0 : \forall j \in \{1, \ldots, r\} : \beta_j = \beta_j^* \quad \text{gegen} \quad H_1 : \exists j \in \{1, \ldots, r\} : \beta_j \neq \beta_j^*,$$

führt auf die Kontrastmatrix $K = (\mathbb{1}_{i=j})_{i,j} \in \mathbb{R}^{r \times p}$ und $c = \beta^*$.

◄

Wir definieren den auf die Hypothese $H_0 : K\beta = c$ eingeschränkten Kleinste-Quadrate-Schätzer $\hat{\beta}_{H_0}$ über die Bedingung

$$\hat{\beta}_{H_0} := \arg\min_{\beta \in \mathbb{R}^p : K\beta = c} |Y - X\beta|^2. \tag{2.4}$$

Die Grundidee für das Testen linearer Hypothesen ist es, die Summe der beiden quadrierten Residuen

$$RSS = |Y - X\hat{\beta}|^2, \quad RSS_{H_0} := |Y - X\hat{\beta}_{H_0}|^2$$

des Kleinste-Quadrate-Schätzers $\hat{\beta}$ und des eingeschränkten Kleinste-Quadrate-Schätzers $\hat{\beta}_{H_0}$ zu vergleichen. Per Definitionem ist $RSS_{H_0} \geq RSS$. Ist die Abweichung zu groß, spricht dies gegen die Hypothese H_0. In der Tat führt auch die Methode des Likelihood-Quotiententests zu diesem Ansatz.

Lemma 2.38 *Im gewöhnlichen linearen Modell unter Normalverteilungsannahme $\varepsilon \sim$ N$(0, \sigma^2 E_n)$ besitzt jeder nichtrandomisierte Likelihood-Quotiententest für*

$$H_0 : K\beta = c \quad \text{gegen} \quad H_1 : K\beta \neq c$$

mit Kontrastmatrix $K \in \mathbb{R}^{r \times p}$ und $c \in \mathbb{R}^r$ die Form

$$\varphi_\alpha = \mathbb{1}(F > \tilde{c}_\alpha) \text{ mit } F := \frac{n-p}{r} \frac{RSS_{H_0} - RSS}{RSS}, \quad \tilde{c}_\alpha \geq 0.$$

Beweis Beachtet man, dass $\hat{\beta}_{H_0}$ der Maximum-Likelihood-Schätzer unter der Nullhypothese ist, so ergibt sich genau wie im Beweis von Satz 2.31 für die Likelihood-Quotientenstatistik

$$T = \frac{\sup_{\beta \in \mathbb{R}^p, \sigma > 0} L(\beta, \sigma^2)}{\sup_{\beta \in \mathbb{R}^p \text{ mit } K\beta = c, \sigma > 0} L(\beta, \sigma^2)} = \left(\frac{|Y - X\hat{\beta}_{H_0}|^2}{|Y - X\hat{\beta}|^2}\right)^{n/2}$$

$$= \left(1 + \frac{RSS_{H_0} - RSS}{RSS}\right)^{n/2}.$$

Durch monotone Transformation lässt sich daher ein nichtrandomisierter Likelihood-Quotiententest als $\varphi_\alpha = \mathbb{1}(F > \tilde{c}_\alpha)$ mit $\tilde{c}_\alpha \geq 0$ schreiben. □

Um den kritischen Wert $\tilde{c}_\alpha$ von φ_α zu bestimmen, müssen wir die Teststatistik F, auch *Fisher-Statistik* genannt, genauer analysieren. Wir erhalten folgende umfassende Aussage:

Satz 2.39 (F-Test für lineare Hypothesen) *Im gewöhnlichen linearen Modell unter Normalverteilungsannahme $\varepsilon \sim N(0, \sigma^2 E_n)$ ist die lineare Hypothese*

$$H_0 : K\beta = c \quad \text{gegen} \quad H_1 : K\beta \neq c$$

mit Kontrastmatrix $K \in \mathbb{R}^{r \times p}$ und $c \in \mathbb{R}^r$ zu testen.

(i) *Für den Schätzer $\hat{\beta}_{H_0}$ aus (2.4) gilt*

$$\hat{\beta}_{H_0} = \hat{\beta} - (X^\top X)^{-1} K^\top \big(K(X^\top X)^{-1} K^\top \big)^{-1} (K\hat{\beta} - c).$$

(ii) *Es gilt*

$$RSS_{H_0} - RSS = |X(\hat{\beta} - \hat{\beta}_{H_0})|^2 = (K\hat{\beta} - c)^\top (K(X^\top X)^{-1} K^\top)^{-1} (K\hat{\beta} - c)$$

und unter H_0 ist $(RSS_{H_0} - RSS)/\sigma^2$ $\chi^2(r)$-verteilt.

(iii) *Der **F-Test***

$$\varphi_\alpha = \mathbb{1}(F > q_{F(r, n-p), 1-\alpha}) \text{ mit } F := \frac{n-p}{r} \frac{RSS_{H_0} - RSS}{RSS}$$

ist ein Likelihood-Quotiententest zum Niveau $\alpha \in (0, 1)$.

Beweis (i) Wir müssen zeigen, dass $\hat{\beta}_{H_0}$ die eindeutige Lösung der Optimierung in (2.4) ist. Zunächst weisen wir die Nebenbedingung nach:

$$K\hat{\beta}_{H_0} = K\hat{\beta} - K(X^\top X)^{-1} K^\top (K(X^\top X)^{-1} K^\top)^{-1} (K\hat{\beta} - c) = c,$$

sodass $\hat{\beta}_{H_0}$ die Nebenbedingung erfüllt. Aus Lemma 2.14 wissen wir, dass $Y - X\hat{\beta} = (E - \Pi_X)Y \perp \text{Im}(X)$, sodass für $\gamma \in \mathbb{R}^k$ nach dem Satz von Pythagoras

$$|Y - X\gamma|^2 = |Y - X\hat{\beta} + X(\hat{\beta} - \gamma)|^2 = |Y - X\hat{\beta}|^2 + |X(\hat{\beta} - \gamma)|^2$$

gilt. Außerdem ist

$$|X(\hat{\beta} - \gamma)|^2 = |X(\hat{\beta} - \hat{\beta}_{H_0})|^2 + |X(\hat{\beta}_{H_0} - \gamma)|^2 + 2\langle X(\hat{\beta} - \hat{\beta}_{H_0}), X(\hat{\beta}_{H_0} - \gamma)\rangle.$$

Die Wahl von $\hat{\beta}_{H_0}$ impliziert jedoch für γ mit $K\gamma = c$

$$
\begin{aligned}
\langle X(\hat{\beta} - \hat{\beta}_{H_0}), X(\hat{\beta}_{H_0} - \gamma)\rangle &= \big((X^\top X)^{-1} K^\top (K(X^\top X)^{-1} K^\top)^{-1} (K\hat{\beta} - c)\big)^\top X^\top X(\hat{\beta}_{H_0} - \gamma) \\
&= (K\hat{\beta} - c)^\top (K(X^\top X)^{-1} K^\top)^{-1} (K\hat{\beta}_{H_0} - K\gamma) = 0,
\end{aligned}
$$

wobei die letzte Gleichheit aus $K\hat{\beta}_{H_0} = K\gamma = c$ folgt. Insgesamt erhalten wir also

$$|Y - X\gamma|^2 = |Y - X\hat{\beta}|^2 + |X(\hat{\beta} - \hat{\beta}_{H_0})|^2 + |X(\hat{\beta}_{H_0} - \gamma)|^2, \tag{2.5}$$

was offensichtlich für $\gamma = \hat{\beta}_{H_0}$ minimal ist.

(ii) Aus (2.5) mit $\gamma = \hat{\beta}_{H_0}$ folgt durch Einsetzen von $\hat{\beta}_{H_0}$

$$\begin{aligned} RSS_{H_0} - RSS &= |Y - X\hat{\beta}_{H_0}|^2 - |Y - X\hat{\beta}|^2 = |X(\hat{\beta} - \hat{\beta}_{H_0})|^2 \\ &= (\hat{\beta} - \hat{\beta}_{H_0})^{\top} X^{\top} X (\hat{\beta} - \hat{\beta}_{H_0}) \\ &= (K\hat{\beta} - c)^{\top} (K(X^{\top}X)^{-1}K^{\top})^{-1} (K\hat{\beta} - c). \end{aligned}$$

Wegen $\hat{\beta} = (X^{\top}X)^{-1}X^{\top}Y$ gilt unter H_0

$$\mathbb{E}_0[K\hat{\beta} - c] = K(X^{\top}X)^{-1}X^{\top}X\beta - c = K\beta - c = 0,$$

und

$$\mathrm{Var}_0(K\hat{\beta} - c) = K(X^{\top}X)^{-1}X^{\top}\mathbb{E}[\varepsilon\varepsilon^{\top}](K(X^{\top}X)^{-1}X^{\top})^{\top} = \sigma^2 K(X^{\top}X)^{-1}K^{\top}.$$

Aus der Normalverteilung von $\hat{\beta}$ folgt daher $(RSS_{H_0} - RSS)/\sigma^2 \sim \chi^2(r)$.

(iii) Da $RSS_{H_0} - RSS$ eine messbare Funktion von $\hat{\beta}$ und somit auch von $X\hat{\beta} = \Pi_X Y$ ist, ist $RSS = |(E_n - \Pi_X)Y|^2$ unabhängig von $RSS_{H_0} - RSS$. $F \sim F(r, n - p)$ folgt daher aus der Charakterisierung der $F(r, n - p)$-Verteilung aus Lemma 2.28. Wir schließen mit Lemma 2.38. $\qquad\qquad\square$

Bemerkung 2.40 $W := rF$ heißt auch *Wald-Statistik*. Unter Verwendung von Satz 2.39(ii) und Lemma 2.18 können wir die Fisher-Statistik auch als

$$F = \frac{\frac{1}{r}|X\hat{\beta} - X\hat{\beta}_{H_0}|^2}{\hat{\sigma}^2}$$

schreiben.

Beispiel 2.41

t-Test als Spezialfall des F-Tests

Wir betrachten den Spezialfall einer eindimensionalen Nebenbedingung. Mit $r = 1$, $K = v^{\top}, \rho = \langle v, \beta \rangle, c = \rho_0$ testen wir also $H_0 : \rho = \rho_0$ gegen $H_1 : \rho \neq \rho_0$. Satz 2.39(ii) zeigt mit $\hat{\rho} = \langle v, \hat{\beta} \rangle$

$$F = \frac{|X\hat{\beta} - X\hat{\beta}_{H_0}|^2}{\hat{\sigma}^2} = \frac{(\hat{\rho} - \rho_0)^2}{\hat{\sigma}^2 v^{\top}(X^{\top}X)^{-1}v} \sim F(1, n - p) \text{ unter } H_0.$$

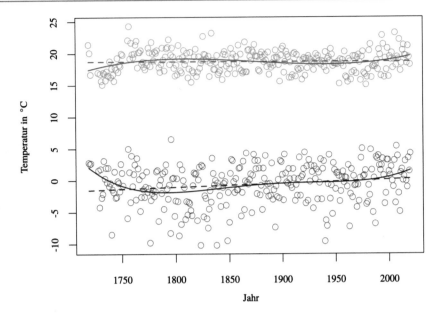

Abb. 2.6 Polynomielle Regression über die mittleren Julitemperaturen (grün) und Januartempe-
raturen (violett) in Berlin-Dahlem von 1719 bis 2020: Gestrichelte Linien zeigen die jeweiligen
Regressionsgraden. Durchgezogene Linien zeigen das Regressionpolynom dritten Grades für den
Juli und vierten Grades für den Januar. Datenbasis: Deutscher Wetterdienst.

Damit ist der F-Test äquivalent zum zweiseitigen t-Test mit der Teststatistik

$$T = \frac{\hat{\rho} - \rho_0}{\hat{\sigma}\sqrt{v^\top (X^\top X)^{-1} v}} \sim \mathrm{t}(n - p) \text{ unter } H_0.$$

Wir erhalten in diesem Fall also genau Satz 2.33. ◄

Wir wollen nun die entwickelte Theorie auf reale Daten anwenden.

Beispiel 2.42

Klimadaten

Wir betrachten die mittleren Julitemperaturen zwischen 1719 und 2020, die an einer
Wetterstation in Berlin-Dahlem gemessen wurden. Bis auf wenige Ausnahmen haben
wir Messungen aus jedem Jahr. Insgesamt liegen $n = 291$ Beobachtungen vor, die über
das Data Climate Center des Deutschen Wetterdienstes[1] frei verfügbar sind. Eine polynomiale Regression in der Zeit t (in Jahrhunderten beginnend bei 1719, siehe Abb. 2.6)
mit Polynomgraden $d = 1, \ldots, 4$ liefert (mit gerundeten Werten)

---

[1] Siehe https://cdc.dwd.de/portal/

$$p_1(t) = 18{,}72 - 0{,}002\,t,$$

$$p_2(t) = 18{,}63 - 0{,}16\,t - 0{,}05\,t^2,$$

$$p_3(t) = 17{,}43 + 4{,}49\,t - 3{,}52\,t^2 + 0{,}75\,t^3,$$

$$p_4(t) = 17{,}39 + 4{,}71\,t - 3{,}84\,t^2 + 0{,}92\,t^3 - 0{,}03\,t^4.$$

Wir sehen hier sogar einen leichten negativen Anstieg in p_1, was den allgemeinen Erkenntnissen zur Klimaentwicklung zu widersprechen scheint. Andererseits ist der Faktor $-0{,}002$ nur sehr klein. Es fällt zudem auf, dass auch der jeweils letzte Grad in p_2 und p_4 einen nur sehr geringen Einfluss auf die Regressionskurve hat. Welches Polynom ist nun am besten geeignet, um die Daten zu beschreiben?

Um diese Frage beantworten zu können, verwenden wir die vorangegangene Testtheorie. Zunächst ist es plausibel, dass die zufälligen Schwankungen zwischen den Jahren unabhängig voneinander sind und als näherungsweise normalverteilt angenommen werden können (QQ-Plot). Um statistisch verwertbare Aussagen zu treffen, setzen wir noch das Niveau $\alpha = 0{,}05$ fest. Der Parametervektor ist $\beta = (\beta_0, \dots, \beta_d)^\top$.

Frage 1: Ist der negative Trend von p_1 signifikant, wenn wir das lineare Modell mit $d = 1$ annehmen? $H_0 : \beta_1 \geq 0$ gegen $H_1 : \beta_1 < 0$. Die zugehörige t-Statistik $T = -\dfrac{\hat{\beta}_1}{\hat{\sigma}\sqrt{v^\top (X^\top X)^{-1} v}} \approx 0{,}01$ mit $v = (0, 1)^\top \in \mathbb{R}^2$ liegt deutlich unter dem kritischen Wert $q_{\mathrm{t}(n-2),1-\alpha} \approx 1{,}65$ (einseitiger T-Test), sodass die Hypothese nicht verworfen werden kann. Es gibt also keinen signifikant negativen Trend.

Frage 2: Liegt den Beobachtungen (im Modell mit $d = 4$) ein linearer Zusammenhang zugrunde? $H_0 : \beta_2 = \beta_3 = \beta_4 = 0$. Mittels Bemerkung 2.40 (oder direkt über die quadrierten Residuen) berechnen wir die Fisher-Statistik

$$F = \frac{\sum_{i=1}^{n}(p_4(t_i) - p_1(t_i))^2}{3\hat{\sigma}^2} \approx 5{,}25 > 3{,}16 \approx q_{\mathrm{F}(3,n-5),1-\alpha/2}.$$

Folglich kann die Hypothese abgelehnt werden, und wir schlussfolgern, dass eine Regressionsgerade unzureichend ist.

Frage 3: Benötigen wir ein Polynom vierten Grades? $H_0 : \beta_4 = 0$. Die zugehörige t-Statistik hat den Wert $-0{,}11$, dessen Absolutbetrag kleiner als das Quantil $q_{\mathrm{t}(n-5);0{,}975} \approx 1{,}97$ ist (zweiseitiger t-Test). Diese Nullhypothese kann also akzeptiert werden.

Frage 4: Benötigen wir ein Polynom dritten Grades ? $H_0 : \beta_3 = 0$ (im Modell mit $d = 3$). Die zugehörige t-Statistik hat den Wert $3{,}96$, dessen Absolutbetrag größer als das Quantil $q_{\mathrm{t}(n-4);0{,}975} \approx 1{,}97$ ist. Die Hypothese kann also abgelehnt werden, und der kubische Anteil im Regressionspolynom ist signifikant.

Es sei darauf hingewiesen, dass wir die jeweiligen Testprobleme einzeln betrachten. Wenn wir alle Fragen simultan zu einem Niveau α beantworten wollen, so liegt ein multiples Testproblem vor, und die kritischen Werte müssen korrigiert werden (sogenannte *Multiplizitätskorrektur*), beispielsweise indem man bei m simultanen Tests jeweils das Niveau α/m verwendet (*Bonferroni-Korrektur*).

p_3 zeigt einen deutlichen Anstieg der Temperaturen in der zweiten Hälfte des 20. Jahrhunderts. Da wir hier nur eine einzelne Zeitreihe betrachtet haben, kann daraus aber kein allgemeiner Zusammenhang geschlossen werden. Das muss Ergebnis einer Kooperation mit Klimatologen sein. Eine analoge Analyse der Januar-Mitteltemperaturen zeigt übrigens einen signifikanten Koeffizienten vierten Grades (Aufgabe 2.17) und ebenfalls einen deutlichen Anstieg in den letzten 100 Jahren. ◀

Zum Abschluss dieses Kapitels sei nochmal betont, dass vor der Anwendung der Inferenztheorie aus diesem Kapitel in Praxis zunächst geprüft werden muss, ob ein gewöhnliches lineares Modell unter Normalverteilungsannahme tatsächlich geeignet ist, um die beobachteten Daten $(x_i, Y_i)_{i=1,...,n}$ zu beschreiben.

Um dies zu prüfen, wird unter anderem der aus Lemma 2.18 bekannte Residuenvektor

$$R = Y - X\hat{\beta} = (E_n - \Pi_X)\varepsilon$$

herangezogen, wobei $\hat{\beta}$ der Kleinste-Quadrate-Schätzer und $\Pi_X = X(X^\top X)^{-1}X^\top$ die Projektionsmatrix auf $\mathrm{Im}X$ sind. Unter den Modellannahmen sind die Residuen R_i zentriert und normalverteilt, aber nicht mehr unabhängig voneinander, und sie besitzen verschiedene Varianzen $(1 - h_i)\sigma^2$ mit $h_i = (X(X^\top X)^{-1}X^\top)_{ii}$. Ein Plot der Residuen gegen die vorhergesagten Werte $X\hat{\beta} = \Pi_X Y$ gibt Aufschluss, ob ein systematischer Modellfehler vorliegt. Hier sollte keine Abhängigkeit erkennbar sein, was aus Aufgabe 2.8 folgt.

Um die Normalverteilungsannahme zu überprüfen, bietet sich ein QQ-Plot der standardisierten Residuen

$$T_i = \frac{R_i}{\sqrt{(1 - h_i)\hat{\sigma}^2}}$$

an. Man beachte, dass wir die unbekannte Varianz σ^2 durch ihren Schätzer aus Lemma 2.18 ersetzt haben, sodass T_i nur noch approximativ normalverteilt ist.

Beispiel 2.43

QQ-Plots für Okuns Gesetz

Wir greifen den empirischen Zusammenhang zwischen der Änderung der Arbeitslosenquote x_i und Wachstum des Bruttoinlandsproduktes Y_i aus Beispiel 2.2 auf. Abb. 2.7 zeigt die aus dem einfachen linearen Modell $Y_i = ax_i + b + \varepsilon_i$ für die Jahre $i = 1992, ..., 2012$ resultierenden QQ-Plots, wobei Deutschland einzeln und zusammen mit 5 weiteren EU-Staaten betrachtet wird. In beiden Fällen sehen wir, dass die Normalverteilungsannahme im Zentrum gut zutrifft, jedoch sehr große und sehr kleine Quantile zum Teil zu deutlichen Abweichungen führen. ◀

Statistische Tests zum Überprüfen der Verteilungsannahme beruhen beispielsweise auf dem χ^2-Test oder dem Kolmogorov-Smirnov-Test, auf die wir hier jedoch nicht eingehen werden. Die interessierte Leserin sei auf Lehmann und Romano (2005) verwiesen. Die

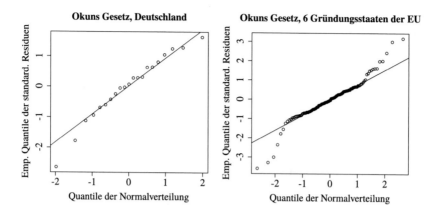

Abb. 2.7 QQ-Plots der standardisierten Residuen im einfachen linearen Modell für das jährliche Wachstum des BIP in Abhängigkeit von der jährlichen Veränderung der Arbeitslosenquote für Deutschland (links) und die 6 Gründungsstaaten der EU (rechts) in den Jahren 1992 bis 2012.

gesamte Modellverifikation für das lineare Modell wird von Fahrmeir et al. (2009) ausführlich diskutiert.

2.3 Varianzanalyse

In der Varianzanalyse werden Varianzen verschiedener Gruppen benutzt, um mögliche Unterschiede zwischen diesen Gruppen nachzuweisen. Die Varianzanalyse beruht auf dem Testen von Spezialfällen linearer Hypothesen im linearen Modell. Wir werden also unsere bisherigen Resultate anwenden, aber gewisse Strukturen zusätzlich ausnutzen.

Beispiel 2.44

Düngemittel – a

Um den Einfluss von $p \in \mathbb{N}$ verschiedenen Düngemitteln auf den Ernteertrag zu vergleichen, wird jedes Düngemittel $i \in \{1, \ldots, p\}$ auf n_i verschiedenen Agrarflächen ausgebracht. Der durch Witterungseinflüsse etc. zufällige Ernteertrag kann mittels $Y_{ij} = \mu_i + \varepsilon_{ij}$ für $j = 1, \ldots, n_i$ und $i = 1, \ldots, p$ modelliert werden, wobei μ_i der mittlere Ernteertrag von Düngemittel i ist und ε_{ij} unabhängige, zentrierte Störgrößen sind. Die zu untersuchende Frage ist, ob die einzelnen Düngemittel einen unterschiedlichen Einfluss auf den mittleren Ernteertrag haben. ◄

Definition 2.45 Das Modell der **einfaktoriellen Varianzanalyse** (englisch: *(one-way) analysis of variance,* kurz: ANOVA1) ist gegeben durch Beobachtungen

$$Y_{ij} = \mu_i + \varepsilon_{ij}, \quad i = 1, \ldots, p, \, j = 1, \ldots, n_i,$$

mit i.i.d.-verteilten Störgrößen $\varepsilon_{ij} \sim N(0, \sigma^2)$. Wir bezeichnen den ersten Index als den **Faktor** und den Wert $i = 1, \ldots, p$ als die **Faktorstufe.** Folglich geben $(n_i)_{i=1,\ldots,p}$ die Anzahl der unabhängigen Versuchswiederholungen pro Faktor an und $n := \sum_{i=1}^{p} n_i$ ist der Gesamtstichprobenumfang. Gilt $n_1 = \cdots = n_p$, so sprechen wir von **balanciertem Design.**

Beispiel 2.46

Düngemittel – b
Der Faktor sind die Düngemittel, und weil wir zwei Düngemittel testen, haben wir zwei Faktorstufen $i \in \{1, 2\}$. Der Gesamtstichprobenumfang beträgt $n_1 + n_2 = 2 + 3 = 5$, und es liegt wegen $n_1 \neq n_2$ kein balanciertes Design vor. ◄

Bemerkung 2.47 (ANOVA1) Das ANOVA1-Modell ist ein Spezialfall des gewöhnlichen linearen Modells der Form

$$\mathbb{R}^n \ni Y := \begin{pmatrix} Y_{11} \\ \vdots \\ Y_{1n_1} \\ \vdots \\ Y_{k1} \\ \vdots \\ Y_{kn_p} \end{pmatrix} = \underbrace{\begin{pmatrix} 1 & 0 & \cdots & 0 \\ \vdots & \vdots & & \vdots \\ 1 & 0 & \cdots & 0 \\ \vdots & \vdots & & \vdots \\ 0 & 0 & \cdots & 1 \\ \vdots & \vdots & & \vdots \\ 0 & 0 & \cdots & 1 \end{pmatrix}}_{=:X \in \mathbb{R}^{n \times p}} \cdot \underbrace{\begin{pmatrix} \mu_1 \\ \vdots \\ \mu_p \end{pmatrix}}_{=:\mu \in \mathbb{R}^p} + \begin{pmatrix} \varepsilon_{11} \\ \vdots \\ \varepsilon_{1n_1} \\ \vdots \\ \varepsilon_{p1} \\ \vdots \\ \varepsilon_{pn_p} \end{pmatrix}.$$

Hierbei gilt $\text{Im}(X) = p$.

Die klassische Fragestellung der Varianzanalyse lautet: „Existieren Unterschiede in den faktorstufenspezifischen Mittelwerten μ_i?" oder anders formuliert „Hat der Faktor einen Einfluss auf die Response-Variable oder nicht?". Dies führt auf das *Testproblem*

$$H_0 : \mu_1 = \cdots = \mu_p \quad \text{gegen} \quad H_1 : \exists i, l \in \{1, \ldots, p\} : \mu_i \neq \mu_l. \tag{2.6}$$

Eine erste Idee, um diese Hypothese zu überprüfen, wäre die Mittelwerte jeder Faktorstufe zu berechnen und diese zu vergleichen. Eine große Abweichung würde gegen die Hypothese sprechen. Dieser Vergleich muss jedoch die Streuung der Beobachtungen um den jeweiligen Mittelwert berücksichtigen, da andernfalls nicht klar ist, was eine große Abweichung ist (man vergleiche beispielsweise $N(0; 1)$ mit $N(0, 1; 1)$ und $N(0; 0,01)$ mit $N(0, 1; 0,01)$). Wir sollten also *die Nullhypothese ablehnen, wenn die Streuung zwischen den Gruppen größer ist als die Streuung innerhalb der Gruppen.* Dieses Vorgehen motiviert die Bezeichnung Varianzanalyse.

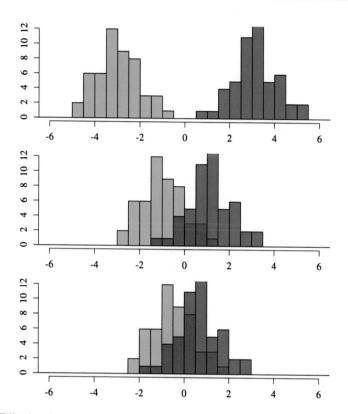

Abb. 2.8 Teilweise überlappende Histogramme von drei verschiedenen, normalverteilten Beobachtungen von zwei Gruppen (grün und violett). Von oben nach unten rücken die Erwartungswerte der Gruppen näher aneinander (erst liegen sie bei ± 3, dann bei ± 1 und zuletzt bei $\pm 0{,}5$) mit gleichbleibenden Varianzen ($\sigma^2 = 1$).

Beispiel 2.48

Düngemittel – c

Wir bleiben bei zwei Faktorstufen (zwei Düngemittel), erhöhen aber zur besseren Illustration die Anzahl der Felder pro Düngemittel $n_1 = n_2 = 50$. Abb. 2.8 zeigt die Histogramme von drei verschiedenen Ernteszenarien, bei denen sich die Mittelwerte annähern, während die Varianzen gleich bleiben. Man sieht deutlich, dass im ersten Fall beide Faktorstufen leicht voneinander zu unterscheiden sind, während dies im dritten Fall kaum noch möglich ist. ◄

Lemma 2.49 (Streuungszerlegung) *Im Modell der einfaktoriellen Varianzanalyse definieren wir das i-te Gruppenmittel, $i = 1, \ldots, p$, bzw. das Gesamtmittel als*

$$\bar{Y}_{i\bullet} := \frac{1}{n_i} \sum_{j=1}^{n_i} Y_{ij} \quad \text{bzw.} \quad \bar{Y}_{\bullet\bullet} := \frac{1}{n} \sum_{i=1}^{p} \sum_{j=1}^{n_i} Y_{ij}$$

sowie die Streuungsmaße

$$SSB := \sum_{i=1}^{p} n_i(\bar{Y}_{i\bullet} - \bar{Y}_{\bullet\bullet})^2 \quad \text{und} \quad SSW := \sum_{i=1}^{p} \sum_{j=1}^{n_i} (Y_{ij} - \bar{Y}_{i\bullet})^2.$$

Dann gilt

$$SST := \sum_{i=1}^{p} \sum_{j=1}^{n_i} (Y_{ij} - \bar{Y}_{\bullet\bullet})^2 = SSB + SSW.$$

Beweis Es gilt

$$SST = \sum_{i}\sum_{j}(Y_{ij} - \bar{Y}_{\bullet\bullet})^2 = \sum_{i}\sum_{j}(Y_{ij} - \bar{Y}_{i\bullet} + \bar{Y}_{i\bullet} - \bar{Y}_{\bullet\bullet})^2$$

$$= \sum_{i}\sum_{j}\left((Y_{ij} - \bar{Y}_{i\bullet})^2 + 2(Y_{ij} - \bar{Y}_{i\bullet})(\bar{Y}_{i\bullet} - \bar{Y}_{\bullet\bullet}) + (\bar{Y}_{i\bullet} - \bar{Y}_{\bullet\bullet})^2\right),$$

wobei

$$\sum_{i}\sum_{j}(Y_{ij} - \bar{Y}_{i\bullet})(\bar{Y}_{i\bullet} - \bar{Y}_{\bullet\bullet}) = \sum_{i}(\bar{Y}_{i\bullet} - \bar{Y}_{\bullet\bullet})\sum_{j}(Y_{ij} - \bar{Y}_{i\bullet})$$

$$= \sum_{i}(\bar{Y}_{i\bullet} - \bar{Y}_{\bullet\bullet})(n_i\bar{Y}_{i\bullet} - n_i\bar{Y}_{i\bullet}) = 0.$$

Damit ist die Darstellung von SST gezeigt. $\qquad\qquad\qquad\qquad\qquad\qquad\qquad\square$

Bemerkung 2.50 (Exponentialfamilien) Nach Normierung mit $1/n$ handelt es sich bei den Größen SSB, SSW bzw. SST um die gewichteten empirischen Varianzen der Mittelwerte der Gruppen (englisch: *sum of squares between groups*), der Summe der empirischen Varianz innerhalb der Gruppen (englisch: *sum of squares within groups*) bzw. der empirischen Varianz der gesamten Stichprobe (englisch: *total sum of squares*).

Satz 2.51 *Im Modell der einfaktoriellen Varianzanalyse gilt:*

(i) *Der Kleinste-Quadrate-Schätzer von* $\mu = (\mu_1, \ldots, \mu_p)^\top$ *ist gegeben durch*

$$\hat{\mu} = (\bar{Y}_{1\bullet}, \ldots, \bar{Y}_{p,\bullet})^\top.$$

(ii) $SSW/\sigma^2 \sim \chi^2(n-p)$ *und unter* H_0 *gilt* $SSB/\sigma^2 \sim \chi^2(p-1)$

(iii) SSW *und* SSB *sind unabhängig und somit* $F := \frac{n-p}{p-1}\frac{SSB}{SSW} \overset{H_0}{\sim} F(p-1, n-p)$.

Beweis (i) Nachrechnen zeigt

$$\hat{\mu} = (X^\top X)^{-1} X^\top Y = \begin{pmatrix} 1/n_1 & & 0 \\ & \ddots & \\ 0 & & 1/n_p \end{pmatrix} \begin{pmatrix} \sum_{j=1}^{n_1} Y_{1j} \\ \vdots \\ \sum_{j=1}^{n_p} Y_{kj} \end{pmatrix} = \begin{pmatrix} \bar{Y}_{1\bullet} \\ \vdots \\ \bar{Y}_{p\bullet} \end{pmatrix}.$$

(ii) und (iii) Wegen $SSW = |Y - X\hat{\mu}|^2 = |R|^2$ für die Residuen R aus Lemma 2.18 folgt $SSW/\sigma^2 \sim \chi^2(n - p)$ und die Unabhängigkeit von SSW und $\hat{\mu}$ aus Lemma 2.30. Nach dem vorangegangen Satz gilt weiterhin $SSB = SST - SSW$. Somit folgt die Behauptung aus Satz 2.39, falls $SST = |Y - X\hat{\mu}_{H_0}|^2$, wobei $\hat{\mu}_{H_0}$ gegeben ist durch

$$|Y - X\hat{\mu}_{H_0}|^2 = \min_{\mu \in \mathbb{R}} \left| Y - X \underbrace{\begin{pmatrix} \mu \\ \vdots \\ \mu \end{pmatrix}}_{\in \mathbb{R}^p} \right|^2 = \min_{\mu \in \mathbb{R}} \left| Y - \underbrace{\begin{pmatrix} 1 \\ \vdots \\ 1 \end{pmatrix}}_{=:X_0 \in \mathbb{R}^{n_\bullet \times 1}} \mu \right|^2.$$

Dieses Minimierungsproblem wird durch $\hat{\mu}_{H_0} = (X_0^\top X_0)^{-1} X_0^\top Y = n^{-1} \sum_{i,j} Y_{ij} = \bar{Y}_{\bullet\bullet}$ gelöst. Damit folgt die Behauptung. □

Folglich können wir die Hypothese aus (2.6) mit dem Likelihood-Quotiententest aus Satz 2.39, das heißt einem F-Test, überprüfen.

> **Methode 2.52 (Einfaktorielle Varianzanalyse)** Im Modell der einfaktoriellen Varianzanalyse testen wir
>
> $$H_0 : \mu_1 = \cdots = \mu_p \quad \text{versus} \quad H_1 : \exists i, l \in \{1, \ldots, p\} : \mu_i \neq \mu_l$$
>
> zum Niveau $\alpha \in (0, 1)$ durch den F-Test
>
> $$\varphi_\alpha = \mathbb{1}(F > q_{F(p-1, n-p); 1-\alpha}) \quad \text{mit} \quad F := \frac{n - p}{p - 1} \frac{SSB}{SSW}.$$

Es ist übersichtlich, die einzelnen Zwischenergebnisse der ANOVA1 in eine Tabelle zu schreiben (siehe Tab. 2.1 und das folgende Beispiel).

Tab. 2.1 ANOVA1-Tafel zur Darstellung von Freiheitsgraden (FG), Quadratsummen, Quadratmittel und der resultierenden F-Statistik in der einfaktoriellen Varianzanalyse.

	FG	Quadratsummen	Quadratmittel	F-Statistik
Zwischen	$p-1$	$SSB = \sum_{i=1}^{p} n_i (\bar{Y}_{i\bullet} - \bar{Y}_{\bullet\bullet})^2$	$SSB/(p-1)$	$\dfrac{n-p}{p-1} \dfrac{SSB}{SSW}$
Innerhalb	$n-p$	$SSW = \sum_{i=1}^{p} \sum_{j=1}^{n_i} (Y_{ij} - \bar{Y}_{i\bullet})^2$	$SSW/(n-p)$	
Total	$n-1$	$SST = \sum_{i=1}^{p} \sum_{j=1}^{n_i} (Y_{ij} - \bar{Y}_{\bullet\bullet})^2$	$SST/(n-1)$	

Beispiel 2.53

Düngemittel – d

Wie zuvor betrachten wir zwei Düngemittel, die jeweils auf 50 Feldern eingesetzt werden und wenden den F-Test auf die drei Beobachtungssätze aus Abb. 2.8 an. Für die drei Szenarien erhalten wir ANOVA1-Tafeln, siehe Tab. 2.2.

Es gilt $q_{F(1,98);0,95} = 3,938$, $q_{F(1,98);0,99} = 6,901$ und $q_{F(1,98);0,999} = 11,510$. Bis auf den Test zum Niveau $\alpha = 0,001$ der dritten Beobachtung wird die Nullhypothese also immer abgelehnt. ◄

Bemerkung 2.54 (Effektdarstellung) Das einfaktorielle Varianzanalysemodell lässt sich zu

$$Y_{ij} = \mu_0 + \alpha_i + \varepsilon_{ij}, \quad i = 1, \ldots, p, \, j = 1, \ldots, n_i,$$

Tab. 2.2 ANOVA1-Tafeln für den Ernteertrag unter dem Einsatz von zwei verschiedenen Düngemitteln in drei verschiedenen Szenarien.

	FG	Quadratsummen	Quadratmittel	F-Statistik
\multicolumn{5}{c}{Gruppenmittelwerte bei ± 3, $\sigma^2 = 1$}				
Zwischen	1	$SSB = 199{,}314$	$SSB/1 = 199{,}314$	$F(Y) = 8131{,}686$
Innerhalb	98	$SSW = 2{,}402$	$SSW/98 = 0{,}025$	
Total	99	$SST = 201{,}716$	$SST/99 = 2{,}037$	
\multicolumn{5}{c}{Gruppenmittelwerte bei ± 1, $\sigma^2 = 1$}				
Zwischen	1	$SSB = 7{,}471$	$SSB/1 = 7{,}471$	$F(Y) = 86{,}700$
Innerhalb	98	$SSW = 8{,}445$	$SSW/98 = 0{,}086$	
Total	99	$SST = 15{,}916$	$SST/99 = 0{,}161$	
\multicolumn{5}{c}{Gruppenmittelwerte bei $\pm 0{,}5$, $\sigma^2 = 1$}				
Zwischen	1	$SSB = 12{,}171$	$SSB/1 = 12{,}171$	$F(Y) = 10{,}281$
Innerhalb	98	$SSW = 116{,}014$	$SSW/98 = 1{,}184$	
Total	99	$SST = 128{,}185$	$SST/99 = 1{,}295$	

umformen, wobei $\mu_0 := \frac{1}{n}\sum_{i=1}^{p} n_i\mu_i = \mathbb{E}[\bar{Y}_{\bullet\bullet}]$ das Gesamtmittel ist und $\alpha_i := \mu_i - \mu_0$, $i = 1, \ldots, p$, den **Effekt der Faktorstufe** beschreibt. Diese Form heißt **Effektdarstellung**, und sie verlangt die Nebenbedingung

$$0 = \sum_{i=1}^{p} n_i\alpha_i \quad \text{oder äquivalent} \quad \alpha_p = -\frac{1}{n_p}\sum_{i=1}^{p-1} n_i\alpha_i,$$

damit die Designmatrix weiter vollen Rang hat. Der Parametervektor ist also gegeben durch $(\mu_0, \alpha_1, \ldots, \alpha_{p-1})^\top$. Die F-Statistik, um die Globalhypothese

$$H_0 : \alpha_1 = \cdots = \alpha_{p-1} = 0$$

zu überprüfen, ist identisch zur Statistik aus Satz 2.51. Per Konstruktion lässt sich somit anhand der Schätzungen des Parametervektors ablesen, wie stark der Effekt, zum Beispiel von Düngemitteln, im Vergleich zum Gesamtdurchschnitt ist (negativ wie auch positiv).

Im Fall $p = 2$ führt die Varianzanalyse auf den Zweistichproben-t-Test.

Korollar 2.55 (Zweistichproben-t-Test) *Im Modell der einfaktoriellen Varianzanalyse mit $k = 2$ und dem Testproblem $H_0 : \mu_1 = \mu_2$ gegen $H_1 : \mu_1 \neq \mu_2$ ist*

$$\varphi = \mathbb{1}(|T| > q_{t(n-2),1-\alpha/2}) \quad \text{mit} \quad T := \frac{\bar{Y}_{1\bullet} - \bar{Y}_{2\bullet}}{\sqrt{(\frac{1}{n_1} + \frac{1}{n_2})SSW/(n-2)}}$$

*mit dem $(1-\alpha/2)$-Quantil $q_{t(n-2),1-\alpha/2}$ der $t(n-2)$-Verteilung der sogenannte **Zweistichproben-t-Test** der Hypothese H_0 zum Niveau $\alpha \in (0,1)$.*

Beweis Wegen $p = 2$ und Satz 2.51 gilt unter H_0

$$\frac{n-p}{p-1} \cdot \frac{SSB}{SSW} = \frac{SSB}{SSW/(n-2)} \sim F(1, n-2).$$

Zur Erinnerung gilt $T_n^2 = F_{1,n}$. Wegen $n\bar{Y}_{\bullet\bullet} = n_1\bar{Y}_{1\bullet} + n_2\bar{Y}_{2\bullet}$ gilt

$$\begin{aligned} SSB &= n_1(\bar{Y}_{1\bullet} - \bar{Y}_{\bullet\bullet})^2 + n_2(\bar{Y}_{2\bullet} - \bar{Y}_{\bullet\bullet})^2 \\ &= n_1\bar{Y}_{1\bullet}^2 + n_2\bar{Y}_{2\bullet}^2 + n\bar{Y}_{\bullet\bullet}^2 - 2(n_1\bar{Y}_{1\bullet} + n_2\bar{Y}_{2\bullet})\bar{Y}_{\bullet\bullet} \\ &= n_1\bar{Y}_{1\bullet}^2 + n_2\bar{Y}_{2\bullet}^2 - \frac{1}{n}\left(n_1\bar{Y}_{1\bullet} + n_2\bar{Y}_{2\bullet}\right)^2 = \frac{n_1 n_2}{n}\left(\bar{Y}_{1\bullet} - \bar{Y}_{2\bullet}\right)^2. \end{aligned}$$

Folglich gilt unter H_0

$$T := \frac{\bar{Y}_{1\bullet} - \bar{Y}_{2\bullet}}{\sqrt{(\frac{1}{n_1} + \frac{1}{n_2})SSW/(n-2)}} \sim t(n-2).$$

Das Signifikanzniveau ist daher durch die Wahl des kritischen Wertes garantiert.   □

Bemerkung 2.56 (Zweistichproben-t-Test) Sind die Varianzen in den Grundgesamtheiten (zum Beispiel die Felder mit den verschiedenen Düngemitteln) ungleich, dann kann obiges Resultat nicht angewendet werden. Eine Modifikation des Zweistichproben-t-Test führt auf den Welch-Test, der den verschiedenen Varianzen Rechnung trägt, siehe Lehmann und Romano (2005).

Nach dem Studium der einfaktoriellen Varianzanalyse liegt es nahe, den Einfluss von mehreren Faktoren zu berücksichtigen. Wir beschränken uns hier auf zwei Faktoren. Eine Varianzanalyse mit mehr als zwei Faktoren führt zu ähnlichen Verteilungsaussagen und resultierenden Tests.

Definition 2.57 Das Modell der **zweifaktoriellen Varianzanalyse** (kurz: ANOVA2) mit balanciertem Design ist gegeben durch Beobachtungen

$$Y_{ijk} = \mu_{ij} + \varepsilon_{ijk}, \quad i = 1, \ldots, I, j = 1, \ldots, J, k = 1, \ldots, K$$
$$= \mu_0 + \alpha_i + \beta_j + \gamma_{ij} + \varepsilon_{ijk}$$

mit $I, J, K \geq 2$, i.i.d.-verteilten Störgrößen $\varepsilon_{ijk} \sim N(0, \sigma^2)$ und Nebenbedingungen (der Effektdarstellung)

$$\sum_{i=1}^{I} \alpha_i = \sum_{j=1}^{J} \beta_j = \sum_{i=1}^{I} \gamma_{ij} = \sum_{j=1}^{J} \gamma_{ij} = 0.$$

Wir haben also zwei Faktoren mit Faktorstufen $i = 1, \ldots, I$ und $j = 1, \ldots, J$. (α_i) und (β_j) heißen **Haupteffekte** des ersten beziehungsweise zweiten Faktors. (γ_{ij}) heißen **Interaktions-** oder **Wechselwirkungseffekte**.

Das ANOVA2-Modell ist also ein lineares Modell mit zwei kategoriellen Kovariablen. Die Gesamtanzahl an Beobachtungen ist gegeben durch $n = I \cdot J \cdot K$ und die Parameterdimension ist $p = I \cdot J$. Die typische Testprobleme sind

$$H_0 : \forall i : \alpha_i = 0 \quad \text{gegen} \quad H_1 : \exists i \in \{1, \ldots, I\} : \alpha_i \neq 0, \tag{2.7}$$

$$H_0 : \forall j : \beta_j = 0 \quad \text{gegen} \quad H_1 : \exists j \in \{1, \ldots, J\} : \beta_j \neq 0, \tag{2.8}$$

$$H_0 : \forall i, j : \gamma_{ij} = 0 \quad \text{gegen} \quad H_1 : \exists i \in \{1, \ldots, I\}, j \in \{1, \ldots, J\} : \gamma_{ij} \neq 0. \tag{2.9}$$

Satz 2.58 *Im Modell der zweifaktoriellen Varianzanalyse mit balanciertem Design gilt:*

(i) *Die Kleinsten-Quadrate-Schätzer für* μ_0, α_i, β_j *und* γ_{ij}, $i = 1, \ldots, I - 1, j = 1, \ldots, J - 1$, *sind gegeben durch*

$$\hat{\mu}_0 = \bar{Y}_{\bullet\bullet\bullet}, \quad \hat{\alpha}_i = \bar{Y}_{i\bullet\bullet} - \bar{Y}_{\bullet\bullet\bullet}, \quad \hat{\beta}_j = \bar{Y}_{\bullet j\bullet} - \bar{Y}_{\bullet\bullet\bullet},$$

$$\hat{\gamma}_{ij} = (\bar{Y}_{ij\bullet} - \bar{Y}_{\bullet\bullet\bullet}) - \hat{\alpha}_i - \hat{\beta}_j = \bar{Y}_{ij\bullet} - \bar{Y}_{i\bullet\bullet} - \bar{Y}_{\bullet j\bullet} + \bar{Y}_{\bullet\bullet\bullet},$$

wobei wir wieder in den mit • *gekennzeichneten Koordinaten Mittelwerte bilden.*

(ii) *Definieren wir*

$$\mathrm{SSW} := \sum_{i=1}^{I} \sum_{j=1}^{J} \sum_{k=1}^{K} (Y_{ijk} - \bar{Y}_{ij\bullet})^2,$$

$$\mathrm{SSB}_1 := JK \sum_{i=1}^{I} (\bar{Y}_{i\bullet\bullet} - \bar{Y}_{\bullet\bullet\bullet})^2, \quad \mathrm{SSB}_2 := IK \sum_{j=1}^{J} (\bar{Y}_{\bullet j\bullet} - \bar{Y}_{\bullet\bullet\bullet})^2,$$

$$\mathrm{SSB}_{12} := K \sum_{i=1}^{I} \sum_{j=1}^{J} (\bar{Y}_{ij\bullet} - \bar{Y}_{i\bullet\bullet} - \bar{Y}_{\bullet j\bullet} + \bar{Y}_{\bullet\bullet\bullet})^2,$$

dann können die Hypothesen (2.7), (2.8) *bzw.* (2.9) *mit den F-Statistiken*

$$\frac{IJ(K-1)}{I-1} \frac{\mathrm{SSB}_1}{\mathrm{SSW}} \sim \mathrm{F}(I-1, IJ(K-1)),$$

$$\frac{IJ(K-1)}{J-1} \frac{\mathrm{SSB}_2}{\mathrm{SSW}} \sim \mathrm{F}(J-1, IJ(K-1)) \quad \text{bzw.}$$

$$\frac{IJ(K-1)}{(I-1)(J-1)} \frac{\mathrm{SSB}_{12}}{\mathrm{SSW}} \sim F\big((I-1)(J-1), IJ(K-1)\big)$$

getestet werden, wobei die Statistiken jeweils unter der Nullhypothese F-verteilt sind.

Den Beweis überlassen wir den Leserinnen und Lesern als übung (Aufgabe 2.18).

Beispiel 2.59

ANOVA2

Eine Bäuerin interessiert sich neben dem Effekt ihrer Düngemittel auch für den Einfluss der genutzten Samenarten. Sie verwendet $I = 3$ verschiedene Samenarten und $J = 5$ verschiedene Düngemittel. Das ergibt $3 \cdot 5 = 15$ verschiedene Feldergruppen, auf denen je genau eine Samenart und ein Düngemittel ausgebracht wird. Jede Samen-Düngemittel-Kombination wird auf $K = 2$ Feldern eingesetzt. Die Erträge der Bäuerin sind in Tab. 2.3 zusammengefasst.

Tab. 2.3 Messung der Ernteerträge von je zwei Feldern pro Samenart-Düngemittel- Kombination. DM steht für Düngemittel und SA für Samenart.

	DM1	DM2	DM3	DM4	DM5
SA1	111;116	100;106	99;113	108;110	105;108
SA2	115;118	103;105	105;107	113;118	110;113
SA3	99;103	91;93	103;105	104;107	99;104

Tab. 2.4 ANOVA2-Tafel, wobei in der ersten Spalte von rechts das $(1 - \alpha)$-Quantil der F-Verteilung mit entsprechenden Freiheitsgraden steht.

	FG	Quadratsummen	Quadratmittel	F-Statistik	F-Quantil
Zwischen	2	$SSB_1 = 512.867$	256.433	20.298	3.682
	4	$SSB_2 = 449.467$	112.367	8.894	3.056
	8	$SSB_{12} = 143.133$	17.892	1.416	2.641
Innerhalb	15	$SSW = 189.500$	12.633		
Total	29	$SST = 1294.967$	44.654		

Für $\alpha = 0{,}05$ erhalten wir die ANOVA-Tafel in Tab. 2.4. Die Hypothesen, dass die Haupteffekte null seien, werden also verworfen, aber die Hypothese, dass die Interaktionseffekte null sind, wird bestätigt. ◄

2.4   Aufgaben

2.1 Bestimmen Sie im einfachen linearen Modell

$$Y_i = ax_i + b + \varepsilon_i \quad \text{für} \quad i = 1, \ldots, n, n \in \mathbb{N}$$

die Maximum-Likelihood-Schätzer für die unbekannten Parameter $a, b \in \mathbb{R}$ aufgrund der Beobachtungen $Y_1, \ldots, Y_n$, wenn

(a) $(\varepsilon_1, \ldots, \varepsilon_n)$ ein Vektor unabhängiger (zentrierter) Laplace-verteilter Zufallsvariablen mit Skalierungsparameter $\beta > 0$ ist, das heißt die Verteilung von ε_i hat die Lebesgue-Dichte $f_\beta(x) = \frac{2}{\beta} e^{-|x|/\beta}, x \in \mathbb{R}$,

(b) $(\varepsilon_1, \ldots, \varepsilon_n)$ ein Vektor unabhängiger Exp(λ)-verteilter Zufallsvariablen mit Parameter $\lambda > 0$ ist, das heißt die Verteilung von ε_i hat die Lebesgue-Dichte $g_\lambda(x) = \lambda e^{-\lambda x} \mathbb{1}_{[0,\infty)}(x), x \in \mathbb{R}$.

2.2 Untersuchen Sie den Zusammenhang zwischen Bruttoinlandsprodukt und Happiness-Score aus Beispiel 1.2. Bestimmen Sie anhand der Daten aus dem Jahr 2019 die Regressionsgrade. Recherchieren Sie das Bruttoinlandsprodukt von Deutschland im Jahr 2020. Welchen Happiness-Score würden Sie vorhersagen?

2.3 Zehn erkrankte Patienten nehmen dasselbe Medikament, jedoch in verschiedenen Dosen. Folgende Tabelle zeigt die Anzahl an Tagen bis zur Genesung:

(a) Verwenden Sie ein einfaches lineares Modell, um festzustellen, ob eine höhere Dosis zu einer schnelleren Genesung führt.
(b) Die ersten fünf Patienten in der Tabelle waren Frauen, während die hinteren fünf Patienten Männer waren. Schätzen Sie für jede der beiden Gruppen eine eigene Regressiongrade. ändert dies die Schlussfolgerung aus (a)?

Dosis	45	55	70	60	75	80	100	90	110	125
Genesungszeit	5	6	8	8	9	3	4	6	5	7

2.4 Im linearen Modell $Y = X\beta + \varepsilon$ mit dem Mittelwert der Beobachtung $\bar{Y}$ und den geschätzten Regressanden $\hat{Y} := X\hat{\beta}$ heißt

$$R^2 := \frac{\sum_{i=1}^{n}(\hat{Y}_i - \bar{Y})^2}{\sum_{i=1}^{n}(Y_i - \bar{Y})^2}$$

Bestimmtheitsmaß. Zeigen Sie, dass R^2 in $[0, 1]$ liegt. Weisen Sie nach, dass $R^2 = 0$ einen linearen Zusammenhang ausschließt und dass $R^2 = 1$ einen perfekt linearer Zusammenhang impliziert.

2.5 Leiten Sie aus dem Satz von Gauß-Markov ab, dass die optimale Varianz im gewöhnlichen linearen Modell

(a) von $\hat{\beta}$ gleich $\sigma^2(X^T X)^{-1}$ ist,
(b) von $\langle v, \hat{\beta}\rangle$ gleich $\sigma^2|X(X^T X)^{-1}v|^2$ ist.

2.6 Bestimmen Sie im gewöhnlichen linearen Modell $Y = X\beta + \varepsilon$ mit $\varepsilon \sim N(0, \sigma^2 E_n)$, $\sigma > 0$, den Maximum-Likelihood-Schätzer $\hat{\sigma}_{ML}^2$ von σ^2. Vergleichen Sie Bias und Varianz von $\hat{\sigma}_{ML}^2$ und dem Schätzer $\hat{\sigma}^2 = |Y - X\hat{\beta}|^2/(n - k)$ aus Lemma 2.18.

2.7 Beweisen Sie im gewöhnlichen linearen Modell $Y = X\beta + \varepsilon$ mit $\varepsilon \sim N(0, \sigma^2 E_n)$, $\sigma > 0$, dass für den Kleinste-Quadrate-Schätzer $\hat{\beta}$ gilt:

$$\frac{1}{n}\mathbb{E}\big[|X\beta - X\hat{\beta}|^2\big] = \sigma^2 \frac{p}{n}.$$

2.8 Im gewöhnlichen linearen Modell $Y = X\beta + \varepsilon$ mit $\varepsilon \sim N(0, \sigma^2 E_n)$, $\sigma > 0$, und Kleinste-Quadrate-Schätzer $\hat{\beta} = X^\dagger Y$ sind $\hat{Y} := (\hat{Y}_1, \dots, \hat{Y}_n)^\top := X\hat{\beta}$ die geschätzten Erwartungswerte und $R = (R_1, \dots, R_n)^\top = Y - \hat{Y}$ die Residuen. Beweisen Sie folgende geometrische Eigenschaften:

(a) $\hat{Y}$ ist orthogonal zu $\hat{\varepsilon}$, das heißt $\langle \hat{Y}, R \rangle = 0$.

(b) Die Spalten von X sind orthogonal zu den Residuen, d. h. $X^\top R = 0$.

Gilt zusätzlich, dass wir ein Regressionsmodell mit Absolutglied haben, das heißt in der ersten Spalte der Designmatrix X stehen nur Einsen, gilt weiterhin:

(c) Die Residuen sind im Mittel gleich null, das heißt $\sum_{i=1}^{n} R_i = 0$.

(d) Der arithmetische Mittelwert der $\hat{Y}_i$ ist gleich dem Mittelwert der Beobachtungen Y_i selbst, das heißt $\sum_{i=1}^{n} \hat{Y}_i = \sum_{i=1}^{n} Y_i$.

2.9 Im gewöhnlichen linearen Modell $Y = X\beta + \varepsilon$ mit $\beta \in \mathbb{R}^p$, $\varepsilon \sim N(0, \sigma^2 E_n)$ und $\sigma > 0$ bezeichne $\hat{\beta}$ den Kleinste-Quadrate-Schätzer und $\hat{\beta}_{\text{ridge}}$ den Ridge-Regressionsschätzer.

(a) Finden Sie für den Ridge-Regressionsschätzer den optimalen Tuning-Parameter λ in Abhängigkeit vom unbekannten $\beta \in \mathbb{R}^p$ und bestimmen Sie das resultierende minimale Risiko $\mathbb{E}\big[|\hat{\beta}_{\text{ridge}} - \beta|^2\big]$.

(b) Folgern Sie, dass es immer ein $\lambda > 0$ gibt, sodass gilt

$$\mathbb{E}\big[|\hat{\beta}_{\text{ridge}} - \beta|^2\big] < \mathbb{E}\big[|\hat{\beta} - \beta|^2\big].$$

2.10 Untersuchen Sie das Verhalten des Ridge-Regressionsschätzers im gewöhnlichen linearen Modell $Y = X\beta + \varepsilon$ mit $\varepsilon \sim N(0, E_n)$ bei $n = 50$ Beobachtungen und $p = 30$ unbekannten Parametern, wenn davon 10 groß und 20 klein sind. Gehen Sie wie folgt vor:

(a) Simulieren Sie die Einträge der Designmatrix $X \in \mathbb{R}^{n \times p}$ als unabhängige $N(0, 1)$-verteilte Zufallsvariablen und erzeugen Sie den Vektor $\beta \in \mathbb{R}^p$ aus 10 $U([\frac{1}{2}, 1])$-verteilten und 20 $U([0, \frac{3}{10}])$-verteilten Zufallsvariablen.

(b) Erzeugen Sie in 200 Durchgängen jeweils den Fehlervektor

$$\varepsilon^{(i)} \in \mathbb{R}^{50}, \, i = 1, \dots, 200,$$

und berechnen Sie aus den resultierenden Beobachtungen den Ridge-Regressions-schätzer $\hat{\beta}_\lambda^{(i)}$ für $\lambda \in \{\frac{k}{2} : k = 0, \ldots, 50\}$.

(c) Bestimmen Sie für jedes λ den (empirischen) mittleren quadratischen Fehler $R_\lambda := \frac{1}{200} \sum_{i=1}^{200} |\hat{\beta}_\lambda^{(i)} - \beta|^2$. Stellen Sie die Abbildung $\lambda \mapsto R_\lambda$ graphisch dar und vergleichen Sie die Fehler der Ridge-Regressionsschätzer mit dem des gewöhnlichen Kleinste-Quadrate-Schätzers.

2.11 Beweisen Sie für die empirische Kovarianzmatrix $\Sigma_n = \frac{1}{n} \sum_{i=1}^n X_i X_i^\top$ im Fall unabhängiger p-dimensionaler Zufallsvektoren $X_i \sim N(0, \Sigma)$:

(a) Es gilt $\mathbb{E}[\Sigma_n] = \Sigma$ (der Erwartungswert einer Matrix ist die Matrix der Erwartungswerte).

(b) Mit der *Frobenius-Norm* $\|M\|_2 = (\sum_{i,j=1}^p M_{i,j}^2)^{1/2}$ und Spur $\mathrm{tr}(M) = \sum_{i=1}^p M_{i,i}$ einer $p \times p$-Matrix M gilt

$$\mathbb{E}[\|\Sigma_n - \Sigma\|_2^2] = n^{-1}(\mathrm{tr}(\Sigma)^2 + \|\Sigma\|_2^2), \quad \mathbb{E}[\|\Sigma^{-1/2}(\Sigma_n - \Sigma)\Sigma^{-1/2}\|_2^2] = n^{-1}(p^2 + p),$$

wobei in der zweiten Gleichung Σ als invertierbar angenommen wird.

2.12 Betrachten Sie das lineare Modell $Y_i = X_i \beta + \varepsilon_i, i = 1, \ldots, n$, mit i.i.d. $(X_i, Y_i)_{i=1,\ldots,n} \subset [-R, R]^p \times \mathbb{R}$ für ein $R > 0$ und $\mathbb{E}[\varepsilon_i^2] = \sigma^2 > 0$. Zudem seien X_i und ε_i für alle i unabhängig und $\Sigma_X = \mathbb{E}[X_1 X_1^\top] \in \mathbb{R}^{p \times p}$ sei wohldefiniert und positiv definit. Beweisen Sie für den Kleinste-Quadrate-Schätzer $\hat{\beta}$ die asymptotische Normalität:

$$\sqrt{n}(\hat{\beta} - \beta) \xrightarrow{d} N(0, \sigma^2 \Sigma_X^{-1}).$$

2.13 Betrachten Sie das gewöhnliche lineare Modell unter Normalverteilungsannahme $\varepsilon \sim N(0, \sigma^2 E_n)$ mit unbekanntem $\sigma > 0$ und wahrem Parameter $\beta \in \mathbb{R}^p$. Für $v, \beta_0 \in \mathbb{R}^p$ seien $\rho = \langle v, \beta \rangle$ und $\rho_0 = \langle v, \beta_0 \rangle$ gegeben. Zeigen Sie, dass der Likelihood-Quotiententest der Hypothese $H_0 : \rho = \rho_0, \sigma > 0$ gegen die Alternative $H_1 : \rho \neq \rho_0, \sigma > 0$ zum Niveau $\alpha \in (0, 1)$ von der Form

$$\varphi_\alpha = \mathbb{1}\left(|T_{n-p}(Y)| > c_\alpha\right) \quad \text{mit} \quad T_{n-p}(Y) := \frac{\hat{\rho} - \rho_0}{\hat{\sigma}\sqrt{v^\top(X^\top X)^{-1}v}}$$

und einem geeigneten kritischen Wert $c_\alpha > 0$ ist.

2.14 Im gewöhnlichen linearen Modell $Y = X\beta + \varepsilon$ unter der Normalverteilungsannahme $(\varepsilon_1, \ldots, \varepsilon_n)^\top \sim N(0, \sigma^2 E_n)$ mit unbekanntem $\beta \in \mathbb{R}^p$ und $\sigma > 0$ bestimmt der Kovariablenvektor $x_{n+1} \in \mathbb{R}^p$ die zukünftige Beobachtung $Y_{n+1} = \langle x_{n+1}, \beta \rangle + \varepsilon_{n+1}$ mit $\varepsilon_{n+1} \sim N(0, \sigma^2)$ unabhängig von $(\varepsilon_1, \ldots, \varepsilon_n)$. Sei $\alpha \in (0, 1)$.

(a) Konstruieren Sie ein $(1-\alpha)$-Konfidenzintervall für den zu erwartenden Wert $\langle x_{n+1}, \beta \rangle$.

(b) Konstruieren Sie ein $(1-\alpha)$-Prognoseintervall für die zu beobachtende Realisierung von Y_{n+1}.

Geben Sie im Modell aus Aufgabe 2.2 beide Intervalle zum Niveau 0,95 für den Happiness-Score in Deutschland 2020 explizit an.

2.15 Zeigen Sie im gewöhnlichen linearen Modell $Y = X\beta + \varepsilon$ unter der Normalverteilungsannahme $(\varepsilon_1, \ldots, \varepsilon_n)^\top \sim N(0, \sigma^2 E_n)$ mit unbekanntem $\beta \in \mathbb{R}^k$ und $\sigma > 0$, dass

$$C := \left[(n-k)\hat{\sigma}^2 / q_{\chi^2(n-k), 1-\alpha/2},\ (n-k)\hat{\sigma}^2 / q_{\chi^2(n-k), \alpha/2} \right]$$

ein Konfidenzintervall für σ^2 zum Konfidenzniveau $1 - \alpha$ ist, wobei $\hat{\sigma}^2 = |Y - X\hat{\beta}|^2/(n-k)$ die Stichprobenvarianz und $q_{\chi^2(n-k), \tau}$ für $\tau \in (0, 1)$ das τ-Quantil der $\chi^2(n-k)$-Verteilung sind. Nutzen Sie dieses Resultat, um einen χ^2-Test für die Varianz σ^2 zum Niveau $\alpha \in (0, 1)$ zu konstruieren.

2.16 Im gewöhnlichen linearen Modell unter Normalverteilungsannahme $\varepsilon \sim N(0, \sigma^2 E_n)$ mit $\sigma^2 > 0$ soll die lineare Hypothese

$$H_0 : \beta_j = \beta_l \quad \text{gegen} \quad H_1 : \beta_j \neq \beta_l.$$

getestet werden. Zeigen Sie, dass die zugehörige Fisher-Statistik von der Form

$$F = \frac{(\hat{\beta}_j - \hat{\beta}_l)^2}{\widehat{\mathrm{Var}}(\hat{\beta}_j - \hat{\beta}_l)}$$

und unter H_0 $F(1, n - p)$-verteilt ist, wobei $\widehat{\mathrm{Var}}(\hat{\beta}_j - \hat{\beta}_l)$ ein geeigneter Schätzer der Varianz $\mathrm{Var}(\hat{\beta}_j - \hat{\beta}_l)$ ist. Warum ist dieser F-Test äquivalent zum (zweiseitigen) t-Test mit der Teststatistik

$$T = \frac{\hat{\beta}_j - \hat{\beta}_l}{(\widehat{\mathrm{Var}}(\hat{\beta}_j - \hat{\beta}_l))^{1/2}} \overset{H_0}{\sim} t(n - p)?$$

2.17 Führen Sie eine lineare Regressionsanalyse analog zu Beispiel 2.42 für die mittleren Januartemperaturen in Berlin-Dahlem zwischen 1719 und 2020 basierend auf den Messungen des Deutschen Wetterdienstes aus.

2.18 Beweisen Sie im Modell der zweifaktoriellen Varianzanalyse den Satz 2.58.

Effizienz und Exponentialfamilien

3

Im ersten Teil dieses Kapitels werden wir eine untere Schranke an den quadratischen Fehler von erwartungstreuen Schätzern herleiten, die sogenannte Informationsungleichung. Erreicht ein Schätzer diese Schranke, wird er effizient genannt. Es wird sich herausstellen, dass effiziente Schätzer nur in der Modellklasse der Exponentialfamilien existieren. Diese Verteilungsfamilien werden wir anschließend nutzen, um das lineare Modell aus dem vorangegangenem Kapitel auf kategorielle Beobachtungen und Zähldaten zu verallgemeinern. Um den Maximum-Likelihood-Schätzer in solchen Modellen zu analysieren, werden wir das Prinzip der empirischen Risikominimierung verwenden.

3.1 Die Informationsungleichung

Erinnern wir uns an den Satz von Gauß-Markov (Satz 2.16): Im linearen Modell besitzt der Kleinste-Quadrate-Schätzer unter allen linearen und erwartungstreuen Schätzern die minimale Varianz. In dieser Klasse ist er also der „beste" Schätzer. Kann es einen besseren erwartungstreuen, möglicherweise nichtlinearen Schätzer geben?

Definition 3.1 Sei $(\mathcal{X}, \mathcal{F}, (\mathbb{P}_\vartheta)_{\vartheta \in \Theta})$ ein statistisches Modell. Ein erwartungstreuer Schätzer T eines abgeleiteten reellwertigen Parameters $\rho(\vartheta)$ heißt **varianzminimierend** bzw. **(gleichmäßig) bester Schätzer** (englisch: *uniformly minimum variance unbiased estimator*, kurz: UMVUE), wenn für jeden weiteren erwartungstreuen Schätzer S gilt:

$$\text{Var}_\vartheta(T) \leq \text{Var}_\vartheta(S) \quad \text{für alle } \vartheta \in \Theta.$$

Aufgrund der Bias-Varianz-Zerlegung (Lemma 1.11) entspricht die Varianz gerade dem quadratischen Risiko bei erwartungstreuen Schätzern. Die Definition eines varianzminimierenden Schätzers erinnert an die Definition von Minimax-Schätzern aus Kap. 1, allerdings

© Der/die Autor(en), exklusiv lizenziert durch Springer-Verlag GmbH, DE, ein Teil von Springer Nature 2021

M. Trabs et al., *Statistik und maschinelles Lernen*,
https://doi.org/10.1007/978-3-662-62938-3_3

besitzt T für alle Parameterwerte ϑ den kleinsten Fehler, nicht nur im schlechtesten Fall *(worst case)*. Wir fordern hier also für Schätzer eine Gleichmäßigkeit im Parameter ähnlich zu den gleichmäßig besten UMP-Tests aus Beispiel 1.60.

Um zu entscheiden, ob eine gegebene Methode einen besten Schätzer liefert, benötigen wir eine untere Schranke an die Varianz jedes beliebigen erwartungstreuen Schätzers. Folgendes Lemma liefert uns ein erstes Resultat dieser Art.

Lemma 3.2 (Chapman-Robbins-Ungleichung) *Es seien* $(\mathcal{X}, \mathcal{F}, (\mathbb{P}_\vartheta)_{\vartheta \in \Theta})$ *ein statistisches Modell,* T *ein erwartungstreuer Schätzer von* $\rho(\vartheta) \in \mathbb{R}$ *und* $\vartheta_0 \in \Theta$. *Dann gilt für jedes* $\vartheta \in \Theta$ *mit* $\mathbb{P}_\vartheta \neq \mathbb{P}_{\vartheta_0}$ *und* $\mathbb{P}_\vartheta \ll \mathbb{P}_{\vartheta_0}$ *mit Dichte* $\frac{d\mathbb{P}_\vartheta}{d\mathbb{P}_{\vartheta_0}} \in L^2(\mathbb{P}_{\vartheta_0})$:

$$\mathrm{Var}_{\vartheta_0}(T) \geq \frac{(\rho(\vartheta) - \rho(\vartheta_0))^2}{\mathrm{Var}_{\vartheta_0}\left(\frac{d\mathbb{P}_\vartheta}{d\mathbb{P}_{\vartheta_0}}\right)} = \frac{(\rho(\vartheta) - \rho(\vartheta_0))^2}{\mathbb{E}_{\vartheta_0}\left[\left(\frac{d\mathbb{P}_\vartheta}{d\mathbb{P}_{\vartheta_0}} - \frac{d\mathbb{P}_{\vartheta_0}}{d\mathbb{P}_{\vartheta_0}}\right)^2\right]}. \tag{3.1}$$

Beweis Aus der Erwartungstreue von T folgt zusammen mit der Cauchy-Schwarz-Ungleichung im letzten Schritt:

$$\begin{aligned}
\rho(\vartheta) - \rho(\vartheta_0) &= \mathbb{E}_\vartheta[T] - \mathbb{E}_{\vartheta_0}[T] \\
&= \mathbb{E}_\vartheta[T - \rho(\vartheta_0)] - \mathbb{E}_{\vartheta_0}[T - \rho(\vartheta_0)] \\
&= \mathbb{E}_{\vartheta_0}\left[(T - \rho(\vartheta_0))\left(\frac{d\mathbb{P}_\vartheta}{d\mathbb{P}_{\vartheta_0}} - 1\right)\right] \\
&\leq \mathbb{E}_{\vartheta_0}\left[(T - \rho(\vartheta_0))^2\right]^{1/2} \mathbb{E}_{\vartheta_0}\left[\left(\frac{d\mathbb{P}_\vartheta}{d\mathbb{P}_{\vartheta_0}} - 1\right)^2\right]^{1/2}.
\end{aligned}$$

Die Behauptung ergibt sich nun aus $\mathbb{E}_{\vartheta_0}\left[\frac{d\mathbb{P}_\vartheta}{d\mathbb{P}_{\vartheta_0}}\right] = \int_{\mathcal{X}} d\mathbb{P}_\vartheta = 1$ und $\frac{d\mathbb{P}_{\vartheta_0}}{d\mathbb{P}_{\vartheta_0}} = 1$ $\mathbb{P}_{\vartheta_0}$-f.s. □

Um die Chapman-Robbins-Ungleichung anzuwenden, muss der Parameter ϑ als Alternative zu ϑ_0 geeignet gewählt werden. Für eine möglichst starke Aussage sollte die untere Schranke so groß wie möglich sein. Dabei entsprechen große untere Schranken schwierigen Schätzproblemen, da sie zeigen, dass auch der minimale Fehler relativ groß sein muss. In (3.1) wird deutlich, dass der Abstand der Verteilungen $\mathbb{P}_\vartheta$ und $\mathbb{P}_{\vartheta_0}$, hier gemessen als L^2-Abstand der Dichten, einen wesentlichen Einfluss hat: Je näher $\mathbb{P}_\vartheta$ und $\mathbb{P}_{\vartheta_0}$ beieinander liegen, desto schwieriger ist es für T, die Parameter zu unterscheiden, was gerade zu einem größeren Schätzfehler führt.

Um eine scharfe Schranke zu erhalten, betrachten wir $\vartheta = \vartheta_0 + h$ als Störung von ϑ_0. Lassen wir h klein werden und reskalieren Zähler und Nenner in (3.1) mit $|h|^{-2}$, können wir die Differenzen durch Differentialquotienten ersetzen, sofern wir den Grenzwert für $h \to 0$ und die Integrale vertauschen können und alles wohldefiniert ist. Um diese Überlegungen rigoros umzusetzen, werden wir die sogenannten *Cramér-Rao-Regularitätsbedingungen* an das Modell fordern.

Wie in der Likelihood-Theorie werden wir wieder dominierte statistische Modelle $(\mathcal{X}, \mathcal{F}, (\mathbb{P}_\vartheta)_{\vartheta \in \Theta})$ betrachten. Es gibt damit ein σ-endliches Maß μ, sodass $\mathbb{P}_\vartheta$ für alle $\vartheta \in \Theta$ absolutstetig bezüglich μ ist. Zudem existieren die Radon-Nikodym-Dichten beziehungsweise die Likelihood-Funktion

$$L(\vartheta, x) := \frac{\mathrm{d}\mathbb{P}_\vartheta}{\mathrm{d}\mu}(x), \qquad \vartheta \in \Theta, x \in \mathcal{X}.$$

Für die Definition regulärer Modelle führen wir noch den Gradienten in $\vartheta \in \Theta \subset \mathbb{R}^p$ ein:

$$\nabla_\vartheta = \left(\frac{\partial}{\partial \vartheta_1}, \dots, \frac{\partial}{\partial \vartheta_d}\right)^\top.$$

Definition 3.3 Ein vom Maß μ dominiertes statistisches Modell $(\mathcal{X}, \mathcal{F}, (\mathbb{P}_\vartheta)_{\vartheta \in \Theta})$ heißt **Cramér-Rao-regulär** oder kurz **regulär,** wenn die folgenden Eigenschaften erfüllt sind:

(i) Θ ist eine offene Menge in $\mathbb{R}^p$, $p \geq 1$.
(ii) Die Likelihood-Funktion $L(\vartheta, x)$ ist auf $\Theta \times \mathcal{X}$ strikt positiv und in ϑ stetig differenzierbar. Insbesondere existiert die **Score-Funktion,** $x \in \mathcal{X}, \vartheta \in \Theta$,

$$U_\vartheta(x) := \nabla_\vartheta \log L(\vartheta, x) = \frac{\nabla_\vartheta L(\vartheta, x)}{L(\vartheta, x)} \in \mathbb{R}^p.$$

(iii) Für jedes $\vartheta \in \Theta$ existiert die **Fisher-Information,** $x \in \mathcal{X}, \vartheta \in \Theta$,

$$I(\vartheta) := \mathbb{E}_\vartheta[U_\vartheta(X)U_\vartheta(X)^\top] \in \mathbb{R}^{p \times p}$$

und ist positiv definit.
(iv) Es gilt die Vertauschungsrelation

$$\int h(x)\nabla_\vartheta L(\vartheta, x)\mu(\mathrm{d}x) = \nabla_\vartheta \int h(x)L(\vartheta, x)\mu(\mathrm{d}x) \tag{3.2}$$

für alle $\vartheta \in \Theta$ und die konstante Funktion $h(x) = 1$, $x \in \mathcal{X}$.

Ein Schätzer $T: \mathcal{X} \to \mathbb{R}$ heißt **regulär,** falls $\mathbb{E}_\vartheta[|T(X)|^2] < \infty$ für alle $\vartheta \in \Theta$ und (3.2) auch für $h(x) = T(x)$ gilt.

▶ **Kurzbiografie (Harald Cramér)** Harald Cramér wurde 1893 in Stockholm geboren und studierte an der Universität Stockholm Mathematik und Chemie. Nach dem Studium wurde er zunächst Assistenzprofessor für Mathematik an der Universität Stockholm und dann von 1929 bis 1958 erster Professor für Versicherungsmathematik und mathematische Statistik. Zudem war er Präsident und später Kanzler an der

Universität. Er trug einen bedeutenden Teil zur mathematischen Beschreibung von Wahrscheinlichkeiten, stochastischen Prozessen und Statistik bei. Insbesondere veröffentlichte er 1946 das einflussreiche Buch *Mathematical Methods of Statistics,* in dem er auch die *Cramér-Rao-Ungleichung* aufstellte. Cramér starb 1985.

Bemerkung 3.4 (Regularität, Fisher-Information)

1. Setzen wir $h(x) = 1$ in die Bedingung (iv) ein, erhalten wir

$$\int \nabla_\vartheta L(\vartheta, x)\mu(\mathrm{d}x) = \nabla_\vartheta \int L(\vartheta, x)\mu(\mathrm{d}x) = \nabla_\vartheta 1 = 0.$$

Damit folgt für die Score-Funktion $\mathbb{E}_\vartheta[U_\vartheta] = 0$ und $\mathrm{Var}_\vartheta(U_\vartheta) = I(\vartheta)$.

2. Ist $L(\vartheta, x)$ in ϑ zweimal stetig differenzierbar und ist (3.2) erfüllt für $h(x) = 1$ und L ersetzt mit $\frac{\partial L}{\partial \vartheta_i}$ für alle $i \in \{1, \ldots, p\}$, dann gilt (Aufgabe 3.1)

$$I(\vartheta) = -\mathbb{E}_\vartheta[H_{U_\vartheta(X)}(\vartheta)]$$

für die Hesse-Matrix der Score-Funktion $\vartheta \mapsto U_\vartheta(x)$

$$H_{U.(x)} = \left(\frac{\partial^2}{\partial \vartheta_i \partial \vartheta_j} U_\vartheta(x)\right)_{i,j=1,\ldots,p}.$$

3. Der Satz der majorisierten Konvergenz liefert eine hinreichende Bedingung für die Vertauschungsrelation (3.2): Sie gilt, falls für jedes $\vartheta_0 \in \Theta$ eine Umgebung $V_{\vartheta_0} \subset \Theta$ existiert, sodass

$$\int_{\mathcal{X}} \sup_{\vartheta \in V_{\vartheta_0}} |\nabla_\vartheta L(\vartheta, x)| \, \mu(\mathrm{d}x) < \infty.$$

Außerdem lässt sich (3.2) für jedes gegebene Modell (und jeden Schätzer) explizit nachprüfen.

4. Ist $(\mathcal{X}, \mathcal{F}, (\mathbb{P}_\vartheta)_{\vartheta \in \Theta})$ ein reguläres Modell mit Fisher-Information I, so hat das Produktmodell $(\mathcal{X}^n, \mathcal{F}^{\otimes n}, (\mathbb{P}_\vartheta^{\otimes n})_{\vartheta \in \Theta})$ die Fisher-Information $I^{\otimes n} = nI$ (Aufgabe 3.1). Die Fisher-Information ist also bei unabhängigen Beobachtungen additiv.

Warum heißt $I(\vartheta)$ Information? Die Fisher-Information ist die Kovarianzmatrix der Score-Funktion, also $I(\vartheta) = \mathbb{C}\mathrm{ov}_\vartheta(U_\vartheta)$. Ist diese in einer Umgebung $\Theta_0 \subset \Theta$ sehr klein, dann konzentriert sich die Score-Funktion um die Null. Auch große Änderungen im Parameter führen dann nur zu kleinen Änderungen der Verteilung der Beobachtungen, sodass es schwierig ist, aufgrund dieser Beobachtungen die Parameter zu unterscheiden. Der Extremfall $I(\vartheta) = 0$ gilt genau dann, wenn $U_\vartheta(x) = 0$ für alle $\vartheta \in \Theta_0$ und μ-f.a. $x \in \mathcal{X}$, also wenn $L(\vartheta, x)$ in ϑ μ-f.s. konstant ist (dieser Fall ist daher in der Definition ausgeschlossen). Andersherum erleichtert eine große Fisher-Information die Unterscheidung verschiedener Parameterwerte.

Satz 3.5 (*Cramér-Rao-Ungleichung, Informationsschranke*) *Gegeben seien ein reguläres statistisches Modell* $(\mathcal{X}, \mathcal{F}, (\mathbb{P}_\vartheta)_{\vartheta \in \Theta})$, *eine zu schätzende stetig differenzierbare Funktion* $\rho : \Theta \to \mathbb{R}$, *und ein regulärer, erwartungstreuer Schätzer* T *von* ρ. *Dann gilt*

$$\operatorname{Var}_\vartheta(T) \geq (\nabla_\vartheta \rho(\vartheta))^\top I(\vartheta)^{-1} \nabla_\vartheta \rho(\vartheta) \quad \textit{für alle } \vartheta \in \Theta. \tag{3.3}$$

Beweis Wir beginnen wie im Beweis der Chapman-Robbins-Ungleichung, wobei die Differenzen mit Differentialquotienten in einer beliebigen Richtung $e \in \mathbb{R}^p \setminus \{0\}$ ersetzt werden: Aus der Erwartungstreue und Regularität von T erhalten wir

$$\langle \nabla_\vartheta \rho, e \rangle = \langle \nabla_\vartheta \mathbb{E}[T], e \rangle = \left\langle \nabla_\vartheta \int_\mathcal{X} T(x) L(\vartheta, x) \mu(\mathrm{d}x), e \right\rangle$$

$$= \left\langle \int_\mathcal{X} T(x) \nabla_\vartheta L(\vartheta, x) \mu(\mathrm{d}x), e \right\rangle$$

$$= \mathbb{E}_\vartheta[T \langle U_\vartheta, e \rangle] = \operatorname{Cov}_\vartheta(\langle U_\vartheta, e \rangle, T), \tag{3.4}$$

wobei wir im letzten Schritt $\mathbb{E}_\vartheta[U_\vartheta] = 0$ verwenden. Die Cauchy-Schwarz-Ungleichung liefert somit

$$\langle \nabla_\vartheta \rho, e \rangle^2 = \operatorname{Cov}_\vartheta(\langle U_\vartheta, e \rangle, T)^2$$

$$\leq \operatorname{Var}_\vartheta(\langle U_\vartheta, e \rangle) \operatorname{Var}_\vartheta(T) = \langle I(\vartheta) e, e \rangle \operatorname{Var}_\vartheta(T).$$

Da $I(\vartheta)$ positiv definit ist und daher $\langle I(\vartheta) e, e \rangle > 0$ gilt, folgt

$$\operatorname{Var}_\vartheta(T) \geq \frac{(\langle \nabla_\vartheta \rho, e \rangle)^2}{\langle I(\vartheta) e, e \rangle}.$$

Maximieren über $e \in \mathbb{R}^p \setminus \{0\}$ ergibt mit $e = I(\vartheta)^{-1} \nabla_\vartheta \rho(\vartheta)$ die Behauptung. Letzteres ist am einfachsten einzusehen, wenn man $\langle x, y \rangle_I := \langle I(\vartheta) x, y \rangle$ als Skalarprodukt auffasst. □

Definition 3.6 (**Cramér-Rao-effizient**) Ein regulärer erwartungstreuer Schätzer, für den Gleichheit in (3.3) gilt, heißt **Cramér-Rao-effizient.**

▶ **Kurzbiografie (Calyampudi Radhakrishna Rao)** Calyampudi Radhakrishna Rao wurde 1920 in Hadagali, Bellary (Südwestindien) geboren. Er erwarb einen Master of Science in Mathematik an der Andhra University und einen Master of Arts in Statistik an der Calcutta University. Danach arbeitete er am Indian Statistical Institute und im anthropologischen Museum in Cambridge. 1948 promovierte er am King's College (Cambridge University). Er war Professor in Calcutta, Pittsburgh und an der Pennsylvania State University. Seine wohl bekanntesten Forschungsergebnisse sind in der Statistik die *Cramér-Rao-Ungleichung* und der *Satz von Rao-Blackwell*. Als dieses Buch geschrieben wurde, war Rao 100 Jahre alt.

Nachdem wir eine untere Schranke für die Varianz eines erwartungstreuen Schätzers in regulären Modellen gefunden haben, stellt sich die Frage, ob – und falls ja durch welche Schätzer – diese Schranke erreicht werden kann. Um Cramér-Rao-effiziente Schätzer zu charakterisieren, beschränken wir uns auf Modelle mit einem eindimensionalen Parameter.

Satz 3.7 *Gegeben seien ein durch μ dominiertes reguläres, statistisches Modell $(\mathcal{X}, \mathcal{F},$ $(\mathbb{P}_\vartheta)_{\vartheta \in \Theta})$ mit $\Theta \subseteq \mathbb{R}$ und stetiger Fisher-Information sowie eine zu schätzende stetig differenzierbare Funktion $\rho \colon \Theta \to \mathbb{R}$. Ein regulärer, erwartungstreuer Schätzer T von ρ ist genau dann Cramér-Rao-effizient, wenn μ-f.ü. gilt:*

$$T - \rho(\vartheta) = \rho'(\vartheta)I(\vartheta)^{-1}U_\vartheta \quad \text{für alle } \vartheta \in \Theta.$$

Falls $\rho'(\vartheta) \neq 0$ für jedes $\vartheta \in \Theta$ gilt, ist diese Bedingung äquivalent zu

$$L(\vartheta, x) = \exp\left(\eta(\vartheta)T(x) - \zeta(\vartheta)\right)c(x),$$

wobei $\eta \colon \Theta \to \mathbb{R}$ eine Stammfunktion von I/ρ', $c \colon \mathcal{X} \to (0, \infty)$ messbar und $\zeta(\vartheta) = \log\left(\int c(x) \exp(\eta(\vartheta)T(x))\mu(\mathrm{d}x)\right)$ sind.

Beweis Wir definieren die Funktion $v(\vartheta) := \rho'(\vartheta)I(\vartheta)^{-1}$, welche konstant in x ist. Aufgrund von (3.4) gilt $\mathrm{Cov}_\vartheta(U_\vartheta, T) = \rho'(\vartheta)$. Zusammen mit $\mathrm{Var}_\vartheta(U_\vartheta) = I(\vartheta)$ folgt daraus

$$\begin{aligned}
0 &\leq \mathrm{Var}_\vartheta\left(T - v(\vartheta)U_\vartheta\right) \\
&= \mathrm{Var}_\vartheta(T) + v(\vartheta)^2 \mathrm{Var}_\vartheta(U_\vartheta) - 2v(\vartheta)\mathrm{Cov}_\vartheta(U_\vartheta, T) \\
&= \mathrm{Var}_\vartheta(T) - \rho'(\vartheta)^2 I(\vartheta)^{-1},
\end{aligned}$$

also wieder die Informationsungleichung. Gleichheit gilt genau dann, wenn $T - v(\vartheta)U_\vartheta$ $\mathbb{P}_\vartheta$-f.s. konstant und damit gleich seinem Erwartungswert $\rho(\vartheta)$ ist. Damit ist die Rückrichtung bereits gezeigt.

Ist andererseits T Cramér-Rao-effizient, ist nach derselben Rechnung $T - v(\vartheta)U_\vartheta$ $\mathbb{P}_\vartheta$-f.s. konstant für alle $\vartheta \in \Theta$, das heißt

$$\mathbb{P}_\vartheta\left(T - \rho(\vartheta) \neq v(\vartheta)U_\vartheta\right) = 0 \quad \text{für alle } \vartheta \in \Theta.$$

Weil $\mathbb{P}_\vartheta$ eine strikt positive μ-Dichte besitzt, ist auch μ absolutstetig bezüglich $\mathbb{P}_\vartheta$ und wir erhalten $\mu(T - \rho(\vartheta) \neq v(\vartheta)U_\vartheta) = 0$. Da dies für alle $\vartheta \in \Theta$ gilt, folgt sogar

$$\mu\left(\exists \vartheta \in \Theta : T - \rho(\vartheta) \neq v(\vartheta)U_\vartheta\right) = 0;$$

denn aus Stetigkeitsgründen kann man sich auf rationale ϑ beschränken, und die abzählbare Vereinigung von Nullmengen ist wieder eine Nullmenge.

Die explizite Form der Likelihood-Funktion folgt aus

$$\frac{\partial}{\partial \vartheta}(\log L(\vartheta)) = U_\vartheta = \frac{T - \rho(\vartheta)}{v(\vartheta)} \quad \mu\text{-f.ü.}$$

und unbestimmter Integration bezüglich ϑ. □

Diese Charakterisierung impliziert einerseits, dass die Cramér-Rao-Schranke nur in Spezialfällen erreicht werden kann. Andererseits führt uns die Äquivalenz in Satz 3.7 in natürlicher Weise auf eine wichtige Klasse von statistischen Modellen:

Definition 3.8 Es sei $(\mathcal{X}, \mathcal{F}, (\mathbb{P}_\vartheta)_{\vartheta \in \Theta})$ ein von μ dominiertes statistisches Modell mit $\Theta \subseteq \mathbb{R}^p$ offen und $k \in \mathbb{N}$. Dann heißt $(\mathbb{P}_\vartheta)_{\vartheta \in \Theta}$ **Exponentialfamilie** in $\eta(\vartheta)$ und T, wenn messbare Funktionen $\eta \colon \Theta \to \mathbb{R}^k$, $T \colon \mathcal{X} \to \mathbb{R}^k$ und $c \colon \mathcal{X} \to [0, \infty)$ existieren, sodass

$$\frac{\mathrm{d}\mathbb{P}_\vartheta}{\mathrm{d}\mu}(x) = c(x) \exp\left(\langle \eta(\vartheta), T(x) \rangle - \zeta(\vartheta)\right), \quad x \in \mathcal{X}, \vartheta \in \Theta,$$

wobei $\zeta(\vartheta) := \log \int c(x) \exp\left(\langle \eta(\vartheta), T(x) \rangle\right) \mu(\mathrm{d}x)$. T wird **natürliche suffiziente Statistik** von $(\mathbb{P}_\vartheta)_{\vartheta \in \Theta}$ genannt. Sind $\eta_1, \ldots, \eta_k$ linear unabhängige Funktionen und gilt für alle $\vartheta \in \Theta$ die Implikation

$$\forall \lambda \in \mathbb{R}^{k+1} : \quad \lambda_0 + \lambda_1 T_1 + \ldots + \lambda_k T_k = 0 \quad \mathbb{P}_\vartheta\text{-f.s.} \quad \implies \quad \lambda_0 = \lambda_1 = \ldots = \lambda_k = 0$$

(das heißt $1, T_1, \ldots, T_k$ sind $\mathbb{P}_\vartheta$-f.s. linear unabhängig), so heißt die Exponentialfamilie (strikt) k-**parametrisch**.

Bemerkung 3.9 (Exponentialfamilien)

1. Die Darstellung ist nicht eindeutig: Mit $a \neq 0$ erhält man beispielsweise eine Exponentialfamilie in $\tilde{\eta}(\vartheta) = a\eta(\vartheta)$ und $\tilde{T}(x) = T(x)/a$. Außerdem kann die Funktion c mittels $\tilde{\mu}(\mathrm{d}x) := c(x)\mu(\mathrm{d}x)$ in das dominierende Maß absorbiert werden.

2. In einer k-parametrischen Exponentialfamilie ist die Identifizierbarkeitsforderung $\mathbb{P}_\vartheta \neq \mathbb{P}_{\vartheta'}$ für alle $\vartheta \neq \vartheta'$ äquivalent zur Injektivität von η.

3. In einer k-parametrischen Exponentialfamilie ist für alle $\vartheta \in \Theta$ die Kovarianzmatrix $\mathbb{C}\mathrm{ov}_\vartheta(T)$ der natürlichen suffizienten Statistik positiv definit. Tatsächlich gilt für alle $\lambda \in \mathbb{R}^k$, dass $\lambda^\top \mathbb{C}\mathrm{ov}_\vartheta(T)\lambda = \mathbb{E}_\vartheta[(\sum_{i=1}^k \lambda_i T_i - \mathbb{E}_\vartheta[\lambda_i T_i])^2] \geq 0$, wobei Gleichheit nur erfüllt ist, wenn $\sum_{i=1}^k \lambda_i T_i - \mathbb{E}_\vartheta[\lambda_i T_i] = 0$ $\mathbb{P}_\vartheta$-f.s. gilt. Aus der $\mathbb{P}_\vartheta$-f.s. linearen Unabhängigkeit der T_i folgt mit $\lambda_0 := \mathbb{E}_\vartheta[\lambda_i T_i]$, dass $\lambda_0 = \lambda_1 = \cdots = \lambda_k = 0$.

Der Begriff suffizient taucht in der Statistik in einem viel allgemeineren Rahmen auf: Ist in einem dominierten statistischen Modell die Likelihood-Funktion von der Form

$$L(\vartheta, x) = g_\vartheta\left(T(x)\right) c(x), \quad \text{für } \mu\text{-f.a. } x \in \mathcal{X},$$

mit einem von ϑ unabhängigen Faktor $c(x)$ und einer ϑ-abhängigen Funktion g_ϑ, dann heißt T *suffizient*. Tatsächlich ist T in diesem Fall „hinreichend / genügend", denn für jede Realisierung $T(x) = t$, liefert $X = x$ keine zusätzliche Information über ϑ, das heißt keine zusätzlichen Anhaltspunkte, verschiedene ϑ zu unterscheiden. Für weitere Details zum in der mathematischen Statistik wichtigen Suffizienzbegriff sei auf Lehmann und Casella (1998) oder Shao (2003) verwiesen. Die Faktorisierung ist offensichtlich in der Likelihood-Struktur von Exponentialfamilien gegeben.

Definition 3.10 Im Rahmen von Definition 3.8 heißt $\eta(\vartheta) := (\eta_1(\vartheta), ..., \eta_k(\vartheta))^\top$ **natürlicher Parameter** der Exponentialfamilie und

$$\Xi := \left\{ \eta \in \mathbb{R}^k : \int_{\mathcal{X}} c(x) \exp\left(\langle \eta, T(x)\rangle\right) \mu(\mathrm{d}x) \in (0, \infty) \right\}$$

heißt **natürlicher Parameterraum**. Ist die Exponentialfamilie durch $\eta \in \Xi$ parametrisiert, das heißt es gilt

$$\frac{\mathrm{d}\mathbb{P}_\eta}{\mathrm{d}\mu}(x) = c(x) \exp(\langle \eta, T(x)\rangle - \tilde{\zeta}(\eta)), \quad x \in \mathcal{X}, \eta \in \Theta \subset \Xi,$$

mit $\tilde{\zeta}(\eta) := \log\left(\int c(x) \exp\left(\langle \eta, T(x)\rangle\right)\mu(\mathrm{d}x)\right)$, dann wird sie als **natürliche Exponentialfamilie** bezeichnet.

Viele uns bereits bekannte diskrete und stetige Verteilungsfamilien fallen in die Klasse der Exponentialfamilien, wie folgende Beispiele illustrieren.

Beispiel 3.11

Exponentialfamilien, natürlicher Parameterraum

1. $(\mathrm{Bin}(n, p))_{p \in (0,1)}$ bildet eine Exponentialfamilie in $\eta(p) = \log(p/(1-p))$ (auch *Logit-Funktion* genannt) und $T(x) = x$ bezüglich des Zählmaßes μ auf $\{0, 1, ..., n\}$: Für $k = 0, ...n$ gilt

$$\begin{aligned} L(p, k) &= \binom{n}{k} p^k (1-p)^{n-k} \\ &= \binom{n}{k} \exp\left(k \log p + (n-k) \log(1-p)\right) \\ &= \binom{n}{k} \exp\left(k\eta(p) + n \log(1-p)\right). \end{aligned}$$

Der natürliche Parameterraum ist damit $\mathbb{R}$. Für den Parameterraum $p = [0, 1]$ liegt übrigens keine Exponentialfamilie vor (Warum?).

2. $(N(\mu, \sigma^2))_{\mu \in \mathbb{R}, \sigma > 0}$ ist eine 2-parametrische Exponentialfamilie in

$$\eta(\mu, \sigma) = \left(\mu/\sigma^2, 1/(2\sigma^2)\right)^\top \quad \text{und} \quad T(x) = (x, -x^2)^\top$$

unter dem Lebesgue-Maß als dominierendem Maß:

$$
\begin{aligned}
L(\eta, x) &= \frac{1}{\sqrt{2\pi\sigma^2}} \exp\left(-(x-\mu)^2/(2\sigma^2)\right) \\
&= \frac{1}{\sqrt{2\pi\sigma^2}} \exp\left(-(x^2 - 2x\mu + \mu^2)/(2\sigma^2)\right) \\
&= \frac{1}{\sqrt{2\pi}} \exp\left(\langle \eta(\mu, \sigma), T(x) \rangle - \mu^2/(2\sigma^2) - \log\sigma\right), \quad x \in \mathbb{R}.
\end{aligned}
$$

Der natürliche Parameterraum ist $\Xi = \mathbb{R} \times (0, \infty)$. Falls $\sigma > 0$ bekannt ist, liegt eine einparametrische Exponentialfamilie in $\eta(\mu) = \mu/\sigma^2$ und $T(x) = x$ vor. Indem wir alternativ $\eta(\mu) = \mu$ und $T(x) = x/\sigma^2$ betrachten, erhalten wir eine natürliche Exponentialfamilie.

◀

Folgender Satz stellt die Verbindung zwischen regulären statistischen Modellen und Exponentialfamilien her. Das Innere des natürlichen Parameterraums sei mit Ξ° bezeichnet.

Satz 3.12 (Regularität von Exponentialfamilien) *Auf $(\mathcal{X}, \mathcal{F})$ sei $(\mathbb{P}_\vartheta)_{\vartheta \in \Theta}$ mit offenem $\Theta \subseteq \mathbb{R}^p$ eine k-parametrische Exponentialfamilie in $\eta: \Theta \to \Xi^\circ$ und $T: \mathcal{X} \to \mathbb{R}^k$ mit differenzierbarem η und der Jacobi-Matrix $J_\eta(\vartheta) = (\frac{\partial \eta_i(\vartheta)}{\partial_j})_{i=1,\ldots,k, j=1,\ldots,p}$. Dann ist $(\mathcal{X}, \mathcal{F}, (\mathbb{P}_\vartheta)_{\vartheta \in \Theta})$ regulär und es gilt:*

(i) *Jede Statistik $S: \mathcal{X} \to \mathbb{R}$ mit existierendem Erwartungswert ist regulär.*

(ii) *Der abgeleitete Parameter $\rho(\vartheta) := \mathbb{E}_\vartheta[T] \in \mathbb{R}^k$ ist stetig differenzierbar mit der Jacobi-Matrix $J_\rho(\vartheta) = \mathbb{C}\mathrm{ov}_\vartheta(T) J_\eta(\vartheta)$ mit der Kovarianzmatrix*

$$\mathbb{C}\mathrm{ov}_\vartheta(T) = \mathbb{E}_\vartheta[(T - \mathbb{E}_\vartheta[T])(T - \mathbb{E}_\vartheta[T])^\top] > 0$$

für alle $\vartheta \in \Theta$.

(iii) *Die Normierungsfunktion ζ ist auf Θ stetig differenzierbar mit $\nabla\zeta(\vartheta) = J_\eta(\vartheta)^\top \mathbb{E}_\vartheta[T]$ für $\vartheta \in \Theta$. Im natürlichen Parameter ist $\eta \mapsto \zeta(\eta)$ auf Ξ° beliebig oft differenzierbar mit $\nabla\zeta(\eta) = \mathbb{E}_\eta[T]$ und der Hesse-Matrix $H_\zeta(\eta) = \mathbb{C}\mathrm{ov}_\eta(T)$.*

(iv) *Die Score-Funktion ist gegeben durch $U_\vartheta = J_\eta(\vartheta)^\top T - \nabla\zeta(\vartheta)$. Für die Fisher-Information gilt $I(\vartheta) = J_\eta(\vartheta)^\top J_\rho(\vartheta) = J_\eta(\vartheta)^\top \mathbb{C}\mathrm{ov}_\vartheta(T) J_\eta(\vartheta)$ für alle $\vartheta \in \Theta$.*

Beweis Wir führen den Beweis im Fall einer natürlichen Exponentialfamilie in $\eta \in \Xi$ mit Normierungsfunktion $\zeta : \Xi \to \mathbb{R}$. Der allgemeine Fall ergibt sich durch Reparametrisierung und Anwendung der Kettenregel.

Schritt 1: Sei S eine beliebige reelle Statistik mit $S \in \mathcal{L}^1(\mathbb{P}_\eta)$ für alle $\eta \in \Xi$. Dann ist die Funktion

$$u_S(\eta) := e^{\zeta(\eta)} \mathbb{E}_\eta[S] = \int_{\mathcal{X}} S(x) e^{\langle \eta, T(x) \rangle} c(x) \mu(dx)$$

auf Ξ wohl definiert. Wir zeigen nun, dass u_S beliebig oft in jede Richtung $v \in \mathbb{R}^k$ differenzierbar ist.

Ist $\eta \in \Xi$ ein innerer Punkt und $t \in \mathbb{R}$ so klein, dass auch $\eta \pm tv \in \Xi$, so folgt mittels monotoner Konvergenz

$$\sum_{m \geq 0} \frac{|t|^m}{m!} \int_{\mathcal{X}} |S(x)| |\langle v, T(x) \rangle|^m e^{\langle \eta, T(x) \rangle} c(x) \mu(dx)$$

$$= \int_{\mathcal{X}} |S(x)| e^{\langle \eta, T(x) \rangle + |\langle tv, T(x) \rangle|} c(x) d\mu(x)$$

$$\leq \int_{\mathcal{X}} |S(x)| \left(e^{\langle \eta + tv, T(x) \rangle} + e^{\langle \eta - tv, T(x) \rangle} \right) c(x) d\mu(x) < \infty.$$

Also ist $S \langle v, T \rangle^m \in \mathcal{L}^1(\mathbb{P}_\eta)$ für alle $\eta \in \Xi, v \in \mathbb{R}^k$ und $m \geq 0$. Für $S(x) = 1, x \in \mathcal{X}, m = 2$ und $v \in \{e_1, \ldots, e_k\}$ mit den Standardbasisvektoren $e_i \in \mathbb{R}^k$ erhalten wir insbesondere $T \in \mathcal{L}^2(\mathbb{P}_\eta)$ für alle η. Ferner folgt aus dem Satz über die dominierte Konvergenz, dass die Summe und das Integral in

$$\sum_{m \geq 0} \frac{t^m}{m!} \int_{\mathcal{X}} S(x) \langle v, T(x) \rangle^m e^{\langle \eta, T(x) \rangle} c(x) \mu(dx) \tag{3.5}$$

vertauscht werden können. Die Reihe nimmt daher den Wert $u_S(\eta + tv)$ an und ist somit die Taylorreihe von $t \mapsto u_S(\eta + tv)$ um 0. Damit existieren alle Ableitungen in Richtung v.

Insbesondere ergeben sich die partiellen Ableitungen erster Ordnung $\frac{\partial}{\partial \eta_i} u_S(\eta) = e^{\zeta(\eta)} \mathbb{E}_\vartheta[ST_i], i = 1, \ldots, k$. Für $v = e_i + e_j$ und $m = 2$ erhalten wir wegen $\partial_v^2 = \partial_{e_i}^2 + 2\partial_{e_i}\partial_{e_j} + \partial_{e_j}^2$ die Ableitungen zweiter Ordnung

$$\frac{\partial^2}{\partial \eta_i \partial \eta_j} u_S(\eta) = e^{\zeta(\eta)} \mathbb{E}_\eta[ST_i T_j], \qquad i, j = 1, \ldots, k.$$

Schritt 2: Wir weisen nun die Identitäten aus (ii) bis (iv) nach.

Aus Schritt 1 ergibt sich für $S = 1$ der Gradient $\nabla_\eta u_1(\eta) = u_1(\eta) \mathbb{E}_\eta[T]$ und die Hesse-Matrix

$$H_{u_1}(\eta) = \left(\frac{\partial^2}{\partial \eta_i \partial \eta_j} u_1(\eta) \right)_{i,j=1,\ldots,k} = u_1(\eta) \left(\mathbb{E}_\eta[T_i T_j] \right)_{i,j=1,\ldots,k}.$$

Wegen $u_1(\eta) > 0$ für alle $\eta \in \Xi$ erhalten wir, dass $\zeta(\eta) = \log u_1(\eta)$ stetig differenzierbar ist mit $\nabla_\eta \zeta(\eta) = \mathbb{E}_\vartheta[T] = \rho(\eta)$ und der Jacobi-Matrix

$$J_\rho(\eta) = H_\zeta(\eta) = \left(\frac{\partial^2 u(\eta)}{\partial \eta_i \partial \eta_j} u_1(\eta)^{-1} - \frac{\partial u(\eta)}{\partial \eta_i} \frac{\partial u(\eta)}{\partial \eta_i} u_1(\eta)^{-2} \right)_{i,j=1,\dots,k}$$

$$= \left(\mathbb{E}_\eta[T_i T_j] - \mathbb{E}_\eta[T_i] \mathbb{E}_\eta[T_j] \right)_{i,j=1,\dots,k} = \mathbb{C}\mathrm{ov}_\eta(T).$$

Wie in Bemerkung 3.9 ausgeführt, ist die Kovarianzmatrix von T positiv definit, woraus $J_\rho(\eta) > 0$ folgt. Für Score-Funktion und Fisher-Information ergibt sich

$$U_\eta = \nabla_\eta \log L(\eta, x) = T - \nabla_\eta \zeta(\eta) \quad \text{und}$$

$$I(\eta) = \mathbb{E}_\eta[U_\eta U_\eta^\top] = \mathbb{C}\mathrm{ov}_\eta(T) = J_\rho(\eta) > 0 \quad \text{für alle } \eta \in \Xi.$$

Schritt 3: Es bleibt die Regularität des Modells und beliebiger Statistiken $S \in \mathcal{L}^1(\mathbb{P}_\vartheta)$ zu zeigen. Aus der Darstellung von $\nabla_\eta u_S$ aus Schritt 1 und der Darstellung der Score-Funktion U_ϑ erhalten wir

$$\nabla_\eta \mathbb{E}_\eta[S] = \nabla_\eta \left(u_S(\eta) e^{-\zeta(\eta)} \right)$$

$$= \left(\nabla_\eta u_S(\eta) - u_S(\eta) \nabla_\eta \zeta(\eta) \right) e^{-\zeta(\eta)}$$

$$= \mathbb{E}_\eta[ST] - \mathbb{E}_\eta[S] \nabla_\eta \zeta(\eta)$$

$$= \mathbb{E}_\eta[S U_\vartheta]$$

$$= \int_{\mathcal{X}} S(x) \nabla_\eta L(\eta, x) \mu(dx).$$

Daher gilt (3.2) für alle $h \in \mathcal{L}^1(\mathbb{P}_\eta)$, sodass das Modell und jede integrierbare Statistik S regulär sind. $\qquad\square$

Korollar 3.13 (Existenz von besten Schätzern) *Für jedes statistische Modell $(\mathcal{X}, \mathcal{F}, (\mathbb{P}_\vartheta)_{\vartheta \in \Theta})$, $\Theta \subset \mathbb{R}^k$ offen, gegeben durch eine k-parametrische Exponentialfamilie mit differenzierbarem $\eta : \Theta \to \Xi^\circ$ und invertierbarer Jacobi-Matrix $J_\eta \in \mathbb{R}^{k \times k}$, ist $\hat\tau := \langle v, T \rangle$ für ein beliebiges $v \in \mathbb{R}^k$ ein bester, unverzerrter und Cramér-Rao-effizienter Schätzer für $\tau(\vartheta) := \langle v, \mathbb{E}_\vartheta[T] \rangle$. Zudem gilt*

$$\mathbb{C}\mathrm{ov}_\vartheta(T) = J_\rho(\vartheta) J_\eta(\vartheta)^{-1} \quad \text{und} \quad I(\vartheta) = J_\rho(\vartheta)^\top J_\eta(\vartheta) \quad \text{für alle } \vartheta \in \Theta.$$

Für natürliche Exponentialfamilien gilt insbesondere $\mathbb{C}\mathrm{ov}_\eta(T) = I(\eta)$.

Beweis Die Behauptung folgt unmittelbar aus den Sätzen 3.5 und 3.12, wobei aus der Symmetrie der Fisher-Information $I(\vartheta) = J_\eta(\vartheta)^\top J_\rho(\vartheta) = J_\rho(\vartheta)^\top J_\eta(\vartheta)$ folgt. Wegen $\mathbb{C}\mathrm{ov}(T) > 0$ (Bemerkung 3.9) und der Invertierbarkeit von J_η sind auch $J_\rho(\vartheta) = \mathbb{C}\mathrm{ov}_\vartheta(T) J_\eta(\vartheta)$ und $I(\vartheta)$ invertierbar. Insbesondere ist die Informationsschranke für τ gegeben durch

$$v^\top J_\rho(\vartheta) I(\vartheta)^{-1} J_\rho(\vartheta)^\top v = v^\top J_\rho(\vartheta) J_\eta(\vartheta)^{-1} v = v^\top \mathbb{C}\mathrm{ov}(T) v.$$

Für natürliche Exponentialfamilien gilt $\mathbb{C}\mathrm{ov}_\eta(T) = J_\rho(\eta) = I(\eta)$.   □

Der wichtige Fall einer mathematischen Stichprobe wird von folgendem Lemma behandelt, wobei wir uns auf den einparametrischen Fall beschränken. Den Beweis überlassen wir der Leserin (Aufgabe 3.6).

Lemma 3.14 *Ist $(\mathbb{P}_\vartheta)_{\vartheta \in \Theta}$ auf $(\mathcal{X}, \mathcal{F})$ eine einparametrische Exponentialfamilie in $\eta : \Theta \to \mathbb{R}$ und $T : \mathcal{X} \to \mathbb{R}$, so ist $(\mathbb{P}_\vartheta^{\otimes n})_{\vartheta \in \Theta}$ eine Exponentialfamilie auf $(\mathcal{X}^n, \mathcal{F}^{\otimes n})$ in $n\eta$ und $T_n = \frac{1}{n}\sum_{i=1}^n T(x_i)$. Ist η differenzierbar mit $\eta' \neq 0$, folgt insbesondere, dass T_n ein bester Schätzer für $\rho(\vartheta) = \mathbb{E}_\vartheta[T]$ ist.*

Beispiel 3.15

Exponentialfamilien

1. Wie in Beispiel 3.11 gesehen, bildet $\mathbb{P}_\mu := \mathrm{N}(\mu, \sigma^2)$ mit Parameter $\mu \in \mathbb{R}$ und bekanntem $\sigma > 0$ eine Exponentialfamilie in $\eta(\mu) = \mu/\sigma^2$ und $T(x) = x$ mit $\zeta(\mu) = \mu^2/(2\sigma^2)$. Im Produktmodell $(\mathbb{R}^n, \mathcal{B}(\mathbb{R}^n), (\mathbb{P}_\mu^{\otimes n})_{\mu \in \mathbb{R}})$ ist daher $T_n = \frac{1}{n}\sum_{i=1}^n x_i$ ein bester Schätzer für $\mathbb{E}_\mu[T_n] = \mu$ mit $\mathrm{Var}_\mu(T_n) = \frac{\sigma^2}{n}$. Da T nicht von $\sigma > 0$ abhängt, ist T sogar bester Schätzer für den Erwartungswert für alle Normalverteilungen.

2. Für die Exponentialfamilie $(\mathrm{Poiss}(\lambda))_{\lambda > 0}$ in $\eta(\lambda) = \log \lambda$ und $T(x) = x$ gilt $\zeta(\lambda) = \lambda$ (Aufgabe 3.4). Wegen $\rho(\lambda) = \mathbb{E}_\lambda[T] = \lambda$ und $\mathrm{Var}_\lambda(T) = \lambda$ ist T bester Schätzer für λ. Für i. i. d. Beobachtungen $X_1, \ldots, X_n$ ist folglich $T_n = \bar{X}_n$ ein bester Schätzer für λ.

◄

Nun haben wir einerseits gesehen, dass für Exponentialfamilien die natürliche suffiziente Statistik T ein bester Schätzer ihres Erwartungswerts ist. Andererseits wissen wir seit dem ersten Kapitel, dass der Maximum-Likelihood-Ansatz häufig zu guten Schätzverfahren führt. Wir wollen daher abschließend untersuchen, was das Maximum-Likelihood-Prinzip für natürliche Exponentialfamilien ergibt.

Lemma 3.16 *Ist $(\mathbb{P}_\vartheta)_{\vartheta \in \Theta}$ auf $(\mathcal{X}, \mathcal{F})$ eine natürliche Exponentialfamilie in $\eta \in \Xi \subseteq \mathbb{R}$ und mit natürlicher suffizienter Statistik $T : \mathcal{X} \to \mathbb{R}$, dann ist der Maximum-Likelihood-Schätzer für η eindeutig und auf dem Ereignis $\{T(X) \in \mathrm{Im}(\zeta')\}$ durch*

$$\hat{\eta} = (\zeta')^{-1}(T(X))$$

gegeben. Zudem ist dann T der eindeutige Maximum-Likelihood-Schätzer des Parameters
$\rho(\eta) := \mathbb{E}_\eta[T]$.

Beweis Aufgrund von Satz 3.12, gilt $\partial_\eta^2 \log L(\eta, x) = -\zeta''(\eta) = -\operatorname{Var}_\eta(T) < 0$, sodass $\eta \mapsto -\log L(\eta, x)$ konvex ist und ein eindeutiges Maximum $\hat\eta$ der Likelihood-Funktion $\eta \mapsto \log L(\eta, X)$ existiert. Um die Maximalstelle zu finden, setzen wir die Score-Funktion gleich null.

$$\partial_\eta \log L(\eta, x) = U_\eta(x) = 0 \quad \Leftrightarrow \quad T(x) = \zeta'(\eta).$$

Wegen $\zeta'' > 0$ ist ζ' invertierbar, weshalb auf $\{T(X) \in \operatorname{Im}(\zeta')\}$ obige Gleichung durch den Maximum-Likelihood-Schätzer $\hat\eta = (\zeta')^{-1}(T(X))$ gelöst wird. Wegen $\rho(\eta) = \zeta'(\eta)$ folgt zudem, dass T der eindeutige Maximum-Likelihood-Schätzer des Parameters ρ ist, falls $T(X) \in \operatorname{Im}(\zeta')$. $\qquad\square$

Beispiel 3.17

Wie aus Beispiel 3.11 und Lemma 3.14 folgt, ist $(\mathrm{N}(\mu, \sigma^2)^{\otimes n})_{\mu \in \mathbb{R}}$ mit bekanntem $\sigma^2 > 0$ eine natürliche Exponentialfamilie in $T(x) = \frac{1}{\sigma^2} \sum_{i=1}^n x_i, x \in \mathbb{R}^n$, mit $\zeta'(\mu) = n\mu/\sigma^2$, $\mu \in \mathbb{R}$. Nach dem vorangegangenen Lemma ist also (wie längst bekannt)

$$\hat\mu = \bar X_n \quad \text{mit} \quad \operatorname{Var}(\hat\mu) = \operatorname{Var}(X) = \frac{\sigma^2}{n}$$

der eindeutige Maximum-Likelihood-Schätzer von μ. ◀

3.2 Verallgemeinerte lineare Modelle

Wir erinnern uns an das gewöhnliche lineare Modell

$$Y = X\beta + \varepsilon$$

mit Parametervektor $\beta \in \mathbb{R}^p$, Designmatrix $X \in \mathbb{R}^{n \times p}$ von vollem Rang p, und Beobachtungsfehlern $\varepsilon = (\varepsilon_1, ..., \varepsilon_n)^\top$ mit $\mathbb{E}[\varepsilon_1] = 0$ und $\operatorname{Cov}(\varepsilon) = \sigma^2 E_p$. In Kap. 2 haben wir gesehen, dass durch die Wahl der Designmatrix bereits sehr allgemeine Zusammenhänge zwischen Kovariablen und der Responsevariable Y modelliert werden können. Die Hauptbeschränkung ist hierbei, dass die Erwartungswerte der Beobachtungen linear vom Parametervektor abhängen, die Kovarianzstruktur hingegen nicht.

Dennoch gibt es grundlegende Fragestellungen, die nicht sinnvoll durch ein lineares Modell beschrieben werden können und eine Verallgemeinerung des linearen Modells erfordern. Ein Hauptziel ist dabei, kategoriale oder diskrete Zielvariablen durch verschiedene Kovariablen beschreiben zu können.

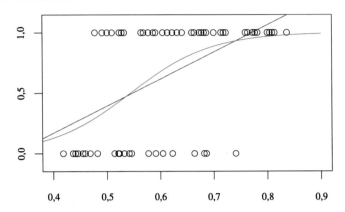

Abb. 3.1 Bestandene und durchgefallene Prüfungen in Abhängigkeit von den erzielten Punkten auf den Übungszetteln: Lineare Regressionsgrade in violett, geschätzte Bestehenswahrscheinlichkeit mittels logistischer Regression in grün.

Beispiel 3.18

Klausur – a

Wir wollen den Zusammenhang zwischen dem Bestehen einer Klausur und den zuvor auf Übungszetteln erreichten Punkten untersuchen. Ignorieren wir, dass die Zielvariable eigentlich kategorial ist, können wir ein einfaches lineares Modell $Y_i = a + b x_i + \varepsilon_i$, $i = 1, \ldots, n$, aufstellen, wobei $Y_i = 1$ bzw. $Y_i = 0$ modelliert, ob der oder die i-te Studierende bestanden hat bzw. durchgefallen ist. x_i bezeichnen die prozentual erreichten Punkte in den Übungsaufgaben. An der Klausur haben $n = 103$ Studierende teilgenommen, die alle mindestens 40 % der Punkte erreicht haben, das heißt $x_i \in [0{,}4; 1]$, um zur Klausur zugelassen zu werden. Der Kleinste-Quadrate-Ansatz liefert uns zu $\hat{a} = -0{,}72$ und $\hat{b} = 2{,}23$. Die Beobachtungen und die Regressionsgrade sind in Abb. 3.1 dargestellt. Diese Grafik zeigt deutlich, dass hier das lineare Modell die Daten nicht gut beschreibt. Insbesondere erhalten wir Vorhersagen, die weder 0 noch 1 sind. Wegen $\mathbb{E}[Y_i] = 0 \cdot \mathbb{P}(Y_i = 0) + 1 \cdot \mathbb{P}(Y_i = 1)$ und $\mathbb{E}[\varepsilon_i] = 0$ lässt sich allerdings das lineare Modell im Sinne von Wahrscheinlichkeiten interpretieren:

$$\mathbb{P}(Y_i = 1) = \mathbb{E}[Y_i] = a + b \cdot x_i + \mathbb{E}[\varepsilon_i] = a + b \cdot x_i$$

Unsere Schätzung $\hat{b} > 0$ würde damit für eine wachsende Bestehenswahrscheinlichkeit in Abhängigkeit der Punkte auf den Übungszetteln sprechen.

Überzeugend ist das allerdings immer noch nicht, da wir beispielsweise für $x_{n+1} = 0{,}85$ eine Vorhersage $\hat{a} + \hat{b} x_{n+1} = 1{,}17 > 1$ erhalten, was keine Wahrscheinlichkeit mehr ist. Um dieses Problem zu lösen, ersetzen wir $\mathbb{P}(Y_i = 1) = a + b x_i$ durch

$$\mathbb{P}(Y_i = 1) = g(a + b x_i), \quad \mathbb{P}(Y_i = 0) = 1 - \mathbb{P}(Y_i = 1),$$

wobei wir mit einer wachsenden Funktion $g \colon \mathbb{R} \to [0, 1]$ transformieren. Im Gegensatz zur linearen Regression hängt die Zielvariable (oder hier die Zielwahrscheinlichkeit) nicht mehr linear vom Parameter ab. Stattdessen erhalten wir ein erstes Beispiel eines *verallgemeinerten linearen Modells*, genauer der *logistischen Regression*. Wir wählen nun $g(x) = \frac{e^x}{1+e^x}$, können die Parameter a und b durch den Maximum-Likelihood-Ansatz schätzen und erhalten $\tilde{a} = -7{,}20$ und $\tilde{b} = 13{,}24$. Der resultierende nichtlineare Zusammenhang zwischen Bestehenswahrscheinlichkeit und Übungspunkten ist ebenfalls in Abb. 3.1 dargestellt. ◄

Bezeichnet $\mathbb{P}_\vartheta = N(\vartheta, \sigma^2)$ die reelle Normalverteilung mit Mittelwert ϑ, so sind die Beobachtungen im gewöhnlichen linearen Modell unter Normalverteilung gemäß $Y_i \sim \mathbb{P}_{(X\beta)_i}$ verteilt und unabhängig. Aus dieser Perspektive ist sofort eine Verallgemeinerung auf andere Verteilungen $\mathbb{P}_\vartheta$ natürlich, man denke an $\mathbb{P}_\vartheta = \mathrm{Ber}(\vartheta)$ für $\vartheta \in (0, 1)$ oder $\mathbb{P}_\vartheta = \mathrm{Poiss}(\vartheta)$ für $\vartheta > 0$. Dabei stellt sich heraus, dass Verteilungen gemäß einer Exponentialfamilie mit natürlichem Parameter η strukturelle Vorteile bieten, wobei wir $\eta_i = (X\beta)_i$ als linearen Zusammenhang modellieren oder auch nichtlinear verknüpfen.

Definition 3.19 Auf einem Produktraum $(\mathcal{X}^n, \mathcal{F}^{\otimes n})$ liegt ein **verallgemeinertes lineares Modell** (englisch: *generalized linear model*, kurz: GLM) mit n unabhängigen Beobachtungen $Y_1, \ldots, Y_n$ vor, falls die Randverteilungen von Y_i durch eine natürliche Exponentialfamilie mit natürlichen Parametern $\eta_i \in \Xi$ und Dichten

$$\frac{\mathrm{d}\mathbb{P}_{\eta_i}^{Y_i}}{\mathrm{d}\mu}(y_i) = \exp\left(\frac{\eta_i y_i - \zeta(\eta_i)}{\varphi}\right) c(y_i, \varphi), \quad i = 1, \ldots, n,$$

bezüglich einem dominierenden Maß μ gegeben sind, wobei $\varphi > 0$ ein **Dispersionsparameter** ist und $\zeta \colon \Xi \to \mathbb{R}$ sowie $c \colon \mathcal{X} \times \mathbb{R}_+ \to \mathbb{R}_+$ bekannte Funktionen sind. Setze $\rho(\eta_i) := \mathbb{E}_{\eta_i}[Y_i]$. Für einen unbekannten Parametervektor $\beta \in \mathbb{R}^p$, eine Designmatrix $X \in \mathbb{R}^{n \times p}$ und eine bijektive, stetig differenzierbare Funktion $g \colon \mathbb{R} \to \mathbb{R}$ gelte weiter

$$\begin{pmatrix} g(\rho(\eta_1)) \\ \vdots \\ g(\rho(\eta_n)) \end{pmatrix} = X\beta.$$

g heißt **Link-Funktion**. Falls $\rho = g^{-1}$ erfüllt ist, dann nennen wir g **kanonische Link-Funktion** und es gilt $(\eta_1, \ldots, \eta_n)^\top = X\beta$.

Bemerkung 3.20 (Dispersionsparameter) Während β der interessierende Parameter ist, wird φ als Störparameter angesehen und beeinflusst typischerweise die Streuung der Beobachtungen um ihren Erwartungswert. Für fixiertes φ ist Y_i also gemäß einer natürlichen Exponentialfamilie in $T(y) = y/\varphi$ verteilt. Für die Übersichtlichkeit werden wir im Folgenden

den Dispersionsparameter in der Notation von Wahrscheinlichkeiten, Erwartungswerten etc. weglassen.

Beispiel 3.21

Verallgemeinerung des linearen Modells

Das normalverteilte gewöhnliche lineare Modell $Y = X\beta + \varepsilon$ mit i.i.d. Fehlern $\varepsilon_i \sim$ $N(0, \sigma^2)$ und Varianz σ^2 ist ein verallgemeinertes lineares Modell. Bezeichnen wir die Zeilenvektoren der Designmatrix X mit $x_1, ..., x_n \in \mathbb{R}^k$, dann ist Y_i gemäß $N(x_i\beta, \sigma^2)$ verteilt. Beachte dabei, dass x_i ein Zeilenvektor ist und daher

$$x_i\beta = \sum_{j=1}^{p} x_{i,j}\beta_j = \sum_{j=1}^{p} X_{i,j}\beta_j = (X\beta)_i, \qquad i = 1, \ldots, n.$$

Wie wir in Beispiel 3.11 gesehen haben, bilden die einparametrischen Normalverteilungen $(N(\mu, \sigma^2))_\mu$ mit bekannter Varianz $\sigma^2 > 0$ eine natürliche Exponentialfamilie in μ. Für den natürlichen Parameter $\eta_i = x_i\beta$ erhalten wir die Darstellung

$$\frac{d\mathbb{P}_{\eta_i}^{Y_i}}{d\mu}(y_i) = \exp\left(\frac{x_i\beta \cdot y_i - (x_i\beta)^2/2)}{\sigma^2}\right) c(y_i, \sigma^2) \quad \text{mit} \quad c(y, \sigma^2) = \frac{e^{-y^2/(2\sigma^2)}}{\sqrt{2\pi\sigma^2}},$$

$i = 1, \ldots, n$, und Dispersionsparameter σ^2. Da $\rho(\eta_i) = \mathbb{E}_\beta[Y_i] = x_i\beta$, ist die Identität $g(x) = x$, $x \in \mathbb{R}$, die kanonische Link-Funktion, mit der $(\eta_1, ..., \eta_n)^T = X\beta$ gilt. Für eine beliebige bijektive und stetig differenzierbare Funktion $h\colon \mathbb{R} \to \mathbb{R}$ können wir im verallgemeinerten linearen Modell auch eine nichtlineare Abhängigkeit $Y_i = h(x_i\beta) + \varepsilon_i$ durch die Wahl der Link-Funktion $g = h^{-1}$ berücksichtigen. ◄

Aus den Eigenschaften natürlicher Exponentialfamilien folgt:

Lemma 3.22 *Im verallgemeinerten linearen Modell gilt*

$$\mathbb{E}_\beta[Y_i] = \zeta'(\eta_i), \quad \text{Var}_\beta(Y_i) = \varphi\zeta''(\eta_i) = \varphi\rho'(\eta_i), \quad i = 1, \ldots, n.$$

Beweis Setze $\overline{\zeta}(\eta) = \zeta(\eta)/\varphi$, $T_i := Y_i/\varphi$ und $\overline{\rho}(\eta) = \rho(\eta)/\varphi$. Satz 3.12 impliziert dann

$$\mathbb{E}_\beta[Y_i]/\varphi = \mathbb{E}_\beta[T_i] = \overline{\rho}(\eta_i) = \overline{\zeta}'(\eta_i) = \zeta'(\eta_i)/\varphi,$$

also $\mathbb{E}_\beta[Y_i] = \zeta'(\eta_i)$ für alle $i = 1, \ldots, n$. Analog gilt

$$\text{Var}_\beta[Y_i]/\varphi^2 = \text{Var}_\beta[T_i] = \overline{\rho}'(\eta_i) = \overline{\zeta}''(\eta_i) = \zeta''(\eta_i)/\varphi$$

und damit $\text{Var}_{\beta,\varphi}[Y_i] = \varphi\zeta''(\eta_i)$, $i = 1, \ldots, n$. $\qquad\qquad\square$

Um den unbekannten Parametervektor β in einem verallgemeinerten linearen Modell zu schätzen, verwenden wir den Maximum-Likelihood-Ansatz. Aufgrund von $0 < \mathrm{Var}_\beta(Y_i) = \varphi\rho'(\eta_i)$ und $\varphi > 0$ ist ρ streng monoton wachsend und damit invertierbar. Da auch die Link-Funktion g invertierbar ist, existiert die Funktion $\psi := (g \circ \rho)^{-1}$. Bezeichnet der Zeilenvektor $x_i = (X_{i,1}, \ldots, X_{i,p}) \in \mathbb{R}^p$ wieder die i-te Zeile der Designmatrix X, dann erhalten wir die Darstellung

$$\eta_i = \rho^{-1} \circ g^{-1}(x_i\beta) = \psi(x_i\beta).$$

Die Loglikelihood-Funktion kann dann in der Form

$$\log L(\beta, \varphi; y) = \sum_{i=1}^{n} \left(\frac{\psi(x_i\beta)y_i - \zeta(\psi(x_i\beta))}{\varphi} + \log(c(y_i, \varphi)) \right)$$

geschrieben werden. Als notwendige Bedingung an einen Maximum-Likelihood-Schätzer $\hat{\beta}$ erhalten wir durch Ableiten und $\rho = \zeta'$

$$\nabla_\beta \log L(\hat{\beta}, \varphi; y) = \frac{1}{\varphi} \sum_{i=1}^{n} (y_i - \rho(\psi(x_i\hat{\beta})))\psi'(x_i\hat{\beta})x_i^\top = 0. \qquad (3.6)$$

Im Fall einer kanonischen Link-Funktion ist diese notwendige Bedingung bereits hinreichend, sobald die Fisher-Information positiv definit ist:

Lemma 3.23 *In einem verallgemeinerten linearen Modell mit kanonischer Link-Funktion und Designmatrix X ist die Fisher-Information gegeben durch*

$$I(\beta) = \frac{1}{\varphi} \sum_{i=1}^{n} \zeta''(x_i\beta)x_i^\top x_i \in \mathbb{R}^{p \times p}$$

für die Zeilenvektoren $x_i = (X_{i,1}, \ldots, X_{i,p}) \in \mathbb{R}^p$. Ist $I(\beta)$ positiv definit für alle β und existiert eine Lösung $\hat{\beta}$ von (3.6), so ist $\hat{\beta}$ der eindeutige Maximum-Likelihood-Schätzer von β.

Beweis Der kanonische Link ist gegeben durch $g = \rho^{-1}$, sodass ψ die Identität ist. Damit vereinfacht sich (3.6) zu

$$\nabla_\beta \log L(\beta, \varphi; y) = \frac{1}{\varphi} \sum_{i=1}^{n} (y_i - \rho(x_i\beta))x_i^\top.$$

Wegen $\rho = \zeta'$ folgt durch Ableiten, dass die Hessematrix der Loglikelihoodfunktion gegeben ist durch

$$\left(\frac{\partial^2}{\partial \beta_k \partial \beta_l} \log L(\beta, \varphi; y) \right)_{k,l} = -\frac{1}{\varphi} \sum_{i=1}^{n} \zeta''(x_i \beta) x_i^\top x_i = -I(\beta).$$

Für $I(\beta) > 0$ ist $\beta \mapsto -\log L(\beta, \varphi; y)$ streng konvex und somit $\hat{\beta}$ der eindeutige Maximum-Likelihood-Schätzer. $\square$

Im Gegensatz zum normalverteilten linearen Modell besitzt der Maximum-Likelihood-Schätzer $\hat{\beta}$ für verallgemeinerte lineare Modelle typischerweise keine geschlossene Form mehr. Dies erschwert einerseits die statistische Analyse eines solchen Schätzers und andererseits sind numerische Verfahren notwendig, um $\hat{\beta}$ zu bestimmen. Wir widmen uns beiden Aspekten und beginnen mit der numerischen Fragestellung.

In Lemma 3.23 haben wir gesehen, dass die negative Loglikelihoodfunktion strikt konvex ist, sodass wir zur Bestimmung des eindeutigen Minimums den großen Werkzeugkasten der konvexen Optimierung zur Verfügung haben. Das vermutlich grundlegendste numerische Verfahren zur Bestimmung von Nullstellen ist das *Newton-Verfahren* oder *Newton-Raphson-Verfahren*:

- *Ziel:* Finde $x^* \in \mathbb{R}$ mit $f(x^*) = 0$ für eine gegebene Funktion $f : \mathbb{R} \to \mathbb{R}$.
- *Verfahren:*

  1. Wähle einen Startpunkt $x_0 \in \mathbb{R}$ (der idealerweise nahe an x^* liegt).
  2. Approximiere x^* mit der rekursiven Vorschrift

  $$x_{n+1} := x_n - \frac{f(x_n)}{f'(x_n)}, \quad \text{falls} \quad f'(x_n) \neq 0.$$

- *Abbruchkriterien:* $|f(x_n)| < \varepsilon$ oder $|x_{n+1} - x_n| < \varepsilon$ für ein vorgegebenes $\varepsilon > 0$.

Geometrisch ist x_{n+1} genau die Nullstelle der Tangente $y = f(x_n) + f'(x_n)(x - x_n)$ an f im Punkt $(x_n, f(x_n))$. Im mehrdimensionalen Fall $f : \mathbb{R}^p \to \mathbb{R}^p$ erhalten wir die Rekursionsvorschrift

$$J_f(x_n)(x_{n+1} - x_n) = -f(x_n) \quad \Longleftrightarrow \quad x_{n+1} = x_n - J_f(x_n)^{-1} f(x_n)$$

mit der Jacobi-Matrix $J_f(x) = (\frac{\partial f_i}{\partial x_j})_{i,j=1,\ldots,p} \in \mathbb{R}^{p \times p}$, falls diese invertierbar ist.

Das Newton-Verfahren soll nun verwendet werden, um den Maximum-Likelihood-Schätzer $\hat{\beta}$ in einem verallgemeinerten linearen Modell mit kanonischem Link numerisch zu bestimmen. Setzen wir also

$$f(\beta) = \nabla_\beta \log L(\beta, \varphi; y) = \frac{1}{\varphi} \sum_{i=1}^{n} \left(y_i - \zeta'(x_i \beta) \right) x_i^\top,$$

dann ist die Jacobi-Matrix gleich der Hesse-Matrix der Loglikelihood-Funktion

$$J_f(\beta) = \left(\frac{\partial^2}{\partial \beta_k \partial \beta_l} \log L(\beta, \varphi; y) \right)_{k,l=1,\dots,k} = -\frac{1}{\varphi} \sum_{i=1}^{n} \zeta''(x_i \beta) x_i^\top x_i = -I(\beta).$$

Wegen $I(\beta) > 0$ ist insbesondere $J_f(\beta)$ stets invertierbar. Einsetzen in Newtons Iterationsvorschrift liefert *Fishers Scoring-Methode.*

Methode 3.24 (Fishers Scoring-Methode) Zur numerischen Bestimmung des Maximum-Likelihood-Schätzers in verallgemeinerten linearen Modellen wählen wir einen Startwert $\hat{\beta}^{(0)} \in \mathbb{R}^p$ und verwenden das iterative Verfahren

$$\hat{\beta}^{(t+1)} = \hat{\beta}^{(t)} + I(\hat{\beta}^{(t)})^{-1} \nabla_\beta \log L(\hat{\beta}^{(t)}, \varphi; y)$$

$$= \hat{\beta}^{(t)} - \left(\sum_{i=1}^{n} \zeta'' \left(x_i \hat{\beta}^{(t)} \right) x_i^\top x_i \right)^{-1} \sum_{i=1}^{n} \left(Y_i - \zeta' \left(x_i \hat{\beta}^{(t)} \right) \right) x_i^\top, \quad t \in \mathbb{N}.$$

Man beachte, dass sich der Dispersionsparameter φ herausgekürzt hat, sodass Fishers Scoring-Methode auch für unbekannte φ angewendet werden kann.

3.2.1 Empirische Risikominimierung

Wir werden nun die Qualität des Maximum-Likelihood-Schätzers $\hat{\beta}$ im verallgemeinerten linearen Modell analysieren. Im Spezialfall eines normalverteilten linearen Modells wissen wir, dass der Maximum-Likelihood-Schätzer mit dem Kleinste-Quadrate-Schätzer übereinstimmt, den wir in Kap. 2 intensiv studiert haben. Unsere Resultate und Beweise beruhten hierbei fundamental auf der expliziten Darstellung des Schätzers. Hier gibt es diese explizite Darstellung nicht mehr, sodass eine völlig neue Herangehensweise notwendig wird.

Betrachten wir ein verallgemeinertes lineares Modell $(\mathcal{X}^n, \mathcal{F}^{\otimes n}, (\mathbb{P}_\beta)_{\beta \in \mathbb{R}^p})$ mit kanonischer Link-Funktion und Designmatrix

$$X = \begin{pmatrix} x_1 \\ \vdots \\ x_n \end{pmatrix} \in \mathbb{R}^{n \times p} \quad \text{mit Zeilenvektoren} \quad x_i = (X_{i,1}, \dots, X_{i,p}) \in \mathbb{R}^p$$

und Dispersionsparameter $\varphi > 0$. Durch die Zeilenvektorkonvention gilt wieder $x_i \beta = \sum_{j=1}^{p} X_{i,j} \beta_j$. Die Wahrscheinlichkeitsmaße $\mathbb{P}_\beta$ sind von einem Maß $\mu^{\otimes n}$ dominiert, und die Likelihood-Funktion ist von der Form

$$L(\beta; y_1, \ldots, y_n) = \prod_{i=1}^{n} \exp\left(\frac{1}{\varphi}\left(y_i \cdot (x_i\beta) - \zeta(x_i\beta)\right)\right) c(y_1, \ldots, y_n, \varphi)$$

$$= \exp\left(-\frac{1}{\varphi}\sum_{i=1}^{n}\ell_\beta(x_i, y_i)\right) c(y_1, \ldots, y_n, \varphi) \qquad (3.7)$$

für

$$\ell_\beta(x, y) = -y \cdot (x\beta) + \zeta(x\beta), \qquad x \in \mathbb{R}^p, y \in \mathbb{R}, \beta \in \mathbb{R}^p.$$

Wir betrachten nun $\ell_\beta \colon \mathbb{R}^{p+1} \to \mathbb{R}, (x, y) \mapsto \ell_\beta(x, y)$ als *Verlustfunktion*. Das zugehörige, mit n skalierte *Risiko* ist gegeben durch

$$\mathbb{P}\ell_\beta := \frac{1}{n}\sum_{i=1}^{n}\tilde{\mathbb{E}}[\ell_\beta(x_i, \tilde{Y}_i)],$$

wobei $(\tilde{Y}_1, \ldots, \tilde{Y}_n)^\top$ eine von $(Y_1, \ldots, Y_n)$ unabhängige, aber genauso verteilte Stichprobe ist, und $\tilde{\mathbb{E}}$ nur der Erwartungswert bezüglich $(\tilde{Y}_1, \ldots, \tilde{Y}_n)^\top$, das heißt der bedingte Erwartungswert, gegeben $(Y_1, \ldots, Y_n)$, ist. Für einen Schätzer $\hat{\beta}$, der auf Grundlage der Beobachtungen $Y_1, \ldots, Y_n$ konstruiert wurde, ist damit $\mathbb{P}\ell_{\hat{\beta}}$ das Risiko, wenn wir $\hat{\beta}$ festhalten und neue unabhängige Daten in demselben Modell betrachten. Insbesondere hängt $\mathbb{P}\ell_\beta$ von den Beobachtungen ab und ist damit selbst eine Zufallsvariable.

Wegen (3.7) kann der Maximum-Likelihood-Schätzer als

$$\hat{\beta} := \arg\min_{\beta \in \mathbb{R}^p} \mathbb{P}_n\ell_\beta \quad \text{mit} \quad \mathbb{P}_n\ell_\beta := \frac{1}{n}\sum_{i=1}^{n}\ell_\beta(x_i, Y_i) \qquad (3.8)$$

geschrieben werden, wobei weder Dispersionsparameter φ noch die Normierung mit $1/n$ für die Minimierung eine Rolle spielt. Hierbei bezeichnet $\mathbb{P}_n\ell_\beta$ das zu $\mathbb{P}\ell_\beta$ gehörige *empirische Risiko*. Für ein festes β ist $\mathbb{P}_n\ell_\beta$ ein erwartungstreuer Schätzer von $\mathbb{P}\ell_\beta$, und wir können hoffen, dass aufgrund der Unabhängigkeit der Y_i das empirische Risiko $\mathbb{P}_n\ell_\beta$ für große n nahe am theoretischen Risiko $\mathbb{P}\ell_\beta$ liegt. Im Fall von zufälligem i. i. d. Design $(X_i, Y_i)_{i=1,\ldots,n}$ folgt die fast sichere Konvergenz $\mathbb{P}_n\ell_\beta \to \mathbb{P}\ell_\beta = \tilde{\mathbb{E}}[\ell_\beta(\tilde{X}_i, \tilde{Y}_i)]$ direkt aus dem starken Gesetz der großen Zahlen.

Wegen Satz 3.12(iii) gilt $\zeta'' > 0$, sodass $\beta \mapsto \ell_\beta(x, y)$ für jedes feste $x \in \mathbb{R}^p$ und $y \in \mathbb{R}$ konvex ist. Damit gibt es tatsächlich eine eindeutige Lösung von (3.8). Der Maximum-Likelihood-Ansatz führt uns also auf folgende Methode:

Methode 3.25 (Empirische Risikominimierung) Beruhend auf unabhängigen Beobachtungen $(x_1, Y_1), \ldots, (x_n, Y_n) \subset \mathbb{R}^p \times \mathbb{R}$ und einer Parametermenge Θ ist der **empirische Risikominimierer** gegeben durch

$$\hat{\vartheta} := \arg\min_{\vartheta \in \Theta} \frac{1}{n} \sum_{i=1}^{n} \ell_{\vartheta}(x_i, Y_i),$$

wobei $\ell \colon \Theta \times \mathbb{R}^p \times \mathbb{R} \to \mathbb{R}, (\vartheta, x, y) \mapsto \ell_{\vartheta}(x, y)$ eine in ϑ konvexe Verlustfunktion ist.

Die empirische Risikominimierung ist ein sehr allgemeines und gerade im maschinellen Lernen weit verbreitetes Prinzip zur Konstruktion von Schätzern, da es unabhängig von Verteilungsannahmen an die Beobachtungen eingesetzt werden kann. Durch die Wahl der Verlustfunktion bekommt dieser Ansatz eine große Flexibilität, sodass die Maximum-Likelihood-Schätzung im verallgemeinerten linearen Modell nur ein erstes Beispiel ist. In der Lerntheorie nennt man die Kovariablen häufig *Features*, die Beobachtungen $(x_1, Y_1), \ldots, (x_n, Y_n) \subset \mathbb{R}^p \times \mathbb{R}$ heißen *Trainingsmenge* und das resultierende Schätzverfahren $\hat{\vartheta}$ wird als *Lernverfahren* bezeichnet.

Die Darstellung (3.8) ist unser Ausgangspunkt zur Analyse des Maximum-Likelihood-Schätzers. Statt $\hat{\beta}$ direkt über sein Risiko $\mathbb{P}\ell_{\hat{\beta}}$ zu beurteilen, werden wir sein *Exzessrisiko* analysieren. Hierzu verallgemeinern wir den Verlust zu

$$\ell_f(x, y) = -y \cdot f(x) + \zeta(f(x)), \qquad x \in \mathbb{R}^p, y \in \mathbb{R}, \tag{3.9}$$

sodass $\ell_{\beta} = \ell_{f_{\beta}}$ mit $f_{\beta}(x) = x\beta$ gilt. In dieser Form setzen wir keine lineare Abhängigkeit der Beobachtungen y_i von den erklärenden Variablen $x_{i,1}, \ldots, x_{i,p}$ voraus, sondern lassen beliebige Funktionen zu. Da das Design deterministisch ist und wir jede Funktion nur an den Kovariablen $x_1, \ldots, x_n$ auswerten, können wir jede Funktion $f \colon \mathbb{R}^p \to \mathbb{R}$ mit dem Vektor $\bar{f} = (f(x_1), \ldots, f(x_n)) \in \mathbb{R}^n$ identifizieren. Wir schreiben daher kurz $f = \bar{f}$. Das Schätzverfahren aus (3.8) nimmt aber weiterhin einen linearen Zusammenhang an.

Definition 3.26 Für eine Verlustfunktion ℓ der Form 3.9 und eine Teilmenge $\mathcal{F} \subset \mathbb{R}^n$ ist das **Exzessrisiko** (englisch: *excess risk*) definiert als

$$\mathcal{E}(\hat{\beta}) := \mathbb{P}\ell_{\hat{\beta}} - \min_{f \in \mathcal{F}} \mathbb{P}\ell_f = \mathbb{P}\left(\ell_{\hat{\beta}} - \ell_{f_*}\right) \quad \text{mit} \quad f_* = \arg\min_{f \in \mathcal{F}} \mathbb{P}\ell_f. \tag{3.10}$$

Bemerkung 3.27

1. Man beachte, dass das Exzessrisiko hier kein Risiko im Sinn von Definition 1.10 ist, weil es über $\hat{\beta}$ im Allgemeinen von den Daten abhängt. Richtiger wäre es, von Exzessverlust zu sprechen, was aber unüblich ist. Es sei noch einmal betont, dass $\mathcal{E}(\hat{\beta})$ eine Zufallsvariable ist.

2. Da $-\zeta$ konvex ist (Satz 3.12) ist $f \mapsto \ell_f(x, y)$ für jedes feste y konvex. Sofern $\mathcal{F}$ konvex und kompakt ist, wird das Minimum $\min_{f \in \mathcal{F}} \mathbb{P}\ell_f$ bei einem eindeutigen f_* angenommen.

f_* ist der Minimierer des theoretischen Risikos und damit unbekannt. Das Exzessrisiko misst also, um wieviel das Risiko von $\hat{\beta}$ größer ist als das minimal mögliche Risiko. Damit gilt stets $\mathcal{E}(\hat{\beta}) \geq 0$.

Beispiel 3.28

Exzessrisiko

Betrachten wir unabhängige normalverteilte Beobachtungen $Y_i \sim N(\mu_i, \sigma^2)$ für $i = 1, \ldots, n$, deren Mittelwerte $\mu_1, \ldots, \mu_n$ wir anhand der Kovariablenvektoren $x_1, \ldots, x_n \in \mathbb{R}^p$ erklären wollen. Aufgrund der Verteilungsannahme an Y_i, wählen wir die Verlustfunktion, die der Normalverteilung entspricht (Beispiel 3.21):

$$\ell_f(x, y) = -yf(x) + \frac{1}{2}f(x)^2 \tag{3.11}$$

Dann gilt

$$\mathbb{P}\ell_f = \frac{1}{n}\sum_{i=1}^{n} \tilde{\mathbb{E}}[\ell_f(x_i, \tilde{Y}_i)] = \frac{1}{n}\sum_{i=1}^{n}\left(-\mu_i f(x_i) + \frac{1}{2}f(x_i)^2\right)$$

$$= \frac{1}{2n}\sum_{i=1}^{n}(\mu_i - f(x_i))^2 - \frac{1}{2n}|\mu|^2.$$

Es folgt $f_*(x_i) = \mu_i, i = 1, \ldots, n$, und für einen Schätzer $\hat{\beta}$ ergibt sich

$$\mathcal{E}(\hat{\beta}) = \mathbb{P}\ell_{\hat{\beta}} - \mathbb{P}\ell_{f_*} = \frac{1}{n}\sum_{i=1}^{n}\left(-\mu_i(x_i\hat{\beta}) + \frac{1}{2}(x_i\hat{\beta})^2\right) + \frac{1}{2n}|\mu|^2$$

$$= \frac{1}{2n}\sum_{i=1}^{n}(\mu_i - x_i\hat{\beta})^2.$$

Damit stimmt das Exzessrisiko bis auf einen Vorfaktor mit dem quadratischen Fehler für die Schätzung des Mittelwertvektors μ durch (in x_i) lineare Schätzer überein. Im Gegensatz zu unseren vorherigen Gütekriterien lassen wir hier eine *Modellmissspezifikation* zu, das heißt, das Schätzverfahren nimmt an, es gäbe ein $\beta_0 \in \mathbb{R}^p$, sodass $\mu = X\beta_0$ gilt, ohne, dass wir diese Annahme im Gütekriterium zugrunde gelegt haben. Diese Unabhängigkeit von Modellannahmen macht das Exzessrisiko zum bevorzugten Kriterium in der statistischen Lerntheorie. Falls die Modellannahme $\mu = X\beta_0$ zutrifft, wir also tatsächlich ein lineares Modell vorliegen haben, erhalten wir

$$\mathcal{E}(\hat{\beta}) = \frac{1}{2n} \sum_{i=1}^{n} (x_i \beta_0 - x_i \hat{\beta})^2 = \frac{1}{2n} |X(\beta_0 - \hat{\beta})|^2.$$

◄

Unser Ziel ist nun, das Exzessrisiko des empirischen Risikominimierers allgemein abzuschätzen. Nach Konstruktion gilt

$$\mathbb{P}_n \ell_{\hat{\beta}} \leq \mathbb{P}_n \ell_\beta \quad \text{für alle } \beta \in \mathbb{R}^p.$$

Daraus folgt

$$\mathcal{E}(\hat{\beta}) + (\mathbb{P}_n - \mathbb{P})\ell_{\hat{\beta}} = \mathbb{P}_n \ell_{\hat{\beta}} - \mathbb{P}\ell_{f_*} \leq \mathbb{P}_n \ell_\beta - \mathbb{P}\ell_{f_*} = \mathcal{E}(\beta) + (\mathbb{P}_n - \mathbb{P})\ell_\beta.$$

Wir erhalten die *Fundamentalungleichung*

$$\forall \beta \in \mathbb{R}^p : \quad \mathcal{E}(\hat{\beta}) \leq \mathcal{E}(\beta) - \left(v_n(\hat{\beta}) - v_n(\beta)\right) \quad \text{mit} \quad v_n(\beta) := (\mathbb{P}_n - \mathbb{P})\ell_\beta. \tag{3.12}$$

Das Exzessrisiko von $\hat{\beta}$ ist damit durch das Exzessrisiko jedes β plus den stochastischen Fehlerterm $v_n(\hat{\beta}) - v_n(\beta)$ beschränkt. Falls Letzterer klein ist, können wir die rechte Seite in β minimieren, um eine möglichst scharfe Abschätzung für $\mathcal{E}(\hat{\beta})$ zu erhalten. Für β wählen wir daher den Minimierer des theoretischen Risikos in der Klasse der verallgemeinerten linearen Modelle, das heißt

$$\beta_* := \arg\min_{\beta \in \mathbb{R}^p} \mathbb{P}\ell_\beta.$$

β_* ist der bestmögliche Wert, den wir für β wählen können. Dieser hängt jedoch von der unbekannten Verteilung der Beobachtungen ab und ist der Statistikerin nicht bekannt. In Anlehnung an das antike Orakel von Delphi wird β_* daher auch *Orakelwahl* genannt. Das Exzessrisiko des Orakels β_* werden wir als Maßstab für die Qualität von $\hat{\beta}$ verwenden.

Um die Größe des stochastischen Fehlerterms $v_n(\hat{\beta}) - v_n(\beta_*)$ abzuschätzen, werden wir die ℓ^q-Normen $|a|_q = (\sum_{i=1}^{p} |a_i|^q)^{1/q}$ für $q \in [1, \infty)$ sowie $|a|_\infty = \max_{i=1,\dots,p} |a_i|$ für $a \in \mathbb{R}^p$ verwenden. Insbesondere gilt

$$|\langle a, b \rangle| \leq \sum_{i=1}^{p} |a_i b_i| \leq \max_{i=1,\dots,p} |a_i| \sum_{i=1}^{p} |b_i| = |a|_\infty |b|_1 \quad \text{für alle } a, b \in \mathbb{R}^p$$

und aus der Cauchy-Schwarz-Ungleichung folgt $|a|_1 \leq \sqrt{p}|a|_2$.

Mithilfe dieser Ungleichungen kann $v_n(\hat{\beta}) - v_n(\beta_*)$ in Abhängigkeit vom kleinsten Eigenwert $\lambda_{\min}(\Sigma_n)$ der Design-Kovarianzmatrix $\Sigma_n := \frac{1}{n} X^\top X \in \mathbb{R}^{p \times p}$ und vom quadratischen Fehler $\frac{1}{n} |X\hat{\beta} - f_*|^2$ für $f_* = \arg\min_{f \in \mathcal{F}} \mathbb{P}\ell_f$ aus (3.10) abgeschätzt werden. Für normalverteilte Beobachtungen stimmt dieser Fehler mit dem Exzessrisiko überein, siehe Beispiel 3.28. Im Allgemeinen ist das nicht mehr der Fall. Um $\frac{1}{n} |X\hat{\beta} - f_*|^2$ dennoch mit dem Exzessrisiko in Beziehung zu setzen, fordern wir in einer Umgebung des Risikominimierers f_* die *Exzessbedingung*

$$\forall \beta \in \mathbb{R}^p \text{ mit } |X\beta - f_*|_\infty \leq \eta : \quad \mathcal{E}(\beta) \geq c\frac{1}{n}|X\beta - f_*|^2 \qquad (3.13)$$

für geeignete $c, \eta > 0$.

Mit diesen Vorbereitungen können wir nun das Hauptresultat für den empirischen Risikominimierer im verallgemeinerten linearen Modell beweisen.

Satz 3.29 (Orakelungleichung)   *Es sei* $(\mathbb{R}^n, \mathcal{B}(\mathbb{R}^n), (\mathbb{P}_f^n)_{f \in \mathcal{F}})$ *ein statistisches Modell mit Parametern* $f \in \mathcal{F} \subseteq \mathbb{R}^n$. *Für eine Designmatrix* $X \in \mathbb{R}^{n \times p}$ *habe* $\Sigma_n := \frac{1}{n} X^\top X$ *vollen Rang und mit der Verlustfunktionen* ℓ *aus* (3.9) *mögen die Minimierer*

$$\beta_* := \underset{\beta \in \mathbb{R}^p}{\arg\min} \, \mathbb{P}\ell_\beta \quad \text{und} \quad f_* := \underset{f \in \mathcal{F}}{\arg\min} \, \mathbb{P}\ell_f$$

existieren und eindeutig sein. Für $\lambda > 0$ *definieren wir*

$$\mathcal{G} := \left\{ \left| \frac{1}{n} X^\top (Y - \mathbb{E}[Y]) \right|_\infty \leq \frac{\lambda}{2} \right\} \quad \text{sowie} \quad R_* := 3\mathcal{E}(\beta_*) + \frac{\lambda^2 p}{2c\lambda_{\min}(\Sigma_n)}.$$

Wenn die Exzessbedingung (3.13) *für ein* $c > 0$ *und ein* $\eta > \max\{8\|X\|_{max} R_* \lambda^{-1}, 2|X\beta_* - f_*|_\infty\}$ *erfüllt ist, dann gilt auf dem Ereignis* $\mathcal{G}$ *für den empirischen Risikominimierer* $\hat{\beta}$ *aus* (3.8)

$$\mathcal{E}(\hat{\beta}) \leq 3 \inf_{\beta \in \mathbb{R}^p} \mathcal{E}(\beta) + \frac{\lambda^2 p}{2c\lambda_{\min}(\Sigma_n)^2} = R_* \qquad (3.14)$$

sowie $\frac{1}{n}|X\hat{\beta} - f_*|^2 \leq c^{-1}\mathcal{E}(\hat{\beta}) \leq R_*/c$.

Beweis   Der Beweis erfolgt in vier Schritten.
Schritt 1: Lokalisierung von $\hat{\beta}$. Zunächst ist nicht klar, ob $\hat{\beta}$ in der Umgebung von f_* und damit die Exzessbedingung anwendbar ist. Daher werden wir die Behauptung zunächst für

$$\tilde{\beta} := t\hat{\beta} + (1-t)\beta_* \quad \text{für} \quad t := \frac{\delta_*}{\delta_* + |X(\hat{\beta} - \beta_*)|_\infty}, \delta_* := 4\|X\|_{max} \frac{R_*}{\lambda}$$

nachweisen. Aus $\tilde{\beta} - \beta^* = t(\hat{\beta} - \beta_*)$ und der Wahl von t folgt nämlich

$$|X\tilde{\beta} - f_*|_\infty \leq |X(\tilde{\beta} - \beta_*)|_\infty + |X\beta_* - f_*|_\infty \leq \frac{\delta_* |X(\hat{\beta} - \beta_*)|_\infty}{\delta_* + |X(\hat{\beta} - \beta_*)|_\infty} + \frac{\eta}{2} \leq \eta.$$

Schritt 2: Kontrolle des stochastischen Fehlers. Bevor wir die Fundamentalungleichung (3.12) anwenden, formen wir den dort definierten stochastischen Fehler $v_n(\beta)$ um. Da der zweite Term in (3.9) unabhängig von Y_i ist, gilt für die Abweichung des empirischen vom theoretischen Risiko

$$-v_n(\beta) = -\frac{1}{n}\sum_{i=1}^{n}(\ell_\beta(x_i, Y_i) - \tilde{\mathbb{E}}[\ell_\beta(x_i, \tilde{Y}_i)])$$

$$= \frac{1}{n}\sum_{i=1}^{n}(Y_i - \mathbb{E}[Y_i])\,x_i\beta = \frac{1}{n}\sum_{i=1}^{n}(Y_i - \mathbb{E}[Y_i])\,(X\beta)_i = \frac{1}{n}\langle Y - \mathbb{E}[Y], X\beta \rangle.$$

Daher können wir den stochastischen Fehler in Ungleichung (3.12), angewendet auf $\beta = \beta_*$ und für $\tilde{\beta}$ statt $\hat{\beta}$, mit

$$\left|(v_n(\tilde{\beta}) - v_n(\beta_*))\right| = \left|\tfrac{1}{n}\langle X^\top(Y - \mathbb{E}[Y]), \tilde{\beta} - \beta_* \rangle\right|$$

$$\leq \left|\tfrac{1}{n}X^\top(Y - \mathbb{E}[Y])\right|_\infty |\tilde{\beta} - \beta_*|_1.$$

abschätzen.

Schritt 3: Orakelungleichung für $\tilde{\beta}$. Auf dem Ereignis $\mathcal{G}$ impliziert die Fundamentalungleichung (3.12) und Schritt 2:

$$\mathcal{E}(\tilde{\beta}) \leq \mathcal{E}(\beta_*) + \frac{\lambda}{2}|\tilde{\beta} - \beta_*|_1.$$

Aus der Cauchy-Schwarz-Ungleichung folgt weiter für die symmetrische und positiv definite Matrix Σ_n mit kleinstem Eigenwert $\lambda_{\min}(\Sigma_n)$ (da Σ vollen Rang hat, gilt $\lambda_{\min}(\Sigma_n) > 0$), dass

$$|\tilde{\beta} - \beta_*|_1 \leq \sqrt{p}|\tilde{\beta} - \beta_*|_2 \leq \sqrt{\frac{p}{\lambda_{\min}(\Sigma_n)}}\left|\Sigma_n^{1/2}(\tilde{\beta} - \beta_*)\right|_2$$

$$= \sqrt{\frac{p}{\lambda_{\min}(\Sigma_n)}}((\tilde{\beta} - \beta_*)^\top \Sigma_n(\tilde{\beta} - \beta_*))^{1/2}$$

$$= \sqrt{\frac{p}{\lambda_{\min}(\Sigma_n)}}\frac{1}{\sqrt{n}}|X(\tilde{\beta} - \beta_*)|$$

$$\leq \sqrt{\frac{p}{\lambda_{\min}(\Sigma_n)}}\left(\frac{1}{\sqrt{n}}|X\tilde{\beta} - f_*| + \frac{1}{\sqrt{n}}|X\beta_* - f_*|\right). \quad (3.15)$$

Nun können wir die Exzessbedingung anwenden und erhalten aus $AB \leq (A^2 + B^2)/2$ für $A = \frac{\lambda}{2}\sqrt{\frac{p}{c\lambda_{\min}(\Sigma_n)}}$ und $B = \sqrt{\frac{c}{n}}|X\tilde{\beta} - f_*| \leq \mathcal{E}(\tilde{\beta})^{1/2}$ bzw. $B = \sqrt{\frac{c}{n}}|X\beta_* - f_*| \leq \mathcal{E}(\beta_*)^{1/2}$, dass

$$\mathcal{E}(\tilde{\beta}) \le \mathcal{E}(\beta_*) + \frac{\lambda}{2}|\tilde{\beta} - \beta_*|_1 \le \frac{3}{2}\mathcal{E}(\beta_*) + \frac{1}{2}\mathcal{E}(\tilde{\beta}) + \frac{\lambda^2 p}{4c\lambda_{\min}(\Sigma_n)}.$$

Daraus folgt die Orakelungleichung für $\tilde{\beta}$:

$$\mathcal{E}(\tilde{\beta}) \le 3\mathcal{E}(\beta_*) + \frac{\lambda^2 p}{2c\lambda_{\min}(\Sigma_n)} = R_* \tag{3.16}$$

Schritt 4: Orakelungleichung für $\hat{\beta}$. Um die Abschätzung auf $\hat{\beta}$ zu erweitern, folgern wir zunächst aus (3.15) und der Exzessbedingung wie oben und anschließender Anwendung von (3.16):

$$\begin{aligned} |X(\tilde{\beta} - \beta_*)|_\infty &\le \|X\|_{max}|\tilde{\beta} - \beta_*|_1 \\ &\le \frac{\|X\|_{max}}{2\lambda}\left(\mathcal{E}(\beta_*) + \mathcal{E}(\tilde{\beta}) + \frac{\lambda^2 p}{c\lambda_{\min}(\Sigma_n)}\right) \\ &\le \frac{\|X\|_{max}}{\lambda}\left(2\mathcal{E}(\beta_*) + \frac{3\lambda^2 p}{4c\lambda_{\min}(\Sigma_n)}\right) \\ &\le 2\|X\|_{max}\frac{R_*}{\lambda} = \delta_*/2. \end{aligned}$$

Dies impliziert

$$\frac{\delta_*}{2} \ge |X(\tilde{\beta} - \beta_*)|_\infty = t|X(\hat{\beta} - \beta_*)|_\infty = \frac{\delta_*|X(\hat{\beta} - \beta_*)|_\infty}{\delta_* + |X(\hat{\beta} - \beta_*)|_\infty}.$$

Umstellen ergibt $|X(\hat{\beta} - \beta_*)|_\infty \le \delta_* < \eta$, sodass die Exzessbedingung für $\hat{\beta}$ angewendet werden kann und (3.16) auch für $\hat{\beta}$ statt $\tilde{\beta}$ gilt. □

Die Abschätzung (3.14) kann man in Analogie zur Bias-Varianz-Zerlegung verstehen. Der erste Term $\inf_\beta \mathcal{E}(\beta)$ entspricht dabei dem Approximationsfehler. Er wird klein, je besser das wahre, zugrunde liegende f durch einen linearen Term $X\beta$ beschrieben werden kann. Der zweite Term (3.14) ist der stochastische Fehler, denn er hängt durch λ maßgeblich von der Abweichung von Y von seinem Erwartungswert ab.

Eine Ungleichung von der Form (3.14) nennt man *Orakelungleichung*. Sie besagt im Wesentlichen, dass das Exzessrisiko des empirischen Risikominimierers bzw. des Maximum-Likelihood-Schätzers höchstens um den Faktor 3 größer ist als das kleinstmögliche (Orakel-)Exzessrisiko. Hierzu sei bemerkt, dass man durch eine Optimierung der Konstanten den Faktor 3 auf $1 + \tau$ für ein beliebig kleines τ reduzieren kann. Allerdings wächst dann die Konstante vor dem stochastischen Fehler in $1/\tau$. Ähnliche Orakelungleichungen unter etwas allgemeineren Exzessbedingungen und auch für hochdimensionale Beobachtungen werden von Bühlmann und van de Geer (2011) bewiesen.

Man beachte einerseits, dass Zufall im Beweis keine Rolle spielt. Wir verwenden lediglich die Bedingung aus dem Ereignis $\mathcal{G}$. Andererseits haben wir keine Aussage für den Fall, dass $\mathcal{G}$ nicht eintritt. Daher benötigen wir Verteilungsannahmen an Y, um λ so zu wählen, dass $\mathcal{G}$ tatsächlich mit hoher Wahrscheinlichkeit gilt.

Wenden wir Satz 3.29 auf das gaußsche Modell aus Beispiel 3.28 an, erhalten wir das folgende Korollar. Hierbei nehmen wir nicht an, dass die Beobachtungen tatsächlich aus einem linearen Modell stammen, sodass wir eine Modellmissspezifikation zulassen. Der empirische Risikominimierer $\hat{\beta}$ versucht, den unbekannten Mittelwertvektor bestmöglich durch $X\hat{\beta}$ für eine vorgegebene Designmatrix zu beschreiben. Durch den quadratischen Verlust stimmt hier $\hat{\beta}$ mit dem Kleinste-Quadrate-Schätzer überein.

Korollar 3.30 (Orakelungleichung für quadratischen Verlust) *Es seien $Y_i \sim \mathrm{N}(\mu_i, \sigma^2)$, $i = 1, \dots, n$, unabhängige Zufallsvariablen mit Mittelwertvektor $\mu = (\mu_1, \dots, \mu_n)^\top \in \mathbb{R}^n$. Dann gilt für den empirischen Risikominimierer $\hat{\beta}$ aus (3.8) bezüglich der Verlustfunktion $\ell_\beta(x, y) = -y(x\beta) + (x\beta)^2/2$, $x \in \mathbb{R}^p$, $y \in \mathbb{R}$, und Kovariablen $x_1, \dots, x_n \in \mathbb{R}^p$ mit einer Wahrscheinlichkeit von mindestens $1 - \sqrt{2}e^{-\tau}$ für $\tau > 0$:*

$$\frac{1}{n}|X\hat{\beta} - \mu|^2 \le 3 \inf_{\beta \in \mathbb{R}^p} \frac{1}{n}|X\beta - \mu|^2 + C\frac{\sigma^2 p(\log p + \tau)}{n}$$

für $C = 16 \max_{i=1,\dots,n}(\Sigma_n)_{ii}/\lambda_{\min}(\Sigma_n)$. Existiert ein $\beta_* \in \mathbb{R}^p$ mit $\mu = X\beta_*$, dann folgt

$$\frac{1}{n}|X\hat{\beta} - X\beta_*|^2 \le C\frac{\sigma^2 p(\log p + \tau)}{n}.$$

Beweis Nach Beispiel 3.28 gilt $\mathcal{E}(\beta) = \frac{1}{2n}|X\beta - \mu|^2$ und $f_* = \mu \in \mathcal{F} = \mathbb{R}^n$. Damit ist die Exzessbedingung (3.13) mit $c = \frac{1}{2}$ und beliebig großem η erfüllt. Zudem gilt

$$\frac{1}{\sqrt{n}}X^\top(Y - \mathbb{E}[Y]) \sim \mathrm{N}(0, \sigma^2\Sigma_n).$$

Bezeichnen wir die Diagonalenträge von Σ_n mit $s_1^2, \dots, s_n^2 > 0$ sowie $s^2 := \max_i s_i^2$ und schreiben $Z_i := \frac{1}{\sqrt{n}}(X^\top(Y - \mathbb{E}[Y]))_i \sim \mathrm{N}(0, \sigma^2 s_i^2)$, dann folgt aus $\mathbb{E}[\exp(Z^2/4)] = \sqrt{2}$ für ein $Z \sim \mathrm{N}(0, 1)$ und Markovs Ungleichung

$$\mathbb{P}(\mathcal{G}^c) = \mathbb{P}\left(\max_{j=1,\dots,p} |Z_i| > \frac{\lambda\sqrt{n}}{2}\right)$$

$$\leq \mathbb{P}\left(\exp\left(\max_{j=1,\dots,p} \frac{Z_i^2}{4\sigma^2 s_i^2}\right) > \exp\left(\frac{\lambda^2 n}{4\cdot 4\sigma^2 s^2}\right)\right)$$

$$\leq \exp\left(-\frac{\lambda^2 n}{16\sigma^2 s^2}\right) \mathbb{E}\left[\exp\left(\max_{j=1,\dots,p} \frac{Z_j^2}{4\sigma^2 s_j^2}\right)\right]$$

$$\leq \exp\left(-\frac{\lambda^2 n}{16\sigma^2 s^2}\right) \sum_{i=1}^{p} \mathbb{E}\left[\exp\left(\frac{Z_i^2}{4\sigma^2 \sigma_i^2}\right)\right]$$

$$= \sqrt{2}\exp\left(-\frac{\lambda^2 n}{16\sigma^2 s^2} + \log p\right).$$

Durch die Wahl $\lambda = 4s\sqrt{\frac{\sigma^2(\tau + \log p)}{n}}$ erhalten wir $\mathbb{P}(\mathcal{G}) \geq 1 - \sqrt{2}e^{-\tau}$. $\square$

Beispiel 3.31

Im Fall von orthogonalem Design (siehe Beispiel 2.10) gilt $\Sigma_n = E_p$ und damit $C = 16$. Wir erhalten im korrekt spezifizierten Fall $\mu = X\beta_*$ mit Wahrscheinlichkeit $1 - \sqrt{2}e^{-\tau}$ für $\tau > 0$

$$|\hat{\beta} - \beta_*|^2 = (\hat{\beta} - \beta_*)^\top \Sigma_n (\hat{\beta} - \beta_*) = \frac{1}{n}|X(\hat{\beta} - \beta_*)| \leq 16\frac{\sigma^2 p(\log p + \tau)}{n}.$$

In Bemerkung 2.17 hatten wir $\mathbb{E}[|\hat{\beta} - \beta_*|^2] = \frac{\sigma^2 p}{n}$ gesehen. Bis auf die Konstante und den logarithmischen Faktor $\log p$ ist die viel allgemeinere Orakelungleichung also scharf in Dimension, Stichprobengröße und Rauschniveau. In Abschn. 4.4 werden wir zudem sehen, wie mit dem empirischen Risikominimierer als Ausgangspunkt die Dimensionsabhängigkeit verbessert werden kann. ◄

Da man im gaußschen Fall alle Fehler auch explizit bestimmen kann, wie wir ausführlich in Kap. 2 gesehen haben, ist obiges Korollar eher ein erster Nachweis für die Anwendbarkeit der Orakelungleichung. Die interessanteren Fälle, in denen tatsächlich verallgemeinerte lineare Modelle zum Einsatz kommen, werden wir im nächsten Abschnitt studieren.

3.2.2 Logistische Regression und Poisson-Regression

Wir untersuchen nun die zwei wichtigsten verallgemeinerten linearen Modelle, genauer die logistische Regression und die Poisson-Regression.

Die erste Klasse ist uns bereits im Klausurbeispiel 3.18 begegnet. Mit der *logistischen Regression* sollen kategoriale Variablen Y_i mit nur zwei möglichen, sich gegenüberstehenden

Ausprägungen durch bestimmte Einflussfaktoren erklärt werden. Hierfür bietet sich ein verallgemeinertes lineares Modell auf Grundlage der Bernoulli-Verteilungen $(\text{Ber}(q))_{q \in (0,1)}$ an. Diese Verteilungsfamilie ist gemäß Beispiel 3.11 eine Exponentialfamilie in $\eta(q) = \log \frac{q}{1-q}$ und $T(x) = x$. Wegen $\rho(\eta) = \mathbb{E}_\eta[Y] = q$ ist die kanonische Link-Funktion

$$g(q) = \rho^{-1}(q) = \log\left(\frac{q}{1-q}\right) = \log\left(\frac{1}{1-q} - 1\right).$$

Die Funktionen ρ und ζ sind gegeben durch

$$\rho(\eta) = g^{-1}(\eta) = \frac{e^\eta}{1 + e^\eta} = \frac{1}{1 + e^{-\eta}} \quad \text{und}$$

$$\zeta(\eta) = -\log(1 - \rho(\eta)) = \log(1 + e^\eta).$$

Definition 3.32 Ein verallgemeinertes lineares Modell auf $(\{0,1\}^n, \mathcal{P}(\{0,1\}^n))$ heißt **logistische Regression**, falls für $i = 1, \ldots, n$ die Beobachtungen Y_i unabhängig und $\text{Ber}(q_i)$-verteilt sind und mit der kanonischen Link-Funktion $g(q) = \log\left(\frac{q}{1-q}\right)$, $q \in (0,1)$

$$\left(\log\left(\frac{q_1}{1-q_1}\right), \ldots, \log\left(\frac{q_n}{1-q_n}\right)\right)^\top = X\beta$$

mit unbekanntem $\beta \in \mathbb{R}^p$ und Designmatrix $X \in \mathbb{R}^{n \times p}$ gilt. Die Funktion g heißt **Logit-Funktion** und ihre Umkehrfunktion $g^{-1}(\eta) = (1 + e^{-\eta})^{-1}$ heißt **logistische Funktion**.

Äquivalent modellieren wir also die Erfolgswahrscheinlichkeiten $q_1, \ldots, q_n$ durch

$$q_i = g^{-1}(x_i\beta) = \frac{1}{1 + e^{-x_i\beta}}$$

für die Zeilenvektoren x_i von X. Genau das hatten wir in Beispiel 3.18 vorgeschlagen.

Beispiel 3.33

Klausur – b

Wir kommen auf das Klausurbeispiel 3.18 zurück. Um das Bestehen beziehungsweise Durchfallen des Studienmoduls zu beschreiben, verwenden wir eine logistische Regression, die zusätzlich zu den erreichten Übungspunkten auch das Fachsemester, das Geschlecht der oder des Geprüften sowie die Frage, ob die zweite der beiden Abschlussklausuren mitgeschrieben wurde, berücksichtigt. Zusammen mit einem Absolutglied ergibt sich die Parameterdimension $p = 5$.

Um die Qualität der Schätzung zu bewerten, teilen wir den gesamten Datensatz von 103 zugelassenen Studierenden in eine *Trainingsmenge* und eine *Testmenge*. Für die Trainingsmenge wählen wir zufällig 2/3 aller Beobachtungen anhand derer wir den Maximum-Likelihood-Schätzer $\hat{\beta}$ bestimmen. Neben dem schon in Beispiel 3.18 beob-

Tab. 3.1 Konfusionsmatrix der möglichen Vorhersagefehler in der logistischen Regression.

	Bestanden	Durchgefallen	Insgesamt
Bestehen vorhergesagt	19	3	22
Durchgefallen vorhergesagt	2	8	10
Insgesamt	21	11	32

achteten positiven Effekt der Übungspunkte zeigt sich, dass Studentinnen eine höhere Bestehenswahrscheinlichkeit haben. Zudem haben höhere Fachsemester und der 2. Klausurtermin einen negativen Einfluss.

Für Studierende in der Validierungsmenge mit Kovariablen $x_{n+1} \in \mathbb{R}^5$ sagen wir deren Bestehen voraus, falls

$$\hat{q}_{n+1} = \frac{1}{1 + e^{-x_{n+1}\hat{\beta}}} \geq \frac{1}{2} \quad \Longleftrightarrow \quad x_{n+1}\hat{\beta} \geq 0.$$

Da wir in der Validierungsmenge wissen, ob der oder die Studierende bestanden hat, können wir prüfen, in wie vielen Fällen die Vorhersage korrekt ist: In 84 % der Fälle ist die Modellvorhersage richtig. Tab. 3.1 erlaubt einen genaueren Aufschluss über den Vorhersagefehler durch die sogenannte *Konfusionsmatrix*, welche alle richtigen, falsch positiven (3) und falsch negativen (2) Vorhersagen angibt. Verwenden wir zum Vergleich nur die Übungspunkte und das Absolutglied für die Vorhersage, dann erhöht sich der Fehler von 16 % auf 28 %, wobei diese Zahlen von der zufällig ausgewählten Trainingsmenge abhängen. ◄

Eine zweite Anwendung der logistischen Regression findet sich in Kap. 5 zur Klassifikation (Beispiele 5.1 und 5.7 aus Abschn. 5.1 bzw. 5.2).

Bemerkung 3.34 (Logistische- und Probit-Regression) Das logistische Regressionsmodell kann man auch wie folgt formulieren: Für $i = 1, \ldots, n$ setze

$$Y_i = \begin{cases} 1, & \text{falls } x_i\beta + \varepsilon_i > 0, \\ 0, & \text{sonst,} \end{cases}$$

wobei die Fehler ε_i standardlogistisch verteilt sind. Die *standardlogistische Verteilung* ist eine stetige Verteilung auf den reellen Zahlen, deren Verteilungsfunktion durch die logistische Funktion $F(x) = (1 + \exp(-x))^{-1}$ gegeben ist. Tatsächlich gilt dann

$$\mathbb{P}(x_i\beta + \varepsilon_i > 0) = 1 - F(-x_i\beta) = 1 - \frac{1}{1 + e^{x_i\beta}} = \frac{1}{1 + e^{-x_i\beta}}.$$

Sind die Fehler ε_i hingegen standardnormalverteilt, erhalten wir die sogenannte *Probit-Regression*, die wie die logistische Regression definiert ist, nur dass nicht die kanonische Link-Funktion g verwendet wird, sondern die Quantilfunktion der Standardnormalverteilung $g = \Phi^{-1}$.

Die Orakelungleichung lässt sich auch für die logistische Regression anwenden. Beruhend auf Beobachtungen $Y_1, \ldots, Y_n \in \{0, 1\}$ und einer Designmatrix $X \in \mathbb{R}^{n \times p}$ lässt sich der Maximum-Likelihood-Schätzer als

$$\hat{\beta} := \underset{\beta \in \mathbb{R}^p}{\arg\min} \, \mathbb{P}_n \ell_\beta \quad \text{für} \quad \ell_\beta(x, y) = -y \cdot (x\beta) + \zeta(x\beta) \tag{3.17}$$

$$= -y \cdot (x\beta) + \log(1 + e^{x\beta})$$

schreiben, wobei wir wie zuvor $x \in \mathbb{R}^p$ als Zeilenvektor auffassen.

Bemerkung 3.35 (Iterativ neugewichtete Kleinste-Quadrate-Methode) Der Maximum-Likelihood-Schätzer besitzt keine geschlossene Darstellung mehr und wird durch Fishers Scoring-Methode (Methode 3.24) bestimmt. Der $(t + 1)$. Iterationsschritt zur Berechnung von $\hat{\beta}$ ist gegeben durch (Aufgabe 3.7)

$$\hat{\beta}^{(t+1)} = (X^\top W_{\hat{\beta}^{(t)}} X)^{-1} X^\top W_{\hat{\beta}^{(t)}} Z_{\hat{\beta}^{(t)}} = \underset{b \in \mathbb{R}^p}{\arg\min} \left| W_{\hat{\beta}^{(t)}}^{1/2} (Z_{\hat{\beta}^{(t)}} - Xb) \right|^2$$

mit $Z_\beta = X\beta + W_\beta^{-1}(Y - q_\beta)$ und

$$q_\beta = (q_1(\beta), \ldots, q_n(\beta))^\top \in \mathbb{R}^n, \quad \text{wobei } q_i(\beta) := g^{-1}(x_i\beta) = (1 - e^{-x_i\beta})^{-1},$$
$$W_\beta = \text{diag}\,(q_1(\beta)(1 - q_1(\beta)), \ldots, q_n(\beta)(1 - q_n(\beta))) \in \mathbb{R}^{n \times n}.$$

Damit lösen wir in jedem Iterationsschritt ein gewichtetes Kleinste-Quadrate-Problem mit Responsevektor $Z_{\hat{\beta}^{(t)}}$ und Gewichten $w_i(\hat{\beta}^{(t)}) = q_1(\hat{\beta}^{(t)})(1 - q_1(\hat{\beta}^{(t)}))$. Das Verfahren führt also auf die sogenannte *iterativ neugewichtete Kleinste-Quadrate-Methode* (englisch: *iteratively reweighted least squares*, kurz: *IRLS*).

Im Gegensatz zum gaußschen Fall aus Korollar 3.30, in dem das Exzessrisiko mit dem quadratischen Fehler übereinstimmt, wird für die logistische Regression wichtig, dass die Exzessbedingung aus Satz 3.29 nur lokal um den optimalen Parameter gelten muss. Wir lassen wieder eine Modellmissspezifikation zu und nehmen lediglich an, dass die Beobachtungen unabhängige Bernoulli-verteilte Zufallsvariablen sind, deren Erfolgswahrscheinlichkeiten wir mithilfe einer Designmatrix approximieren wollen. Es zeigt sich, dass der (quadrierte) stochastische Fehler von derselben Größenordnung ist wie in Korollar 3.30.

Korollar 3.36 (Orakelungleichung für logistische Regression) *Für $i = 1, \ldots, n$ seien Y_i Ber(q_i)-verteilte, unabhängige Zufallsvariablen, wobei $q_i \in (\delta, 1 - \delta)$ für ein $\delta \in (0, 1/2)$ und alle $i = 1, \ldots, n$ gelte. Für eine Designmatrix $X \in \mathbb{R}^{n \times p}$ sei $\hat{\beta}$ der empirische Risikominimierer aus (3.17).*

Dann gilt $f_* = \left(\log \frac{q_1}{1-q_1}, \ldots, \log \frac{q_n}{1-q_n} \right)^\top \in \mathbb{R}^n$ für f_* aus (3.10), und es gibt Konstanten $C, c > 0$, die nur von δ, $\|X\|_{max}$ und $\lambda_{min}(\Sigma_n)$ abhängen, sodass mit Wahrscheinlichkeit $1 - 2e^{-\tau}$ für $\tau > 0$ die Orakelungleichung

$$\frac{1}{n} |X\hat{\beta} - f_*|^2 \leq \mathcal{E}(\hat{\beta}) \leq C \left(\inf_{\beta \in \mathbb{R}^p} \mathcal{E}(\beta) + \frac{p(\log p + \tau)}{n} \right)$$

gilt, falls $|X\beta_* - f_*|_\infty \leq 1/6$ und $c^{-1}\mathcal{E}(\beta_*) \leq \left(\frac{\log p + \tau}{n} \right)^{1/2} \leq c/p$.

Im korrekt spezifizierten Fall für einen wahren Parameter $\beta \in \mathbb{R}^p$ ergibt sich $\beta_* = \beta$ und $f_* = X\beta$. Für $0 < \tau \leq \frac{c^2 n}{p^2} - \log p$ gilt dann mit Wahrscheinlichkeit $1 - 2e^{-\tau}$

$$|\hat{\beta} - \beta|^2 \leq \frac{C}{\lambda_{min}(\Sigma_n)} \frac{p(\log p + \tau)}{n}.$$

Beweis Um Satz 3.29 anzuwenden, müssen wir die Exzessbedingung nachweisen und λ so wählen, dass das Ereignis $\mathcal{G} = \left\{ \max_{i=1,\ldots,p} |(X^\top(Y - \mathbb{E}[Y]))_i/n| \leq \frac{\lambda}{2} \right\}$ eine hohe Wahrscheinlichkeit hat.

Schritt 1: Exzessbedingung. Für eine beliebige Funktion $f : \mathbb{R}^p \to \mathbb{R}$ ist das theoretische Risiko gegeben durch

$$\mathbb{P}\rho_f = \frac{1}{n} \sum_{i=1}^n \mathbb{E}[\rho_f(x_i, \tilde{Y}_i)] = \frac{1}{n} \sum_{i=1}^n (-\mathbb{E}[\tilde{Y}_i]f(x_i) + \log(1 + e^{f(x_i)}))$$

$$= \frac{1}{n} \sum_{i=1}^n (-q_i f(x_i) + \log(1 + e^{f(x_i)})).$$

Wir betrachten daher die Funktion $g_q(a) := -qa + \log(1 + e^a)$, für die

$$g_q'(a) = -q + \frac{e^a}{1 + e^a} \quad \text{und} \quad g_q''(a) = \frac{e^a}{(1 + e^a)^2} > 0$$

gilt. Das globale Minimum von g_q liegt bei $a_q = \log \left(\frac{q}{1-q} \right)$, sodass wir die Darstellung

$$\mathcal{E}(\beta) = \frac{1}{n} \sum_{i=1}^n \left(g_{q_i}(x_i\beta) - g_{q_i}(a_{q_i}) \right)$$

und $f_* = (a_{q_1}, \ldots, a_{q_n}) = \left(\log \frac{q_1}{1-q_1}, \ldots, \log \frac{q_n}{1-q_n} \right)$ erhalten. Eine Taylorentwicklung von g_q um a_q liefert für jedes $a \in \mathbb{R}$ eine Zwischenstelle $\min\{a, a_q\} \leq \xi \leq \max\{a, a_q\}$, sodass

$$g_q(a) = g_q(a_q) + \frac{e^{\xi}}{2(1+e^{\xi})^2}(a-a_q)^2 \geq g_q(a_q) + \frac{e^{a_q-|a-a_q|}}{2(1+e^{a_q+|a-a_q|})^2}(a-a_q)^2.$$

Wegen $e^{a_{q_i}} = \frac{q_i}{1-q_i} \leq (1-q_i)^{-1} < \delta^{-1}$ und $e^{a_{q_i}} \geq \delta$ können wir für alle a_i mit $|a_i - a_{q_i}| \leq \eta$ die Konstante vor dem quadratischen Term durch $C_{\delta,\eta} = \frac{1}{2}\delta e^{-\eta}(1+e^{\eta}/\delta)^{-2}$ abschätzen. Mit $a_i = (X\beta)_i, i = 1,\ldots,n$, erhalten wir für alle $\beta \in \mathbb{R}^p$ mit $|X\beta - f_*|_\infty \leq \eta$ die Abschätzung

$$\mathcal{E}(\beta) \geq C_{\delta,\eta}\frac{1}{n}|X\beta - f_*|.$$

Wir wählen nun $\eta = 1/3$, sodass

$$C_{\delta,\eta}^{-1} = 2\delta^{-1}e^{\eta}(1+e^{\eta}/\delta)^2 \leq 8\delta^{-3}e^{3\eta} = 8e\delta^{-3} =: c^{-1}.$$

Dann ist die Exzessbedingung (3.13) erfüllt, falls $|X\beta_* - f_*|_\infty \leq 1/6$ und

$$\frac{1}{12\|X\|_{max}} > \lambda^{-1}R_* = \lambda^{-1}\mathcal{E}(\beta_*) + \frac{8e\lambda p}{\delta^{-3}\lambda_{min}(\Sigma_n)^2} \tag{3.18}$$

gelten.

Schritt 2: Wahrscheinlichkeit von $\mathcal{G}$. Um die Wahrscheinlichkeit von $\mathcal{G}$ abzuschätzen, schreiben wir

$$(X^\top(Y - \mathbb{E}[Y]))_j/n = \frac{1}{n}\sum_{i=1}^{n}X_{ij}(Y_i - q_i).$$

Für alle $j = 1,\ldots,p$ sind die Zufallsvariablen $Z_i^{(j)} := X_{ij}(Y_i - q_i), i = 1,\ldots,n$, zentriert, unabhängig und durch $|Z_i^{(j)}| \leq \|X\|_{max}(1-q_i) \vee q_i \leq \|X\|_{max}$ beschränkt. Damit liefert die Hoeffding-Ungleichung (Aufgabe 3.11):

$$\mathbb{P}(\mathcal{G}^c) \leq \sum_{j=1}^{p}\mathbb{P}\left(\left|\left((X^\top(Y-q))_j/n\right|_\infty \geq \frac{\lambda}{2}\right)\right)$$

$$= \sum_{j=1}^{p}\mathbb{P}\left(\left|\sum_{i=1}^{n}Z_i^{(j)}\right| \geq \frac{\lambda n}{2}\right) \leq 2p\exp\left(-\frac{n\lambda^2}{8\|X\|_{max}^2}\right)$$

Es liegt somit eine ähnlich starke Konzentration wie im gaußschen Fall vor. Die Wahl $\lambda = \sqrt{8}\|X\|_{max}\sqrt{\frac{\log p+\tau}{n}}$ führt auf $\mathbb{P}(\mathcal{G}) \geq 1 - 2e^{-\tau}$. Für dieses λ ist (3.18) erfüllt, falls

$$\mathcal{E}(\beta^*) \leq \frac{\sqrt{2}}{12}\sqrt{\frac{\log p+\tau}{n}} \quad \text{und} \quad \sqrt{\frac{\log p+\tau}{n}}p \leq \frac{\delta^3\lambda_{min}(\Sigma_n)^2}{2^{7,5}e\|X\|_{max}^2}.$$

Schritt 3: Fehler von $\hat{\beta}$. Im korrekt spezifizierten Fall, in dem die Daten tatsächlich von einem logistischen Regressionmodell für ein wahres $\beta \in \mathbb{R}^p$ erzeugt wurden, ergibt sich direkt $\beta_* = \beta$ und $f_* = X\beta$, sodass die Abschätzung des Fehlers aus

$$\frac{1}{n}|X\hat{\beta} - f_*|^2 = \frac{1}{n}|X(\hat{\beta} - \beta_*)|^2 = \langle \Sigma_n(\hat{\beta} - \beta_*), \hat{\beta} - \beta_* \rangle \geq \lambda_{min}(\Sigma_n)|\hat{\beta} - \beta_*|^2$$

folgt.   □

Die gezeigte Orakelungleichung gibt Aufschluss über die Qualität von Vorhersage- und Schätzfehler und macht das Zusammenspiel von Stichprobengröße, Parameterdimension und Designmatrix X deutlich. Falls $\lambda_{min}(\Sigma_n)$ gleichmäßig nach unten und $\|X\|_{max}$ gleichmäßig nach oben beschränkt bleiben, können wir für $n \to \infty$ und mit möglicherweise wachsender Dimension p mit $\frac{p}{n}\log p \to 0$ schlussfolgern, dass

$$\frac{1}{n}|X(\hat{\beta} - \beta)|^2 = O_P\left(\frac{p}{n}\log p\right) \quad \text{und} \quad |\hat{\beta} - \beta|^2 = O_P\left(\frac{p}{n}\log p\right)$$

im Sinne des O_P-Kalküls gemäß Definition A.41 gilt. Auch Konfidenzaussagen für die logistische Regression beruhen meist auf asymptotischen Überlegungen mit $n \to \infty$.

Die zweite wichtige Art verallgemeinerter linearer Modelle ist die *Poisson-Regression*. Statt wie in der logistischen Regression kategoriale Daten zu modellieren, kann die Poisson-Regression verwendet werden, um den Einfluss der Kovariablen auf Zähldaten zu beschreiben. Die Familie $(\text{Poiss}(\lambda))_{\lambda>0}$ ist laut Aufgabe 3.4 eine Exponentialfamilie in $\eta(\lambda) = \log(\lambda)$ und $T(k) = k$. Die Likelihood-Funktion ist gegeben durch

$$L(\lambda, k) = \frac{\lambda^k e^{-\lambda}}{k!} = \frac{1}{k!}e^{k\log\lambda - \lambda}, \quad k \in \mathbb{N}_0,$$

und es gilt $\rho(\lambda) = \mathbb{E}_\lambda[T] = \lambda = \text{Var}_\lambda(T)$.] Durch die Reparametrisierung $\eta := \log(\lambda)$ ergibt sich eine natürliche Exponentialfamilie.

Definition 3.37 Ein verallgemeinertes lineares Modell auf $(\mathbb{N}_0^n, \mathcal{P}(\mathbb{N}_0^n))$ mit n unabhängigen Beobachtungen $Y_i \sim \text{Poiss}(\lambda_i)$, $i = 1, \dots, n$, und

$$(\log(\lambda_1), \dots, \log(\lambda_n))^\top = X\beta$$

für eine Designmatrix $X \in \mathbb{R}^{n \times p}$ und einen Parametervektor $\beta \in \mathbb{R}^p$ heißt **Poisson-Regression**.

▶ **Kurzbiografie (Siméon Denis Poisson)** Siméon Denis Poisson wurde 1781 in Pithiviers in Frankreich geboren. 1798 begann er in der Pariser École Polytechnique Mathematik und Physik zu studieren und lernte unter anderem bei Joseph Louis Lagrange und Pierre-Simon Laplace. Bereits 1802 wurde Poisson außerordentlicher Professor an der École Polytechnique, und 1806 erhielt er eine volle Professur als Nachfolger von Jean Baptiste Joseph Fourier. Er veröffentliche über 300 Arbeiten zur mathematischen Physik und Mathematik. Seine grundlegenden Beiträge wurden durch die nach ihm benannte Poisson-Verteilung oder dem Poisson'schen Grenzwertsatz gewürdigt. Poisson starb 1840 in der Nähe von Paris.

Der Maximum-Likelihood-Schätzer für β in der Poisson-Regression entspricht dem empirischen Risikominimierer für die Verlustfunktion

$$\ell_\beta(x, y) = -y \cdot (x\beta) + e^{x\beta}.$$

Auch für die Poisson-Regression lässt sich die Orakelungleichung aus Satz 3.29 anwenden. Der Nachweis der Exzessbedingung und eine geeignete Abschätzung für die Wahrscheinlichkeit des Ereignisses $\mathcal{G}$ ist den Lesern überlassen, siehe Aufgabe 3.12.

Beispiel 3.38

Schlaganfälle

Die Rate der aufgetretenen Schlaganfälle in zwölf verschiedenen Städten in Rheinland-Pfalz zwischen 2015 und 2017 soll durch eine Poisson-Regression beschrieben werden. Hierfür wurde die Bevölkerung in Altersgruppen (in Dekaden) und Geschlecht (wobei wir in diesem Beispieldatensatz nur ein Geschlecht vorliegen haben) aufgeteilt. Als erklärende Variablen dienen das Alter a_i (in den Altersgruppen $\{15, 25, \ldots, 95\}$), das Kalenderjahr (minus 2015) y_i sowie der sogenannte Deprivationsindex, der regionale sozioökonomische Unterschiede auf verschiedenen räumlichen Ebenen abbildet. Da dieser Index nicht metrisch ist, wurden alle Bevölkerungsgruppen in Quartile des Deprivationsindexes kategorisiert, sodass wir eine kategoriale Variable $c_i \in \{1, 2, 3, 4\}$ bzw. drei Dummy-Variablen $c_i^{(2)}, c_i^{(3)}, c_i^{(4)} \in \{0, 1\}$ berücksichtigen (siehe Bemerkung 2.6). Für jede der $n = 12 \cdot 9 \cdot 3 = 324$ resultierenden Bevölkerungsgruppen gibt d_i die Anzahl der Schlaganfälle, n_i die Größe der jeweiligen Bevölkerungsgruppe und d_i/n_i die sogenannte Inzidenz in der jeweiligen Kategorie an, $i = 1, \ldots, n$. Die Daten werden in Abb. 3.2 dargestellt.[1]

Wir modellieren die Anzahl der aufgetretenen Schlaganfälle durch eine Poisson-Zufallsvariable für deren Intensitätsparameter λ_i in Gruppe i

$$\log\left(\frac{\lambda_i}{n}\right) = \beta_0 + \beta_1 a_i + \beta_2 y_i + \beta_{31} c_i^{(2)} + \beta_{32} c_i^{(3)} + \beta_{33} c_i^{(4)}, \qquad i = 1, \ldots, n$$

oder äquivalent

$$\log(\lambda_i) = \beta_0 + \beta_1 a_i + \beta_2 y_i + \beta_{31} c_i^{(2)} + \beta_{32} c_i^{(3)} + \beta_{31} c_i^{(4)} + \log n_i, \qquad i = 1, \ldots, n,$$

gilt. Durch den sogenannten *Offset* $\log n_i$ wird die natürlich Skalierung durch die Gruppengröße berücksichtigt. Wir verwenden also eigentlich kein lineares, sondern ein affines Modell, was an der Theorie aber kaum etwas ändert. Die erwartete Schlaganfallinzidenz

---

[1] Wir bedanken uns bei Prof. Dr. Heiko Becher vom Universitätsklinikum Hamburg-Eppendorf für die Bereitstellung dieses Datensatzes und dessen Erläuterungen.

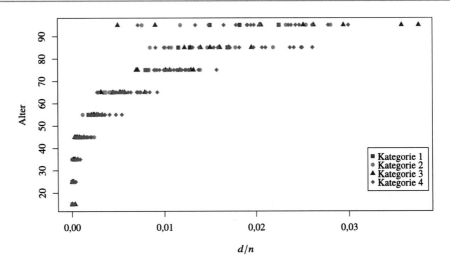

Abb. 3.2 Aufgetretene Schlaganfälle d je Gruppengröße n in Abhängigkeit von Altersgruppe und Deprivationskategorie.

ist damit λ_i / n_i, während die beobachtete/aufgetretene Inzidenz d_i / n_i ist. Die Maximum-Likelihood-Schätzer ergeben

$$\log(\lambda_i) = -10{,}1 + 0{,}07a_i - 0{,}06y_i + 0{,}16c_i^{(2)} + 0{,}19c_i^{(3)} + 0{,}37c_i^{(4)} + \log n_i.$$

Damit hat der Deprivationsindex tatsächlich einen deutlichen Einfluss auf die Schlaganfallinzidenz. ◄

3.3 Aufgaben

3.1 Sei $(\mathcal{X}, \mathcal{F}, (\mathbb{P}_\vartheta)_{\vartheta \in \Theta})$ ein reguläres, statistisches Modell mit $\Theta \subset \mathbb{R}^p$, Likelihood-Funktion $L(\vartheta, x)$ und Fisher-Information I. Zeigen Sie folgende Behauptungen:

a) Ist $L(\vartheta, x)$ in ϑ zweimal stetig differenzierbar und gilt

$$\int \partial_{\vartheta_i} \partial_{\vartheta_j} L(\vartheta, x) \mu(\mathrm{d}x) = \partial_{\vartheta_i} \int \partial_{\vartheta_j} L(\vartheta, x) \mu(\mathrm{d}x) \quad \forall i, j \in \{1, \dots, p\},$$

dann ist die Fisher-Information gegeben durch $I(\vartheta) = -\mathbb{E}_\vartheta[H_{U_\vartheta(X)}(\vartheta)]$ für die Hesse-Matrix $H_{U_\cdot(x)}$ der Scorefunktion $\vartheta \mapsto U_\vartheta(x)$.

b) Für jedes $n \in \mathbb{N}$ ist auch das Produktmodell $(\mathcal{X}^n, \mathcal{F}^{\otimes n}, (\mathbb{P}_\vartheta^{\otimes n})_{\vartheta \in \Theta})$ regulär und besitzt die Fisher-Information $I^{\otimes n} = nI$.

3.2 Betrachten Sie das statistische Modell $(\mathbb{R}, \mathcal{B}(\mathbb{R}), (\mathrm{N}(\mu, \sigma^2))_{\mu,\sigma^2})$ und die Beobachtung $X \sim \mathrm{N}(\mu, \sigma^2)$.

a) Wie lauten Scorefunktion und Fisher-Information, wenn nur $\mu \in \mathbb{R}$ unbekannt ist?
b) Wie lauten Scorefunktion und Fisher-Information, wenn beide Parameter $(\mu, \sigma^2) \in \mathbb{R} \times \mathbb{R}^+$ unbekannt sind?
   Hinweis: Achten Sie darauf, partiell nach σ^2 und nicht nach σ abzuleiten, und nutzen Sie die dritten und vierten zentralen Momente von X:

$$\mathbb{E}_\vartheta[(X - \mu)^3] = 0 \quad \text{und} \quad \mathbb{E}_\vartheta[(X - \mu)^4] = 3\sigma^4.$$

3.3 Zeigen Sie durch Anwendung von Satz 3.7, dass im statistischen Modell $(\mathbb{R}^n, \mathcal{B}(\mathbb{R}^n), \mathbb{P}_{\mu,\sigma^2}^{\otimes n})$ mit $\mathbb{P}_{\mu,\sigma^2} = \mathrm{N}(\mu, \sigma^2)$ der Schätzer $T(X) = \frac{1}{n} \sum_{i=1}^n X_i$ von $\rho(\vartheta) = \mu$ Cramér-Rao-effizient ist. Wie groß ist die Varianz? Da $\rho'(\vartheta) = 1 \neq 0$ gilt, können Sie die Funktionen $\eta: \Theta \to \mathbb{R}, \zeta: \Theta \to \mathbb{R}$ und $c: \mathbb{R} \to \mathbb{R}$ bestimmen.

3.4 Zeigen Sie, dass die Familie der Poisson-Verteilungen $(\mathrm{Poiss}(\lambda))_{\lambda>0}$ mit Intensitätsparameter λ eine Exponentialfamilie mit natürlichem Parameter $\eta(\lambda) = \log \lambda$ und $T(x) = x$ bildet. Bestimmen Sie die Funktion $\zeta(\lambda)$.

3.5 Beweisen oder widerlegen Sie die Aussage, dass folgende Verteilungen Exponentialfamilien bilden. Bestimmen Sie gegebenenfalls den natürlichen Parameterraum.

a) Exponentialverteilung $(\mathrm{Exp}(\lambda))_{\lambda>0}$
b) Gleichverteilung $(\mathrm{U}([0, \vartheta]))_{\vartheta>0}$
c) Negative Binomialverteilung $(\mathrm{NBin}(p, r))_{p \in (0,1)}$, mit festem $r \in \mathbb{N}$, gegeben durch die Zähldichte $f(x) = \binom{x-1}{r-1} p^r (1 - p)^{x-r}, x = r, r + 1, \ldots$

3.6 Beweisen Sie Lemma 3.14.

3.7 Zeigen Sie, dass Fishers Scoring-Methode für die logistische Regression die Darstellung aus Bemerkung 3.35 besitzt.

3.8 Implementieren Sie Fishers Scoring-Methode und wenden Sie Ihre Implementierung auf die Klausurdaten aus Beispiel 3.18 an. Erhalten Sie dieselben Ergebnisse für $\tilde{\beta}$? Beschreiben Sie das Konvergenzverhalten des Algorithmus' anhand der Änderungen der Schätzwerte zwischen den Iterationsschritten.

3.9 Es sei $\hat{\beta}_{MLE}$ der Maximum-Likelihood-Schätzer in der logistischen Regression mit Absolutglied, das heißt es gilt $X_{i,1} = 1$ für alle $i = 1, \ldots, n$, und $p \leq n$. Zeigen Sie, dass dann die beobachtete Anzahl der Einsen mit der erwarteten Anzahl übereinstimmt:

$$\sum_{i=1}^{n} Y_i = \sum_{i=1}^{n} q_i(\hat{\beta}_{MLE}) \quad \text{für} \quad q_i(\beta) = \frac{e^{x_i^\top \beta}}{1 + e^{x_i^\top \beta}}$$

3.10 Es seien $R, R_n : \mathcal{M} \to [0, \infty)$ Funktionen auf einer Menge $\mathcal{M}$, wobei $R(m)$ das Risiko und $R_n(m)$ das empirische Risiko einer statistischen Methode $m \in \mathcal{M}$ beschreibt. Zeigen Sie für das Risiko des empirischen Risikominimierers $\hat{m}_n \in \arg\min_{h \in \mathcal{M}} R_n(h)$ die Orakelungleichung

$$R(\hat{m}_n) \leq \inf_{m \in \mathcal{M}} R(m) + 2 \sup_{m \in \mathcal{M}} |R_n(m) - R(m)|.$$

3.11 Gegeben seien $Y_1, \ldots, Y_n$ unabhängige, zentrierte Zufallsvariablen und es gelte $|Y_i| \leq R_i$ f.s. für reelle Zahlen $R_i > 0, i = 1, \ldots, n$. Setze $S_n := \sum_{i=1}^{n} Y_i$.

a) Zeigen Sie $e^{\lambda \delta} \leq \frac{R-\delta}{2R} e^{-\lambda R} + \frac{R+\delta}{2R} e^{\lambda R}$ für $\lambda > 0$ und $|\delta| \leq R$.

b) Weisen Sie $\mathbb{E}[e^{\lambda Y_i}] \leq e^{\lambda^2 R_i^2 / 2}$ für jedes $\lambda > 0$ nach.

c) Folgern Sie die *Hoeffding-Ungleichung*

$$\mathbb{P}(|S_n| \geq \kappa) \leq 2 \exp\left(-\frac{\kappa^2}{2 \sum_{i=1}^{n} R_i^2}\right) \quad \text{für alle } \kappa > 0.$$

d) Geben Sie Beispiele an, in denen die Bernstein-Ungleichung eine schärfere Abschätzung liefert als die Hoeffding-Ungleichung, und umgekehrt.

3.12 Betrachten Sie eine unabhängige Stichprobe $Y_i \sim \text{Poiss}(\vartheta_i), i = 1, \ldots, n$, mit unbekanntem Intensitätsvektor $\vartheta = (\vartheta_1, \ldots, \vartheta_n)^\top \in \mathbb{R}^n$, der anhand der Kovariablen in der Designmatrix $X \in \mathbb{R}^{n \times p}$ erklärt werden soll. Leiten Sie eine Orakelungleichung für die Poisson-Regression her. Nehmen Sie $\vartheta_i \geq \delta$ für alle $i = 1, \ldots, n$ und ein $\delta > 0$ an und gehen Sie dabei wie folgt vor:

a) Bestimmen Sie den Minimierer f_* des theoretischen Risikos und weisen Sie für geeignete Konstanten $\eta, c > 0$ die Exzessbedingung $\mathcal{E}(\beta) \geq c\frac{1}{n}|X\beta - f_*|^2$ für alle $\beta \in \mathbb{R}^p$ mit $|X\beta - f_*|_\infty \leq \eta$ nach.

b) Verwenden Sie die endlichen exponentiellen Momente der Poisson-Verteilung, um eine Abschätzung der Wahrscheinlichkeit $\mathbb{P}(\max_{i=1,\ldots,p} |(X^\top (Y - \mathbb{E}[Y]))_i / n| > \lambda/2)$ für $\lambda > 0$ zu beweisen.

c) Wenden Sie Satz 3.29 für ein geeignetes λ an.

3.13 Im späten 19. Jahrhundert hat Ladislaus von Bortkiewicz (1898) jedes Jahr notiert, wie viele Soldaten in bestimmten Corps der preußischen Armee durch Pferdetritte getötet wurden. Verwenden Sie eine Poisson-Regression, um den Einfluss des Kalenderjahres auf die Anzahl der Toten zu schätzen.

Jahr 18-	75	76	77	78	79	80	81	82	83	84
Tote	0	2	2	1	0	0	1	1	0	3
Jahr 18-	85	86	87	88	89	90	91	92	93	94
Tote	0	2	1	0	0	1	0	1	0	1

Modellwahl

4

Am Ende des vorangegangenen Kapitels haben wir eine mögliche Modellmissspezifikation betrachtet, die Daten werden also durch eine Verteilung erzeugt, die gar nicht in dem Modell enthalten ist, das unserem statistischen Verfahren zugrunde liegt. Dies wirft die Frage auf, was überhaupt ein geeignetes Modell ist. In diesem Kapitel werden wir verschiedene Ansätze kennenlernen, die eine versierte Wahl des Modells ermöglichen, nämlich die Informationskritierien AIC und BIC, die Idee der Kreuzvalidierung und die Lasso-Methode. Um diese Methoden zu analysieren, werden wir Orakelungleichungen herleiten.

4.1 Informationskriterien

Im Allgemeinen wird ein statistisches Modell die zugrunde liegenden Zusammenhänge nicht exakt darstellen. Unabhängig davon, ob wir die möglicherweise sehr komplexen Abhängigkeiten kennen oder nicht, ist eine exakte Beschreibung oft gar nicht das Ziel. Stattdessen möchten wir ein möglichst einfaches Modell, das sowohl die gegebenen Beobachtungen als auch neue Daten aus demselben Experiment möglichst gut beschreibt. Bei der Wahl eines Modells müssen daher zwei entgegengesetzt wirkende Probleme ausbalanciert werden:

1. Ist das Modell zu stark vereinfacht, werden Haupteffekte nicht mehr ausreichend erklärt. Dieses sogenannte *underfitting* führt zu einer systematischen Verzerrung/einem Bias.
2. Ist das Modell sehr komplex mit vielen Parametern, dann können die gegebenen Beobachtungen sehr genau darstellt werden, bishin zur Interpolation der Daten. Viele Modellparameter führen jedoch zu einem großen statistischen Fehler und starken Schwankungen, sodass man für neue Beobachtungen keine vernünftige Modellvorhersage mehr erwarten kann. Man spricht von *overfitting*.

Folgendes Beispiel verdeutlicht diese beiden Effekte:

© Der/die Autor(en), exklusiv lizenziert durch Springer-Verlag GmbH, DE, ein Teil von Springer Nature 2021
M. Trabs et al., *Statistik und maschinelles Lernen*,
https://doi.org/10.1007/978-3-662-62938-3_4

Beispiel 4.1

Für i. i. d. zentrierte Fehler $(\varepsilon_i)_{i=1,\ldots,n}$ beobachten wir

$$Y_i = f(x_i) + \varepsilon_i, \quad 1 \le i \le n, \tag{4.1}$$

mit einer unbekannten Funktion $f: \mathbb{R}^d \to \mathbb{R}$ und $x_i \in \mathbb{R}^d, i = 1, \ldots, n$. Wir betrachten nun die empirische Seminorm

$$\|f\|_n := \sqrt{\langle f, f \rangle_n}, \quad \text{wobei} \quad \langle f, g \rangle_n := \frac{1}{n} \sum_{i=1}^{n} f(x_i) g(x_i),$$

auf dem Funktionenraum $\mathscr{F} := \{f: \mathbb{R}^d \to \mathbb{R}\}$. Für eine Orthonormalbasis $(e_j)_{j=1,\ldots,n}$ dieses Funktionenraumes bezüglich $\langle \cdot, \cdot \rangle_n$ können wir die Regressionsfunktion durch

$$f(x_i) = \sum_{j=1}^{n} \langle f, e_j \rangle_n e_j(x_i), \quad i = 1, \ldots, n,$$

darstellen. Statt ein allgemeines $f \in \mathscr{F}$ zu betrachten, können wir hoffen, dass die unbekannte Regressionsfunktion f für ein $p \in \{1, \ldots, n\}$ bereits durch ein Element aus dem linearen Unterraum $\text{span}\{e_1, \ldots, e_p\}$ gut approximiert werden kann. Diese Annahme führt auf das vereinfachte lineare Modell

$$Y_i = \sum_{j=1}^{p} \beta_j e_j(x_i) + \varepsilon_i, \quad 1 \le i \le n, \ p \in \mathbb{N},$$

sodass die Modellparameter $(\beta_1, \ldots, \beta_p) \in \mathbb{R}^p$ durch ein $\hat{\beta}^{(p)} = (\hat{\beta}_1, \ldots, \hat{\beta}_p)$ geschätzt werden müssen. Da die Daten jedoch gemäß (4.1) erzeugt werden, liegt hier eine *Modellmissspezifikation* vor (siehe auch Abschn. 3.2). Dennoch kann ein resultierender Schätzer $\hat{f}_{n,p} = \sum_{j=1}^{p} \hat{\beta}_j e_j$ eine gute Näherung von f sein.

Wir haben somit verschiedene Modelle mit Parameterdimensionen $p = 1, \ldots, n$ zur Auswahl. Wie groß sollen wir p wählen? Ein großes p bedeutet, dass der (quadrierte) Bias $\|f - \sum_{j=1}^{p} \beta_j e_j\|_n^2 = \sum_{j=p+1}^{n} \langle f, e_j \rangle^2$ klein ist. Gleichzeitig führt die große Parameterdimension zu großen stochastischen Fehlern, denn wir müssen p Koeffizienten schätzen, siehe (2.3) und Aufgabe 2.7. Wir sollten also p so wählen, dass Bias und stochastischer Fehler annähernd gleich sind. ◄

In diesem Kapitel wollen wir Methoden entwickeln, die automatisch und anhand der gegeben Daten ein geeignetes Modell wählen. Hierzu untersuchen wir Daten aus einem Wahrscheinlichkeitsraum $(\mathcal{X}, \mathcal{F}, \mathbb{P})$, wobei wir das zugrunde liegende Wahrscheinlichkeitsmaß $\mathbb{P}$ nicht kennen. Wie in Beispiel 4.1 illustriert, modellieren wir die Beobachtungen durch $P \in \mathbb{N}$ verschiedene parametrische Modelle

$$(\mathcal{X}, \mathcal{F}, (\mathbb{P}_\vartheta)_{\vartheta \in \Theta_p}),$$

wobei die Dimension $p \in \{1, \dots, P\}$ des Parameterraums Θ_p wächst und $P \in \mathbb{N}$ die maximal betrachtete Parameterdimension ist. Innerhalb des p-ten Modells liefert uns die Maximum-Likelihood-Methode einen Schätzer $\hat{\vartheta}_p$. Unser Ziel ist, ein $\hat{p}$ zu finden, sodass $\mathbb{P}_{\hat{\vartheta}_{\hat{p}}}$ die wahre Verteilung $\mathbb{P}$ gut approximiert. Man beachte dabei, dass $\mathbb{P}$ in keiner der Familien $(\mathbb{P}_\vartheta)_{\vartheta \in \Theta_p}$ liegen muss.

Um zu entscheiden, ob ein Kandidat $\mathbb{P}_{\hat{\vartheta}_{\hat{p}}}$ die unbekannte Verteilung $\mathbb{P}$ gut approximiert, benötigen wir ein Abstandsmaß zwischen den Wahrscheinlichkeitsverteilungen.

Definition 4.2 Für Wahrscheinlichkeitsmaße $\mathbb{P}$ und $\mathbb{Q}$ auf $(\mathcal{X}, \mathcal{F})$ heißt

$$\mathrm{KL}(\mathbb{P}|\mathbb{Q}) = \begin{cases} \int_\mathcal{X} \log(\frac{d\mathbb{P}}{d\mathbb{Q}}(x))\mathbb{P}(dx), & \text{falls } \mathbb{P} \ll \mathbb{Q}, \\ \infty, & \text{sonst,} \end{cases}$$

Kullback-Leibler-Divergenz von $\mathbb{P}$ bezüglich $\mathbb{Q}$.

Die Kullback-Leibler-Divergenz ist keine Metrik auf dem Raum der Wahrscheinlichkeitsmaße (insbesondere gilt keine Dreiecksungleichung, Aufgabe 4.1), jedoch besitzt sie einige nützliche Eigenschaften, um verschiedene Wahrscheinlichkeitsmaße zu vergleichen.

Lemma 4.3 (Eigenschaften der Kullback-Leibler-Divergenz) *Für Wahrscheinlichkeitsmaße $\mathbb{P}$ und $\mathbb{Q}$ auf $(\mathcal{X}, \mathcal{F})$ gilt:*

(i) $\mathrm{KL}(\mathbb{P}|\mathbb{Q}) \geq 0$ *und* $\mathrm{KL}(\mathbb{P}|\mathbb{Q}) = 0$ *gilt genau dann, wenn* $\mathbb{P} = \mathbb{Q}$.

(ii) $\mathrm{KL}(\mathbb{P}^{\otimes n}|\mathbb{Q}^{\otimes n}) = n\,\mathrm{KL}(\mathbb{P}|\mathbb{Q})$ *für alle* $n \in \mathbb{N}$.

(iii) *Bildet* $(\mathbb{P}_\eta)_{\eta \in \Xi}$ *eine natürliche p-parametrische Exponentialfamilie der Form*

$$\frac{d\mathbb{P}_\eta}{d\mu}(x) = c(x)\exp\left(\langle \eta, T(x)\rangle - \zeta(\eta)\right)$$

und liegt η_0 im Inneren von Ξ, so ist

$$\mathrm{KL}(\mathbb{P}_{\eta_0}|\mathbb{P}_\eta) = \zeta(\eta) - \zeta(\eta_0) - \langle \nabla\zeta(\eta_0), \eta - \eta_0\rangle, \qquad \eta \in \Xi.$$

(iv) *Für i.i.d. $(\mathcal{X}, \mathcal{F})$-wertige Beobachtungen $(X_i)_{i \in \mathbb{N}}$ auf einem Wahrscheinlichkeitsraum $(\Omega, \mathcal{A}, (\mathbb{P}_\vartheta)_{\vartheta \in \Theta})$ und Loglikelihood-Funktion $l(\vartheta, x) := \log\frac{d\mathbb{P}_\vartheta^{X_1}}{d\mu}$ bezüglich eines dominierenden Maßes μ auf $(\mathcal{X}, \mathcal{F})$ gilt für alle Wahrscheinlichkeitsmaße $\mathbb{P}$ auf $(\mathcal{X}, \mathcal{F})$*

$$-\frac{1}{n}\sum_{i=1}^n l(\vartheta, X_i) \xrightarrow{f.s.} -\mathbb{E}_\mathbb{P}[l(\vartheta, X_1)] = \mathrm{KL}(\mathbb{P}|\mathbb{P}_\vartheta^{X_1}) - \mathrm{KL}(\mathbb{P}|\mu) \quad \text{für } n \to \infty \text{ unter } \mathbb{P},$$

sofern die Kullback-Leibler-Divergenzen (für allgemeine Maße μ analog definiert) endlich sind.

Beweis

(i) Ohne Einschränkung können wir $\mathbb{P} \ll \mathbb{Q}$ annehmen, da andernfalls $\mathrm{KL}(\mathbb{P}|\mathbb{Q}) = \infty > 0$ stets erfüllt ist. Dann gilt

$$\mathrm{KL}(\mathbb{P}|\mathbb{Q}) = \int_{\mathcal{X}} \underbrace{\log\left(\frac{\mathrm{d}\mathbb{P}}{\mathrm{d}\mathbb{Q}}\right)\frac{\mathrm{d}\mathbb{P}}{\mathrm{d}\mathbb{Q}}}_{=:f\left(\frac{\mathrm{d}\mathbb{P}}{\mathrm{d}\mathbb{Q}}\right)} \mathrm{d}\mathbb{Q}$$

für $f(x) = x\log(x)$ mit $f(0) = 0$. Wegen $f''(x) = \frac{1}{x} > 0$ ist f strikt konvex. Die Jensen-Ungleichung liefert somit

$$\mathrm{KL}(\mathbb{P}|\mathbb{Q}) = \int f\left(\frac{\mathrm{d}\mathbb{P}}{\mathrm{d}\mathbb{Q}}\right)\mathrm{d}\mathbb{Q} \geq f\left(\int \frac{\mathrm{d}\mathbb{P}}{\mathrm{d}\mathbb{Q}}\mathrm{d}\mathbb{Q}\right) = f(1) = 0.$$

Hierbei gilt genau dann Gleichheit, wenn $\mathrm{d}\mathbb{P}/\mathrm{d}\mathbb{Q}$ $\mathbb{Q}$-f.s. konstant ist.

(ii) Wir können wieder $\mathbb{P} \ll \mathbb{Q}$ annehmen. Da die Radon-Nikodym-Dichte von Produktmaßen gleich dem Produkt der Randdichten ist, folgt

$$\mathrm{KL}(\mathbb{P}^{\otimes n}, \mathbb{Q}^{\otimes n}) = \int_{\mathcal{X}^n} \log\left(\frac{\mathrm{d}\mathbb{P}^{\otimes n}}{\mathrm{d}\mathbb{Q}^{\otimes n}}\right)\mathrm{d}\mathbb{P}^{\otimes n}$$

$$= \sum_{i=1}^{n} \int_{\mathcal{X}} \log\left(\frac{\mathrm{d}\mathbb{P}}{\mathrm{d}\mathbb{Q}}\right)\mathrm{d}\mathbb{P} = n\,\mathrm{KL}(\mathbb{P}|\mathbb{Q}).$$

(iii) Einsetzen der μ-Dichten liefert

$$\mathrm{KL}(\mathbb{P}_{\eta_0}|\mathbb{P}_\eta) = \mathbb{E}_{\eta_0}\left[\log\left(\frac{\mathrm{d}\mathbb{P}_{\eta_0}/\mathrm{d}\mu}{\mathrm{d}\mathbb{P}_\eta/\mathrm{d}\mu}\right)\right]$$

$$= \mathbb{E}_{\eta_0}\left[\log\left(\frac{\mathrm{d}\mathbb{P}_{\eta_0}}{\mathrm{d}\mu}\right) - \log\left(\frac{\mathrm{d}\mathbb{P}_\eta}{\mathrm{d}\mu}\right)\right]$$

$$= \mathbb{E}_{\eta_0}\left[\langle\eta_0, T\rangle - \zeta(\eta_0) - \left(\langle\eta, T\rangle - \zeta(\eta)\right)\right]$$

$$= \zeta(\eta) - \zeta(\eta_0) - \langle\eta - \eta_0, \mathbb{E}_{\eta_0}[T]\rangle.$$

Schließlich gilt $\nabla\zeta(\eta_0) = \mathbb{E}_{\eta_0}[T]$ nach Satz 3.12 (iii).

(iv) Unter den Annahmen $\mathrm{KL}(\mathbb{P}|\mathbb{P}_\vartheta) < \infty$ und $\mathrm{KL}(\mathbb{P}|\mu) < \infty$ gilt

$$\mathrm{KL}(\mathbb{P}|\mathbb{P}_\vartheta) - \mathrm{KL}(\mathbb{P}|\mu) = \int_{\mathcal{X}} \left(\log\left(\frac{\mathrm{d}\mathbb{P}}{\mathrm{d}\mathbb{P}_\vartheta}\right) - \log\left(\frac{\mathrm{d}\mathbb{P}}{\mathrm{d}\mu}\right)\right)\mathrm{d}\mathbb{P}$$

$$= -\int_{\mathcal{X}} \log\left(\frac{\mathrm{d}\mathbb{P}_\vartheta}{\mathrm{d}\mu}\right)\mathrm{d}\mathbb{P}.$$

Damit ist $l(\vartheta, \cdot) = \log\left(\frac{d\mathbb{P}_\vartheta}{d\mu}\right) \in \mathcal{L}^1(\mathbb{P})$, und das starke Gesetz der großen Zahlen liefert für $\mathbb{P}$-verteilte, unabhängige $(X_i)_{i=1,\dots,n}$

$$-\frac{1}{n}\sum_{i=1}^{n} l(\vartheta, X_i) \xrightarrow{f.s.} -\mathbb{E}\left[l(\vartheta, X_1)\right] = KL(\mathbb{P}|\mathbb{P}_\vartheta) - KL(\mathbb{P}|\mu),$$

wenn $n \to \infty$. $\qquad\square$

Die Kullback-Leibler-Divergenz von Normalverteilungen ergibt sich als Spezialfall von (iii):

Korollar 4.4 *Für $\mu_0, \mu \in \mathbb{R}^p$ und eine symmetrische und positiv definite Matrix $\Sigma \in \mathbb{R}^{p \times p}$ gilt*

$$KL(N(\mu_0, \Sigma)|N(\mu, \Sigma)) = \frac{1}{2}\left|\Sigma^{-1/2}(\mu - \mu_0)\right|^2 = \frac{1}{2}\langle \Sigma^{-1}(\mu - \mu_0), \mu - \mu_0\rangle.$$

Beweis Wir verwenden (iii) aus dem vorangegangen Lemma, wobei $\zeta(\mu) = \frac{1}{2}\mu^\top \Sigma^{-1}\mu$. Daraus folgt

$$\begin{aligned}
KL(N(\mu_0, \Sigma)|N(\mu, \Sigma)) &= \frac{1}{2}\left(\mu^\top \Sigma^{-1}\mu - \mu_0^\top \Sigma^{-1}\mu_0 - 2\mu_0^\top \Sigma^{-1}(\mu - \mu_0)\right) \\
&= \frac{1}{2}\left(\mu^\top \Sigma^{-1}\mu + \mu_0^\top \Sigma^{-1}\mu_0 - 2\mu_0^\top \Sigma^{-1}\mu\right) \\
&= \frac{1}{2}\left|\Sigma^{-1/2}(\mu - \mu_0)\right|^2.
\end{aligned}$$

Die letzte Gleichheit folgt aus der Symmetrie von Σ. $\qquad\square$

Beispiel 4.5

Wir setzen Beispiel 4.1 unter der Annahme von i. i. d. Beobachtungsfehlern $\varepsilon_i \sim N(0, \sigma^2)$ fort. Der Vektor der Beobachtungen $Y_i = f(x_i) + \varepsilon_i, i = 1, \dots n$, mit unbekannter Regressionsfunktion $f \colon \mathbb{R}^d \to \mathbb{R}$ ist dann gemäß $\mathbb{P} = N(\mu, \sigma^2 E_n)$ verteilt mit Mittelwertvektor $\mu = (f(x_1), \dots, f(x_n))^\top \in \mathbb{R}^n$. In Modell p ist die Verteilungsfamilie gegeben durch $(\mathbb{P}_{\beta^{(p)}})_{\beta^{(p)} \in \mathbb{R}^p}$ mit $\mathbb{P}_{\beta^{(p)}} = N(X^{(p)}\beta^{(p)}, \sigma^2 E_n)$ und der Designmatrix $X^{(p)} = (e_j(x_i))_{i=1,\dots,n;\ j=1,\dots,p} \in \mathbb{R}^{n \times p}$. Die Kullback-Leibler-Divergenz zwischen $\mathbb{P}$ und $\mathbb{P}_{\beta^{(p)}}$ ist damit gegeben durch

$$\begin{aligned}
KL\left(\mathbb{P}|\mathbb{P}_{\beta^{(p)}}\right) &= \frac{1}{2\sigma^2}\left|\mu - X^{(p)}\beta^{(p)}\right|^2 \\
&= \frac{1}{2\sigma^2}\sum_{i=1}^{n}\left(f(x_i) - \sum_{j=1}^{p}\beta_j^{(p)}e_j(x_i)\right)^2 = \frac{n}{2\sigma^2}\left\|f - \sum_{j=1}^{p}\beta_j^{(p)}e_j\right\|_n^2.
\end{aligned}$$

Der ‚Abstand' zwischen $\mathbb{P}$ und der bestmöglichen Wahl in $(\mathbb{P}_{\beta^{(p)}})_{\beta^{(p)} \in \mathbb{R}^p}$ ist also klein, wenn f gut durch die ersten p Basisfunktionen approximiert werden kann. Als Kriterium zur Wahl von p können wir dies allerdings nicht direkt einsetzen, da f und damit auch $\mathrm{KL}(\mathbb{P}|\mathbb{P}_{\beta^{(p)}})$ unbekannt sind. ◄

Für die Konvergenz in Lemma 4.3(iv) müssen wir nicht annehmen, dass das Wahrscheinlichkeitsmaß $\mathbb{P}$, unter dem die Beobachtungen erzeugt werden, in der Familie $(\mathbb{P}_\vartheta)_{\vartheta \in \Theta}$ enthalten ist. Wir benötigen lediglich $\mathrm{KL}(\mathbb{P}|\mathbb{P}_\vartheta) < \infty$ für $\vartheta \in \Theta$. Daher erhalten wir eine interessante Interpretation des *Maximum-Likelihood-Schätzers für missspezifizierte Modelle*: Während die linke Seite

$$-\sum_{i=1}^n l(\vartheta, X_i)$$

im Modell $(\mathbb{P}_\vartheta)_{\vartheta \in \Theta}$ durch den Maximum-Likelihood-Schätzer $\hat\vartheta$ minimiert wird, ist der Grenzwert

$$\mathrm{KL}(\mathbb{P}|\mathbb{P}_\vartheta) - \mathrm{KL}(\mathbb{P}|\mu)$$

unter dem Parameter ϑ kleinstmöglich, der die Kullback-Leibler-Divergenz $\mathrm{KL}(\mathbb{P}|\mathbb{P}_\vartheta)$ zum wahren $\mathbb{P}$ minimiert. Dieser Wert ist damit ein natürlicher Kandidat für einen Grenzwert des Maximum-Likelihood-Schätzers. Zumindest für große Stichprobenumfänge können wir hoffen, dass $\hat\vartheta_p$ nahe am Minimierer von $\mathrm{KL}(\mathbb{P}|\mathbb{P}_\vartheta)$ liegt.

4.1.1 Akaike-Informationskriterium (AIC)

Es sei $X \in \mathcal{X}$ eine Beobachtung aus dem Wahrscheinlichkeitsraum $(\mathcal{X}, \mathcal{F}, \mathbb{P})$. Wir betrachten dominierte statistische Modelle $(\mathcal{X}, \mathcal{F}, (\mathbb{P}_{\vartheta^{(p)}})_{\vartheta^{(p)} \in \Theta_p})$ mit $\Theta_p \subseteq \mathbb{R}^p$. Wir nehmen zudem geschachtelte Familien von Wahrscheinlichkeitsmaßen $(\mathbb{P}_{\vartheta^{(p-1)}})_{\vartheta^{(p-1)} \in \Theta_{p-1}} \subseteq (\mathbb{P}_{\vartheta^{(p)}})_{\vartheta^{(p)} \in \Theta_p}$, $p = 2, \dots, K$, an, sodass wir im p-ten Modell das unbekannte $\mathbb{P}$ mindestens so gut approximieren können wie in jedem kleineren Modell.

Ohne Einschränkung können wir annehmen, dass alle Modelle durch dasselbe Maß μ dominiert werden und auch $\mathbb{P}$ absolutstetig bezüglich μ ist. Im Modell $(\mathbb{P}_{\vartheta^{(p)}})_{\vartheta^{(p)} \in \Theta_p}$ bezeichnen wir die Likelihood-Funktionen bezüglich μ mit $L_p(\vartheta^{(p)}, x)$. Der Maximum-Likelihood-Schätzer $\hat\vartheta^{(p)}$ im p-ten Modell wird unter der Annahme $X \sim \mathbb{P}_{\vartheta^{(p)}}$ für ein $\vartheta^{(p)} \in \Theta_p$ bestimmt:

$$\hat\vartheta^{(p)} \in \underset{\vartheta^{(p)} \in \Theta_p}{\arg\max}\, L_p(\vartheta^{(p)}, X).$$

Nachdem $\mathbb{P}_{\hat\vartheta^{(p)}}$ ein guter Kandidat innerhalb des p-ten Modells ist, wollen wir ein geeignetes Modell auswählen, indem wir die Kullback-Leibler-Divergenz $\mathrm{KL}(\mathbb{P}|\mathbb{P}_{\hat\vartheta^{(p)}})$ über p minimieren. Da wir $\mathbb{P}$ nicht kennen, ist jedoch $\mathrm{KL}(\mathbb{P}|\mathbb{P}_{\hat\vartheta^{(p)}})$ nicht zugänglich und muss geschätzt werden. Als reelles Funktional wird $\mathrm{KL}(\mathbb{P}|\mathbb{P}_{\hat\vartheta^{(p)}})$ dabei mit kleinerem Fehler schätzbar sein als $\hat{\vartheta}^{(p)}$ selbst. Hierfür verwenden wir im p-ten Modell für $\vartheta^{(p)} \in \Theta_p$ die Darstellung (siehe Lemma 4.3)

$$KL(\mathbb{P}|\mathbb{P}_{\vartheta^{(p)}}) = KL(\mathbb{P}|\mu) - \mathbb{E}_{\mathbb{P}}\Big[\log L_p(\vartheta^{(p)}, X)\Big],$$

sofern der letzte Erwartungswert existiert. In diesem Fall bezeichnen wir mit

$$d_p(\vartheta^{(p)}) := -2\mathbb{E}_{\mathbb{P}}[\log L_p(\vartheta^{(p)}, X)], \qquad \vartheta^{(p)} \in \Theta_p,$$

die *Kullback-Leibler-Diskrepanz*.

Da $KL(\mathbb{P}|\mu)$ unabhängig von ϑ ist, ist die Minimierung von $p \mapsto KL(\mathbb{P}|\mathbb{P}_{\hat{\vartheta}^{(p)}})$ äquivalent zur Minimierung von $p \mapsto d_p(\hat{\vartheta}^{(p)})$. Auch $d_p(\vartheta)$ ist jedoch unbekannt. Dessen empirische Version ist gegeben durch $-2 \log L_p(\vartheta^{(p)}, X)$, da X gemäß $\mathbb{P}$ verteilt ist. Setzen wir in $-\log L_p(\vartheta^{(p)}, X)$ den Maximum-Likelihood-Schätzer $\hat{\vartheta}^{(p)} = \hat{\vartheta}^{(p)}(X)$ ein, erhalten wir aufgrund der Abhängigkeit zwischen $\hat{\vartheta}^{(p)}$ und X in der Regel keinen erwartungstreuen Schätzer von $d_p(\hat{\vartheta}^{(p)})$. Stattdessen ist zu vermuten, dass $d_p(\hat{\vartheta}^{(p)})$ unterschätzt wird, denn $\hat{\vartheta}^{(p)}$ minimiert gerade die Funktion $\vartheta^{(p)} \mapsto -\log L_p(\vartheta^{(p)}, X)$.

Beispiel 4.6

Signalerkennung

Für eine P-dimensionale mathematische Stichprobe $X_1, \ldots, X_n \overset{\text{i. i. d.}}{\sim} N(\vartheta, E_P)$ betrachten wir die Modelle

$$\Theta_p := \big\{\vartheta \in \mathbb{R}^n \,\big|\, \forall j > p : \vartheta_j = 0\big\}, \qquad p = 1, \ldots, P,$$

für den unbekannten Mittelwertvektor. Im p-ten Modell ist der Maximum-Likelihood-Schätzer durch das Stichprobenmittel in den ersten p Koordinaten gegeben, während die letzten $P - p$ Koordinaten null sind:

$$\hat{\vartheta}^{(p)} = (\hat{\vartheta}_1, \ldots, \hat{\vartheta}_p, 0, \ldots, 0) \quad \text{wobei} \quad \hat{\vartheta}_j := (\overline{X}_n)_j = \frac{1}{n}\sum_{i=1}^{n} X_{i,j}$$

Schreiben wir $|t|_p^2 := \sum_{j=1}^{p} t_j^2$ und $|t|_{>p}^2 := \sum_{j=p+1}^{P} t_j^2$ für $t \in \mathbb{R}^P$, dann gilt im p-ten Modell für $\vartheta^{(p)} \in \Theta_p$

$$-2\log L_p(\vartheta^{(p)}, X) = -2\sum_{i=1}^{n}\left(\log((2\pi)^{-\frac{P}{2}}) - \frac{|X_i - \vartheta^{(p)}|_p^2 + |X_i|_{>p}^2}{2}\right)$$

$$= \sum_{i=1}^{n}\left(|X_i - \vartheta^{(p)}|_p^2 + |X_i|_{>p}^2 + P\log(2\pi)\right).$$

Unter der Annahme $X \sim \mathbb{P} = N(\vartheta_0,\ E_P)$ für ein $\vartheta_0 \in \mathbb{R}^P$ erhalten wir mit der Bias-Varianz-Zerlegung

$$d_p(\vartheta^{(p)}) = -2\mathbb{E}_{\mathbb{P}}[\log L_p(\vartheta^{(p)}, X)] = \sum_{i=1}^{n} \left(\mathbb{E}_{\mathbb{P}}\big[|X_i - \vartheta^{(p)}|_p^2 + |X_i|_{>p}^2 \big] + P\log(2\pi) \right)$$

$$= n\left(|\vartheta_0 - \vartheta^{(p)}|_p^2 + |\vartheta_0|_{>p}^2 + P + P\log(2\pi) \right).$$

Die Kullback-Leibler-Diskrepanz d_p spiegelt also wider, wie gut ϑ_0 durch einen Vektor aus Θ_p approximiert werden kann: Auch wenn die Modellannahme $\vartheta_0 \in \Theta_p$ nicht erfüllt ist, kann Θ_p ein gutes Modell sein, wenn alle Einträge von ϑ_0 für große Indizes klein sind, das heißt wenn $|\vartheta_0|_{>p}$ nahe 0 ist.

Setzen wir den Maximum-Likelihood-Schätzer $\hat{\vartheta}^{(p)}$ ein, erhalten wir

$$-2\log L_p(\hat{\vartheta}^{(p)}, X) = \sum_{i=1}^{n} \left(|X_i - \overline{X}_n|_p^2 + |X_i|_{>p}^2 + P\log(2\pi) \right),$$

und aufgrund von $\mathbb{E}\big[|X_i - \overline{X}|_p^2 \big] = p\frac{n-1}{n}$ gilt

$$-2\mathbb{E}_{\mathbb{P}}\big[\log L_p(\hat{\vartheta}^{(p)}, X) \big] = n\left(p\frac{n-1}{n} + |\vartheta_0|_{>p}^2 + (P - p) + P\log(2\pi) \right)$$

$$= n\left(-\frac{p}{n} + |\vartheta_0|_{>p}^2 + P + P\log(2\pi) \right).$$

Anderseits gilt

$$\mathbb{E}_{\mathbb{P}}[d_p(\hat{\vartheta}^{(p)})] = n\left(\mathbb{E}_{\mathbb{P}}\big[|\vartheta^0 - \bar{X}_n|_p^2 \big] + |\vartheta_0|_{>p}^2 + P + P\log(2\pi) \right)$$

$$= n\left(\frac{p}{n} + |\vartheta_0|_{>p}^2 + P + P\log(2\pi) \right).$$

Daraus folgt

$$\mathbb{E}_{\mathbb{P}}\big[-2\log L_p(\hat{\vartheta}^{(p)}, X) \big] - \mathbb{E}_{\mathbb{P}}[d(\hat{\vartheta}^{(p)})] = -2p,$$

sodass $-2\log L_p(\hat{\vartheta}^{(p)}, X)$ die zu schätzende Größe $d(\hat{\vartheta}^{(p)})$ systematisch um $-2p$ unterschätzt. ◄

Deutlich allgemeiner weisen wir den Zusammenhang $\mathbb{E}_{\mathbb{P}}[-2\log L(\hat{\vartheta}_p(X), X)] = \mathbb{E}_{\mathbb{P}}[d(\hat{\vartheta}_p)] - 2p$ in Satz 4.8 für das lineare Modell nach. Eine Biaskorrektur führt auf Akaikes Informationskriterium.

Methode 4.7 (Modellwahl durch AIC) Für die Modelle $(\mathcal{X}, \mathcal{F}, (\mathbb{P}_\vartheta)_{\vartheta \in \Theta_p})$ mit $\Theta_p \subseteq \mathbb{R}^p$ und $p = 1, \ldots, P$ ist das **Akaike-Informationskriterium** (kurz: AIC) definiert als

$$\mathrm{AIC}(p) := -2 \log L_p(\hat{\vartheta}^{(p)}, X) + 2p$$

für die Maximum-Likelihood-Schätzer $\hat{\vartheta}^{(p)}$ im Modell $(\mathbb{P}_\vartheta)_{\vartheta \in \Theta_p}$. Das Modell $\hat{p}$ wird als Minimierer $\hat{p} \in \arg\min_{p=1,\ldots,P} \mathrm{AIC}(p)$ gewählt und der resultierende, gemäß AIC ausgewählte Schätzer ist $\hat{\vartheta}^{(\hat{p})}$.

▶ **Kurzbiografie (Hirotugu Akaike)** Hirotugu Akaike wurde 1927 in der Präfektur Shizuoka in Japan geboren. Er studierte an der Universität Tokio und promovierte dort 1961 am Institut für Statistische Mathematik. Akaike blieb auch in seiner weiteren wissenschaftlichen Laufbahn an diesem Institut, dessen Direktor er später wurde. Er schrieb wesentliche Arbeiten zur Theorie der Zeitreihen. Sein bekanntester Beitrag ist die Einführung des *Informationskriteriums* AIC im Jahr 1973, das später nach ihm benannt wurde. Akaike starb 2009.

Im Folgenden untersuchen wir, wie sich das Akaike-Informationskriterium auf das lineare Modell anwenden lässt.

Satz 4.8 (AIC im linearen Modell) *Gegeben sei das wahre lineare Modell*

$$Y = \mu + \varepsilon \quad \text{mit} \quad \mu \in \mathbb{R}^n, \quad \varepsilon \sim \mathrm{N}(0, \sigma^2 E_n)$$

unter $\mathbb{P}$ mit bekannter Varianz $\sigma^2 > 0$ sowie für $p = 1, \ldots, P$ mit $P \leq n$ die Modelle

$$Y = X^{(p)}\beta^{(p)} + \varepsilon \quad \text{mit} \quad \beta^{(p)} \in \mathbb{R}^p, \quad \varepsilon \sim \mathrm{N}(0, \sigma^2 E_n)$$

und die Designmatrix $X^{(p)} \in \mathbb{R}^{n \times p}$ mit vollem Rang p. Dann gilt:

(i) *Der Maximum-Likelihood-Schätzer in Modell p ist der Kleinste-Quadrate-Schätzer*

$$\hat{\beta}^{(p)} = (X^{(p)T} X^{(p)})^{-1} X^{(p)T} Y.$$

(ii) *Das Akaike-Informationskriterium ist gegeben durch*

$$\mathrm{AIC}(p) = n \log(2\pi\sigma^2) + \frac{|Y - X^{(p)} \hat{\beta}^{(p)}|^2}{\sigma^2} + 2p.$$

(iii) AIC(p) *ist ein erwartungstreuer Schätzer der Kullback-Leibler-Diskrepanz:*

$$\mathbb{E}_{\mathbb{P}}[\text{AIC}(p)] = \mathbb{E}_{\mathbb{P}}[d(\hat{\beta}^{(p)})].$$

Beweis

(i) Da die Loglikelihood-Funktion von der Form $\log L_p(\beta^{(p)}, Y) = \log((2\pi\sigma^2)^{-\frac{n}{2}}) - \frac{1}{2\sigma^2}|Y - X^{(p)}\beta^{(p)}|^2$ ist, entspricht der Maximum-Likelihood-Schätzer dem Kleinste-Quadrate-Schätzer, der in Lemma 2.14 explizit berechnet wurde.

(ii) Einsetzen in die Definition von 4.7 liefert unmittelbar

$$\text{AIC}(p) = n\log(2\pi\sigma^2) + \sigma^{-2}|Y - X^{(p)}\hat{\beta}^{(p)}|^2 + 2p.$$

(iii) Wegen $d_p(\beta^{(p)}) = \mathbb{E}[-2\log L_p(\beta^{(p)}, Y)]$ folgt aus der Bias-Varianz-Zerlegung

$$\begin{aligned}
d_p(\beta^{(p)}) &= n\log(2\pi\sigma^2) + \sigma^{-2}\mathbb{E}[|Y - X^{(p)}\beta^{(p)}|^2] \\
&= n\log(2\pi\sigma^2) + \sigma^{-2}\big(|\mu - X^{(p)}\beta^{(p)}|^2 + \underbrace{\mathbb{E}[|\varepsilon|^2]}_{=\sigma^2 n}\big) \\
&= n\big(\log(2\pi\sigma^2) + 1\big) + \sigma^{-2}|\mu - X^{(p)}\beta^{(p)}|^2.
\end{aligned}$$

Einsetzen von $\hat{\beta}^{(p)}$ liefert

$$\begin{aligned}
\mathbb{E}[d(\hat{\beta}^{(p)})] &= n(\log(2\pi\sigma^2) + 1) + \sigma^{-2}\mathbb{E}[|\mu - X^{(p)}\hat{\beta}^{(p)}|^2] \\
&= n(\log(2\pi\sigma^2) + 1) + \sigma^{-2}\mathbb{E}\big[|\mu - \underbrace{X^{(p)}\big((X^{(p)})^{\top}X^{(p)}\big)^{-1}(X^{(p)})^{\top}}_{=\Pi^{(p)}} Y|^2\big] \\
&= n(\log(2\pi\sigma^2) + 1) + \sigma^{-2}\big(|\mu - \Pi^{(p)}\mu|^2 + \mathbb{E}\big[|\Pi^{(p)}\varepsilon|^2\big]\big) \\
&= n(\log(2\pi\sigma^2) + 1) + \sigma^{-2}|(E_n - \Pi^{(p)})\mu|^2 + p,
\end{aligned}$$

wobei $\Pi^{(p)}$ die Orthogonalprojektion auf $\text{Im}(X^{(p)})$ bezeichnet, sodass $\Pi^{(p)}\varepsilon \sim N(0, \sigma^2 E_p)$ und damit $\mathbb{E}[|\Pi^{(p)}\varepsilon|^2] = \sigma^2 p$ gilt. Analog ist $E_n - \Pi^{(p)}$ die orthogonale Projektion auf einen $(n - p)$-dimensionalen Unterraum und daher $\mathbb{E}[|(E_n - \Pi^{(p)})\varepsilon|^2] = (n - p)\sigma^2$. Wir erhalten

$$\begin{aligned}
\mathbb{E}[\text{AIC}(p)] &= n\log(2\pi\sigma^2) + \sigma^{-2}\mathbb{E}\big[|Y - X^{(p)}\hat{\beta}^{(p)}|^2\big] + 2p \\
&= n\log(2\pi\sigma^2) + \sigma^{-2}\big(|\mu - \Pi^{(p)}\mu|^2 + \mathbb{E}[|\varepsilon - \Pi^{(p)}\varepsilon|^2]\big) + 2p \\
&= \mathbb{E}[d(\hat{\beta}^{(p)})].
\end{aligned}$$

Damit ist die Erwartungstreue von AIC(p) gezeigt. $\square$

Die Darstellung von AIC(p) erinnert an die Bias-Varianz-Zerlegung. Durch Multiplikation mit σ^2 (was für die Minimierung von AIC(p) nichts ändert) erhalten wir die quadrierten

Residuen $|Y - X^{(p)}\hat{\beta}^{(p)}|^2$ als Maß für die Modellgüte sowie den doppelten Varianzterm $2p\sigma^2$. Die Modellwahl ist gegeben durch

$$\hat{p} \in \arg\min_p \left(n\log(2\pi\sigma^2) + \frac{|Y - X^{(p)}\hat{\beta}^{(p)}|^2}{\sigma^2} + 2p \right)$$
$$= \arg\min_p \left(|Y - X^{(p)}\hat{\beta}^{(p)}|^2 + 2p\sigma^2 \right).$$

Hierbei fällt der empirische Verlust $|Y - X^{(p)}\hat{\beta}^{(p)}|^2$ mit wachsender Dimension p, während der Strafterm $2p\sigma^2$ in p wächst. $\hat{p}$ balanciert also die Güte der Datenanpassung mit der Komplexität des Modells aus. Man beachte, dass die Erwartungstreue von AIC(p) allein nicht sicherstellt, dass $\hat{p}$ tatsächlich ein gutes Modell bzw. $X^{(\hat{p})}\hat{\beta}^{(\hat{p})}$ eine gute Vorhersage für μ ist. Die Qualität von $X^{(\hat{p})}\hat{\beta}^{(\hat{p})}$ beurteilen wir in Abschn. 4.2 anhand einer Orakelungleichung.

Korollar 4.9 (Unverzerrte Risikoschätzung) *In der Situation von Satz 4.8 ist $|Y - X^{(p)}\hat{\beta}^{(p)}|^2 + 2p\sigma^2 - n\sigma^2$ eine erwartungstreue Schätzung des quadratischen Vorhersagefehlers $|\mu - X^{(p)}\hat{\beta}^{(p)}|^2$:*

$$\mathbb{E}_{\mathbb{P}}\left[|Y - X^{(p)}\hat{\beta}^{(p)}|^2 + 2p\sigma^2 - n\sigma^2 \right] = \mathbb{E}_{\mathbb{P}}\left[|\mu - X^{(p)}\hat{\beta}^{(p)}|^2 \right]$$

Insbesondere kann das Akaike-Informationskriterium als 'unbiased risk estimation'-Kriterium interpretiert werden.

Beweis Es gilt für die quadrierten Residuen wie oben gesehen, dass

$$\mathbb{E}_{\mathbb{P}}\left[|Y - X^{(p)}\hat{\beta}^{(p)}|^2 \right] = |\mu - \Pi^{(p)}\mu|^2 + (n - p)\sigma^2.$$

Mit der Bias-Varianz-Zerlegung folgt

$$\mathbb{E}_{\mathbb{P}}[|\mu - X^{(p)}\hat{\beta}^{(p)}|^2] = |\mu - \Pi^{(p)}\mu|^2 + p\sigma^2.$$

Ein Vergleich der beiden Erwartungswerte liefert die Behauptung. $\qquad\square$

Bemerkung 4.10 (Mallows' C_p-Kriterium) Der Beweis von Korollar 4.9 zeigt, dass für die erwartungstreue Fehlerschätzung die Normalverteilungsannahme unerheblich ist. Es genügt, $\mathbb{E}[\varepsilon] = 0$ und $\mathbb{C}\text{ov}(\varepsilon) = \sigma^2 E_n$ vorauszusetzen. Das Modell allgemein aufgrund einer erwartungstreuen Risikoschätzung auszuwählen, ist der Ansatz von *Mallows' C_p-Kriterium*, wobei

$$C_p := |Y - X^{(p)}\hat{\beta}^{(p)}|^2 + 2p\sigma^2 - n\sigma^2$$

gilt. Bis auf einen von p unabhängigen Summanden stimmt Mallows' C_p-Kriterium im linearen Modell mit AIC überein.

Wir wollen nun Satz 4.8 auf den Fall einer unbekannten Varianz erweitern:

Satz 4.11 (AIC im linearen Modell mit unbekannter Varianz) *Gegeben sei das wahre lineare Modell*

$$Y = \mu + \varepsilon \quad \text{mit} \quad \mu \in \mathbb{R}^n, \quad \varepsilon \sim N(0, \sigma_0^2 E_n)$$

unter $\mathbb{P}$ *sowie für* $p = 1, \dots, P$ *mit* $P \leq n - 3$ *die Modelle*

$$Y = X^{(p)} \beta^{(p)} + \varepsilon \quad \text{mit} \quad \beta^{(p)} \in \mathbb{R}^p, \quad \varepsilon \sim N(0, \sigma^2 E_n)$$

und der Designmatrix $X^{(p)} \in \mathbb{R}^{n \times p}$ *mit vollem Rang* p. *Für* $k = p+1$ *ist* $\vartheta^{(k)} = (\beta^{(p)}, \sigma^2)$ *der unbekannte Parameter in* $\mathbb{R}^k$. *Dann gilt:*

(i) *Der Maximum-Likelihood-Schätzer ist* $\hat{\vartheta}^{(k)} = (\hat{\beta}^{(p)}, \hat{\sigma}_p^2)$ *mit dem Kleinste-Quadrate-Schätzer* $\hat{\beta}^{(p)} \in \mathbb{R}^p$ *und* $\hat{\sigma}_k^2 := \frac{1}{n}|Y - X^{(p)}\hat{\beta}^{(p)}|^2$. *Es gilt*

$$\text{AIC}(k) = n \log(2\pi\hat{\sigma}_k^2) + n + 2k.$$

(ii) *Im Fall, dass* $\mu = X^{(p)}\beta_0^{(p)}$ *für ein* p *und ein* $\beta_0^p \in \mathbb{R}^p$ *erfüllt ist, gilt mit* $k = p + 1$

$$\mathbb{E}\big[\text{AIC}(k)\big] = \mathbb{E}\big[d(\hat{\vartheta}_k)\big] - 2\frac{k(k+1)}{n-k-1}.$$

Für eine unbekannte Varianz liefert AIC(k) also keine unverzerrte Schätzung der Kullback-Leibler-Diskrepanz. Die Abweichung ist jedoch nur von der Größenordnung $\mathcal{O}(1/n)$ in der Stichprobengröße n. Möchte man AIC(k) für kleine Stichprobengrößen anwenden, kann eine Biaskorrektur AIC(k) $+ 2\frac{k(k+1)}{n-k-1}$ sinnvoll sein.

Beweis

(i) Die Loglikelihood-Funktion erfüllt

$$-2 \log L_p(\vartheta^{(k)}) = n \log((2\pi\sigma^2)) + \frac{1}{\sigma^2}|Y - X^{(p)}\beta^{(p)}|^2,$$

sodass die Form des Maximum-Likelihood-Schätzers klar ist, siehe auch Aufgabe 2.6. Einsetzen liefert

$$\text{AIC}(k) = -2 \log L_p(\hat{\vartheta}^{(k)}) + 2k = n \log\left(2\pi\hat{\sigma}_k^2\right) + \frac{1}{\hat{\sigma}_k^2}|Y - X^{(p)}\hat{\beta}^{(p)}|^2 + 2k$$

$$= n \log\left(2\pi\hat{\sigma}_k^2\right) + n + 2k.$$

(ii) Für $\vartheta^{(k)} = (\beta^{(p)}, \sigma^2)$ gilt

$$d_p(\vartheta^{(k)}) = \mathbb{E}_{\mathbb{P}}[-2 \log L_p(\beta^{(p)}, \sigma^2)] = n \log(2\pi\sigma^2) + \frac{1}{\sigma^2}(|\mu - X^{(p)}\beta^{(p)}|^2 + n\sigma_0^2),$$

sodass

$$\mathbb{E}_{\mathbb{P}}[d(\hat{\vartheta}^{(k)})] = n\mathbb{E}[\log(2\pi\hat{\sigma}_k^2)] + \mathbb{E}\Big[\frac{1}{\hat{\sigma}_k^2}\big(|\mu - X^{(p)}\hat{\beta}^{(p)}|^2 + n\sigma_0^2\big)\Big].$$

Wegen $\mathbb{E}_{\mathbb{P}}[\text{AIC}(k)] = n\mathbb{E}[\log(2\pi\hat{\sigma}_k^2)] + n + 2k$ folgt

$$\mathbb{E}_{\mathbb{P}}[\text{AIC}(k)] = \mathbb{E}_{\mathbb{P}}[d(\hat{\vartheta}^{(k)})] + n + 2k - \mathbb{E}\Big[\frac{1}{\hat{\sigma}_k^2}\big(|\mu - X^{(p)}\hat{\beta}^{(p)}|^2 + n\sigma_0^2\big)\Big]$$

$$= \mathbb{E}[d(\hat{\vartheta}^{(k)})] + n + 2k - \mathbb{E}\Big[\frac{|\mu - \Pi^{(p)}Y|^2 + n\sigma_0^2}{\frac{1}{n}|(E_n - \Pi^{(p)})Y|^2}\Big].$$

Da $\Pi^{(p)}$ und $E_n - \Pi^{(p)}$ Orthogonalprojektion auf $\text{Im}\, X^{(p)}$ bzw. $\text{Im}(X^{(p)})^\perp$ sind, sind $\Pi^{(p)}Y$ und $(E_n - \Pi^{(p)})Y$ unkorreliert und damit unabhängig. Es folgt

$$\mathbb{E}_{\mathbb{P}}[\text{AIC}(k)] - \mathbb{E}_{\mathbb{P}}[d(\hat{\vartheta}^{(k)})]$$

$$= n + 2k - \mathbb{E}\big[|\mu - \Pi^{(p)}Y|^2 + n\sigma_0^2\big]\mathbb{E}\Big[\frac{n}{|(E_n - \Pi^{(p)})Y|^2}\Big]$$

$$= n + 2k - \big(|\mu - \Pi^{(p)}\mu|^2 + p\sigma_0^2 + n\sigma_0^2\big)\frac{n}{\sigma_0^2}\mathbb{E}\big[Z^{-1}\big],$$

wobei $Z := \frac{1}{\sigma_0^2}|(E_n + \Pi^{(p)})Y|^2 = \frac{1}{\sigma_0^2}|(E_n + \Pi^{(p)})\varepsilon|^2$ gemäß $\chi^2(n-p)$ verteilt ist. Man beachte, dass im richtig spezifizierten Modell $\mu = X^{(p)}\beta_0^{(p)}$ der Fehler $|\mu - \Pi^{(p)}\mu|^2$ verschwindet. Nun gilt

$$\mathbb{E}\big[Z^{-1}\big] = \int_0^\infty \frac{1}{z}\frac{2^{-\frac{n-p}{2}}}{\Gamma(\frac{n-p}{2})}z^{\frac{n-p}{2}-1}e^{-\frac{z}{2}}\,\mathrm{d}z = \frac{1}{n-p-2}$$

für $n - p \geq 3$. Wir erhalten

$$\mathbb{E}_{\mathbb{P}}[\text{AIC}(k)] - \mathbb{E}_{\mathbb{P}}[d(\hat{\vartheta}^{(k)})] = n + 2k - \frac{(p+n)n}{n-p-2} = -2\frac{k(k+1)}{n-k-1},$$

da $k = p + 1$. $\qquad\qquad\square$

Beispiel 4.12

AIC für Klimadaten

Wir erinnern uns an die Klimadatenzeitreihe aus Beispiel 2.42, in der wir die mittleren Julitemperaturen in Berlin-Dahlem zwischen 1719 und 2020 betrachtet haben. Wir hatten hier Regressionspolynome mit den Graden $d \in \{1,\dots,4\}$ verwendet. AIC(d) für $d \in \{1,\dots,30\}$ ist in Abb. 4.1 dargestellt. Bis $d = 9$ fällt das Informationskriterium im Wesentlichen, hier profitieren wir also durch die Erhöhung der Parameterdimension noch deutlich in den Residuen. Ab $d = 10$ wächst AIC(d), sodass ab hier der Einfluss des Strafterms dominiert. Ebenfalls ist in Abb. 4.1 das durch AIC gewählte Regressi-

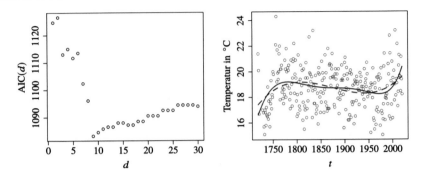

Abb. 4.1 *Links:* AIC für polynomielle Regression in Abhängigkeit vom Polynomgrad für die Temperaturdaten aus Beispiel 2.42. *Rechts:* Das Regressionpolynom des Grades 9 (durchgezogene Linie) sowie des Grades 3 (gestrichelte Linie). Datenquelle: Deutscher Wetterdienst.

onspolynom zusammen mit dem Polynom vom Grad 3, für das wir uns in Beispiel 2.42 entschieden hatten, zu sehen. ◄

4.1.2   Das Bayes-Informationskriterium (BIC)

Anstelle des Ansatzes, die Kullback-Leibler-Diskrepanz oder das Risiko erwartungstreu zu schätzen, ist der Bayes-Ansatz (der auf Gideon Schwarz zurückgeht), eine gleichmäßige a-priori-Verteilung für die Modelle $p \in \{1, \ldots, P\}$ anzunehmen. Die a-posteriori-Verteilung liefert uns dann ein Kriterium zur Auswahl des Modells p.

▶   **Kurzbiografie (Gideon Schwarz)**   Gideon E. Schwarz wurde 1933 in Salzburg geboren. Er flüchtete nach dem Anschluss Österreichs 1938 in das damaligen Palästina, heute Israel. Gideon E. Schwarz studierte an der Hebrew University Mathematik. Seinen Ph.D. erwarb er an der Columbia University 1961 im Bereich der mathematischen Statistik. Später wurde er Professor an der Hebrew University mit zahlreichen Gastaufenthalten in Stanford, Tel Aviv und Berkeley. Er verfasste vor allem wichtige Beiträge zur Bayes-Statistik. Als Reaktion auf das *Informationskriterium* AIC entwickelte er 1976 das *Bayes-Informationskriterium* BIC, manchmal auch Schwarz Information Criterion (SIC) genannt. Schon damals entwickelte sich eine große Diskussion über die verschiedenen Sichtweisen, die teilweise bis heute anhält. Schwarz starb im Jahr 2007.

Um das Bayes-Informationskriterium (englisch: *Bayesian information criterion,* kurz: BIC) herzuleiten, betrachten wir wieder das wahre lineare Modell

$$Y = \mu + \varepsilon \qquad \text{mit} \qquad \varepsilon \sim \mathrm{N}(0, \sigma^2 E_n)$$

und dem unbekannten Mittelwertvektor $\mu \in \mathbb{R}^n$, den es zu schätzen gilt. Das Rauschniveau $\sigma > 0$ nehmen wir als bekannt an. Unser Ziel ist, aus den Modellen

$$Y = X^{(p)}\beta^{(p)} + \varepsilon$$

mit $\beta^{(p)} \in \mathbb{R}^p$, $X^{(p)} \in \mathbb{R}^{n \times p}$, rank $X = p$ und $\varepsilon \sim N(0, \sigma^2 E_n)$ für $p \in \{1, \ldots, P\}$ ein geeignetes auszuwählen.

Für jedes p sei die a-priori-Verteilung des Parameters $\beta^{(p)}$ durch eine Lebesgue-Dichte π_p auf $\mathbb{R}^p$ gegeben. Für das Modell p wählen wir die uninformative a-priori-Verteilung $U :=$ U($\{1, \ldots, P\}$), sodass jedes Modell p mit der gleichen Wahrscheinlichkeit $\frac{1}{P}$ ausgewählt wird. Das gemäß U ausgewählte Modell bezeichnen wir mit κ. Die a-priori-Verteilungen von p und $\beta^{(p)}$ seien unabhängig.

Die gemeinsame Verteilung von Modell κ, Parameter β und Beobachtung Y ist dann gegeben durch

$$\mathbb{P}^{(\kappa,\beta,Y)}(A) = \int \mathbb{1}_A(p, \beta^{(p)}, y) \frac{e^{-|y-X^{(p)}\beta^{(p)}|^2/(2\sigma^2)}}{(2\pi\sigma^2)^{n/2}} dy\, \pi_p(d\beta^{(p)}) d\beta^{(p)} U(dp).$$

Da die Dimension von $\beta^{(p)}$ von p abhängt, ist in dieser Formel Vorsicht geboten. Um einen gemeinsamen Grundraum zu haben, müssen wir $A \subset \{1, \ldots, P\} \times \mathbb{R}^P \times \mathbb{R}^n$ wählen und in der Indikatorfunktion $\beta^{(p)}$ als Vektor in $\mathbb{R}^P$ interpretieren, dessen letzte $P - p$ Koordinaten null sind. Da wir nur an der gemeinsamen Verteilung von κ und Y interessiert sind, entfällt dieses technische Problem ohnehin: Die Verteilung von (κ, Y) besitzt die Dichte

$$f^{(\kappa,Y)}(p, y) = \int_{\mathbb{R}^p} \frac{1}{(2\pi\sigma^2)^{n/2}} \exp\left(-\frac{|y - X^{(p)}\beta^{(p)}|^2}{2\sigma^2}\right) \pi_k(\beta^{(p)}) d\beta^{(p)}$$

bezüglich des Produktmaßes $U \otimes \lambda^{\otimes n}$. Der BIC-Ansatz besteht nun darin, das Modell mit der größten a-posteriori-Wahrscheinlichkeit auszuwählen, siehe *MAP*-Schätzer aus Korollar 1.31:

$$\hat{p} \in \arg\min_{p=1,\ldots,P} \mathbb{P}(\kappa = p|Y)$$

Für dieses Kriterium leiten wir nun eine deutlich zugänglichere (approximative) Darstellung her. Für die a-posteriori-Verteilung von κ gilt

$$\mathbb{P}(\kappa = p|Y) \propto \int_{\mathbb{R}^k} \exp\left(-\frac{|Y - X^{(p)}\beta^{(p)}|^2}{2\sigma^2}\right) \pi_p(\beta^{(p)}) d\beta^{(p)}.$$

Es bezeichne wieder $\hat{\beta}^{(p)}$ den Kleinste-Quadrate-Schätzer in Modell p. Aufgrund der Orthogonalität der Residuen $Y - X^{(p)}\hat{\beta}^{(p)} = (E_n - \Pi_{X^{(p)}})Y$ zum Bild von $X^{(p)}$ können wir den Exponenten in der a-posteriori-Verteilung gemäß

$$|Y - X^{(p)}\beta^{(p)}|^2 = |Y - X^{(p)}\hat{\beta}^{(p)}|^2 + |X^{(p)}\hat{\beta}^{(p)} - X^{(p)}\beta^{(p)}|^2$$
$$- 2\langle Y - X^{(p)}\beta^{(p)}, X^{(p)}(\hat{\beta}^{(p)} - \beta^{(p)})\rangle$$
$$= |Y - X^{(p)}\hat{\beta}^{(p)}|^2 + |X^{(p)}\hat{\beta}^{(p)} - X^{(p)}\beta^{(p)}|^2$$

zerlegen. Da $\hat{\beta}^{(p)}$ nur von Y (und p), aber nicht von β abhängt, erhalten wir

$$\mathbb{P}(\kappa = p|Y) \propto \exp\left(-\frac{1}{2\sigma^2}|Y - X^{(p)}\hat{\beta}^{(p)}|^2\right)$$
$$\times \int_{\mathbb{R}^p} \exp\left(-\frac{1}{2\sigma^2}|X^{(p)}(\hat{\beta}^{(p)} - \beta^{(p)})|^2\right)\pi_p(\beta^{(p)})d\beta^{(p)}.$$

Durch eine Substitution $h = \sqrt{n}(\hat{\beta}^{(p)} - \beta^{(p)})$ erhalten wir für $\Sigma_n^{(p)} := \frac{1}{n}(X^{(p)})^\top X^{(p)} \in \mathbb{R}^{p \times p}$

$$\int_{\mathbb{R}^p} \exp\left(-\frac{1}{2\sigma^2}|X^{(p)}(\hat{\beta}^{(p)} - \beta^{(p)})|^2\right)\pi_p(\beta^{(p)})d\beta^{(p)}$$
$$= n^{-p/2} \int_{\mathbb{R}^p} \exp\left(-\frac{1}{2\sigma^2}\langle\Sigma_n^{(p)}h, h\rangle\right)\pi_p\left(\hat{\beta}^{(p)} - \frac{h}{\sqrt{n}}\right)dh =: n^{-p/2}I_{n,\,p}.$$

Bezeichnen wir die Normierungskonstante der Dichte von $\mathbb{P}(\kappa = p|Y)$ mit $C > 0$, so ergibt sich

$$\log \mathbb{P}(\kappa = p|Y) = -\log C - \frac{p}{2}\log n - \frac{1}{2\sigma^2}|Y - X^{(p)}\hat{\beta}^{(p)}|^2 + \log I_{n,\,p} \qquad (4.2)$$

Um den letzten Term $\log I_{n,\,p}$ abzuschätzen, betrachten wir die Asymptotik $n \to \infty$ und nehmen an, dass

$$\Sigma_n^{(p)} \to \Sigma^{(p)} \qquad \text{fur} \qquad n \to \infty$$

konvergiert.

Beispiel 4.13

Asymptotik der Designmatrix

Es seien $\varphi_1, \ldots, \varphi_n : [0, 1] \to \mathbb{R}$ stetige Funktionen, beispielsweise die Monome $\varphi_k(x) = x^{k-1}$. Unter äquidistantem Design ist die Designmatrix durch

$$X^{(p)} = \begin{pmatrix} \varphi_1(1/n) & \cdots & \varphi_p(1/n) \\ \varphi_1(2/n) & \cdots & \varphi_p(2/n) \\ \vdots & & \vdots \\ \varphi_1(n/n) & \cdots & \varphi_p(n/n) \end{pmatrix}$$

gegeben, und wir erhalten für alle $i, j \in \{1, \ldots, p\}$

$$(\Sigma_n^{(p)})_{i,j} = \frac{1}{n} \sum_{k=1}^{n} \varphi_i\left(\frac{k}{n}\right) \varphi_j\left(\frac{k}{n}\right) \to \int_0^1 \varphi_i(x)\varphi_j(x)dx =: (\Sigma^{(p)})_{i,j}$$

für $n \to \infty$. ◄

Sind nun noch die Dichten π_p gleichmäßig beschränkt, finden wir mit dominierter Konvergenz eine obere Schranke für $I_{n,p}$, die gleichmäßig in n und p gilt. Aus (4.2) folgt dann für eine Nullfolge $o(1) \to 0$ für $n \to \infty$

$$-2 \log \mathbb{P}(\kappa = p|Y) = p \log n(1 + o(1)) + \frac{1}{\sigma^2}|Y - X^{(p)}\hat{\beta}^{(p)}|^2.$$

Vernachlässigt man den $o(1)$-Term, entspricht das Bayes-Informationskriterium gerade

$$\hat{p} \in \operatorname*{arg\,min}_{p=1,\ldots,P} \left\{ \frac{1}{\sigma^2}|Y - X^{(p)}\hat{\beta}^{(p)}|^2 + p \log n \right\}.$$

Die quadrierten Residuen entsprechen wieder der negativen Loglikelihood-Funktion im linearen Modell (mit Faktor $2\sigma^2$). Hinzu kommt eine Penalisierung mit $p \log n$. Analog zu Akaikes Informationskriterium definieren wir daher ganz allgemein:

Methode 4.14 (Modellwahl durch BIC) Für $p = 1, \ldots, P$ und dominierte statistische Modelle $(\mathcal{X}, \mathcal{F}, (\mathbb{P}_{\vartheta^{(p)}})_{\vartheta^{(p)} \in \Theta_p})$ mit $\mathcal{X} = \mathbb{R}^n$, $\mathcal{F} = \mathcal{B}(\mathbb{R}^n)$ und $\Theta_p \subseteq \mathbb{R}^p$ ist das **Bayes-Informationskriterium** (kurz: BIC) definiert als

$$\mathrm{BIC}(p) := -2 \log L_p(\hat{\vartheta}^{(p)}, X) + p \log n$$

für die Likelihood-Funktion L_p und den Maximum-Likelihood-Schätzer $\hat{\vartheta}_p$ im Modell p. Das Modell $\hat{p}$ wird als Minimierer $\hat{p} \in \operatorname*{arg\,min}_{p=1,\ldots,P} \mathrm{BIC}(p)$ gewählt.

Entsprechend der vorangegangenen Herleitung erhalten wir:

Lemma 4.15 *Für $p = 1, \ldots, P$ mit $P \leq n$ und die linearen Modelle*

$$Y = X^{(p)}\beta^{(p)} + \varepsilon \quad \text{mit} \quad \beta^{(p)} \in \mathbb{R}^p, \quad \varepsilon \sim N(0, \sigma^2 E_n),$$

Designmatrix $X^{(p)} \in \mathbb{R}^{n \times p}$ von vollem Rang p und mit bekannter Varianz $\sigma > 0$ gilt

$$\mathrm{BIC}(p) = n \log(2\pi\sigma^2) + \frac{1}{\sigma^2}|Y - X^{(p)}\hat{\beta}^{(p)}|^2 + p \log n.$$

Abb. 4.2 BIC für polynomielle
Regression in Abhängigkeit
vom Polynomgrad für die
Temperaturdaten aus
Beispiel 2.42.

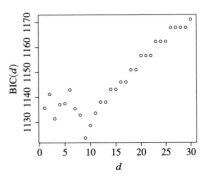

Im Vergleich zum AIC wird im BIC die Modelldimension mit $p \log n$ statt mit $2p$ bestraft. BIC wählt also für $n \geq 8$ tendenziell ein kleineres Modell aus. Andererseits führt die AIC-Wahl typischerweise auf einen kleineren Vorhersagefehler $|Y - X^{(p)}\hat{\beta}^{(p)}|^2$.

Man beachte, dass $|Y - X^{(p)}\hat{\beta}^{(p)}|^2$ in n wächst und ohne weitere Annahmen von der Größenordnung n ist. Reskalieren wir BIC durch $\frac{1}{n}|Y - X^{(p)}\hat{\beta}^{(p)}|^2 + p\frac{\log n}{n}$, wird deutlich, dass die Erhöhung der Modelldimension mit steigendem n geringer bestraft wird.

Beispiel 4.16

BIC für Klimadaten

Wir wenden das Bayes-Informationskriterium auf die Daten aus den Beispielen 2.42 bzw. 4.12 über die langfristige Entwicklung der mittleren Julitemperaturen an. Die resultierenden Werte BIC(d) für die Polynomgrade $d \in \{1, \ldots, 30\}$ sind in Abb. 4.2 dargestellt. Im Vergleich zu den AIC-Werten steigt BIC wesentlich schneller in d an. Zwar wählt auch das Bayes-Informationskriterium den Grad 9, aber der Abstand zum Grad 3 ist hier viel kleiner als bei Akaikes Informationskriterium. ◄

4.2   Orakelungleichung für die penalisierte Modellwahl

Im vorangegangen Abschnitt haben wir die Informationskriterien AIC und BIC hergeleitet und Beispiele gesehen, in denen diese gute Resultate erzielen. Die offene Frage ist, ob wir im Allgemeinen nachweisen können, dass die Modellwahlkriterien den Trade-off zwischen Datenanpassung und zu hoher Modellkomplexität lösen.

Wie zuvor seien die Beobachtungen durch

$$Y = \mu + \varepsilon, \qquad \mu \in \mathbb{R}^n, \varepsilon \sim \mathrm{N}(0, \sigma^2 E_n),$$

gegeben. Für die Modelle $Y = X^{(p)}\beta^{(p)} + \varepsilon$ mit den Designmatrizen $X^{(p)} \in \mathbb{R}^{n \times p}$ von vollem Rang bezeichne wieder $\hat{\beta}^{(p)}$ den jeweiligen Kleinste-Quadrate-Schätzer, wobei $p \in$

$\{1, \ldots, P\}$. Die Modellwahlkriterien AIC und BIC zur Wahl des finalen Schätzers $\hat{\beta}^{(\hat{p})}$ waren beide von der Form

$$\hat{p} \in \underset{p=1,\ldots,P}{\arg\min} \left(\left| Y - X^{(p)} \hat{\beta}^{(p)} \right|^2 + \mathrm{Pen}(p) \right)$$

mit dem Penalisierungsterm $\mathrm{Pen}(p)$. Für AIC ist Letzterer durch $\mathrm{Pen}(p) = 2\sigma^2 p$ gegeben, während BIC dem Strafterm $\mathrm{Pen}(p) = \log(n)\sigma^2 p$ entspricht. In beiden Fällen hängt der Strafterm also von der Dimension des Parameterraums ab. Betrachtet man

$$S_p := \mathrm{Im}\, X^{(p)} \quad \text{und} \quad \hat{\mu}^{(p)} := X^{(p)} \hat{\beta}^{(p)} = \Pi_{S_p} Y$$

mit der Orthogonalprojektion Π_{S_p} auf das Bild von $X^{(p)}$, betten sich beide Verfahren in die folgende allgemeine Modellwahl ein.

Definition 4.17 Für eine Beobachtung $Y \in \mathbb{R}^n$ seien lineare Unterräume $S_m \subseteq \mathbb{R}^n$ der Dimension p_m gegeben, wobei $m = 1, \ldots, M$. Für eine monoton wachsende Funktion $\mathrm{Pen} \colon \mathbb{N} \to [0, \infty)$ betrachten wir die **penalisierte Modellwahl**

$$\hat{m} \in \underset{m=1,\ldots,M}{\arg\min} \left(\left| Y - \hat{\mu}^{(m)} \right|^2 + \mathrm{Pen}(p_m) \right)$$

mit den Kleinste-Quadrate-Schätzern $\hat{\mu}^{(m)} := \Pi_{S_m} Y \in S_m$.

Wir werden nun eine Orakelungleichung für die penalisierte Modellwahl beweisen. Eine erste Orakelungleichung ist uns bereits in Abschn. 3.2.1 begegnet. Mit ihrer Hilfe konnten wir das Verhalten des Kleinste-Quadrate-Schätzers im missspezifizierten Modell analysieren, siehe Korollar 3.30. Dieses Resultat müssen wir um den Penalisierungsterm erweitern. Die größte Schwierigkeit besteht darin, die Abhängigkeit zwischen $\hat{m}$ und $\hat{\mu}^{(m)}$ im gewählten Parameter $\hat{\mu}^{(\hat{m})}$ zu kontrollieren.

Ausgangspunkt für den Beweis der Orakelungleichung war die Fundamentalungleichung (3.12). Im penalisierten Fall (und für quadratischen Verlust) erhalten wir folgendes Analogon:

Lemma 4.18 (Fundamentalungleichung) *Im Modell* $Y = \mu + \varepsilon$ *gilt für den penalisierten empirischen Risikominimierer*

$$\hat{\vartheta} := \arg\min_{\vartheta \in \Theta} \left\{ \left| Y - f(\vartheta) \right|^2 + \mathrm{Pen}(\vartheta) \right\}$$

mit Parametermenge Θ *und Vorhersagefunktion* $f \colon \Theta \to \mathbb{R}^n$ *die Ungleichung*

$$\left| \mu - f(\hat{\vartheta}) \right|^2 + \mathrm{Pen}(\hat{\vartheta}) \leq \left| \mu - f(\vartheta^*) \right|^2 + \mathrm{Pen}(\vartheta^*) + 2\langle \varepsilon,\, f(\hat{\vartheta}) - f(\vartheta^*) \rangle$$

für jedes $\vartheta^* \in \Theta$.

Beweis Nach Konstruktion von $\hat{\vartheta}$ gilt

$$|Y - f(\hat{\vartheta})|^2 + \text{Pen}(\vartheta) \leq |Y - f(\vartheta^*)|^2 + \text{Pen}(\vartheta^*).$$

Aus $|Y - t|^2 = |t - \mu|^2 + |\varepsilon|^2 - 2\langle \varepsilon, t - \mu \rangle$ für jedes $t \in \mathbb{R}^n$ folgt durch Einsetzen

$$|\mu - f(\hat{\vartheta})|^2 - 2\langle \varepsilon, f(\hat{\vartheta}) - \mu \rangle + \text{Pen}(\hat{\vartheta}) \leq |\mu - f(\vartheta^*)|^2 - 2\langle \varepsilon, f(\vartheta^*) - \mu \rangle + \text{Pen}(\vartheta^*).$$

Umstellen liefert die Behauptung. $\square$

Angewandt auf die penalisierte Modellwahl, erhalten wir für $\Theta = \{1, \ldots, M\}$, $f(m) = \Pi_{S_m} Y$ und den Penalisierungsterm $\text{Pen}(p_m)$, dass $f(\hat{\vartheta}) = \hat{\mu}^{(\hat{m})}$, und für jedes $m^* \in \{1, \ldots, M\}$ gilt

$$|\hat{\mu}^{(\hat{m})} - \mu|^2 + \text{Pen}(p_{\hat{m}}) \leq |\mu^{(m^*)} - \mu|^2 + \text{Pen}(p_{m^*}) + 2\langle \varepsilon, \hat{\mu}^{(\hat{m})} - \mu^{(m^*)} \rangle,$$

wobei $\mu^{(m^*)} := \Pi_{S_{m^*}} Y$.

Satz 4.19 (Orakelungleichung zur Modellwahl) *Betrachte das datenerzeugende Modell* $Y = \mu + \varepsilon, \mu \in \mathbb{R}^n, \varepsilon \sim N(0, \sigma^2 E_n)$ *und für lineare Unterräume* $S_m \subseteq \mathbb{R}^n, m = 1, \ldots, M$, *mit* $\dim(S_m) = p_m$ *die penalisierte Modellwahl* $\hat{m}$, *wobei* $\text{Pen}(p_m) \geq K\sigma^2(p_m + 1)$ *für ein* $K > 1$ *gelte. Weiter seien* $\hat{\mu}^{(m)} = \Pi_{S_m} Y$, $\mu^{(m)} = \Pi_{S_m} \mu$ *und* $\kappa \in (0, \sqrt{K} - 1)$.

(i) *Für jedes* $\tau > 0$ *gilt mit der Wahrscheinlichkeit* $1 - e^{-\tau/2} \sum_{m=1}^{M} e^{-p_m \kappa^2/2}$ *die Orakelungleichung:*

$$|\hat{\mu}^{(\hat{m})} - \mu|^2 \leq C(K, \kappa) \left(\min_{m=1,\ldots,M} \left(|\mu^{(m)} - \mu|^2 + \text{Pen}(p_m) \right) + \sigma^2 \tau \right) \qquad (4.3)$$

mit einer Konstanten $C(K, \kappa) > 0$, *die nur von* K *und* κ *abhängt, wobei* $C(K, \kappa) \to \infty$ *für* $\kappa \to \sqrt{K} - 1$.

(ii) *Es gilt*

$$\mathbb{E}\left[|\hat{\mu}^{(\hat{m})} - \mu|^2 \right] \leq \tilde{C}(K, \kappa) \left(\min_{m=1,\ldots,M} \left(|\mu^{(m)} - \mu|^2 + \text{Pen}(p_m) \right) + \sigma^2 \sum_{m=1}^{M} e^{-p_m \kappa^2/2} \right)$$

mit einer Konstanten $\tilde{C}(K, \kappa) > 0$, *die nur von* K *und* κ *abhängt, wobei* $C(K, \kappa) \to \infty$ *für* $\kappa \to \sqrt{K} - 1$.

Beweis Der Beweis von *(i)* erfolgt in vier Schritten:

Schritt 1: Anwenden der Fundamentalungleichung. Aus Lemma 4.18 folgt für beliebiges $m^* \in \{1, \ldots, M\}$

$$|\hat{\mu}^{(\hat{m})} - \mu|^2 \leq |\mu^{(m^*)} - \mu|^2 + \text{Pen}(p_{m^*}) - \text{Pen}(p_{\hat{m}}) + 2\langle \varepsilon, \hat{\mu}^{(\hat{m})} - \mu^{(m^*)} \rangle.$$

Wegen $\hat{\mu}^{(\hat{m})} - \mu^{(m^*)} \in \text{span}(S_{\hat{m}}, \mu_{m^*}) =: S_{\hat{m}}^*$ mit $\dim S_{\hat{m}}^* \le p_{\hat{m}} + 1$ folgt

$$\langle \varepsilon, \hat{\mu}^{(\hat{m})} - \mu^{(m^*)} \rangle \le |\hat{\mu}_{\hat{m}} - \mu^{m^*}| \sup_{s \in S_{\hat{m}}^*} \frac{|\langle \varepsilon, s \rangle|}{|s|}.$$

Bezeichnen wir die Orthogonalprojektion auf $S_{\hat{m}}^*$ mit $\Pi_{S_{\hat{m}}^*}$, dann wird das Supremum bei $s = \Pi_{S_{\hat{m}}^*}\varepsilon$ mit dem maximalen Wert $|\Pi_{S_{\hat{m}}^*}\varepsilon|$ angenommen. Wir erhalten

$$|\hat{\mu}^{(\hat{m})} - \mu|^2 \le |\mu^{(m^*)} - \mu|^2 + \text{Pen}(p_{m^*}) - \text{Pen}(p_{\hat{m}}) + 2|\hat{\mu}^{(\hat{m})} - \mu^{(m^*)}| \, |\Pi_{S_{\hat{m}}^*}\varepsilon|.$$

Schritt 2: Konzentrationsungleichung für $\chi^2(d)$. Sei $Z_d \sim \chi^2(d)$, das heißt, $Z_d \stackrel{d}{=} \sum_{i=1}^{d} X_i^2$ für i. i. d. $X_i \sim N(0, 1)$. Wegen $\mathbb{E}[e^{uX_i^2}] = (1 - 2u)^{-1/2}$ für jedes $u \in (0, 1/2)$ erhalten wir für $\rho > 1$

$$\mathbb{P}(Z_d \ge \rho d) \le \mathbb{E}[e^{uZ_d}e^{-u\rho d}] = (1 - 2u)^{-\frac{d}{2}}e^{-u\rho d} = e^{-\frac{d}{2}(\rho - 1 - \log \rho)},$$

wobei für den letzten Schritt $u = (\rho - 1)/(2\rho)$ gewählt wurde. Aufgrund von $\log(1 + t) \le t$ für $t \ge 0$ folgt daraus

$$\mathbb{P}\Big(Z_d \ge \big(1 + \kappa + \sqrt{\tau/d}\big)^2 d\Big)$$

$$\le \exp\Big(-\frac{d}{2}\Big[\big(\kappa + \sqrt{\tau/d}\big)^2 + 2\big(\kappa + \sqrt{\tau/d}\big) - 2\log\big(1 + \kappa + \sqrt{\tau/d}\big)\Big]\Big)$$

$$\le \exp\Big(-\frac{d}{2}\big(\kappa + \sqrt{\tau/d}\big)^2\Big) \le \exp\Big(-\frac{d}{2}\kappa^2 - \frac{\tau}{2}\Big).$$

Schritt 3: Kontrolle des stochastischen Fehlers. Es gilt $Z_{d_m} := \sigma^{-2}|\Pi_{S_m^*}\varepsilon|^2 \sim \chi^2(d_m)$ für ein $d_m \in \{p_m, p_m + 1\}$ und jedes m. Insbesondere folgt $\mathbb{E}[|\Pi_{S_m^*}\varepsilon|^2] = \sigma^2 d_m$ für jedes feste m. Wir normieren und korrigieren daher $|\Pi_{S_m^*}\varepsilon|$ um einen Term dieser Größe. Anschließend schätzen wir $\hat{m}$ durch das Maximum in $\{1, \dots, M\}$ ab, sodass wir die Abhängigkeit zwischen $\hat{m}$ und ε im Term $\Pi_{S_{\hat{m}}^*}\varepsilon$ auflösen:

$$|\Pi_{S_{\hat{m}}^*}\varepsilon| \le \sigma\Big((\kappa + 1)\sqrt{p_{\hat{m}} + 1} + \frac{1}{\sigma}|\Pi_{S_{\hat{m}}^*}\varepsilon| - (\kappa + 1)\sqrt{p_{\hat{m}} + 1}\Big)$$

$$\le \sigma\Big((\kappa + 1)\sqrt{p_{\hat{m}} + 1} + \max_{m=1,\dots,M}\Big(\frac{1}{\sigma}|\Pi_{S_m^*}\varepsilon| - (\kappa + 1)\sqrt{d_m}\Big)\Big)$$

Wir definieren nun das Ereignis

$$\mathcal{G} := \Big\{\max_{1 \le m \le M}\Big(\frac{1}{\sigma}|\Pi_{S_m^*}\varepsilon| - (\kappa + 1)\sqrt{d_m}\Big) \le \sqrt{\tau}\Big\}.$$

Aus der Subadditivität von $\mathbb{P}$ und Schritt 2 angewendet auf $Z_{d_m} = \sigma^{-2}|\Pi_{S_m^*}\varepsilon|^2$ folgt

$$
\mathbb{P}(\mathcal{G}^c) = \mathbb{P}\Big(\max_{1 \le m \le M} \big(\frac{1}{\sigma}|\Pi_{S_m^*}\varepsilon| - (\kappa + 1)\sqrt{d_m}\big) \ge \sqrt{\tau}\Big)
$$

$$
\le \sum_{m=1}^{M} \mathbb{P}\Big(\frac{1}{\sigma}|\Pi_{S_m^*}\varepsilon| - (\kappa + 1)\sqrt{d_m} \ge \sqrt{\tau}\Big)
$$

$$
\le \sum_{m=1}^{M} \mathbb{P}\Big(\sqrt{Z_{d_m}} \ge \big(1 + \kappa + \sqrt{\frac{\tau}{d_m}}\big)\sqrt{d_m}\Big)
$$

$$
\le \sum_{m=1}^{M} \exp\Big(-\frac{\kappa^2 d_m}{2} - \frac{\tau}{2}\Big) \le e^{-\tau/2} \sum_{m=1}^{M} e^{-p_m \kappa^2/2}.
$$

Damit gilt auf $\mathcal{G}$ mit der gesuchten Wahrscheinlichkeit

$$
|\Pi_{S_{\hat{m}}^*}\varepsilon| \le \sigma\big((\kappa + 1)\sqrt{p_{\hat{m}} + 1} + \sqrt{\tau}\big) \le \frac{\kappa + 1}{\sqrt{K}}\sqrt{\mathrm{Pen}(p_{\hat{m}})} + \sigma\sqrt{\tau}.
$$

Schritt 4: Umordnung der Terme. Auf dem Ereignis $\mathcal{G}$ erhalten wir durch Kombination von Schritt 1 und Schritt 3:

$$
|\hat{\mu}^{(\hat{m})} - \mu|^2 \le |\mu^{(m^*)} - \mu|^2 + \mathrm{Pen}(p_{m^*}) - \mathrm{Pen}(p_{\hat{m}})
$$

$$
+ 2|\hat{\mu}^{(\hat{m})} - \mu^{(m^*)}|\Big(\frac{\kappa + 1}{\sqrt{K}}\sqrt{\mathrm{Pen}(p_{\hat{m}})} + \sigma\sqrt{\tau}\Big).
$$

Wir zerlegen nun $|\hat{\mu}^{(\hat{m})} - \mu^{(m^*)}| \le |\hat{\mu}^{(\hat{m})} - \mu| + |\mu^{(m^*)} - \mu|$ und verwenden zweimal $2AB \le \eta A^2 + \eta^{-1}B^2, \eta > 0$, sodass wir

$$
|\hat{\mu}^{(\hat{m})} - \mu|\Big(\frac{\kappa + 1}{\sqrt{K}}\sqrt{\mathrm{Pen}(p_{\hat{m}})} + \sigma\sqrt{\tau}\Big) \le \big(\eta_1^{-1} + \eta_2^{-1}\big)|\hat{\mu}^{(\hat{m})} - \mu|^2
$$

$$
+ \eta_1 \frac{(1 + \kappa)^2}{K}\mathrm{Pen}(p_{\hat{m}}) + \eta_2\sigma^2\tau
$$

für $\eta_1, \eta_2 > 0$ erhalten. Behandelt man den zweiten Summanden analog, dann folgt für $\eta_3, \eta_4 > 0$

$$
|\hat{\mu}^{(\hat{m})} - \mu|^2 \le (1 + \eta_3^{-1} + \eta_4^{-1})|\mu^{(m^*)} - \mu|^2 + \mathrm{Pen}(p_{m^*}) + (\eta_2 + \eta_4)\tau\sigma^2
$$

$$
+ \Big((\eta_1 + \eta_3)\frac{(1 + \kappa)^2}{K} - 1\Big)\mathrm{Pen}(p_{\hat{m}}) + (\eta_1^{-1} + \eta_2^{-1})|\hat{\mu}^{(\hat{m})} - \mu|^2.
$$

Aufgrund der Annahme $\frac{K}{(1+\kappa)^2} > 1$ finden wir nun $\eta_1, \eta_2, \eta_3 > 0$, sodass $\eta_1^{-1} + \eta_2^{-1} < 1$ und $\eta_1 + \eta_3 = \frac{K}{(1+\kappa)^2}$ erfüllt sind. Außerdem können wir $\eta_4 = 1$ wählen. Umstellen liefert auf $\mathcal{G}$

$$
|\hat{\mu}^{(\hat{m})} - \mu|^2 \le C(\eta_1, \eta_2, \eta_3)\big(|\mu^{(m^*)} - \mu|^2 + \mathrm{Pen}(p_{m^*}) + \sigma^2\tau\big).
$$

Wir folgern abschließend *(ii)*. Setze $t^* := C(K, \kappa) \min_{m=1,\dots,M}(|\mu - \Pi_{S_m} Y|^2 + \text{Pen}(p_m))$. Dann impliziert *(i)*

$$\mathbb{E}\big[|\hat{\mu}^{(\hat{m})} - \mu|^2\big] = \int_0^\infty \mathbb{P}\big(|\hat{\mu}^{(\hat{m})} - \mu|^2 > t\big)\mathrm{d}t$$

$$\leq \int_0^{t^*} \mathbb{P}\big(|\hat{\mu}^{(\hat{m})} - \mu|^2 > t\big)\mathrm{d}t$$

$$+ \int_0^\infty \mathbb{P}\big(|\hat{\mu}^{(\hat{m})} - \mu|^2 > t^* + C(K, \kappa)\sigma^2\tau\big)C(K, \kappa)\sigma^2\mathrm{d}\tau$$

$$\leq t^* + C(K, \kappa)\sigma^2 \sum_{m=1}^M e^{-p_m\kappa^2/2} \int_0^\infty e^{-\tau/2}\mathrm{d}\tau.$$

Die Behauptung folgt, da das letzte Integral endlich ist.   □

Bemerkung 4.20 (Interpretation der Orakelungleichung)

1. Das m^*, mit dem das Minimum auf der rechten Seite in (4.3) angenommen wird, nennt man auch *Orakelmodell*. Aus der Bias-Varianz-Zerlegung folgt

$$\mathbb{E}[|\hat{\mu}^{(m)} - \mu|^2] = |\mu^{(m)} - \mu|^2 + \sigma^2 p_m \approx |\mu^{(m)} - \mu|^2 + \text{Pen}(p_m)$$

für $\text{Pen}(d_m) \approx \sigma^2(d_m + 1)$. Damit liegt $|\mu^{(m^*)} - \mu|^2 + \text{Pen}(d_{m^*})$ nahe am *Orakelfehler* $\min_m \mathbb{E}[|\hat{\mu}^{(m)} - \mu|^2]$. Mit $\tau \sim d_{m^*}$ ist der Restterm $\sigma^2\tau$ von der Ordnung $\text{Pen}(d_{m^*})$ (oder kleiner) und kann damit durch das Minimum in (4.3) abgeschätzt werden. Für dieses τ ist die Wahrscheinlichkeit, mit der die Orakelungleichung gilt, gegeben durch

$$1 - \sum_m e^{-p_m\kappa^2/2} e^{-\frac{d_{m^*}}{2}}.$$

Falls asymptotisch $n \to \infty$, $d_{m^*} \to \infty$ und diese Summe gleichmäßig in M beschränkt ist, dann konvergiert diese Wahrscheinlichkeit exponentiell schnell in d_{m^*} gegen eins.
2. In Teil *(ii)* kann man für festes M und $n \to \infty$ im Fall des BIC mit $\text{Pen}(p_m) = \log(n)p_m\sigma^2$ auch κ zunehmend größer wählen, sodass der hintere Term sehr klein wird.

Im Satz 4.19 wird nicht gefordert, dass die Modelle geordnet sind. In der multiplen Regression können daher alle 2^p Untermodelle betrachtet werden. Allerdings muss dann κ hinreichend groß gewählt werden, um eine große Wahrscheinlichkeit sicher zu stellen. In der Tat zeigt sich bei dieser ‚full subset'-Variablenselektion, dass in der Praxis AIC und BIC nicht so gut funktionieren wie größere $\text{Pen}(p_m)$-Penalisierungen. Eine weitergehende Analyse von penalisierten Modellwahlverfahren ist in Massart (2007) zu finden.

4.3   Kreuzvalidierung

Die bisher besprochenen Modellwahlkriterien beruhen auf einer Minimierung der quadrierten Residuen beziehungsweise des Vorhersagefehlers plus Penalisierung. Hierbei messen die Residuen $|Y - X^{(m)}\hat{\beta}^{(m)}|^2$ die Qualität des Schätzers an denselben Daten $Y = (Y_1, \ldots, Y_n)^\top$, mit denen $\hat{\beta}^{(m)}$ konstruiert wurde. Eine Minimierung der Residuen allein führt daher zu einer systematischen Unterschätzung des stochastischen Fehlers und damit zu Overfitting. Durch den Strafterm wird dieses Ungleichgewicht korrigiert und führt gegebenenfalls sogar zu erwartungstreuen Risikoschätzern, siehe Korollar 4.9.

Eine alternative und sehr einfache Möglichkeit, die Abhängigkeit zwischen Y und $\hat{\beta}^{(m)}$ zu umgehen, ist *sample splitting*: Wir spalten die gegebenen Beobachtungen $Y_1, \ldots, Y_n$ in eine *Trainingsmenge* $Y_1, \ldots, Y_k$ für ein $k < n$ und eine *Testmenge* $Y_{k+1}, \ldots, Y_n$ auf. Der Schätzer $\hat{\beta}^{(m)}$ wird dann nur auf Grundlage der Trainingsmenge konstruiert (man spricht deshalb auch von *hold out*) und seine Modellvorhersage anhand der Testdaten überprüft. Bei der Auswahl aus M verschiedenen Modellen wird dieses Verfahren für jedes Modell $m \leq M$ durchgeführt und das Modell mit dem kleinsten Vorhersagefehler ausgewählt.

Aufgrund der Einfachheit dieser Methode wird sie in der Praxis sehr häufig verwendet, allerdings ‚verschenkt' man für die Schätzung $n - k$ Daten. Um das zu vermeiden, kann die Auswahl der Trainingsdaten und der Testmenge permutiert und die entsprechenden Schätzer und Vorhersagefehler gemittelt werden.

Methode 4.21 (Leave-p-out-Kreuzvalidierung) Man betrachte jede mögliche Testmenge $V \subset \{1, \ldots, n\}$ der Kardinalität $p < n$ und verwende $V^c = \{1, \ldots, n\} \setminus V$ als Trainingsmenge zur Konstruktion der Schätzer $\hat{\beta}_{V^c}^{(m)}$ in den Modellen $m = 1, \ldots, M$. Auf Grundlage der quadratischen Vorhersagefehler für $m = 1, \ldots, M$ erhalten wir das Modellwahlkriterium

$$\hat{m} \in \arg\min_{m = 1, \ldots, M} \mathrm{CV}_{Lpo}(m)$$

mit

$$\mathrm{CV}_{Lpo}(m) := \sum_{V \subset \{1, \ldots, n\}, |V| = p} E_V^{(m)}, \quad E_V^{(m)} := \sum_{i \in V} \left(Y_i - (X^{(m)}\hat{\beta}_{V^c}^{(m)})_i\right)^2$$

für die **Leave-p-out-Kreuzvalidierung** (englisch: *leave-p-out cross-validation*, kurz: **Lpo-CV**).

Das Prinzip der Kreuzvalidierung lässt sich leicht von der Modellwahl im linearen Modell auf die Wahl von Tuning-Parametern für andere statische Methoden übertragen, siehe Beispiel 4.27 oder Abb. 5.8.

Bemerkung 4.22 Ein ähnliches, aber etwas einfacheres Kriterium ist die *k-fache Kreuzvalidierung* (englisch: *k-fold cross-validation*), bei der die Daten $Y_1, \ldots, Y_n$ in k gleichgroße, disjunkte Blöcke aufgeteilt werden. Für jedes $1 \leq l \leq k$ dient anschließend der l-te Block als Testmenge, und die übrigen $k - 1$ Blöcke werden als Trainingsmenge verwendet. Die Modellwahl erfolgt dann durch Minimierung der in l gemittelten Vorhersagefehler.

Wir konzentrieren uns auf die Leave-one-out-Kreuzvalidierung (kurz: Loo-CV) und betrachten alle einelementigen Teilmengen $V \subset \{1, \ldots, n\}$ als Testmenge. Die Schätzer beruhen dann auf $(n - 1)$ Beobachtungen, sodass der Fehler bei n Beobachtungen nur marginal kleiner ist. Andererseits wird die Schätzung des Vorhersagefehlers aus nur jeweils einer Validierungsbeobachtung im Allgemeinen einen größeren stochastischen Fehler haben als für $p > 1$.

Wie zuvor betrachten wir die linearen Modelle

$$Y = X^{(p)}\beta^{(p)} + \varepsilon \quad \text{mit} \quad \varepsilon \sim \mathrm{N}(0, \sigma^2 E_n), \ \beta^{(p)} \in \mathbb{R}^p$$

und den Designmatrizen $X^{(p)} \in \mathbb{R}^{n \times p}$ vom Rang p und $p = 1, \ldots, P$. Der Kleinste-Quadrate-Schätzer $\hat{\beta}_{-i}^{(p)}$ in Modell p ohne Beobachtung Y_i ist gegeben durch

$$\hat{\beta}_{-i}^{(p)} := \arg\min_{\beta \in \mathbb{R}^p} \sum_{\substack{j=1 \\ j \neq i}}^{n} \left(Y_j - (X^{(p)}\beta)_j\right)^2 = \left(X_{-i}^{(p)\top} X_{-i}^{(p)}\right)^{-1} X_{-i}^{(p)\top} Y,$$

wobei

$$X_{-i}^{(p)} := (E_n - E_n^{(i)})X^{(p)} \quad \text{und} \quad E_n^{(i)} := (\mathbb{1}_{\{k=l=i\}})_{k,l=1,\ldots,n} \in \mathbb{R}^{n \times n}.$$

$E_n - E_n^{(i)}$ ist die Einheitsmatrix der Dimension n, in der die i-te Zeile gleich null gesetzt wird. Dadurch ist $X_{-i}^{(p)}$ die Matrix, die aus $X^{(p)}$ entsteht, indem man die i-te Zeile von $X^{(p)}$ durch Nullen ersetzt, und folglich ist $X_{-i}^{(p)\top} Y$ unabhängig von Y_i. Die Darstellung von $\hat{\beta}_{-i}^{(p)}$ mittels $X_{-i}^{(p)}$ gilt unter der Annahme rank $X_{-i}^{(p)} = p \leq n - 1$ für alle i (siehe Aufgabe 4.7).

Der quadratische Vorhersagefehler auf der Testmenge ist $(Y_i - (X^{(p)}\hat{\beta}_{-i}^{(p)})_i)^2$ und wir erhalten

$$\mathrm{CV}(p) := \mathrm{CV}_{Loo}(p) := \sum_{i=1}^{n} \left(Y_i - (X^{(p)}\hat{\beta}_{-i}^{(p)})_i\right)^2.$$

Lemma 4.23 (Berechnung von CV) *Wenn im linearen Modell* rank $X_{-i}^{(p)} = p \leq n - 1$ *für alle* $i = 1, \ldots, n$ *erfüllt ist, dann gilt*

$$\mathrm{CV}(p) = \left| (E_n - \tilde{\Pi}_p)^{-1}(E_n - \Pi_p)Y \right|^2$$

mit der orthogonalen Projektion Π_p *auf* Im $X^{(p)}$ *und* $\tilde{\Pi}_p = \mathrm{diag}((\Pi_p)_{11}, \ldots, (\Pi_p)_{nn})$.

Beweis Es gilt

$$\mathrm{CV}(p) = \sum_{i=1}^{n} \left(Y_i - (X^{(p)} \hat{\beta}_{-i}^{(p)})_i \right)^2 = \left| Y - \sum_{i=1}^{n} E_n^{(i)} X^{(p)} \hat{\beta}_{-i}^{(p)} \right|^2 = \left| Y - AY \right|^2$$

für die Matrix

$$A := \sum_{i=1}^{n} E_n^{(i)} X^{(p)} \left(X_{-i}^{(p)\top} X_{-i}^{(p)} \right)^{-1} X_{-i}^{(p)\top} \in \mathbb{R}^{n \times n}.$$

Wegen $X_{-i}^{(p)\top} X^{(p)} = X^{(p)\top}(E_n - E_n^{(i)})X^{(p)} = X_{-i}^{(p)\top} X_{-i}^{(p)}$ gilt für jedes $\beta \in \mathbb{R}^p$

$$AX^{(p)}\beta = \sum_{i=1}^{n} E_n^{(i)} X^{(p)} \left(X_{-i}^{(p)\top} X_{-i}^{(p)} \right)^{-1} X_{-i}^{(p)\top} X^{(p)} \beta$$

$$= \sum_{i=1}^{n} E_n^{(i)} X^{(p)} \beta = X^{(p)} \beta,$$

sodass A auf Im $X^{(p)}$ die Identität ist. Daraus ergibt sich

$$\mathrm{CV}(p) = \left| (E_n - A)(Y - \Pi_p Y) \right|^2.$$

Mit der Diagonalmatrix $B := \sum_{i=1}^{n} E_n^{(i)} X^{(p)} \left(X_{-i}^{(p)\top} X_{-i}^{(p)} \right)^{-1} X^{(p)\top} E_n^{(i)} \in \mathbb{R}^{n \times n}$ gilt die Darstellung

$$A(Y - \Pi_p Y) = \sum_{i=1}^{n} E_n^{(i)} X^{(p)} \left(X_{-i}^{(p)\top} X_{-i}^{(p)} \right)^{-1} X^{(p)\top} (E_n - E_n^{(i)}) (Y - \Pi_p Y)$$

$$= \sum_{i=1}^{n} E_n^{(i)} X^{(p)} \left(X_{-i}^{(p)\top} X_{-i}^{(p)} \right)^{-1} X^{(p)\top} (Y - \Pi_p Y) - B(Y - \Pi_p Y).$$

Wegen $X^{(p)\top} (Y - \Pi_p Y) = 0$ verschwindet der erste Term, sodass

$$\mathrm{CV}(p) = \left| (E_n + B)(Y - \Pi_p Y) \right|^2$$

gilt. Es bleibt $(E_n + B)(E_n - \tilde{\Pi}_p) = E_n$ nachzuprüfen. Da alle Matrizen diagonal sind und auf der Diagonale

$$(B\tilde{\Pi}_p)_{ii} = E_n^{(i)} X^{(p)} \left(X_{-i}^{(p)\top} X_{-i}^{(p)} \right)^{-1} X^{(p)\top} E_n^{(i)} X^{(p)} \left(X^{(p)\top} X^{(p)} \right)^{-1} X^{(p)\top} E_n^{(i)}$$

$$= E_n^{(i)} X^{(p)} \left(X_{-i}^{(p)\top} X_{-i}^{(p)} \right)^{-1} X^{(p)\top} E_n^{(i)}$$

$$\quad - E_n^{(i)} X^{(p)} \left(X_{-i}^{(p)\top} X_{-i}^{(p)} \right)^{-1} X_{(-i)}^{(p)\top} X_{-i}^{(p)} \left(X^{(p)\top} X^{(p)} \right)^{-1} X^{(p)\top} E_n^{(i)}$$

$$= B_{ii} - (\tilde{\Pi}_p)_{ii}$$

für alle $i = 1, \ldots, n$ gilt, folgt die Behauptung. $\square$

Da $E_n - \Pi_p$ eine Orthogonalprojektion ist, liegen alle Diagonalelemente $(E_n - \Pi_p)_{ii} = 1 - \langle \Pi_p e_i, e_i \rangle = 1 - |\Pi_p e_i|^2$ in $[0, 1]$. Aufgrund von $\text{rank}(E_n - \Pi_p) = n - p$ gilt zudem

$$\text{tr}(E_n - \Pi_p) = \text{tr}(E_n - \tilde{\Pi}_p) = n - p.$$

Im Mittel hat $(E_n - \tilde{\Pi}_p)_{ii}$ also den Wert $(n - p)/n = 1 - \frac{p}{n}$. Ersetzen wir im Ausdruck für CV(p) aus Lemma 4.23 die Diagonalmatrix $(E_n - \tilde{\Pi}_p)$ durch $(1 - \frac{p}{n})E_n$, so erhalten wir:

Methode 4.24 (Verallgemeinerte Kreuzvalidierung im linearen Modell) Im linearen Modell ist das Kriterium für die **verallgemeinerte Kreuzvalidierung** (englisch: *generalised cross-validation*, kurz: GCV) gegeben durch

$$\text{GCV}(p) := \frac{RSS_p}{(1 - p/n)^2} = \frac{|Y - X^{(p)}\hat{\beta}^p|^2}{(1 - p/n)^2}, \qquad p = 1, \ldots, P.$$

Es wird ein Modell $\hat{p}_{\text{GCV}} \in \arg\min_{p = 1, \ldots, P} \text{GCV}(p)$ gewählt.

Ein Vorteil der Kreuzvalidierung und der verallgemeinerten Kreuzvalidierung ist, dass das Rauschniveau nicht benötigt wird. Wir wollen daher abschließend die verallgemeinerte Kreuzvalidierung mit dem Akaike-Informationskriterium bei unbekannter Varianz vergleichen, das heißt wir stellen

$$\text{GCV(p)} = \frac{RSS_p}{(1 - p/n)^2} \quad \text{und} \quad \text{AIC}(p) = n\big(\log(2\pi\hat{\sigma}_p^2) + 1\big) + 2p$$

gegenüber. Mit einer monotonen Transformation und $\hat{\sigma}_p^2 = \frac{1}{n}RSS_p$ erhalten wir

$$\begin{aligned}
\hat{k}_{\text{AIC}} &\in \arg\min_{p = 1, \ldots, P} \big(n\big(\log(2\pi\hat{\sigma}_p^2) + 1\big) + 2p\big) \\
&= \arg\min_{p = 1, \ldots, P} \Big(\log(RSS_p) + 2\frac{p}{n}\Big) \\
&= \arg\min_{p = 1, \ldots, P} \big(RSS_p e^{2p/n}\big) = \arg\min_{p = 1, \ldots, P} \frac{RSS_p}{(e^{-p/n})^2}.
\end{aligned}$$

Falls n im Vergleich zu $p \in \{1, \ldots, P\}$ groß ist, können wir $e^{-p/n} \approx 1 - \frac{p}{n}$ approximieren, und $\hat{k}_{\text{AIC}}$ stimmt dann asymptotisch für $n \to \infty$ mit $\hat{p}_{\text{GCV}}$ überein. Einen ähnlichen Zusammenhang kann man mit dem Akaike-Informationskriterium mit bekanntem Rauschniveau herleiten. Für eine rigorose asymptotische Analyse der Modellwahlkriterien AIC, BIC, CV und GCV im linearen Modell sei auf Shao (1997) verwiesen.

4.4   Der Lasso-Schätzer

Wir betrachten wieder das lineare Regressionsmodell $Y = X\beta + \varepsilon$ mit der Designmatrix
$X \in \mathbb{R}^{n \times p}$ und dem Parametervektor $\beta \in \mathbb{R}^p$. In vielen modernen Anwendungen steht
eine große Anzahl möglicher erklärender Variablen zur Verfügung, um die Zielvariable Y
zu beschreiben, das heißt, die Parameterdimension p ist möglicherweise sehr groß. Da der
Kleinste-Quadrate-Schätzer aus Kap. 2 keine Auswahl der wesentlichen Kovariablen vornimmt, wächst mit großer Dimension auch sein Fehler in der Größenordnung p/n, siehe
Bemerkung 2.17 und Aufgabe 2.7. Der Ansatz der gesamten hochdimensionalen Statistik
ist, dass oft nur wenige der p Kovariablen signifikanten Einfluss besitzen, es aber nicht
bekannt ist, um welche es sich handelt. In diesem Abschnitt werden wir uns mit einem Verfahren beschäftigen, das zum einen automatisch eine Variablenselektion vornimmt, und zum
anderen auch für hochdimensionale lineare Modelle funktioniert, in denen p sogar größer
als n sein kann. Letzteres ist mit Blick auf viele moderne (machine learning) Anwendungen
von großer Bedeutung.

4.4.1   Variablenselektion

Eine wichtige Anwendung der Modellwahl ist die Variablenselektion im multiplen linearen
Regressionsmodell

$$Y_i = \sum_{j=1}^{p} X_{ij}\beta_j + \varepsilon_i, \quad i = 1, \dots, n,$$

mit p-dimensionalen Kovariablen $(X_{i1}, \dots, X_{ip})^\top \in \mathbb{R}^p$ für Y_i, $i = 1, \dots, n$. Eine plausible Modellannahme ist in vielen Fällen, dass nur wenige β_j einen signifikanten Einfluss
auf die Zielvariable haben, also sich deutlich von null unterscheiden. Eine dimensions-
penalisierte Modellwahl für einen Tuning-Parameter $\lambda > 0$ führt auf das Minimierungsproblem

$$\min_{S \subseteq \{1,\dots,p\}} \left\{ |Y - \Pi_S Y|^2 + \lambda |S| \right\} = \min_{\beta \in \mathbb{R}^p} \left\{ |Y - X\beta|^2 + \lambda |\beta|_0 \right\}.$$

Hierbei bezeichnet Π_S die orthogonale Projektion auf $\{\sum_{j \in S} X_{\cdot j}\beta_j : \beta \in \mathbb{R}^p\}$, sodass
$\Pi_S Y = X\hat{\beta}^{(S)}$ für den Kleinste-Quadrate-Schätzer $\hat{\beta}^{(S)} \in \mathbb{R}^{|S|}$ bezüglich der Design-(sub-)
matrix $(X_{i,j})_{i=1,\dots,n,\ j \in S}$ gilt. $|\beta|_0$ ist die Anzahl der von null verschiedenen Komponenten
von β. Im Gegensatz zu den oben betrachteten Modellwahlverfahren AIC und BIC werden
hier nicht nur geschachtelte Modelle einbezogen, sondern alle möglichen 2^p Teilmengen
von $\{1, \dots, p\}$. Numerisch ist das Lösen dieser Minimierung ein NP-vollständiges Problem,
das heißt wir benötigen nicht viel weniger als 2^p Berechnungen von $|Y - \Pi_S Y|^2$. Zudem
ist die Funktion $\beta \mapsto |\beta|_0$ nicht konvex, sodass auch Näherungsverfahren schwierig sind.
    Die Grundidee des Lasso-Verfahrens ist, die $|\beta|_0$-Penalisierung durch die kleinste kon-
vexe Majorante (im Sinne der ℓ_p-Normen für $p > 0$) zu ersetzen, nämlich $|\beta|_1 =$

$\sum_{j=1}^{p} |\beta_j|$. Wir lassen wieder eine Modellmissspezifikation zu, setzen also nicht voraus, dass die Daten im linearen Modell erzeugt wurden.

Methode 4.25 (Lasso-Schätzer) Im allgemeinen Regressionsmodell $Y = \mu + \varepsilon$ mit $\mu \in \mathbb{R}^n$ und zentrierten Fehlern $\varepsilon \in \mathbb{R}^n$ und für eine Designmatrix $X \in \mathbb{R}^{n \times p}$ ist der **Least absolute shrinkage and selection operator,** kurz **Lasso-Schätzer,** $\hat{\beta}^{(\lambda)}$ definiert als

$$\hat{\beta}^{(\lambda)} \in \arg\min_{b \in \mathbb{R}^p} \left\{ \frac{1}{n} |Y - Xb|^2 + \lambda |b|_1 \right\}$$

mit einem Penalisierungsparameter $\lambda > 0$.

▶ **Kurzbiografie (Robert John Tibshirani)** Robert John Tibshirani wurde 1956 in der Stadt Niagara Falls in Kanada geboren. Nach einem Mathematik- und Statistik- Studium an den Universitäten von Waterloo und Toronto promovierte er an der Stanford University bei Bradley Efron. Tibshirani wurde zunächst in Toronto Professor und wechselte später wieder nach Stanford, wo er bis heute lehrt und forscht. Er lieferte zahlreiche wesentliche Beiträge zur mathematischen Statistik und zur statistischen Lerntheorie, insbesondere schlug er 1996 die *Lasso-Methode* zur Parameterschätzung in linearen Modellen vor. Zudem ist Tibshirani Koautor mehrerer bekannter Bücher, insbesondere von Hastie et al. (2009). Sein Sohn Ryan Tibshirani ist ebenfalls Professor für Statistik und maschinelles Lernen, sodass es wenig überrascht, dass beide schon zusammen publiziert haben.

Das Lasso-Minimierungsproblem ist konvex, sodass immer eine Lösung existiert. Wir müssen hierfür nicht voraussetzen, dass die Designmatrix X vollen Rang hat. Ist die Rangbedingung tatsächlich nicht erfüllt (was im Fall $p > n$ immer zutrifft), kann es jedoch mehrere Lösungen geben. Tibshirani (2013) diskutiert im Detail die Eindeutigkeit des Lasso-Schätzers.

Ein zum Lasso-Schätzer verwandter Ansatz ist die Ridge-Regression (Methode 2.22). Statt eines ℓ_1-Strafterms wird hierbei jedoch mit der quadrierten ℓ_2-Norm von β penalisiert. Während diese ℓ_2-Penalisierung immerhin eine gewisse Stabilität für große Dimensionen erzeugt, führt die Ridge-Regression zu keiner Variablenselektion. Typischerweise sind alle Koeffizienten des Ridge-Regressionsschätzers verschieden von null. Im Gegensatz dazu besitzt der Lasso-Schätzer nur wenige Koeffizienten, die ungleich null sind. Wir sprechen daher von *Sparsity*, also von spärlich oder dünn besetzten Parametervektoren. Der Grund hierfür ist die veränderte Geometrie des Strafterms: Im Vergleich zur Euklidischen ℓ_2-Norm führt die ℓ_1-Penalisierung zu einer Betonung der Schnittpunkte mit den Achsen, siehe Abb. 4.3.

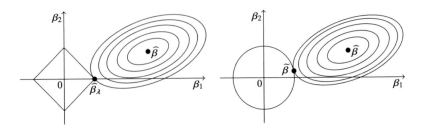

Abb. 4.3 *Links:* Illustration des Lasso-Minimierungsproblems für $p = 2$ mit Höhenlinien der Residuen um den Kleinste-Quadrate-Schätzer $\hat{\beta}$ und ℓ_1-Ball. *Rechts:* Analoge Grafik für den Ridge-Regressionsschätzer $\tilde{\beta}$ mit ℓ_2-Ball.

Bemerkung 4.26 Mithilfe des Subdifferentialkalküls kann auch formal gezeigt werden, dass der Lasso-Schätzer nur wenige von null verschiedene Koeffizienten besitzt (Aufgabe 4.10). Die Menge der nichtnull Koeffizienten ist sogar invariant unter allen Lösungen des Lasso-Minimierungsproblems.

Beispiel 4.27

World development indicators

Wir verwenden die Lasso-Methode, um das jährliche Wachstum des Bruttoinlandprodukts durch eine große Anzahl verschiedener makroökonomischer Daten vorherzusagen. Hierfür verwenden wir die ‚World development indicators' der Weltbank[1] aus dem Jahr 2018. Wir beschränken uns auf Länder und Indikatoren, für die viele Daten vorliegen. Der resultierende Datensatz besteht aus $n = 118$ Ländern, für die $p = 263$ Indikatoren als Kovariablen zur Verfügung stehen. Zudem standardisieren wir die Kovariablen, um eine Vergleichbarkeit der zugehörigen geschätzten Koeffizienten sicherzustellen, und ergänzen ein Absolutglied. Zufällig ausgewählte 80 % dieser Daten werden als Trainingsmenge verwendet. Die verbleibenden 20 % verwenden wir als Testmenge.

Wir verwenden den Lasso-Schätzer für verschiedene Penalisierungsparameter λ. Je größer λ ist, desto weniger aktive (von null verschiedene) Koeffizienten sollten übrig bleiben. Abb. 4.4 bestätigt diese Erwartung. Bei $\lambda = 0{,}2$ werden noch 24 Indikatoren einbezogen, bei $\lambda = 0{,}6$ nur noch 7. Eine 10-fache Kreuzvalidierung (siehe Bemerkung 4.22) zur Wahl von λ ergibt $\lambda \approx 0{,}27$. Für diesen Penalisierungsparameter sind 20 Indikatoren aktiv, die in Tab. 4.1 zusammen mit den geschätzten Koeffizienten aufgelistet sind. Hierunter befinden sich viele naheliegende Indikatoren, wie der positive Einfluss ausländischer Direktinvestitionen oder der negative Einfluss langer bürokratischer Prozesse. Etwas überraschender sind beispielsweise die positiven Koeffizienten für die ländliche Bevölkerung und der Sterbewahrscheinlichkeit von 5- bis 9-jährigen Kindern. Diese beiden Faktoren dürften allerdings für Entwicklungsländer relativ groß sein, die wiederum großes Wachstumspotential haben.

---

[1]https://databank.worldbank.org/source/world-development-indicators

Tab. 4.1 Aktive Indikatoren (mit englischen Originalbezeichnungen) und entsprechende Parameterschätzungen des Lasso-Schätzers.

Intercept	3,485
Adjusted savings: consumption of fixed capital (% of GNI)	−0,056
Adjusted savings: energy depletion (% of GNI)	−0,238
Business extent of disclosure index (0 = less disclosure to 10 = more disclosure)	0,049
Contributing family workers, female (% of female employment)	0,038
Cost to export, documentary compliance (US$)	−0,006
Employers, female (% of female employment)	−0,159
Employment in services, female (% of female employment)	−0,100
Foreign direct investment, net inflows (% of GDP)	0,218
GNI per capita, PPP (current international $)	−0,049
Merchandise exports by the reporting economy (current US$)	−0,030
Merchandise exports to low- and middle-income economies in Latin America & the Caribbean (% of total merchandise exports)	0,133
Merchandise exports to low- and middle-income economies in South Asia (% of total merchandise exports)	−0,275
Mortality rate, under-5 (per 1000 live births)	−0,073
Population ages 65 and above, male (% of male population)	0,219
Probability of dying among children ages 5–9 years (per 1000)	0,153
Rural population	0,128
Time required to start a business, male (days)	−0,215
Time to export, border compliance (hours)	−0,074
Time to prepare and pay taxes (hours)	−0,001
Unemployment, female (% of female labor force) (modeled ILO estimate)	0,332

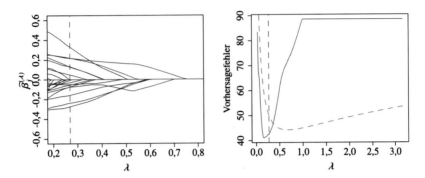

Abb. 4.4 *Links:* Aktive Koeffizienten $\hat{\beta}_j^{(\lambda)}$ des Lasso-Schätzers in Abhängigkeit von λ. Die senkrechte gestichelte Linie markiert den durch Kreuzvalidierung gewählten Tuning-Parameter. *Rechts:* Vorhersagefehler des Lasso-Schätzers (violett) sowie der Ridge-Regression (grün, gestrichelt) in Abhängigkeit von λ.

In Abb. 4.4 ist zudem der Vorhersagefehler $|Y^{\text{Test}} - X^{\text{Test}}\hat{\beta}^{(\lambda)}|^2$ auf den Testdaten in Abhängigkeit von λ dargestellt. Zum Vergleich ist dort auch der Vorhersagefehler eines entsprechenden Ridge-Regressionsschätzers zu sehen, wobei der Strafparameter hierfür als 10λ gewählt wurde.

Es sollte betont werden, dass die hier gezeigten Resultate von der Auswahl der Testdaten abhängen und sich bei einer anderen Zerlegung der Daten ändern. Es ist insbesondere möglich, dass der bestmögliche Wert des Ridge-Regressionsschätzers einen kleineren Fehler haben kann als der des Lasso-Schätzers. Eine Variablenselektion ist bei der Ridge-Regression aber keinesfalls zu erwarten. ◄

Um die Eigenschaften des Lasso-Schätzers besser zu verstehen und insbesondere die Wahl des Tuning-Parameters zu klären, wollen wir erneut eine Orakelungleichung herleiten. Startpunkt der Analyse ist wieder die Fundamentalungleichung aus Lemma 4.18, die für $\Theta = \mathbb{R}^p$ und $\text{Pen}(\beta) = n\lambda|\beta|_1$ für jedes $\beta^* \in \mathbb{R}^p$

$$\frac{1}{n}|X\hat{\beta}^{(\lambda)} - \mu|^2 + \lambda|\hat{\beta}^{(\lambda)}|_1 \le \frac{1}{n}|X\beta^* - \mu|^2 + \frac{2}{n}\langle \varepsilon, X(\hat{\beta}^{(\lambda)} - \beta^*)\rangle + \lambda|\beta^*|_1 \qquad (4.4)$$

ergibt. Gäbe es den stochastischen Fehlerterm $\langle \varepsilon, X(\hat{\beta}^{(\lambda)} - \beta^*)\rangle$ nicht, würde die Fundamentalungleichung durch Minimieren der rechten Seite in β^* implizieren, dass der Vorhersagefehler von $\hat{\beta}^{(\lambda)}$ mindestens so gut ist wie der des Orakelschätzers

$$\beta^* := \arg\min_{\beta \in \mathbb{R}^p}\left\{\frac{1}{n}|\mu - X\beta|^2 + \lambda|\beta|_1\right\}.$$

Den stochastischen Fehlerterm beschränken wir durch

$$\left| \langle \varepsilon, X(\hat{\beta}^{(\lambda)} - \beta^*) \rangle \right| = \left| \langle X^\top \varepsilon, \hat{\beta}^{(\lambda)} - \beta^* \rangle \right|$$

$$\leq \left(\sum_{j=1}^{p} |\hat{\beta}_j^{(\lambda)} - \beta_j^*| \right) \max_{j=1,\dots,p} |(X^\top \varepsilon)_j| = |\hat{\beta}^{(\lambda)} - \beta^*|_1 \, |X^\top \varepsilon|_\infty.$$

$$(4.5)$$

Satz 4.28 (1. Orakelungleichung für Lasso) *Betrachte das Modell* $Y = \mu + \varepsilon$ *mit* $\mu \in \mathbb{R}^n$ *und Beobachtungsfehlern* $\varepsilon \in \mathbb{R}^n$ *sowie eine Designmatrix* $X \in \mathbb{R}^{n \times p}$. *Für jedes* $\beta^* \in \mathbb{R}^p$ *setze* $S_* = \{j \in \{1, \dots, p\} : \beta_j^* \neq 0\}$. *Allgemein sei* $|b|_S := \sum_{j \in S} |b_j|$ *für* $b \in \mathbb{R}^p$, $S \subseteq \{1, \dots, p\}$. *Auf dem Ereignis*

$$\mathcal{G} := \left\{ \max_{j=1,\dots,k} \frac{1}{n} |(X^\top \varepsilon)_j| \leq \frac{\lambda}{8} \right\} \qquad (4.6)$$

gilt dann

$$\frac{1}{n} |X\hat{\beta}^{(\lambda)} - \mu|^2 + \lambda |\hat{\beta}^{(\lambda)}|_{S_*^c} \leq \frac{5}{3n} |X\beta^* - \mu|^2 + \frac{25}{6} \frac{\lambda^2 |S_*|}{\lambda_{\min}(\Sigma_n)},$$

wobei der kleinste Eigenwert $\lambda_{\min}(\Sigma_n)$ *von* $\Sigma_n := \frac{1}{n} X^\top X$ *echt größer 0 sei.*

Beweis Auf $\mathcal{G}$ implizieren (4.4) und (4.5)

$$\frac{4}{n} |X\hat{\beta}^{(\lambda)} - \mu|^2 + 4\lambda |\hat{\beta}^{(\lambda)}|_1 \leq \frac{4}{n} |X\beta^* - \mu|^2 + 4\lambda |\beta^*|_1 + \frac{8}{n} \langle \varepsilon, X(\hat{\beta}^{(\lambda)} - \beta^*) \rangle$$

$$\leq \frac{4}{n} |X\beta^* - \mu|^2 + 4\lambda |\beta^*|_1 + \frac{8}{n} |X^\top \varepsilon|_\infty |\beta^* - \beta|_1$$

$$\leq \frac{4}{n} |X\beta^* - \mu|^2 + 4\lambda |\beta^*|_1 + \lambda |\hat{\beta}^{(\lambda)} - \beta^*|_1.$$

Aus $|\beta|_1 = |\beta|_{S_*^c} + |\beta|_{S_*}$ und $|\beta^*|_{S_*^c} = 0$ und der inversen Dreiecksungleichung folgt

$$\frac{4}{n} |X\hat{\beta}^{(\lambda)} - \mu|^2 + 4\lambda |\hat{\beta}^{(\lambda)}|_{S_*^c} \leq \frac{4}{n} |X\beta^* - \mu|^2 + \lambda |\hat{\beta}^{(\lambda)} - \beta^*|_1 + 4\lambda |\beta^*|_{S_*} - 4\lambda |\hat{\beta}^{(\lambda)}|_{S_*}$$

$$\leq \frac{4}{n} |X\beta^* - \mu|^2 + \lambda |\hat{\beta}^{(\lambda)} - \beta^*|_1 + 4\lambda |\beta^* - \hat{\beta}^{(\lambda)}|_{S_*}.$$

Wegen $\lambda |\hat{\beta}^{(\lambda)} - \beta^*|_1 = \lambda |\hat{\beta}^{(\lambda)} - \beta^*|_{S_*} + \lambda |\hat{\beta}^{(\lambda)}|_{S_*^c}$ ergibt sich

$$\frac{4}{n} |X\hat{\beta}^{(\lambda)} - \mu|^2 + 3\lambda |\hat{\beta}^{(\lambda)}|_{S_*^c} \leq \frac{4}{n} |X\beta^* - \mu|^2 + 5\lambda |\hat{\beta}^{(\lambda)} - \beta^*|_{S_*}. \qquad (4.7)$$

Um $|\hat{\beta}^{(\lambda)} - \beta^*|_{S_*}$ abzuschätzen, nutzen wir für beliebige $b \in \mathbb{R}^p$, dass

$$\frac{1}{n} |Xb|^2 = \langle \Sigma_n b, b \rangle \geq \lambda_{\min}(\Sigma_n) |b|^2$$

gilt. Mit Jensens Ungleichung ergibt sich

$$|\hat{\beta}^{(\lambda)} - \beta^*|^2_{S_*} \le |S_*| \sum_{j \in S_*} |\hat{\beta}^{(\lambda)}_j - \beta^*_j|^2 \le \frac{|S_*|}{n\lambda_{\min}(\Sigma_n)} |X(\hat{\beta}^{(\lambda)} - \beta^*)|^2. \tag{4.8}$$

Aufgrund von $|X(\hat{\beta}^{(\lambda)} - \beta^*)| \le |X\hat{\beta}^{(\lambda)} - \mu| + |X\beta^* - \mu|$ und $AB \le (\frac{A}{2})^2 + B^2$ für $A, B \in \mathbb{R}$ folgt dann

$$5\lambda|\hat{\beta}^{(\lambda)} - \beta^*|_{S_*} \le 5\lambda \sqrt{\frac{|S_*|}{\lambda_{\min}(\Sigma_n)}} \left(n^{-1/2}|X\hat{\beta}^{(\lambda)} - \mu| + n^{-1/2}|X\beta^* - \mu|| \right)$$

$$\le \frac{25\lambda^2|S_*|}{2\lambda_{\min}(\Sigma_n)} + \frac{1}{n}|X\hat{\beta}^{(\lambda)} - \mu|^2 + \frac{1}{n}|X\beta^* - \mu|^2.$$

Durch Einsetzen in (4.7) und Umstellen ergibt sich die Behauptung. □

Auf der rechten Seite der Orakelungleichung beobachten wir einen Trade-off bei der optimalen Wahl von β^* beziehungsweise der Größe der aktiven Menge S_*: Der Term $|X\beta^* - \mu|^2$ ist ein Approximationsfehler, der für wachsende S_* im Allgemeinen fallen wird. Der zweite Term entspricht dem stochastischen Fehler, der in $|S_*|$ wächst. Wie die Orakelungleichung bemerkenswerterweise zeigt, löst der Lasso-Schätzer diesen Trade-off automatisch.

Wir müssen nun λ so wählen, dass $\mathbb{P}(\mathcal{G}^c)$ klein ist. Hierzu nehmen wir an, dass die Beobachtungsfehler $\varepsilon \sim N(0, \sigma^2 E_n)$ normalverteilt sind. Wie in Korollar 3.30 verwenden wir für die Kontrolle von $\mathbb{P}(\mathcal{G}^c)$ die gaußsche Konzentration des Vektors $X^\top \varepsilon \sim N(0, \sigma^2 X^\top X)$ um seinen Erwartungswert 0. Für den Lasso-Schätzer ergibt sich folgende Verallgemeinerung der Orakelungleichung aus Korollar 3.30:

Korollar 4.29 Falls $\lambda_{\max}(\Sigma_n) > 0$ für $\Sigma_n := \frac{1}{n}X^\top X \in \mathbb{R}^{p \times p}$ und $\lambda = 16\sqrt{\frac{\sigma^2_{\max}(\tau + \log p)}{n}}$ für ein $\tau > 0$ und $\sigma^2_{\max} := \sigma^2 \max_{j=1,\dots,p}(\Sigma_n)_{jj}$, gilt mit einer Wahrscheinlichkeit größer als $1 - \sqrt{2}e^{-\tau}$

$$\frac{1}{n}|X\hat{\beta}^{(\lambda)} - \mu|^2 \le \inf_{\beta^* \in \mathbb{R}^p} \left\{ \frac{5}{3n}|X\beta^* - \mu|^2 + \frac{80^2}{6} \frac{\sigma^2_{\max}}{\lambda_{\min}(\Sigma_n)} \frac{(\tau + \log p)|S_*|}{n} \right\}.$$

Dabei gilt stets, $\sigma^2_{\max} \le \sigma^2\lambda_{\max}(\Sigma_n)$.

Beweis Wir verwenden die Abschätzung von $\mathbb{P}(\mathcal{G}^c)$ aus Korollar 3.30, wobei wir $\lambda/4$ statt λ einsetzen, und erhalten

$$\mathbb{P}(\mathcal{G}^c) \le \sqrt{2}\exp\left(-\frac{\lambda^2 n}{(16\sigma s)^2} + \log p \right)$$

mit $s = \max_{j=1,\dots,p}(\Sigma_n)_{jj}$. Durch die Wahl $\lambda = 16s\sqrt{\frac{\sigma^2(\tau + \log p)}{n}}$ erhalten wir $\mathbb{P}(\mathcal{G}) \ge 1 - \sqrt{2}e^{-\tau}$. Auf $\mathcal{G}$ folgt die Ungleichung direkt aus Satz 4.28, wobei wir den nicht negativen Term $\lambda\|\hat{\beta}^{(\lambda)}\|_{S_*^c}$ wegfallen lassen.

Der Zusatz folgt aus

$$\sigma_{\max}^2 = \sigma^2 \max_i \langle e_i, \Sigma_n e_i \rangle \leq \sigma^2 \lambda_{\max}(\Sigma_n)$$

mit den Einheitsvektoren $(e_j)_{i=j,...,p}$.   □

Bemerkung 4.30 Die Normalverteilungsannahme haben wir nur zur Abschätzung der Wahrscheinlichkeit $\mathbb{P}(\mathcal{G})$ benötigt. Ähnliche Konzentrationsungleichungen können auch ohne gaußverteilte Fehler nachgewiesen werden, beispielsweise mithilfe der Hoeffding-Ungleichung aus Aufgabe 3.11, der Bernstein-Ungleichung (zu finden in Massart (2007)) oder der Fuk-Nagaev-Ungleichung. Man vergleiche hierzu auch die subgaußschen Zufallsvektoren aus Definition 5.8.

Im Vergleich zur Orakelungleichung aus Korollar 3.30 für den Kleinste-Quadrate-Schätzer ohne ℓ_1-Penalisierung erhalten wir eine schärfere Abschätzung im stochastischen Fehlerterm. Statt $p \log p$ hängt der Fehler des Lasso-Schätzers nur durch $|S_*| \log p$ für die aktive Menge $S_* = \{j : \beta_j^* \neq 0\}$ von der Dimension p ab. Ist die Menge S_* deutlich kleiner als p, erzielen wir eine deutliche Verbesserung. Für kleine aktive Mengen sprechen wir von einem *spärlich besetzten Modell* oder von *Sparsity*.

Im korrekt spezifizierten Modell $\mu = X\beta$ für ein $\beta \in \mathbb{R}^p$ folgt für $\beta^* = \beta$

$$\frac{1}{n}|X\hat{\beta}^{(\lambda)} - \mu|^2 \leq \frac{80^2}{6} \frac{\sigma_{\max}^2}{\lambda_{\min}(\Sigma_n)} \frac{(\tau + \log p)|\{j : \beta_j \neq 0\}|}{n}.$$

Wenn die aktive Menge des wahren Parameters β bekannt wäre, so würde man das lineare Modell auf diese Kovariablen einschränken und als Vorhersagefehler $\frac{\sigma^2}{n}|\{j : \beta_j \neq 0\}|$ in Erwartung erhalten. Der Lasso-Schätzer erreicht diesen Wert bis auf einen Faktor $O\left(\frac{\lambda_{\max}(\Sigma_n)}{\lambda_{\min}(\Sigma_n)} \log p\right)$.

Selbst wenn ein lineares Modell vorliegt, hat das wahre β oft viele Einträge, die nur nahe bei null liegen. Dann wird man in der Orakelungleichung β^* so wählen, dass $\beta_j^* = \beta_j$ für große β_j, während man die Einträge von β_j^* für kleine Koeffizienten $|\beta_j|$ gleich null setzt. Damit wird der zweite Term auf Kosten eines Bias $|X(\beta^* - \beta)|^2$ verringert. Der Lasso-Schätzer ist damit robust gegenüber Modellen, die nur approximativ *sparse* sind.

Die Konditionszahl $\lambda_{\max}(\Sigma_n)/\lambda_{\min}(\Sigma_n)$ auf der rechten Seite kommt aus einer pessimistischen Abschätzung für die Design-Kovarianzmatrix Σ_n und ist in vielen Fällen sehr groß. Insbesondere benötigen wir, dass Σ_n und damit X vollen Rang p hat, sodass Satz 4.28 nur im Fall $p \leq n$ angewendet werden kann. Mit Blick auf hochdimensionale lineare Modelle ist das eine deutliche Einschränkung des Satzes 4.28.

4.4.2   Das hochdimensionale lineare Modell

Wir werden die vorangegangene Analyse auf hochdimensionale Modelle ausweiten, in denen die Parameterdimension p auch deutlich größer als n sein kann. Hierfür müssen wir die Eigenwertbedingung abschwächen. Diese hatten wir benötigt, um den Fehler von $\hat{\beta}^{(\lambda)}$ in ℓ_1-Norm auf der aktiven Menge mit der ℓ_2-Norm bezüglich der Design-Kovarianzmatrix Σ_n in Beziehung zu setzen. Genauer wollen wir die Abschätzung (4.8) aus dem Beweis von Satz 4.28 abschwächen.

Definition 4.31   Eine Indexmenge $S \subset \{1, \dots, p\}$ erfüllt die **Kompatibilitätsbedingung** für Σ_n, wenn eine Konstante $\varphi_n(S) > 0$ existiert, sodass

$$\forall \beta \in \mathbb{R}^p \text{ mit } |\beta|_{S^c} \leq 3|\beta|_S : \quad \langle \Sigma_n \beta, \beta \rangle \geq \frac{\varphi_n^2(S)}{|S|} |\beta|_S^2.$$

Andernfalls setzen wir $\varphi_n(S) = 0$.

Im Vergleich zur vorher verwendeten Abschätzung fordern wir in Definition 4.31 eine untere Schranke, die einerseits nur von den Einträgen von β auf S abhängt und andererseits auf Vektoren $\beta \in \mathbb{R}^p$ eingeschränkt ist, die $|\beta|_{S^c} \leq 3|\beta|_S$ erfüllen. Besitzt Σ_n einen kleinsten Eigenwert $\lambda_{\min}(S)$, der größer als null ist, dann können wir $\varphi_n^2(S) = \lambda_{\min}(S)$ für alle S wählen, und die Bedingung ist stets erfüllt. Die Kompatibilitätsbedingung kann daher als eingeschränkte Eigenwertbedingung verstanden werden. Wie die nächsten Beispiele zeigen, ist die Kompatibilitätsbedingung eine deutliche Abschwächung der Annahme $\lambda_{\min}(\Sigma_n) > 0$.

Beispiel 4.32

Kompatibilitätsbedingung

1. Ist $\Sigma_n \in \mathbb{R}^{p \times p}$ eine Diagonalmatrix, deren Einträge auf $S \subset \{1, \dots, p\}$ echt positiv sind, dann folgt für alle $\beta \in \mathbb{R}^p$

$$\langle \Sigma_n \beta, \beta \rangle \geq \min_{j \in S}(\Sigma_n)_{jj} \sum_{j \in S} \beta_j^2 \geq \frac{\min_{j \in S}(\Sigma_n)_{jj}}{|S|} |\beta|_S^2.$$

Gibt es allgemeiner eine Zerlegung $\Sigma_n = \Sigma_n^D + \tilde{\Sigma}_n$ in eine positiv semi-definite Matrix $\tilde{\Sigma}_n \in \mathbb{R}^{p \times p}$ und eine Diagonalmatrix Σ_n^D mit positiven Einträgen auf S, dann folgt für jedes $\beta \in \mathbb{R}^p$

$$\langle \Sigma_n \beta, \beta \rangle \geq \langle \Sigma_n^D \beta, \beta \rangle \geq \frac{\min_{j \in S}(\Sigma_n^D)_{jj}}{|S|} |\beta|_S^2.$$

2. Wir nehmen an, dass die Untermatrix $\Sigma_n^S := ((\Sigma_n)_{i,j})_{i,j \in S} \in \mathbb{R}^{|S| \times |S|}$ einen kleinsten Eigenwert $\lambda_{\min}(\Sigma_n^S) > 0$ besitzt. Dann folgt für $\beta_S := (\beta_j)_{j \in S}$ und $\beta_{S^c} := (\beta_j)_{j \in S^c}$, dass

$$\langle \Sigma_n \beta, \beta \rangle = \beta_S^\top \Sigma_n^S \beta_S + 2\beta_S^\top \big((\Sigma_n)_{i,j}\big)_{i \in S, j \in S^c} \beta_{S^c} + \beta_{S^c}^\top \big((\Sigma_n)_{i,j}\big)_{i,j \in S^c} \beta_{S^c}$$
$$\geq \beta_S^\top \Sigma_n^S \beta_S + 2\beta_S^\top \big((\Sigma_n)_{i,j}\big)_{i \in S, j \in S^c} \beta_{S^c}.$$

Den Kreuzterm schätzen wir unter der Bedingung $|\beta|_{S^c} \leq 3|\beta|_S$ ab durch

$$\left| \beta_S^\top \big((\Sigma_n)_{i,j}\big)_{i \in S, j \in S^c} \beta_{S^c} \right| = \left| \sum_{i \in S, j \in S^c} \beta_i (\Sigma_n)_{i\,j} \beta_j \right|$$
$$\leq \max_{i \in S, j \in S^c} |(\Sigma_n)_{i,j}| \sum_{i \in S, j \in S^c} |\beta_i \beta_j|$$
$$= |\beta|_S |\beta|_{S^c} \max_{i \in S, j \in S^c} |(\Sigma_n)_{i,j}|$$
$$\leq 3|\beta|_S^2 \max_{i \in S, j \in S^c} |(\Sigma_n)_{i,j}|.$$

Für $\sigma_\times := \max_{i \in S, j \in S^c} |(\Sigma_n)_{i,j}|$ erhalten wir damit

$$\langle \Sigma_n \beta, \beta \rangle \geq \beta_S^\top \Sigma_n^S \beta_S - 6|\beta|_S^2 \sigma_\times \geq \frac{\lambda_{\min}(\Sigma_n^S)}{|S|} |\beta|_S^2 \left(1 - \frac{6\sigma_\times |S|}{\lambda_{\min}(\Sigma_n^S)} \right).$$

Die Kompatibilitätsbedingung ist damit für $\varphi_n^2(S) = \lambda_{\min}(\Sigma_n^S)\left(1 - \frac{6\sigma_\times |S|}{\lambda_{\min}(\Sigma_n^S)}\right)$ erfüllt, sofern die Interaktionseinträge $(\Sigma_n)_{i,j}$ für $i \in S$, $j \in S^c$ klein genug sind, um $6\sigma_\times |S| < \lambda_{\min}(\Sigma_n^S)$ sicherzustellen. ◄

Satz 4.33 (2. Orakelungleichung für Lasso) *Es gelten die Bedingungen aus Satz 4.28. Auf dem Ereignis $\mathcal{G}$ aus (4.6) gilt für alle $\beta^* \in \mathbb{R}^p$, deren aktive Menge $S_* := \{j : \beta_j^* \neq 0\}$ die Kompatibilitätsbedingung erfüllt*

$$\frac{2}{n}|X\hat\beta^{(\lambda)} - \mu|^2 + \lambda|\hat\beta^{(\lambda)} - \beta^*|_1 \leq \frac{6}{n}|X\beta^* - \mu|^2 + 24\lambda^2 \frac{|S_*|}{\varphi_n^2(S_*)}.$$

Unter der Normalverteilungsannahme $\varepsilon \sim N(0, \sigma^2 E_n)$ und mit der Wahl $\lambda = 16 \sqrt{\max_{j=1,\dots,p} |(\Sigma_n)_{j\,j}|} \sqrt{\frac{\sigma^2(\tau + \log p)}{n}}$ für ein $\tau > 0$ gilt mit Wahrscheinlichkeit größer als $1 - \sqrt{2}e^{-\tau}$, dass

$$\frac{2}{n}|X\hat\beta^{(\lambda)} - \mu|^2 + \lambda|\hat\beta^{(\lambda)} - \beta^*|_1 \leq \min_{\beta^* \in \mathbb{R}^p} \left\{ \frac{6}{n}|X\beta^* - \mu|^2 + C(\Sigma_n, S_*)^2 \frac{\sigma^2(\tau + \log p)|S_*|}{n} \right\}$$

mit $C(\Sigma_n, S^*) := \sqrt{6 \max_{j=1,\dots,p} |(\Sigma_n)_{jj}|2^5}/\varphi_n(S^*)$.

Beweis Wir wissen bereits aus (4.7), dass

$$\frac{4}{n}|X\hat{\beta}^{(\lambda)} - \mu|^2 + 3\lambda|\hat{\beta}^{(\lambda)}|_{S_*^c} \leq \frac{4}{n}|X\beta^* - \mu|^2 + 5\lambda|\hat{\beta}^{(\lambda)} - \beta^*|_{S_*}$$

gilt. Wir nehmen nun eine Fallunterscheidung vor und betrachten zuerst den Fall $\lambda|\hat{\beta}^{(\lambda)} - \beta^*|_{S_*} \geq \frac{1}{n}|X\beta^* - \mu|^2$. Wir erhalten dann

$$\frac{4}{n}|X\hat{\beta}^{(\lambda)} - \mu|^2 + 3\lambda|\hat{\beta}^{(\lambda)}|_{S_*^c} \leq 9\lambda|\hat{\beta}^{(\lambda)} - \beta^*|_{S_*}.$$

Insbesondere gilt $|\hat{\beta}^{(\lambda)} - \beta^*|_{S_*^c} \leq 3|\hat{\beta}^{(\lambda)} - \beta^*|_{S_*}$, sodass wir die Kompatibilitätsbedingung für S_* anwenden können. Addieren wir $3\lambda|\hat{\beta}^{(\lambda)} - \beta^*|_{S_*}$ auf beiden Seiten, ergibt sich

$$\frac{4}{n}|X\hat{\beta}^{(\lambda)} - \mu|^2 + 3\lambda|\hat{\beta}^{(\lambda)} - \beta^*|_1 \leq 9\lambda|\hat{\beta}^{(\lambda)} - \beta^*|_{S_*} + 3\lambda|\hat{\beta}^{(\lambda)} - \beta^*|_{S_*}$$

$$\leq 12\lambda \frac{\sqrt{|S_*|}}{\varphi_n(S_*)} \frac{1}{\sqrt{n}}|X\hat{\beta}^{(\lambda)} - X\beta^*|$$

$$\leq 12\lambda \frac{\sqrt{|S_*|}}{\varphi_n(S_*)}\left(\frac{1}{\sqrt{n}}|X\hat{\beta}^{(\lambda)} - \mu| + \frac{1}{\sqrt{n}}|X\beta^* - \mu|\right)$$

$$\leq 24\lambda^2 \frac{|S_*|}{\varphi_n^2(S_*)} + \frac{2}{n}|X\hat{\beta}^{(\lambda)} - \mu|^2 + \frac{6}{n}|X\beta^* - \mu|^2,$$

wobei wir im letzten Schritt $12AB \leq 18A^2 + 2B^2$ und $12AB \leq 6A^2 + 6B^2$ für beliebige $A, B \in \mathbb{R}$ verwendet haben.

Im zweiten Fall $\lambda|\hat{\beta}^{(\lambda)} - \beta^*|_{S_*} < \frac{1}{n}|X\beta^* - \mu|$ erhalten wir aus unser Ausgangsungleichung

$$\frac{4}{n}|X\hat{\beta}^{(\lambda)} - \mu|^2 + 3\lambda|\hat{\beta}^{(\lambda)}|_{S_*^c} \leq \frac{9}{n}|X\beta^* - \mu|^2$$

und somit

$$\frac{4}{n}|X\hat{\beta}^{(\lambda)} - \mu|^2 + 3\lambda|\hat{\beta}^{(\lambda)} - \beta^*|_1 \leq \frac{9}{n}|X\beta^* - \mu|^2 + 3\lambda|\hat{\beta}^{(\lambda)} - \beta^*|_{S_*} \leq \frac{12}{n}|X\beta^* - \mu|^2.$$

Hieraus folgt direkt die behauptete Ungleichung im zweiten Fall.

Der Zusatz folgt wie im Beweis von Korollar 4.29.   □

Die Grundaussage der ersten Orakelungleichung wird in Satz 4.33 um zwei Aspekte ergänzt. Zum einen haben wir nun auch eine Aussage zum Abstand des Lasso-Schätzers zur Orakelwahl

$$\beta^* \in \arg\min_{\beta \in \mathbb{R}^p}\left\{\frac{6}{n}|X\beta - \mu|^2 + 24\lambda^2 \frac{|S_\beta|}{\varphi_n^2(S_\beta)}\right\} \quad \text{mit} \quad S_\beta := \{j : \beta_j \neq 0\},$$

zum anderen erlaubt die Kompatibilitätsbedingung auch sehr große Dimensionen. Im korrekt spezifizierten Modell mit $\mu = X\beta$ für ein $\beta \in \mathbb{R}^p$ ergibt sich

$$\frac{2}{n}|X(\hat{\beta}^{(\lambda)} - \beta)|^2 + \lambda|\hat{\beta}^{(\lambda)} - \beta|_1 \leq C(\Sigma_n, S_\beta)^2 \frac{\sigma^2(\tau + \log p)|S_\beta|}{n}.$$

Wenn sich die Kompatibilitätskonstante $\varphi_n(S_\beta)$ für $n \to \infty$ nach unten durch eine positive Konstante beschränken lässt, erhalten wir

$$\frac{2}{n}|X(\hat{\beta}^{(\lambda)} - \beta)|^2 + \lambda|\hat{\beta}^{(\lambda)} - \beta|_1 = O_P\left(\frac{s \log p}{n}\right)$$

für den Sparsity-Index $s := |S_\beta|$ im Sinne der stochastischen Ordnung gemäß Definition A.41. Falls $s = o(\sqrt{n/\log p})$, dann konvergieren sowohl der Vorhersagefehler $\frac{1}{n}|X(\hat{\beta}^{(\lambda)} - \beta)|^2$ als auch der ℓ_1-Schätzfehler $|\hat{\beta}^{(\lambda)} - \beta|_1$ gegen null. Bleibt $|S_\beta|$ beschränkt für $n, p \to \infty$, dann gilt diese Konsistenzaussage sogar für fast exponentiell in n wachsende Dimensionen p.

Wenn man die Theorie für allgemeine Verlustfunktionen aus Abschn. 3.2.1 mit dem hier verwendeten Ansatz für ℓ_1-Penalisierungen kombiniert, erhält man Lasso-Schätzer für hochdimensionale verallgemeinerte lineare Modelle und bekommt ähnliche Aussagen wie in Satz 4.33.

Für eine weitergehende Analyse des Lasso-Schätzers und das Studium der hochdimensionalen Statistik im Allgemeinen verweisen wir auf Bühlmann und van de Geer (2011), Giraud (2015) und Wainwright (2019).

Beispiel 4.34

Dictionary learning

Wir betrachten das Regressionmodell $Y_i = f(x_i) + \varepsilon_i$ mit i. i. d. Fehlern $\varepsilon_i \sim N(0, \sigma^2)$, äquidistantem Design $x_i = \frac{i}{n+1}$, $i = 1, \ldots, n$, und der Regressionfunktion

$$f(x) = \sin\left(\frac{2\pi}{x + 0.2}\right)e^{2x} + 2\mathbb{1}_{[0.5, 1]}(x), \qquad x \in [0, 1].$$

Wir setzen $\sigma^2 = 1$ und $n = 250$. Wir wählen nun ein großes, möglichst flexibles ‚Wörterbuch' (englisch: *dictionary*) von Funktionen, durch die wir die Funktion f approximieren können, nämlich

$$\mathcal{D}_J := \Big\{ 2^J \mathbb{1}_{((j-1)2^{-J}, j2^{-J}]}, \sqrt{32^{3J}}\left(x - \frac{j-1}{2^J}\right)\mathbb{1}_{((j-1)2^{-J}, j2^{-J}]} \big| j = 1, \ldots, 2^J, \\ J = 0, \ldots, J_{max}\Big\},$$

das den Raum der stückweise affinen Funktionen aufspannt.

Für $J_{max} = 8$ erhalten wir die Parameterdimension $p = 1022$. Abb. 4.5 zeigt den Kleinste-Quadrateschätzer sowie den Lasso-Schätzer mit $\lambda = 1$ für eine Realisierung

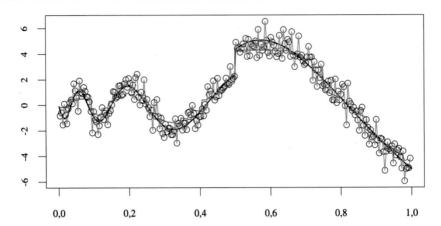

Abb. 4.5 Wahre Regressionsfunktion (schwarz), Kleinste-Quadrate-Schätzer (grün) und Lasso-Schätzer (violett) angewendet auf ein Regressionsmodell mit 250 äquidistanten Beobachtungen und normalverteilten Fehlern.

der Beobachtungsfehler. Wir sehen deutlich, dass der Kleinste-Quadrate-Schätzer die Daten interpoliert. Im Gegensatz hierzu hat der Lasso-Schätzer nur 44 von null verschiedene Koeffizienten gewählt. ◀

4.5 Aufgaben

4.1 Zeigen Sie, dass die Kullback-Leibler-Divergenz nicht symmetrisch und somit keine Metrik ist. Zeigen Sie, dass auch die symmetrisierte Version $\mathrm{KL}(\mathbb{P}|\mathbb{Q}) + \mathrm{KL}(\mathbb{Q}|\mathbb{P})$ keine Metrik ist.

4.2 Bestimmen Sie die Kullback-Leibler-Divergenz $\mathrm{KL}(\mathrm{N}(\mu_1, \Sigma_1)|\mathrm{N}(\mu_2, \Sigma_2))$ zwischen zwei d-dimensionalen Normalverteilungen mit $\mu_1, \mu_2 \in \mathbb{R}^d$ und symmetrischen, positiv-semidefiniten Matrizen $\Sigma_1, \Sigma_2 \in \mathbb{R}^{d \times d}$.

4.3 Der *Totalvariationsabstand* zweier Wahrscheinlichkeitsmaße $\mathbb{P}$ und $\mathbb{Q}$ auf einem messbaren Raum $(\mathcal{X}, \mathcal{F})$ ist definiert als

$$\mathrm{TV}(\mathbb{P}, \mathbb{Q}) := \sup_{A \in \mathcal{F}} |\mathbb{P}(A) - \mathbb{Q}(A)|.$$

a) Zeigen Sie

$$\mathrm{TV}(\mathbb{P}, \mathbb{Q}) = \frac{1}{2} \int |p - q| \mathrm{d}\nu$$

für ein dominierendes Maß ν und die Radon-Nikodym-Dichten $p = \frac{\mathrm{d}\mathbb{P}}{\mathrm{d}\nu}, q = \frac{\mathrm{d}\mathbb{Q}}{\mathrm{d}\nu}$.

b) Zeigen Sie $TV(\mathbb{P}, \mathbb{Q}) \leq \sqrt{KL(\mathbb{P}|\mathbb{Q})/2}$.

Hinweis: Betrachten Sie die Funktion $h(z) := z \log(z) - z + 1, z > 0$, mit stetiger Fortsetzung in Null. Zeigen Sie für alle $z \geq 0$

$$\left(\tfrac{4}{3} + \tfrac{2}{3}z\right)h(z) \geq (z-1)^2.$$

Verwenden Sie anschließend die Cauchy-Schwarz-Ungleichung.

c) Prüfen Sie, ob folgende Folgen $(\mathbb{P}_n)_{n \in \mathbb{N}}$ auf $(\mathbb{R}, \mathcal{B}(\mathbb{R}))$ schwach, im Totalvariations-abstand oder in der Kullback-Leibler-Divergenz gegen einen geeigneten Grenzwert $\mathbb{P}$ konvergieren (betrachten Sie sowohl $KL(\mathbb{P}_n|\mathbb{P})$ als auch $KL(\mathbb{P}|\mathbb{P}_n)$):

  (i) $\mathbb{P}_n = \delta_{1/n}$, Dirac-Maß in $1/n$;
 (ii) $\mathbb{P}_n = (1 - \tfrac{1}{n})\nu + \tfrac{1}{n}\delta_1$, wobei ν das Maß der N(0, 1)-Verteilung ist.

4.4 Wir verwenden polynomielle Untermodelle im nicht parametrischen Regressionsmo-dell

$$Y_i = f\left(\tfrac{i}{n}\right) + \varepsilon_i, \quad i = 1, \ldots, 100,$$

mit $\varepsilon_1, \ldots, \varepsilon_n \overset{i.i.d.}{\sim} N(0, 1)$ und für die (wahren) Funktionen

a) $f : [0, 1] \to \mathbb{R}, f(x) = \sin(\tfrac{3}{2}\pi x)$,
b) $f : [0, 1] \to \mathbb{R}, f(x) = x^2$.

Verwenden Sie jeweils in 10.000 unabhängigen Simulationen AIC und BIC zur Wahl des Grades $p - 1$ der linearen Modelle $f(x) = f_k(x) = \beta_0 + \ldots + \beta_{p-1}x^{p-1}$. Bestimmen Sie in allen vier Fällen die Monte-Carlo-Approximation des Vorhersagefehlers $\mathbb{E}[|Y - X\hat{\beta}|^2]$ und stellen Sie die Wahl von p jeweils in einem Boxplot dar.

4.5 Die reellwertige Zufallsvariable X_p sei $\chi^2(p)$-verteilt mit $p \in \mathbb{N}$ Freiheitsgraden. Bestimmen Sie eine möglichst scharfe Abschätzung der Wahrscheinlichkeit

$$\mathbb{P}\left(X_p - \mathbb{E}[X_p] \geq \sqrt{Var(X_p)\kappa}\right) \quad \text{für} \quad \kappa > 0.$$

Gehen Sie wie folgt vor:

  (i) Berechnen Sie $\mathbb{E}[X_p]$, $Var(X_p)$ und $\mathbb{E}[\exp(\lambda X_p)]$ für $\lambda > 0$.
 (ii) Verwenden Sie die Markov-Ungleichung, um eine Abschätzung der gewünschten Wahrscheinlichkeit zu erhalten.
(iii) Wählen Sie λ optimal.

4.6 Das *empirische Skalarprodukt* sei definiert als $\langle f, g \rangle_n := \tfrac{1}{n}\sum_{i=1}^n f(\tfrac{i}{n})g(\tfrac{i}{n})$ bzw. $\langle x, g \rangle_n := \tfrac{1}{n}\sum_{i=1}^n x_i g(\tfrac{i}{n})$ für Funktionen f, g auf $[0, 1]$ und einen Vektor $x \in \mathbb{R}^n$. Die empirische Norm ist gegeben durch $\|f\|_n^2 := \langle f, f \rangle_n$. Sei $(\varphi_k)_{k=1}^n \subset L^2([0, 1])$ eine Orthonormalbasis bezüglich $\langle \cdot, \cdot \rangle_n$.

Für $f(x) = \sum_{k=1}^n \alpha_l \varphi_k(x)$, $x \in [0, 1]$, mit Koeffizienten $\alpha_1, \ldots, \alpha_n \in \mathbb{R}$ betrachten wir das Regressionsmodell

$$Y_i = f\left(\frac{i}{n}\right) + \varepsilon_i, \quad i = 1, \ldots, n,$$

mit unabhängig und identisch $N(0, \sigma^2)$-verteilten Fehlern ε_i, $i = 1, \ldots, n$.

a) Weisen Sie nach, dass $\hat{\alpha}_k := \langle Y, \varphi_k \rangle_n$ der Maximum-Likelihood-Schätzer von α_k für alle $k = 1, \ldots, n$ ist.

b) Bestimmen Sie für $m \in \{1, \ldots, n\}$ den Fehler

$$\mathbb{E}\left[\|f - \hat{f}_m\|_n^2\right] \quad \text{für} \quad \hat{f}_m(x) := \sum_{k=1}^m \hat{\alpha}_k \varphi_k(x).$$

Auf welches Minimierungsproblem führt eine optimale Wahl von m?

c) Nehmen Sie an, dass es ein $s > 0$ und $0 < c < C$ gibt, sodass $ck^{-s} \leq \alpha_k \leq Ck^{-s}$ gilt. Wie wächst das optimale m in n?

4.7 Betrachten Sie die linearen Modelle $Y = X^{(p)}\beta^{(p)} + \varepsilon$ mit $\varepsilon \sim N(0, \sigma^2 E_n)$, $\beta^{(p)} \in \mathbb{R}^p$ und den Designmatrizen $X^{(p)} \in \mathbb{R}^{n \times p}$. Leiten Sie die explizite Darstellung des Leave-one-out-Kleinste-Quadrate-Schätzers her.

4.8 Betrachten Sie die mittleren Januartemperaturen in Berlin-Dahlem in den letzten 300 Jahren (siehe Beispiel 2.42). Verwenden Sie sowohl die polynomiale Regression mit AIC- und BIC-Wahl für den Polynomgrad als auch die Lasso-Methode. Untersuchen Sie die Abhängigkeit vom Tuning-Parameter. Liefern alle Verfahren ähnliche Resultate?

Die beiden folgenden Aufgaben beleuchten das Optimierungsproblem des Lasso-Schätzers genauer. Zu ihrer Lösung sind das Subdifferentialkalkül und die Karush-Kuhn-Tucker-Bedingungen aus der nichtlinearen Optimierung hilfreich.

4.9 Betrachten Sie das Regressionsmodel $Y = \mu + \varepsilon$ mit $\mu \in \mathbb{R}^n$, Beobachtungsfehlern $\varepsilon \in \mathbb{R}^n$ und eine Designmatrix $X \in \mathbb{R}^{n \times p}$. Zeigen Sie, dass das Lasso-Optimierungsproblem äquivalent durch

$$\hat{\beta}' = \arg\min_{\beta':|\beta'| \leq s} \frac{1}{n}|Y - X\beta'|^2$$

für einen Sparsity-Parameter $s > 0$ beschrieben werden kann. Welche Beziehung besteht zwischen s und dem Penalisierungsparameter λ des Lasso-Schätzers?

4.10 Betrachten Sie das lineare Modell $Y = X\beta + \varepsilon$ mit $X \in \mathbb{R}^{n \times p}, \beta \in \mathbb{R}^p$ und $\varepsilon \sim N(0, \sigma^2 I_n)$. Es sei $G(\beta) := \frac{1}{n}|Y - X\beta|^2$.

a) Kann es mehr als eine Lösung des Optimierungsproblems

$$\min_{\beta \in \mathbb{R}^p} \{G(\beta) + \lambda|\beta|_1\} \qquad\qquad ((*))$$

geben? Begründen Sie Ihre Antwort.

b) Zeigen Sie, dass eine notwendige und hinreichende Bedingung an eine Lösung $\hat{\beta}$ von
(∗) gegeben ist durch

$$\nabla_j G(\hat{\beta}) = -\operatorname{sign}(\hat{\beta}_j)\lambda, \qquad\qquad \text{falls } \hat{\beta}_j \neq 0,$$
$$|\nabla_j G(\hat{\beta})| \leq \lambda, \qquad\qquad \text{falls } \hat{\beta}_j = 0.$$

c) Beweisen Sie im Fall, dass (∗) keine eindeutige Lösung besitzt: Gilt $\nabla G_j(\hat{\beta}) < \lambda$ für
eine Lösung $\hat{\beta}$ von (∗), dann gilt $\hat{\beta}_j = 0$ für alle Lösungen. Inbesondere hängt die aktive
Menge $\{j : \hat{\beta}_j \neq 0, j = 1, \ldots, p\}$ nicht von der Lösung von (∗) ab.

Klassifikation

5

Bislang haben wir uns mit den klassischen statistischen Fragen des Schätzens und Testens von reell- oder vektorwertigen Parametern beschäftigt. Eine weitere wichtige Aufgabe der Statistik und insbesondere des maschinellen Lernens ist es, den Daten jeweils Klassen zuzuweisen. Beispiele sind Spam-Filter (Klassifikationen zwischen „mit Sicherheit Spam", „mit Sicherheit kein Spam" und Klassen dazwischen), medizinische Datenanalyse (wie Blutparameter weisen auf Krankheit x hin oder nicht) oder Schrifterkennung (ASCII-Code auf der Basis von Pixelmustern). Hier werden wir nur die binäre Klassifikation mit zwei Klassen betrachten. Die Verallgemeinerung auf mehr Klassen ist oft relativ klar und wird in einigen Übungen ausgeführt.

Der wesentliche Unterschied zur Regression ist, dass die Zielvariable Y nicht reellwertig ist, sondern *kategoriell* in dem Sinne, dass nur zwei oder endlich viele Werte angenommen werden. Wir müssen uns also zwischen den Klassen entscheiden und machen entweder keinen Fehler oder einen wesentlichen. Dies führt auf eine 0-1-Verlustfunktion, im Gegensatz zu den stetigen Fehlerkriterien der Regression.

5.1 Allgemeines Klassifikationsproblem

Beispiel 5.1

Herzerkrankung – a
Anhand verschiedener klinischer Daten wollen wir klassifizieren, ob Patienten eine Herzerkrankung haben oder nicht. Dafür verwenden wir den klassischen Datensatz *Heart Disease Data Set* aus dem Jahr 1988, genauer benutzen wir die Cleveland-Daten[1]. Ins-

---

[1] Verantwortlich für die Datensammlung war Robert Detrano, M.D., Ph.D. (V.A. Medical Center, Long Beach und Cleveland Clinic Foundation), siehe https://archive.ics.uci.edu/ml/datasets/heart+disease

© Der/die Autor(en), exklusiv lizenziert durch Springer-Verlag GmbH, DE, ein Teil von Springer Nature 2021
M. Trabs et al., *Statistik und maschinelles Lernen*,
https://doi.org/10.1007/978-3-662-62938-3_5

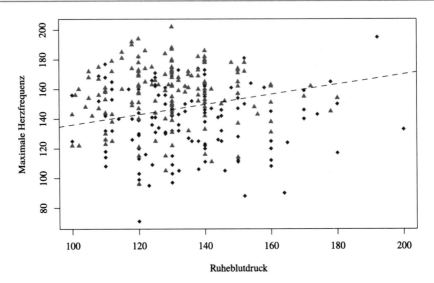

Abb. 5.1 Darstellung der Patientendaten aus dem *Heart Disease Data Set*. Grüne Dreiecke markieren gesunde Patienten. Violette Rauten zeigen kranke Patienten. Die gestrichelte Linie ist die Entscheidungsgrenze der logistischen Regression basierend auf den beiden Kovariablen Ruheblutdruck und maximale Herzfrequenz.

gesamt stehen 13 metrische und kategorielle Kovariablen, wie Alter, Geschlecht und verschiedene Risikofaktoren, zur Verfügung, von denen wir in diesem ersten Beispiel nur zwei betrachten, nämlich den Ruheblutdruck und die maximale Herzfrequenz. Bei einem gesunden Patienten sollte der (systolische) Ruheblutdruck bei etwa 120 mmHg liegen. Zudem sprechen hohe maximale Herzfrequenzen für gesunde, trainierte Patienten. Abb. 5.1 zeigt diese beiden Kovariablen für alle $n = 301$ Patienten, wobei die meisten gesunden Patienten oben links zu finden sind, aber nicht alle. Andererseits gibt es in diesem Bereich auch kranke Patienten, sodass wir eine perfekte Trennung nicht erwarten können. Die gestrichelte Linie ist die Entscheidungsgrenze der logistschen Regression, die wir bereits aus Kap. 3 kennen. Oberhalb dieser Grenze würden die Patienten als gesund und unterhalb als krank klassifiziert werden. ◄

Für die allgemeine Modellierung von Klassifikationsaufgaben gibt es unterschiedliche Herangehensweisen. Der Ausgangspunkt im maschinellen Lernen ist eine mathematische Stichprobe $(X_1, Y_1), \ldots, (X_n, Y_n)$, die *Trainingsmenge,* wobei die Kovariablen X_i Werte in einem messbaren Raum $\mathcal{X}$ (wie $\mathbb{R}^p$, oft allgemeiner) und die Zielvariablen (englisch: *labels*) Y_i Werte in $\{-1, +1\}$ unter einem Wahrscheinlichkeitsmaß $\mathbb{P}$ annehmen. Ziel ist es, für die nächste Beobachtung X_{n+1} die zugehörige Klasse Y_{n+1} möglichst gut vorherzusagen. Generisch bezeichnen (X, Y) von den $(X_i, Y_i)_{i \geqslant 1}$ unabhängige Zufallsvariablen, die wie jedes (X_i, Y_i) verteilt sind.

Alternativ können wir davon ausgehen, dass es Wahrscheinlichkeitsmaße $\mathbb{P}_k$, $k \in \{-1, +1\}$, auf $\mathcal{X}$ gibt, die die Verteilung der Kovariablen X im Fall der Klasse k beschreiben. Man denke an die Verteilung der Blutwerte bei gesunden bzw. kranken Patienten. Mit bedingten Wahrscheinlichkeiten können wir mit dem Wahrscheinlichkeitsmaß $\mathbb{P}$ von oben $\mathbb{P}_k(B) = \mathbb{P}(X \in B \mid Y = k)$ schreiben. Wenn man außerdem die Wahrscheinlichkeiten $\pi_k \geqslant 0$ für die Klasse k angibt mit $\pi_{+1} + \pi_{-1} = 1$, so ergibt sich die Verteilung von X_i als Mischung von $\mathbb{P}_{+1}$ und $\mathbb{P}_{-1}$:

$$\mathbb{P}(X \in B) = \pi_{+1}\mathbb{P}_{+1}(B) + \pi_{-1}\mathbb{P}_{-1}(B)$$

und natürlich

$$\mathbb{P}(X \in B, Y = k) = \mathbb{P}(Y = k)\mathbb{P}(X \in B \mid Y = k) = \pi_k\mathbb{P}_k(B).$$

In den folgenden Abschnitten werden wir beiden Herangehensweisen in natürlicher Weise begegnen.

Nach der Bayes-Formel (Satz A.35) folgt mit entsprechenden Dichten p_k von $\mathbb{P}_k$ bezüglich einem dominierenden Maß μ:

$$\eta(x) := \mathbb{P}(Y = +1 \mid X = x) = \frac{\pi_{+1}p_{+1}(x)}{\pi_{+1}p_{+1}(x) + \pi_{-1}p_{-1}(x)} \tag{5.1}$$

Genauer gilt diese Gleichheit für $\mathbb{P}^X$-fast alle $x \in \mathcal{X}$, insbesondere ist $\mathbb{P}(\pi_{+1}p_{+1}(X) + \pi_{-1}p_{-1}(X) > 0) = 1$.

Definition 5.2 Jede messbare Funktion $C : \mathcal{X} \to \{-1, +1\}$ heißt **Klassifizierer** (englisch: *classifier*). Ihr **Klassifikationsfehler** ist $R(C) := \mathbb{P}(Y \neq C(X))$. Durch

$$C^*(x) = \mathrm{sgn}(2\eta(x) - 1) = \begin{cases} +1, & \text{falls } \pi_{+1}p_{+1}(x) > \pi_{-1}p_{-1}(x), \\ -1, & \text{falls } \pi_{+1}p_{+1}(x) \leqslant \pi_{-1}p_{-1}(x) \end{cases}$$

mit $\mathrm{sgn}(z) := \mathbb{1}(z > 0) - \mathbb{1}(z \leqslant 0)$ und der bedingten Klassenwahrscheinlichkeit η aus (5.1) wird der **Bayes-Klassifizierer** festgelegt. $R^* := R(C^*)$ heißt **Bayes-Risiko** des Klassifikationsproblems.

Man beachte, dass ein binäres Klassifikationsproblem zwar abstrakt einem statistischen Testproblem entspricht, die Entscheidungsfehler (erster und zweiter Art) aber aufsummiert werden und es nicht Ziel ist, ein gewisses Niveau einzuhalten. Eine Verallgemeinerung auf gewichtete Klassifikationsfehler ist leicht möglich, siehe Aufgabe 5.1.

Lemma 5.3 (Bayes-Risiko, Exzessrisiko) *Das Bayes-Risiko kann aus der bedingten Wahrscheinlichkeit η errechnet werden:*

$$R^* = \mathbb{E}[\eta(X) \wedge (1 - \eta(X))]$$

*Für das **Exzessrisiko** $\mathcal{E}(C)$ eines Klassifizierers C gilt*

$$\mathcal{E}(C) := R(C) - \inf_{\tilde{C}} R(\tilde{C}) = R(C) - R^* = \mathbb{E}[|2\eta(X) - 1|\mathbb{1}(C(X) \neq C^*(X))],$$

wobei sich das Infimum über alle Klassifizierer $\tilde{C}$ erstreckt. Insbesondere besitzt der Bayes-Klassifizierer minimales Risiko.

Beweis Durch Bedingen und Einsetzen von $\eta(x)$ erhalten wir

$$\begin{aligned}
\mathbb{P}(Y \neq C(X) \mid X = x) &= \mathbb{P}(Y = +1 \mid X = x)\mathbb{1}(C(x) = -1) \\
&\quad + \mathbb{P}(Y = -1 \mid X = x)\mathbb{1}(C(x) = +1) \\
&= 1 - \eta(x) + (2\eta(x) - 1)\mathbb{1}(C(x) = -1).
\end{aligned}$$

Nun gilt $\mathbb{1}(C^*(x) = -1) = \mathbb{1}(2\eta(x) - 1 \leqslant 0)$, sodass insbesondere $\mathbb{P}(Y \neq C^*(X) \mid X = x) = \eta(x) \wedge (1 - \eta(x))$ und damit $R^* = \mathbb{E}[\eta(X) \wedge (1 - \eta(X))]$ gilt. Weiterhin schließen wir

$$\begin{aligned}
\mathbb{P}(Y \neq C(X) \mid X = x) &- \mathbb{P}(Y \neq C^*(X) \mid X = x) \\
&= (2\eta(x) - 1)(\mathbb{1}(C(x) = -1) - \mathbb{1}(C^*(x) = -1)) \\
&= |2\eta(x) - 1|\mathbb{1}(C(x) \neq C^*(x)).
\end{aligned}$$

Integration bezüglich der Verteilung von X ergibt

$$R(C) - R^* = \mathbb{P}(Y \neq C(X)) - \mathbb{P}(Y \neq C^*(X)) = \mathbb{E}\big[|2\eta(X) - 1|\mathbb{1}(C(X) \neq C^*(X))\big].$$

Der letzte Ausdruck ist offensichtlich nichtnegativ.   □

In Simulationen können wir den Bayes-Klassifizierer berechnen und als Referenz für Klassifikationsverfahren verwenden, siehe beispielsweise Abb. 5.5. In der Praxis ist der Bayes-Klassifizierer nicht bekannt, weil dafür die exakte Verteilung von (X, Y) bekannt sein müsste. In unserer Situation verfügen wir über eine mathematische Stichprobe $(X_1, Y_1), \ldots,$ (X_n, Y_n), die wie (X, Y) verteilt ist und aus der wir einen Schätzer $\hat{C}$ konstruieren. Ein Standardansatz, um einen Klassifizierer $\hat{C}$ aus Daten zu gewinnen, besteht darin, die bedingte Klassenwahrscheinlichkeit $\eta(x)$ zu schätzen.

Definition 5.4 Ist $\hat{\eta}(x)$ Schätzer von $\eta(x)$ aus (5.1) für alle $x \in \mathcal{X}$, so ist durch

$$C_{\hat{\eta}}(x) := \operatorname{sgn}\big(2\hat{\eta}(x) - 1\big) = \mathbb{1}(\hat{\eta}(x) > 1/2) - \mathbb{1}(\hat{\eta}(x) \leqslant 1/2)$$

der zugehörige **plugin-Klassifizierer** gegeben. Die **Klassifikationsgrenze** (englisch: *classification boundary*) von $C_{\hat{\eta}}$ wird durch $\partial C_{\hat{\eta}} := \{x \in \mathcal{X} \mid \hat{\eta}(x) = 1/2\}$ definiert.

Ist $x \mapsto \hat{\eta}(x)$ stetig, so ist die Klassifikationsgrenze $\partial C_{\hat{\eta}}$ der topologische Rand der Mengen $\{x \in \mathcal{X} \mid C_{\hat{\eta}}(x) = +1\}$ und $\{x \in \mathcal{X} \mid C_{\hat{\eta}}(x) = -1\}$, trennt also die Menge der Kovariablen, die als +1 und -1 klassifiziert werden. Wie der nächste Satz zeigt, ist die Klassifikation in der Nähe der Klassifikationsgrenze am schwierigsten.

Satz 5.5 (Fehler des plugin-Klassifizierers) *Es gilt für das Exzessrisiko des zu $\hat{\eta}$ gehörigen plugin-Klassifizierers*

$$\mathcal{E}(C_{\hat{\eta}}) = R(C_{\hat{\eta}}) - \inf_{\tilde{C}} R(\tilde{C})$$
$$\leqslant 2\mathbb{E}\big[|\hat{\eta}(X) - \eta(X)|\mathbb{1}(|\eta(X) - 1/2| \leqslant |\hat{\eta}(X) - \eta(X)|)\big]$$
$$\leqslant 2\mathbb{E}\big[|\hat{\eta}(X) - \eta(X)|\big],$$

wobei der Erwartungswert bezüglich X genommen wird.

Im Fall $|\hat{\eta}(x) - \eta(x)| \leqslant \delta$ mit $\delta \in (0, 1/2)$ für alle $x \in \mathcal{X}$ folgt

$$\mathcal{E}(C_{\hat{\eta}}) \leqslant 2\delta\mathbb{P}(|\eta(X) - 1/2| \leqslant \delta)$$

sowie die Orakel-Ungleichung

$$R(C_{\hat{\eta}}) \leqslant \frac{1+2\delta}{1-2\delta} R(C^*) = \frac{1+2\delta}{1-2\delta} \inf_C R(C).$$

Beweis Nach Lemma 5.3 gilt

$$R(C_{\hat{\eta}}) - R^* = 2\mathbb{E}\big[|\eta(X) - 1/2|\mathbb{1}(C_{\hat{\eta}}(X) \neq C^*(X))\big].$$

Setze $\delta(x) := |\hat{\eta}(x) - \eta(x)|$. Falls $|\eta(x) - 1/2| > \delta(x)$ gilt, so folgt unmittelbar $C_{\hat{\eta}}(x) = C^*(x)$. Wir erhalten somit

$$\mathcal{E}(C_{\hat{\eta}}) = R(C_{\hat{\eta}}) - R^*$$
$$\leqslant 2\mathbb{E}\big[|\eta(X) - 1/2|\mathbb{1}(|\eta(X) - 1/2| \leqslant \delta(X))\big]$$
$$\leqslant 2\mathbb{E}[\delta(X)\mathbb{1}(|\eta(X) - 1/2| \leqslant \delta(X))].$$

Wenn die Indikatorfunktion zudem durch eins abgeschätzt wird, ergibt sich die erste Behauptung.

Im Fall $|\hat{\eta}(x) - \eta(x)| \leqslant \delta$ für alle $x \in \mathcal{X}$ können wir $\delta(X) \leqslant \delta$ einsetzen und erhalten die zweite Behauptung. Andererseits macht auch der Bayes-Klassifizierer einen Fehler nahe 1/2 in der Nähe der Klassifikationsgrenze:

$$R^* = \mathbb{E}\big[\eta(X) \wedge (1 - \eta(X))\big]$$
$$\geqslant \mathbb{E}[(\eta(X) \wedge (1 - \eta(X)))\mathbb{1}(|\eta(X) - 1/2| \leqslant \delta)]$$
$$\geqslant (\tfrac{1}{2} - \delta)\mathbb{P}(|\eta(X) - 1/2| \leqslant \delta).$$

Wir erhalten für $\delta \in (0, 1/2)$ die Abschätzung $\mathbb{P}(|\eta(X) - 1/2| \leqslant \delta) \leqslant \frac{2}{1-2\delta} R^*$ und somit die Orakel-Ungleichung durch Einsetzen in die Ungleichung für das Exzessrisiko. □

Der Klassifikationsfehler ist also nicht nur von der Güte δ der Schätzung von $\eta(x)$ abhängig, sondern auch von der Wahrscheinlichkeit, dass die Kovariable X nahe an der Klassifikationsgrenze liegt. Ist $\mathcal{X} \subset \mathbb{R}^d$ kompakt, eine Fortsetzung von η stetig differenzierbar in einer Umgebung von $\mathcal{X}$ mit $\nabla\eta(x) \neq 0$ für $x \in \partial C_{\hat{\eta}}$ und besitzt $\mathbb{P}^X$ eine beschränkte Dichte, so gilt $\mathbb{P}(|\eta(X) - 1/2| \leqslant \delta) = O(\delta)$ für $\delta \to 0$. Das lässt sich mit dem Satz über implizite Funktionen elementar oder mit der Coarea-Formel der geometrischen Maßtheorie beweisen. In diesem Fall erhalten wir die *schnelle Konvergenzrate* $O(\delta^2)$ für das Exzessrisiko. Oft beruhen Konvergenzraten in der Klassifikation implizit oder explizit auf einer solchen *margin condition* an $\mathbb{P}(|\eta(X) - 1/2| \leqslant \delta)$.

5.2   Logistische Regression

Für die Klassifikation in zwei Klassen bietet sich im Fall $\mathcal{X} = \mathbb{R}^p$ unmittelbar das Modell der logistischen Regression aus Abschn. 3.2.2 an. Während wir uns dort auf deterministisches Design konzentriert haben, betrachten wir hier die *multiple logistische Regression* mit zufälligem Design. Das statistische Experiment ist

$$\left((\mathbb{R}^p \times \{-1, +1\})^n, (\mathcal{B}(\mathbb{R}^p) \otimes \mathcal{P}(\{-1, +1\}))^{\otimes n}, (\mathbb{P}_\beta^{\otimes n})_{\beta \in \mathbb{R}^p} \right),$$

sodass die Beobachtungen $(X_1, Y_1), \ldots, (X_n, Y_n)$ unabhängig und identisch verteilt sind mit $\mathbb{P}(Y_i = +1 \mid X_i = x) = p(x), \mathbb{P}(Y_i = -1 \mid X_i = x) = 1 - p(x)$, wobei $\log(\frac{p(x)}{1-p(x)}) = \beta^\top x$ gilt, also

$$p(x) = \eta_\beta(x) := \frac{e^{x^\top \beta}}{1 + e^{x^\top \beta}}, \quad x \in \mathbb{R}^p.$$

Anders als in Kap. 3.2.2 schreiben wir die Kovariablen als Spaltenvektoren und X bezeichnet eine generische, wie jedes X_i verteilte Kovariable, nicht die Designmatrix. Im Allgemeinen wählt man die Kovariablen in der Form $X_i = (1, X_{i,1}, \ldots, X_{i,p-1})$ mit einem konstanten Glied bei $p-1$ beobachteten Werten. Dann ergibt sich $p(x)$ als linear-affiner Zusammenhang der beobachteten Kovariablen, verknüpft mit der kanonischen Link-Funktion. Die Verteilung der Kovariablen X_i ist unabhängig vom unbekannten Parameter β und wird zunächst nicht weiter spezifiziert.

Als Bayes-Klassifizierer ergibt sich

$$C^*(x) = \mathrm{sgn}(2\eta_\beta(x) - 1) = \mathbb{1}(x^\top \beta > 0) - \mathbb{1}(x^\top \beta \leqslant 0).$$

Für die folgende Methode verwenden wir statt dem unbekannten Parametervektor β den Maximum-Likelihood-Schätzer $\hat{\beta}$ in der logistischen Regression.

Methode 5.6 (Klassifikation mittels logistischer Regression) Nach Schätzung des Parametervektors mittels Maximum-Likelihood-Schätzer $\hat{\beta}$ auf der Trainingsmenge $(X_i, Y_i)_{i=1,\ldots,n}$ sagen wir für die Kovariablenrealisierung x die Klassenwahrscheinlichkeit von +1 mittels

$$\hat{p} = \eta_{\hat{\beta}}(x) = \frac{\exp(x^\top \hat{\beta})}{1 + \exp(x^\top \hat{\beta})}$$

voraus. Der zugehörige plugin-Klassifizierer ist gegeben durch

$$\hat{C}^{LR}(x) = C_{\eta_{\hat{\beta}}}(x) = \mathrm{sgn}(x^\top \hat{\beta}) = \mathbb{1}(x^\top \hat{\beta} > 0) - \mathbb{1}(x^\top \hat{\beta} \leqslant 0).$$

Die Klassifikationsgrenze $\partial\hat{C} = \{x \in \mathbb{R}^k \mid x^\top \hat{\beta} = 0\}$ bei der Klassifikation mittels logistischer Regression ist *linear*. Die Kovariable oder der Feature-Vektor x wird also gemäß +1 oder -1 klassifiziert, je nachdem, ob er eher in die Richtung von $\hat{\beta}$ oder in die von $-\hat{\beta}$ zeigt.

Beispiel 5.7

Herzkrankheiten – b

Kommen wir zurück auf die Klassifikation von Herzkrankheiten aus Beispiel 5.1. Wir wählen zufällig 75 % der Patienten aus und schätzen auf dieser Grundlage β. Verwenden wir nur ein Absolutglied, den Ruheblutdruck und die maximale Herzfrequenz, erhalten wir die Entscheidungsgrenze, die in Abb. 5.1 eingezeichnet ist. Auf der Testmenge erhalten wir eine Fehlerquote von etwa 26 %. Berücksichtigen wir auch die übrigen 11 Kovariablen, können wir den Anteil von falsch klassifizierten Patienten auf rund 21 % verringern. Darunter sind 5 falsch positiv Klassifizierte, das heißt gesunde Patienten, die als krank klassifiziert werden, und 10 falsch negativ Klassifizierte, also kranke Patienten, die als gesund vorhergesagt wurden. Das Klassifikationsergebnis auf der Testmenge nennt man im Englischen *out-of-sample performance*. Im Vergleich hierzu gibt die *in-sample performance* den Klassifikationsfehler auf der Trainingsmenge an. In unserem Beispiel liegt der in-sample-Klassifikationsfehler bei 17 %. ◄

Anders als in der Orakelungleichung für den Fehler im verallgemeinerten linearen Modell aus Korollar 3.36 wird beim Klassifikationsfehler nicht die empirische Kovarianzmatrix Σ_n (siehe Definition 2.24) der Kovariablen $X_1, \ldots, X_n$ von Bedeutung sein, sondern ein Analogon der (unbekannten) Design-Kovarianzmatrix $\Sigma_X = \mathbb{E}[X_1 X_1^\top]$. Zunächst betrachten wir eine einfache Bedingung an die Verteilung der Kovariablen als Verallgemeinerung der Normalverteilung.

Definition 5.8 Ein Zufallsvektor X im $\mathbb{R}^p$ heißt (Σ, C)-**subgaußsch,** falls $\mathbb{P}(|X^\top u| > t) \leqslant Ce^{-t^2/(2u^\top \Sigma u)}$ für alle $t > 0$, $u \in \mathbb{R}^p \setminus \{0\}$ gilt mit $C > 0$ und einer positiv-definiten Matrix $\Sigma \in \mathbb{R}^{p \times p}$.

Insbesondere ist jeder normalverteilte Zufallsvektor $X \sim N(\mu, \Sigma)$ (Σ, C)-subgaußsch mit geeignetem $C > 0$, aber auch jeder Zufallsvektor, dessen Verteilung einen kompakten Träger besitzt. Ist mit der positiv-definiten Kovarianzmatrix Σ_X von X der standardisierte Zufallsvektor $\Sigma_X^{-1/2} X$ (cE_p, C)-subgaußsch für ein $c > 0$, so ist X $(c\Sigma_X, C)$-subgaußsch, und umgekehrt. In diesem Sinn interpretieren wir im Folgenden Σ häufig als Vielfaches der Design-Kovarianzmatrix Σ_X.

Unter der Annahme einer subgaußschen Verteilung der Kovariablen und der Korrektheit des Modells der multiplen logistischen Regression leiten wir eine obere Schranke für das Exzessrisiko her. Die folgenden Bedingungen an die Verteilung von X sind erfüllt, wenn X eine beschränkte Dichte besitzt, die mindestens so schnell abfällt wie die $N(0, \Sigma)$-Dichte.

Satz 5.9 (Klassifikationsfehler bei logistischer Regression) *Es gelte das Modell der multiplen logistischen Regression für $(X_i, Y_i)_{i=1,\dots n}$ und ein $\beta \in \mathbb{R}^p$. Die Verteilung von X sei (Σ, C_1)-subgaußsch und erfülle $\mathbb{P}(|X^\top \beta| \leqslant t) \leqslant C_0 t$ für ein $C_0 > 0$ und alle $t > 0$. Dann gilt für das Exzessrisiko*

$$\mathcal{E}(\hat{C}^{LR}) \leqslant C(\hat{\beta} - \beta)^\top \Sigma(\hat{\beta} - \beta)\left(1 + \log\left(((\hat{\beta} - \beta)^\top \Sigma(\hat{\beta} - \beta))^{-1}\right)\right)$$

mit $C = \max(C_0, C_1/\sqrt{2} + C_1\sqrt{\pi/8})$.

Beweis Die Funktion $S(z) := e^z/(1 + e^z)$ ist monoton wachsend und Lipschitz-stetig mit Lipschitzkonstante $1/4$. Gemäß Satz 5.5 erhalten wir

$$\begin{aligned}\mathcal{E}(\hat{C}^{LR}) &= 2\mathbb{E}[|\eta_\beta(X) - \tfrac{1}{2}|\mathbb{1}(\eta_\beta(X) > \tfrac{1}{2} \geqslant \eta_{\hat{\beta}}(X) \text{ oder } \eta_\beta(X) \leqslant \tfrac{1}{2} < \eta_{\hat{\beta}}(X))] \\ &= 2\mathbb{E}[|S(X^\top \beta) - S(0)|\mathbb{1}(X^\top \beta > 0 \geqslant X^\top \hat{\beta} \text{ oder } X^\top \beta \leqslant 0 < X^\top \hat{\beta})] \\ &\leqslant \tfrac{1}{2}\mathbb{E}[|X^\top \beta|\mathbb{1}(|X^\top \beta| \leqslant |X^\top(\hat{\beta} - \beta)|)].\end{aligned}$$

Für beliebiges $\delta > 0$ gilt nun

$$\mathbb{1}\big(|X^\top \beta| \leqslant |X^\top(\hat{\beta} - \beta)|\big) \leqslant \mathbb{1}(|X^\top \beta| \leqslant \delta) + \mathbb{1}(\delta < |X^\top \beta| \leqslant |X^\top(\hat{\beta} - \beta)|).$$

Dies impliziert

$$\mathcal{E}(\hat{C}^{LR}) \leqslant \tfrac{1}{2}\mathbb{E}\Big[|X^\top \beta|\mathbb{1}(|X^\top \beta| \leqslant \delta)\Big] + \tfrac{1}{2}\mathbb{E}\Big[|X^\top(\hat{\beta} - \beta)|\mathbb{1}(|X^\top(\hat{\beta} - \beta)| > \delta)\Big]. \quad (5.2)$$

Verwenden wir $\mathbb{P}(|X^\top \beta| \leqslant \delta) \leqslant C_0 \delta$, so ist der erste Summand durch $\frac{1}{2} C_0 \delta^2$ beschränkt. Für den zweiten Summanden erhalten wir mit $Z = X^\top(\hat{\beta} - \beta)$

$$\mathbb{E}[Z \mathbb{1}(Z > \delta)] = \mathbb{E}[\delta \mathbb{1}(Z > \delta) + (Z - \delta)_+] = \delta \mathbb{P}(Z > \delta) + \int_0^\infty \mathbb{P}(Z - \delta > t) dt. \quad (5.3)$$

Nun verwenden wir $\mathbb{P}(Z > t) \leqslant C_1 e^{-t^2/(2v^2)}$ mit $v^2 = (\hat{\beta} - \beta)^\top \Sigma (\hat{\beta} - \beta)$ sowie $e^{\delta^2/(2v^2)} \int_0^\infty e^{-(\delta+t)^2/(2v^2)} dt \leqslant \int_0^\infty e^{-t^2/(2v^2)} dt = \sqrt{\pi/2} v$, sodass

$$\mathbb{E}[Z \mathbb{1}(Z > \delta)] \leqslant C_1 \left(\delta e^{-\delta^2/(2v^2)} + \sqrt{\pi/2} v e^{-\delta^2/(2v^2)} \right).$$

Mit der Wahl $\delta = v\sqrt{2 \log(v^{-1})}$ gilt also insgesamt

$$\mathcal{E}(\hat{C}^{LR}) \leqslant C_0 v^2 \log(v^{-1}) + \frac{1}{2} C_1 \left(\sqrt{2 \log(v^{-1})} + \sqrt{\pi/2} \right) v^2.$$

Dies lässt sich durch $C v^2 (1 + \log(v^{-2}))$ abschätzen mit $v^2 = (\hat{\beta} - \beta)^\top \Sigma (\hat{\beta} - \beta)$. $\quad \square$

Um die Abschätzung des Fehlers von $\hat{\beta}$ aus Korollar 3.36 auf den vorangegangenen Satz mit $\Sigma = c \Sigma_X$ anwenden zu können, müssen wir den Abstand der empirischen Kovarianzmatrix $\Sigma_n = \frac{1}{n} \sum_{i=1}^n X_i X_i^\top$ von der Design-Kovarianzmatrix $\Sigma_X = \mathbb{E}[XX^\top]$ beschränken. Es sei daran erinnert, dass Σ_X nur im Fall $\mathbb{E}[X] = 0$ die tatsächliche Kovarianzmatrix ist und sonst eigentlich die Matrix der zweiten Momente sprechen. Aus Übung 2.11 wissen wir, dass für normalverteiltes Design der Fehler $\mathbb{E}[\|\Sigma_n - \Sigma_X\|_2^2]^{1/2}$ in Frobeniusnorm von der Ordnung $p n^{-1/2}$ im Stichprobenumfang n und in der Dimension p ist. Oft reicht es allerdings aus, den Fehler in der kleineren *Spektralnorm* $\|M\| := \sup_{|v| \leqslant 1} |Mv|$ statt in der Frobeniusnorm $\|M\|_2$ zu messen. Ein erstaunliches Ergebnis der Theorie zufälliger Matrizen mit vielen Anwendungen in der hochdimensionalen Statistik ist, dass $\|\Sigma_n - \Sigma_X\|$ unter milden Voraussetzungen von der stochastischen Ordnung $p^{1/2} n^{-1/2}$ für $p \leqslant n$ ist. Es geht also nur die Wurzel der Dimension in den Fehler ein. Wir passen Satz 4.7.1 von Vershynin (2018) auf unsere Situation an, siehe auch Satz 6.5 in Wainwright (2019).

Satz 5.10 (Fehler der empirischen Kovarianzmatrix) *Sind $X_1, \ldots, X_n$ i.i.d. $(C, c\Sigma_X)$-subgaußsche Zufallsvektoren in $\mathbb{R}^p$ für $C, c > 0$, so gilt*

$$\mathbb{E}\left[\|\Sigma_X^{-1/2} \Sigma_n \Sigma_X^{-1/2} - E_p\| \right] \leqslant \tilde{C} \left(\frac{p^{1/2}}{n^{1/2}} + \frac{p}{n} \right)$$

mit einer Konstanten $\tilde{C}$ (abhängig von c, C). Insbesondere gilt für $p \leqslant n$:

$$\|\Sigma_X^{-1/2} \Sigma_n \Sigma_X^{-1/2} - E_p\| = O_P(p^{1/2} n^{-1/2})$$

Hier verwenden wir wiederum das O_P-Kalkül aus Definition A.41.

Korollar 5.11 (Fehlerrate bei logistischer Regression) *Für das Exzessrisiko bei logistischer Regression gilt unter den Voraussetzungen von Korollar 3.36 und Satz 5.9 für* $n \to \infty$ *für potentiell variierende Modelle der Dimension* $p \geqslant 2$ *mit* $\frac{p}{n} \log p \to 0$ *und* $\Sigma = c \Sigma_X$

$$\mathcal{E}(\hat{C}^{LR}) = O_P\left(\frac{p}{n} \log(n/p) \log p\right).$$

Beweis In Korollar 3.36 haben wir für das korrekt spezifizierte Modell gezeigt, dass $(\hat{\beta} - \beta)^\top \Sigma_n (\hat{\beta} - \beta) = O_P(n^{-1} p \log p)$ gilt.

Im nächsten Schritt zeigen wir für $\varepsilon \in (0, 1)$ die Implikation

$$\|\Sigma_X^{-1/2} \Sigma_n \Sigma_X^{-1/2} - E_p\| \leqslant \varepsilon \Rightarrow \|\Sigma_n^{-1/2} \Sigma_X \Sigma_n^{-1/2} - E_p\| \leqslant \varepsilon(1 - \varepsilon)^{-1}, \qquad (5.4)$$

wobei inbesondere auch die Invertierbarkeit von Σ_n folgt. Hierzu verwenden wir die variationelle Charakterisierung der Eigenwerte symmetrischer Matrizen und erhalten mit $w = \Sigma_X^{1/2} \Sigma_n^{-1/2} v$

$$
\begin{aligned}
\|\Sigma_n^{-1/2} \Sigma_X \Sigma_n^{-1/2} - E_p\| &= \sup_{v \neq 0} \frac{|\langle \Sigma_X \Sigma_n^{-1/2} v, \Sigma_n^{-1/2} v \rangle - |v|^2|}{|v|^2} \\
&= \sup_{w \neq 0} \frac{|\langle w, w \rangle - |\Sigma_n^{1/2} \Sigma^{-1/2} w|^2|}{|\Sigma_n^{1/2} \Sigma_X^{-1/2} w|^2} \\
&= \sup_{w \neq 0} \left| 1 + \frac{|w|^2}{\langle \Sigma_n \Sigma_X^{-1/2} w, \Sigma_X^{-1/2} w \rangle - |w|^2} \right|^{-1} \\
&= \left| 1 + \left(\sup_{w \neq 0} \frac{\langle \Sigma_n \Sigma_X^{-1/2} w, \Sigma_X^{-1/2} w \rangle - |w|^2}{|w|^2} \right)^{-1} \right|^{-1} \\
&\leqslant (1 - \|\Sigma_X^{-1/2} \Sigma_n \Sigma_X^{-1/2} - E_p\|^{-1})^{-1}.
\end{aligned}
$$

Damit ist (5.4) gezeigt.

Zusammem mit Satz 5.10 folgt daher auch $\|\Sigma_n^{-1/2} \Sigma_X \Sigma_n^{-1/2} - E_p\| = O_P(p^{1/2} n^{-1/2})$ und somit

$$
\begin{aligned}
(\hat{\beta} - \beta)^\top \Sigma_X (\hat{\beta} - \beta) &= (\hat{\beta} - \beta)^\top \Sigma_n^{1/2} (E_p + \Sigma_n^{-1/2} \Sigma_X \Sigma_n^{-1/2} - E_p) \Sigma_n^{1/2} (\hat{\beta} - \beta) \\
&= (1 + O_P(p^{1/2} n^{-1/2}))(\hat{\beta} - \beta)^\top \Sigma_n (\hat{\beta} - \beta) = O_P(n^{-1} p \log p).
\end{aligned}
$$

Es bleibt, dies in die Ungleichung von Satz 5.9 einzusetzen und $\log(n/(p \log p)) \leqslant \log(n/p)$ zu benutzen. $\qquad \square$

Bis auf log-Terme fällt das Exzessrisiko also wie p/n. Das entspricht der klassischen Konvergenzrate des mittleren quadratischen Fehlers beim Schätzen eines p-dimensionalen Erwartungswertvektors. Diese Analogie des Exzessrisikos mit einer quadratischen Verlustfunktion gilt jedoch nur ausnahmsweise, man spricht von einer *schnellen Rate* (englisch: *fast rate*) im Vergleich zu einer *langsamen Rate* (englisch: *slow rate*) $\sqrt{p/n}$, die unter schwächeren Voraussetzungen hergeleitet werden kann.

5.3 Lineare Diskriminanzanalyse

Nach der logistischen Regression lernen wir eine zweite klassische Klassifikationsmethode kennen, nämlich die von Ronald A. Fisher entwickelte lineare Diskriminanzanalyse (kurz: LDA).

Ausgangspunkt ist die Idee, die Verteilung der Kovariablen bei einer gegebenen Klasse zu modellieren. Bei einem medizinischen Klassifikationsproblem könnte beispielsweise die Verteilung der Blutparameter bei kranken Patienten und die Verteilung der Blutparameter bei gesunden Patienten modelliert werden. Bei der linearen Diskriminanzanalyse nehmen wir $\mathcal{X} = \mathbb{R}^p$ an, verwenden die Normalverteilung und setzen für die Klassen $k \in \{-1, +1\}$

$$f_k(x) = (2\pi)^{-p/2} \det(\Sigma_X)^{-1/2} \exp\left(-\frac{1}{2}(x - \mu_k)^\top \Sigma_X^{-1}(x - \mu_k)\right), \quad x \in \mathbb{R}^p, \quad (5.5)$$

mit den Mittelwerten $\mu_{-1}, \mu_{+1} \in \mathbb{R}^p$ und einer invertierbaren Kovarianzmatrix $\Sigma_X \in \mathbb{R}^{p \times p}$. Gibt $\pi_k = \mathbb{P}(Y = k) \in (0, 1)$ die a-priori-Wahrscheinlichkeit der Klasse $k \in \{-1, +1\}$ an, so liefert die Bayes-Formel die a-posteriori-Zähldichte von Y

$$\mathbb{P}(Y = k \mid X = x) = \frac{\pi_k f_k(x)}{\pi_{+1} f_{+1}(x) + \pi_{-1} f_{-1}(x)}.$$

Für den Bayes-Klassifizierer $C^*(x)$ wählen wir die Klasse k mit maximaler Wahrscheinlichkeit $\mathbb{P}(Y = k \mid X = x)$. Maximieren von $p_k(x)$ in k ist gleichbedeutend mit der Maximierung von $\log(\pi_k) + \log(f_k(x))$ und damit von $\log(\pi_k) + x^\top \Sigma_X^{-1} \mu_k - \frac{1}{2} \mu_k^\top \Sigma_X^{-1} \mu_k$. Es gilt also $C^*(x) = +1$ genau dann, wenn

$$\log(\pi_{+1}/\pi_{-1}) + x^\top \Sigma_X^{-1}(\mu_{+1} - \mu_{-1}) - \frac{1}{2}(\mu_{+1} + \mu_{-1})^\top \Sigma_X^{-1}(\mu_{+1} - \mu_{-1}) > 0.$$

Mit dem Mittelpunkt $\bar{\mu} = \frac{\mu_{+1} + \mu_{-1}}{2}$ lässt sich dies umschreiben zu

$$\delta(x) := (x - \bar{\mu})^\top \Sigma_X^{-1}(\mu_{+1} - \mu_{-1}) > \log(\pi_{-1}/\pi_{+1}).$$

Der Bayes-Klassifizierer ist also

$$C^*(x) = \operatorname{sgn}\big(\delta(x) - \log(\pi_{-1}/\pi_{+1})\big) = \begin{cases} +1, & \text{falls } \delta(x) > \log(\pi_{-1}/\pi_{+1}), \\ -1, & \text{falls } \delta(x) \leqslant \log(\pi_{-1}/\pi_{+1}). \end{cases}$$

Die Klassifikationsgrenze ist auch bei der linearen Diskriminanzanalyse linear. Im homogenen Fall $\Sigma_X = E_d$ und $\pi_{+1} = \pi_{-1} = 1/2$ ist es die Hyperebene durch den Mittelpunkt $\bar{\mu}$, die orthogonal zum Verbindungsvektor $\mu_{+1} - \mu_{-1}$ liegt, und wir werden x als $+1$ klas-

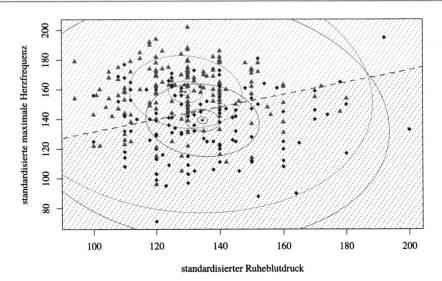

Abb. 5.2 Klassifikation der linearen Diskriminanzanalyse im *Heart Disease Data Set* aus Beispiel 5.1. Der violette Bereich wird als herzkrank und der grüne Bereich als gesund klassifiziert. Die Ellipsen zeigen Höhenlinien der geschätzten zugrunde liegenden Normalverteilungsdichten.

sifizieren, wenn x auf der Seite von μ_{+1} liegt und sonst als -1. Äquivalent wird diejenige Klasse k für x gewählt, deren Klassenmittelpunkt μ_k am nächsten liegt. Im allgemeinen Fall unterliegt die Klassifikationsgrenze gegebenenfalls noch einer Drehung (verursacht durch Σ_X) und einer Verschiebung (verursacht durch π_{+1}, π_{-1}, Σ_X), siehe Abb. 5.2. Für ein entsprechendes Resultat mit mehr als zwei Klassen verweisen wir auf Übung 5.4.

Im Fall einer Stichprobe aus diesem Modell ersetzen wir die unbekannten Größen π_k, μ_k, Σ_X durch ihre empirischen Werte.

Methode 5.12 (LDA - Lineare Diskriminanzanalyse) Für Trainingsdaten $(X_1, Y_1), \ldots,$ (X_n, Y_n) bezeichne n_k die Anzahl der (X_i, Y_i) mit $Y_i = k$. Wir definieren

$$\widehat{\mu}_k = \frac{1}{n_k} \sum_{j : Y_j = k} X_j \quad \text{und} \quad \widehat{\Sigma}_X = \frac{1}{n-2} \sum_{j=1}^{n} (X_j - \widehat{\mu}_{Y_j})(X_j - \widehat{\mu}_{Y_j})^\top.$$

Der **LDA-Klassifizierer** ist gegeben durch

$$\hat{C}^{LDA}(x) = \text{sgn}\big(\widehat{\delta}(x) - \log(n_{-1}/n_{+1})\big)$$

mit der **Diskriminante**

$$\widehat{\delta}(x) = \left(x - \tfrac{1}{2}(\widehat{\mu}_{+1} + \widehat{\mu}_{-1})\right)^{\top} \widehat{\Sigma}_X^{-1}(\widehat{\mu}_{+1} - \widehat{\mu}_{-1}),$$

vorausgesetzt $n_{-1}, n_{+1} > 0$ und $\widehat{\Sigma}_X$ ist invertierbar.

Lemma 5.13 (Bayes-Risiko für LDA) *Mit dem sogenannten **Mahalanobis-Abstand** $\Delta := |\Sigma_X^{-1/2}(\mu_{+1} - \mu_{-1})|$ von μ_{+1} und μ_{-1} berechnet sich das Bayes-Risiko im LDA-Modell als*

$$R^* = \pi_{+1}\Phi\left(\frac{\log(\pi_{+1}/\pi_{-1}) - \Delta^2/2}{\Delta}\right) + \pi_{-1}\left(1 - \Phi\left(\frac{\log(\pi_{+1}/\pi_{-1}) + \Delta^2/2}{\Delta}\right)\right)$$

mit der Verteilungsfunktion Φ der Standardnormalverteilung.

Beweis Übung 5.6.   □

Im Fall gleicher Klassenwahrscheinlichkeiten $\pi_{+1} = \pi_{-1} = 1/2$ gilt also $R^* = \Phi(-\Delta/2)$, die Klassifizierung ist umso einfacher, das heißt das Bayes-Risiko umso kleiner, je größer der Mahalanobis-Abstand Δ ist. Dies ist für weiter auseinanderliegende Klassenmittelpunkte μ_{+1} und μ_{-1} auch intuitiv. Skaliert man die Kovariablen über die bei Bayes-Klassifizierung bekannte Kovarianzmatrix Σ_X, so gilt ja $\Sigma_X^{-1/2} X_i \sim N(\Sigma_X^{-1/2}\mu_{+1}, E_p)$ gegeben $Y_i = +1$ und $\Sigma_X^{-1/2} X_i \sim N(\Sigma_X^{-1/2}\mu_{-1}, E_p)$ gegeben $Y_i = -1$ jeweils mit der Einheitsmatrix als Kovarianzmatrix. Daher ist auch die entsprechende $\Sigma_X^{-1/2}$-Skalierung sehr natürlich.

Genauso wie die Kleinste-Quadrate-Methode basiert die Herleitung der linearen Diskriminanzanalyse auf einer Normalverteilungsannahme, aber ihre Anwendbarkeit geht weit darüber hinaus. Wir beweisen jetzt eine Schranke für das Exzessrisiko im korrekt spezifizierten Normalverteilungsmodell. Die geneigte Leserin möge sich davon überzeugen, dass ein entsprechendes Resultat beispielsweise für subgaußsche Verteilungen ebenso gilt.

Satz 5.14 (Klassifikationsfehler von LDA) *Mit dem Mahalanobis-Abstand Δ gilt für das Exzessrisiko des LDA-Klassifizierers*

$$\mathcal{E}(\widehat{C}^{LDA}) \leqslant \frac{C}{\Delta}\left(\log^2\left(\frac{n_{+1}\pi_{-1}}{n_{-1}\pi_{+1}}\right)\right.$$

$$\left. + \sigma^2\left(\log(\Delta/\sigma) + \max_{k \in \{-1,+1\}}(|\widehat{\Sigma}_X^{-1/2}\widehat{\mu}_k| + |\Sigma_X^{-1/2}\mu_k|)^2\right)\right)$$

$$\text{mit } \sigma := \max_{k \in \{-1,+1\}}\left(|\widehat{\Sigma}_X^{-1/2}\widehat{\mu}_k - \Sigma_X^{-1/2}\mu_k| + \|E_p - \widehat{\Sigma}_X^{-1/2}\Sigma_X^{1/2}\||\widehat{\Sigma}_X^{-1/2}\widehat{\mu}_k|\right)$$

und einer Konstanten $C > 0$. Dabei nehmen wir $0 < \sigma \leqslant e^{-1}\Delta$ an, sodass der Logarithmus mindestens eins ist.

Beweis Zunächst standardisieren wir die Mittelwerte, indem wir $m_k := \Sigma_X^{-1/2}\mu_k$, $\hat{m}_k := \hat{\Sigma}_X^{-1/2}\hat{\mu}_k$ setzen sowie $D := m_{+1} - m_{-1}$, $\hat{D} := \hat{m}_{+1} - \hat{m}_{-1}$ und $\hat{d}_k := \hat{m}_k - m_k$. Wir argumentieren wie beim Beweis für logistische Regression in Satz 5.9. Mit $S(z) = e^z/(1 + e^z)$ gilt hier wegen $\eta = p_{+1}$ nämlich

$$\eta(x) = S\left(\log\left(\frac{\pi_{+1}f_{+1}(x)}{\pi_{-1}f_{-1}(x)}\right)\right)$$

$$= S\left(\log(\pi_{+1}/\pi_{-1}) - x^\top\Sigma_X^{-1}(\mu_{+1} - \mu_{-1}) - \tfrac{1}{2}\mu_{+1}^\top\Sigma_X^{-1}\mu_{+1} + \tfrac{1}{2}\mu_{-1}^\top\Sigma_X^{-1}\mu_{-1}\right)$$

$$= S\left(\log(\pi_{+1}/\pi_{-1}) - (\Sigma_X^{-1/2}x - \tfrac{1}{2}(m_{+1} + m_{-1}))^\top D\right)$$

und analog für die empirische Version $\hat{\eta}(x)$. Also ergibt derselbe Beweisschritt wie in (5.2) für beliebiges $\delta > 0$

$$\mathcal{E}(\hat{C}^{LDA}) \leqslant \tfrac{1}{2}\delta\mathbb{P}(|Z| \leqslant \delta) + \tfrac{1}{2}\mathbb{E}\big[|\hat{Z} - Z|\mathbb{1}(|\hat{Z} - Z| > \delta)\big] \qquad (5.6)$$

$$\text{mit} \quad Z := \log(\pi_{+1}/\pi_{-1}) - \big(\Sigma_X^{-1/2}X - \tfrac{1}{2}(m_{+1} + m_{-1})\big)^\top D,$$

$$\hat{Z} := \log(n_{+1}/n_{-1}) - (\hat{\Sigma}_X^{-1/2}X - \tfrac{1}{2}(\hat{m}_{+1} + \hat{m}_{-1}))^\top \hat{D}.$$

Im verbleibenden Beweis schätzen wir die Terme in (5.6) ab, wobei wir eine Schranke in $|\hat{D} - D|$, $|\hat{d}_k|$ und $\|E_p - \hat{\Sigma}_X^{-1/2}\Sigma_X^{1/2}\|$ anstreben. Die Schritte beruhen im Wesentlichen auf einer geschickten Fehleraufspaltung und einfachen Eigenschaften der Normalverteilung.

Als Mischung von Normalverteilungen können wir $\Sigma_X^{-1/2}X$ schreiben als

$$\Sigma_X^{-1/2}X = \tfrac{1}{2}(m_{+1} + m_{-1}) + \varepsilon D + G$$

mit $\mathbb{P}(\varepsilon = 1/2) = \pi_{+1}$, $\mathbb{P}(\varepsilon = -1/2) = \pi_{-1}$, $G \sim N(0, E_p)$ und ε, G unabhängig. Damit ist

$$Z = \log(\pi_{+1}/\pi_{-1}) - \varepsilon|D|^2 - G^\top D. \qquad (5.7)$$

Wegen $G^\top D \sim N(0, |D|^2)$ und $\Delta = |D|$ können wir mit einer skalaren Zufallsvariablen $\gamma \sim N(0, 1)$ schreiben

$$Z = \log(\pi_{+1}/\pi_{-1}) - \Delta^2\varepsilon + \Delta\gamma.$$

In dieser Darstellung lässt sich nun die gesuchte Wahrscheinlichkeit in (5.6) leicht abschätzen, wobei $\mathbb{P}(|\gamma - a| \leqslant t) \leqslant 2t(2\pi)^{-1/2}$, $a \in \mathbb{R}$, $t > 0$. Aus der Beschränktheit der Normalverteilungsdichte folgt

$$\tfrac{1}{2}\delta\mathbb{P}(|Z| \leqslant \delta) = \tfrac{1}{2}\delta\pi_{+1}\mathbb{P}\Big(|\log(\pi_{+1}/\pi_{-1}) - \Delta^2/2 + \Delta\gamma| \leqslant \delta\Big)$$

$$+ \tfrac{1}{2}\delta\pi_{-1}\mathbb{P}\Big(|\log(\pi_{+1}/\pi_{-1}) + \Delta^2/2 + \Delta\gamma| \leqslant \delta\Big)$$

$$\leqslant (2\pi)^{-1/2}\frac{\delta^2}{\Delta}. \tag{5.8}$$

Um $|\hat{Z} - Z|$ abzuschätzen, führen wir

$$\tilde{Z} := \log(n_{+1}/n_{-1}) - (\Sigma_X^{-1/2}X - \tfrac{1}{2}(\hat{m}_{+1} + \hat{m}_{-1}))^\top \hat{D}$$

ein, was sich nur in $\Sigma_X^{-1/2}$ von $\hat{Z}$ unterscheidet. Analog zu (5.7) gilt dann mit denselben Zufallsvariablen ε und G

$$|\tilde{Z} - Z + G^\top(\hat{D} - D)| = \Big| \log(n_{+1}\pi_{-1}/n_{-1}\pi_{+1}) + \tfrac{1}{2}(\hat{d}_{+1} + \hat{d}_{-1})^\top \hat{D} - \varepsilon D^\top(\hat{D} - D)\Big|$$

$$\leqslant M_1$$

$$\text{mit } M_1 := |\log(n_{+1}\pi_{-1}/n_{-1}\pi_{+1})| + \tfrac{1}{2}\big(|\hat{D}||\hat{d}_{+1} + \hat{d}_{-1}| + |D||\hat{D} - D|\big).$$

Andererseits ist

$$|\hat{Z} - \tilde{Z} - G^\top(E_p - \hat{\Sigma}_X^{-1/2}\Sigma_X^{1/2})\hat{D}| \leqslant \|E_p - \hat{\Sigma}_X^{-1/2}\Sigma_X^{1/2}\|(|m_{+1}| + |m_{-1}|)|\hat{D}|$$

$$=: M_2,$$

sodass wir mit einer standardnormalverteilten Zufallsvariablen $\tilde{\gamma}$

$$|\hat{Z} - Z| \leqslant M_1 + M_2 + 2\sigma|\tilde{\gamma}|$$

(in Verteilung) schreiben können. Wir erhalten mit der Schranke (A.1) für $t > 0$

$$\mathbb{P}\Big(|\hat{Z} - Z| > t + M_1 + M_2\Big) \leqslant \sqrt{2/\pi}\frac{2\sigma}{t}\exp\Big(-\frac{t^2}{8\sigma^2}\Big).$$

Beachte nun die Integralabschätzung für $a \geqslant c > 0$

$$\int_a^\infty t^{-1}e^{-t^2/(2c^2)}\mathrm{d}t = \int_{a/c}^\infty s^{-1}e^{-s^2/2}\mathrm{d}s \leqslant \int_{a/c}^\infty se^{-s^2/2}\mathrm{d}s \leqslant e^{-a^2/(2c^2)}. \tag{5.9}$$

Damit erhalten wir für $\delta = 2\kappa\sigma + M_1 + M_2$, $\kappa \geqslant 1$, (verwende Formel (5.3) und dann Abschätzungen (A.1), (5.9))

$$\mathbb{E}\big[|\hat{Z} - Z|\mathbb{1}(|\hat{Z} - Z| > \delta)\big] = \delta\mathbb{P}(|\hat{Z} - Z| > \delta) + \int_\delta^\infty \mathbb{P}(|\hat{Z} - Z| > t)\mathrm{d}t$$

$$\leqslant 2\sqrt{2/\pi}2\sigma e^{-\kappa^2/2} = \frac{4}{\sqrt{2\pi}}\frac{2\sigma^2}{\Delta} \tag{5.10}$$

mit der Wahl $\kappa = (2\log(\Delta/\sigma))^{1/2}$. Setzen wir mit dieser Wahl von δ die Abschätzungen (5.8), (5.10) in (5.6) ein und beachten $|\hat{D} - D| \leqslant 2\max_k|\hat{d}_k|$, so folgt die Behauptung mit einer geeigneten numerischen Konstanten C. $\qquad\qquad\qquad\qquad\qquad\qquad\qquad\square$

Folgendes Korollar gibt wieder eine grobe asymptotische Größenordnung des Exzessrisikos im Stichprobenumfang n und in der Dimension p an.

Korollar 5.15 (Fehlerrate von LDA) *Unter den Voraussetzungen von Satz 5.14 und* $\pi_{-1}, \pi_{+1} > 0$ *gilt für* $n \to \infty$ *und* $p/n \to 0$ *sowie* Δ^{-1}, $|\Sigma_X^{-1/2}\mu_{+1}|$, $|\Sigma_X^{-1/2}\mu_{-1}|$ *von der Größenordnung eins*

$$\mathcal{E}(\hat{C}^{LDA}) = O_P\Big(\frac{p}{n}\log(n/p)\Big).$$

Beweis Weil für die Stichprobengrößen $n_k \sim \text{Bin}(n, \pi_k)$ mit $\pi_k > 0$ gilt, folgt $n_k^{-1} = O_P(n^{-1})$ für $k \in \{-1 + 1\}$. Satz 5.10, der auch für um das Stichprobenmittel zentrierte Zufallsvektoren gilt, liefert dann die Abschätzung $\|\Sigma_X^{-1/2}\hat{\Sigma}_X\Sigma_X^{-1/2} - E_p\| = O_P(p^{1/2}n^{-1/2})$. Mit linearer Algebra folgt

$$\|\Sigma_X^{-1/2}\hat{\Sigma}_X^{1/2}\|^2 = \|\Sigma_X^{-1/2}\hat{\Sigma}_X^{1/2}(\Sigma_X^{-1/2}\hat{\Sigma}_X^{1/2})^\top\| \leqslant 1 + \|\Sigma_X^{-1/2}\hat{\Sigma}_X\Sigma_X^{-1/2} - E_p\|,$$

also $\|\Sigma_X^{-1/2}\hat{\Sigma}_X^{1/2}\| \leqslant 1 + O_P(p^{1/2}n^{-1/2})$. Ebenso gilt für die inverse Matrix (vergleiche *Neumann-Reihe* oder diagonalisiere)

$$\|\hat{\Sigma}_X^{-1/2}\Sigma_X^{1/2}\|^2 = \|(\Sigma_X^{-1/2}\hat{\Sigma}_X\Sigma_X^{-1/2})^{-1}\|$$
$$\leqslant \big(1 - \|\Sigma_X^{-1/2}\hat{\Sigma}_X\Sigma_X^{-1/2} - E_p\|\big)^{-1} \leqslant 1 + O_P(p^{1/2}n^{-1/2}).$$

Dies zeigt insgesamt, dass der kleinste und der größte Eigenwert von $\hat{\Sigma}_X^{-1/2}\Sigma_X^{1/2}$ maximal wie $O_P(p^{1/2}n^{-1/2})$ von 1 abweichen, also $\|E_p - \hat{\Sigma}_X^{-1/2}\Sigma_X^{1/2}\| = O_P(p^{1/2}n^{-1/2})$. Darüberhinaus erhalten wir damit unter Verwendung von $|\Sigma_X^{-1/2}\mu_k| = O(1)$

$$\max_k|\hat{\Sigma}_X^{-1/2}\hat{\mu}_k - \Sigma_X^{-1/2}\mu_k| \leqslant \max_k\Big(\|E_p - \hat{\Sigma}_X^{-1/2}\Sigma_X^{1/2}\|\,|\Sigma_X^{-1/2}\hat{\mu}_k| + |\Sigma_X^{-1/2}(\hat{\mu}_k - \mu_k)|\Big)$$
$$\leqslant O_P\Big(\frac{p^{1/2}}{n^{1/2}}\Big) + \Big(1 + O_P\Big(\frac{p^{1/2}}{n^{1/2}}\Big)\Big)|\Sigma_X^{-1/2}(\hat{\mu}_k - \mu_k)|.$$

Gegeben die Stichprobenumfänge n_k in der entsprechenden Klasse k, gilt $\hat{\mu}_k \sim N(\mu_k, n_k^{-1}\Sigma_X)$ und daher $|\Sigma_X^{-1/2}(\hat{\mu}_k - \mu_k)|^2 = O_P(pn^{-1})$. Wir schließen

$$\max_k|\hat{\Sigma}_X^{-1/2}\hat{\mu}_k - \Sigma_X^{-1/2}\mu_k| = O_P(p^{1/2}n^{-1/2}).$$

Mit $n_{+1}/n_{-1} = (\pi_{+1} + O_P(n^{-1/2}))/(\pi_{-1} + O_P(n^{-1/2}))$ erhalten wir dimensionsunabhängig $\log(n_{+1}\pi_{-1}/n_{-1}\pi_{+1}) = \log(1 + O_P(n^{-1/2})) = O_P(n^{-1/2})$.

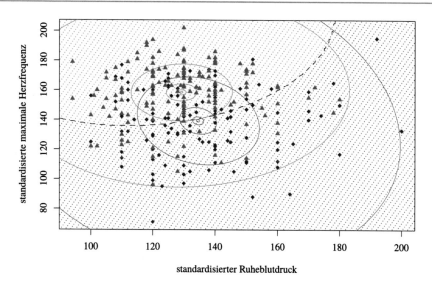

Abb. 5.3 Klassifikation der quadratischen Diskriminanzanalyse im *Heart Disease Data Set*. Der violette Bereich wird als herzkrank und der grüne Bereich als gesund klassifiziert. Die Ellipsen zeigen Höhenlinien der geschätzten zugrunde liegenden Normalverteilungsdichten.

Nach Annahme ist $|\Sigma_X^{-1/2}\mu_k| = O(1)$ beschränkt, und nach dem gerade Gezeigten folgt mit der Dreiecksungleichung $|\hat{\Sigma}_X^{-1/2}\hat{\mu}_k| \leqslant |\Sigma_X^{-1/2}\mu_k| + O_P(p^{1/2}n^{-1/2})$. Es gilt also $\sigma^2 = O_P(p/n)$. Wenn wir noch benutzen, dass Δ^{-1} beschränkt bleibt, ergibt sich die Behauptung. $\qquad\square$

Im korrekt spezifizierten Fall erhalten wir also wieder die *schnelle Rate* $O_P(p/n)$ bis auf log-Terme. Mit bedeutend weniger Aufwand lässt sich bereits eine *langsame Rate* $O_P((p/n)^{1/2})$ nachweisen indem Satz 4.7 von Richter (2019) zusammen mit der Normabschätzung $\|\hat{\Sigma}_X - \Sigma_X\| = O_P((p/n)^{1/2})$ aus Satz 5.10 verwendet wird.

Eine Verallgemeinerung der linearen Diskriminanzanalyse ist die *quadratische Diskriminanzanalyse* (kurz: QDA). Diese bezieht möglicherweise unterschiedliche Kovarianzmatrizen in den beiden Klassen mit ein und führt zu einer Entscheidungsgrenze, die keine Hyperebene mehr ist, sondern eine quadratische Gleichung löst (Übung 5.7). Angewendet auf die Daten aus Beispiel 5.1 ergibt sich die in Abb. 5.3 dargestellte Klassifikation.

5.4 Separierende Hyperebenen und Stützvektor-Klassifikation

Obwohl die jeweilige Motivation für die logistische Klassifikation und die lineare Diskriminanzanalyse unterschiedlich ist, führt sie in beiden Fällen auf eine lineare Hyperebene als Klassifikationsgrenze. Bei der logistischen Regression ist $\hat{\beta}$ Normalenvektor dieser Hyper-

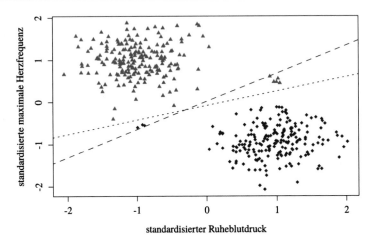

Abb. 5.4 Beobachtungen aus zwei gemischten Normalverteilungen sowie Entscheidungsgrenzen der linearen Diskriminanzanalyse (gestrichelt) und der logistischen Regression (gepunktet).

ebene, bei der linearen Diskriminanzanalyse ist es $\widehat{\Sigma}^{-1}(\widehat{\mu}_{+1} - \widehat{\mu}_{-1})$. In der Praxis führen beide Ansätze in niedriger Dimension öfter zu ähnlichen Ergebnissen, so zum Beispiel in der Anwendung aus Beispiel 5.1, bei der sich die Entscheidungsgrenzen beider Verfahren kaum unterscheiden. Das gilt aber nicht immer, wie folgendes Beispiel zeigt.

Beispiel 5.16

Die Beobachtungen $(X_i, Y_i)_{i=1,\dots,n} \in \mathbb{R}^2 \times \{-1, +1\}$ seien durch folgendes Modell gegeben: In der Klasse $+1$ sind die (X_i) verteilt gemäß der Mischung $0{,}98\mathrm{N}((-1, 1)^\top, \frac{4}{10}E_2) + 0{,}2\mathrm{N}((1, 1/2)^\top, \frac{1}{10}E_2)$ während in der Klasse -1 die Mischung $0{,}98\mathrm{N}((1, -1)^\top, \frac{4}{10}E_2) + 0{,}2\mathrm{N}((-1, -1/2)^\top, \frac{1}{10}E_2)$ zugrunde liegt. Wir erzeugen je Klasse 200 Realisierungen und wenden sowohl die lineare Diskriminanzanalyse als auch die logistische Regression zur Klassifikation an. Die Beobachtungen und die beiden Entscheidungsgrenzen sind in Abb. 5.4 dargestellt.

Aufgrund der etwa 2 % Ausreißer in jeder Klasse ist das Modell der linearen Diskriminanzanalyse nicht erfüllt, und tatsächlich werden diese Ausreißer durch LDA falsch klassifiziert. Der logistischen Regression gelingt es dagegen, die beiden Klassen exakt zu trennen.

Wenn die beiden Klassen durch eine Gerade getrennt werden können, findet die logistische Regression diese Trennung sogar immer: Deren Entscheidungsgrenze ist $\{x \in \mathbb{R}^2 : x^\top \hat{\beta} + \hat{\beta}_0 = 0\}$ mit dem Maximum-Likelihood-Schätzer im logistischen Regressionsmodell

$$(\hat{\beta}, \hat{\beta}_0) \in \underset{\beta \in \mathbb{R}^2, \beta_0 \in \mathbb{R}}{\arg\max} \sum_{i=1}^{n} \left(\mathbb{1}_{\{Y_i = +1\}} (X_i^\top \beta + \beta_0) - \log(1 + e^{X_i^\top \beta + \beta_0}) \right),$$

siehe (3.17) mit expliziter Mitführung des Absolutglieds. Alle Summanden mit $Y_i = +1$ sind monoton wachsend in $X_i^\top \beta + \beta_0$, während die Summanden mit $Y_i = -1$ in $X_i^\top \beta + \beta_0$ fallen. Wenn eine trennende Hyperebene existiert, dann können alle Summanden gleichzeitig maximiert werden (Übung 5.8). Genau genommen, gibt es in diesem Fall gar keinen MLE, denn das Supremum der Loglikelihood-Funktion wird für $|\beta|, |\beta_0| \to \infty$ erreicht. Beschränken wir die Maximierung allerdings auf eine hinreichend große Kugel im $\mathbb{R}^3$, dann gibt es einen eindeutigen Maximierer, der die Klassen trennt.

Intuitiv bevorzugen wir als Klassifikationsgrenze eine Gerade, die in den Daten die Klassen perfekt trennt, also keinen *in-sample*-Klassifikationsfehler besitzen. Andererseits haben wir bei den plugin-Klassifizierern gelernt, dass insbesondere in der Nähe der Klassifikationsgrenze die a-posteriori-Klassenwahrscheinlichkeiten gut geschätzt werden müssen, während an Stellen, wo die Klassenwahrscheinlichkeiten stärker differieren, auch größere Fehler zu keiner Fehlklassifikation im Vergleich zum Bayes-Klassifizierer führen. ◀

In diesem Kapitel lernen wir deshalb *modellfreie* Verfahren der Klassifikation mit linearen Klassifikationsgrenzen kennen. Diese werden für hochdimensionale und heterogene Datensätze in der Praxis oft erfolgreicher eingesetzt als die bisherigen modellbasierten Klassifizierer. Wir beginnen mit einer Verallgemeinerung der perfekt trennenden Geraden aus dem Beispiel.

Methode 5.17 (Separierende Hyperebene) Es seien Trainingsdaten $(X_1, Y_1), \ldots,$ $(X_n, Y_n) \in \mathbb{R}^p \times \{-1, +1\}$ gegegeben. Jede Hyperebene im $\mathbb{R}^p$ der Form $H_{\beta, \beta_0} = \{x \in \mathbb{R}^p \mid f_{\beta, \beta_0}(x) = 0\}$ mit

$$f_{\beta, \beta_0}(x) = x^\top \beta + \beta_0, \quad x \in \mathbb{R}^p,$$

und $\beta \in \mathbb{R}^p \setminus \{0\}$, $\beta_0 \in \mathbb{R}$ heißt **separierende Hyperebene** für die Daten, falls

$$Y_i f_{\beta, \beta_0}(X_i) > 0 \qquad \text{für alle } i = 1, \ldots, n$$

gilt. Falls separierende Hyperebenen existieren, wähle die **abstandsmaximierende separierende Hyperebene** (englisch: *maximal margin separating hyperplane* oder einfach *optimal hyperplane*) $\widehat{H} = H_{\hat{\beta}, \hat{\beta}_0}$ mit

$$(\hat{\beta}, \hat{\beta}_0) \in \underset{(\beta,\beta_0)\in\mathbb{R}^{p+1}, |\beta|=1}{\arg\max} \; \underset{i=1,\ldots,n}{\min} Y_i f_{\beta,\beta_0}(X_i)$$

und klassifiziere gemäß $\hat{C}^{Sep}(x) := \mathrm{sgn}(f_{\hat{\beta},\hat{\beta}_0}(x))$.

Beachte zunächst, dass $H_{\lambda\beta,\lambda\beta_0} = H_{\beta,\beta_0}$ gilt für alle reellen Zahlen $\lambda \neq 0$, sodass wir uns auf den normalisierten Fall $|\beta| = 1$ beschränken können. Nach Definition einer separierenden Hyperebene H_{β,β_0} liegen alle Datenpunkte X_i mit $Y_i = +1$ im affinen Halbraum $\{x \in \mathbb{R}^p \mid f_{\beta,\beta_0}(x) > 0\}$ und alle Datenpunkte X_i mit $Y_i = -1$ im (bezüglich $\mathbb{R}^p \setminus H_{\beta,\beta_0}$) komplementären Halbraum $\{x \in \mathbb{R}^p \mid f_{\beta,\beta_0}(x) < 0\}$. Da β im Fall $|\beta| = 1$ ein Normaleneinheitsvektor an H_{β,β_0} sowie $v_0 := -\beta_0\beta \in H_{\beta,\beta_0}$ ein Stützvektor der Hyperebene ist, folgt mit einfacher Geometrie für den Abstand

$$\underset{i=1,\ldots,n}{\min} \underset{h\in H_{\beta,\beta_0}}{\inf} |X_i - h| = \underset{i=1,\ldots,n}{\min} |\langle X_i - v_0, \beta\rangle| = \underset{i=1,\ldots,n}{\min} |f_{\beta,\beta_0}(X_i)|.$$

Damit maximiert $\hat{H}$ also in der Tat den Abstand zu den Datenpunkten über alle separierenden Hyperebenen. Diese Argumentation zeigt auch, dass im Allgemeinen das Optimierungsproblem für eine abstandsmaximierende Hyperebene eine eindeutige Lösung besitzt.

Die Parameter $\hat{\beta}, \hat{\beta}_0$ der abstandsmaximierenden separierenden Hyperebene erhalten wir äquivalent als

$$(\hat{\beta}, \hat{\beta}_0) \in \underset{(\beta,\beta_0)\in\mathbb{R}^{p+1}, 0<|\beta|\leqslant 1}{\arg\max} \{M \in \mathbb{R}_+ \mid \forall i = 1, \ldots, n : Y_i f_{\beta,\beta_0}(X_i) \geqslant M\}. \qquad (5.11)$$

Beachte dabei allerdings die Modifikation, dass über $|\beta| \leqslant 1$ maximiert wird, nicht nur über $|\beta| = 1$. Wie man sich durch Betrachten der Parameter $(\beta/|\beta|, \beta_0/|\beta|)$ leicht überlegt, wird das Maximum allerdings am Rand $|\beta| = 1$ der Einheitskugel angenommen, wenn es denn existiert.

Aus diesen Überlegungen folgt, dass $(\hat{\beta}, \hat{\beta}_0)$ aus (5.11) auch

$$(\hat{\beta}, \hat{\beta}_0) \in \underset{(\beta,\beta_0)\in\mathbb{R}^{p+1}, \beta\neq 0}{\arg\max} \{M \in \mathbb{R}_+ \mid \forall i = 1, \ldots, n : Y_i f_{\beta,\beta_0}(X_i) \geqslant M|\beta|\} \qquad (5.12)$$

löst; denn mit (β, β_0) ist auch $(\lambda\beta, \lambda\beta_0)$ für alle $\lambda > 0$ Lösung des Maximierungsproblems (5.12). Aufgrund dieser Homogenität können wir uns auf Lösungen mit $|\beta| = M^{-1}$ beschränken, sodass die abstandsmaximierende separierende Hyperebene auch als $\hat{H} = H_{\tilde{\beta},\tilde{\beta}_0}$ geschrieben werden kann, wobei

$$(\tilde{\beta}, \tilde{\beta}_0) \in \underset{(\beta,\beta_0)\in\mathbb{R}^{p+1}, \beta\neq 0, \forall i:\, Y_i f_{\beta,\beta_0}(X_i)\geqslant 1}{\arg\max} \quad |\beta|^{-1}$$

$$\in \underset{(\beta,\beta_0)\in\mathbb{R}^{p+1}, \beta\neq 0, \forall i:\, Y_i f_{\beta,\beta_0}(X_i)\geqslant 1}{\arg\min} \quad \tfrac{1}{2}|\beta|^2 \qquad (5.13)$$

ist. Ein solches quadratisches Minimierungsproblem unter den n linearen Nebenbedingungen $Y_i f_{\beta,\beta_0}(X_i) \geqslant 1$ ist numerisch einfach zu lösen und besitzt im Allgemeinen eine eindeutige Lösung, sofern die Nebenbedingungen erfüllt werden können und überhaupt eine separierende Hyperebene existiert. Eine Ausnahme ist der Fall, wo alle Y_i derselben Klasse angehören, wo $\beta = 0$ für geeignetes β_0 das Funktional minimiert. In der folgenden Methode werden wir die Wahl $\beta = 0$ der Einfachheit halber auch zulassen.

Geometrisch kann man (5.13) so verstehen, dass die Länge $|\beta|$ des Normalenvektors von H_{β,β_0} minimiert wird unter der Nebenbedingung, dass jedes X_i von H_{β,β_0} mindestens den Abstand $|\beta|^{-1}$ besitzt und korrekt klassifiziert wird. Aus dieser Perspektive ist es auch einleuchtend und daher ohne Beweis angegeben, dass dieser Abstand auf beiden Seiten der Hyperebene angenommen wird, also in jeder Klasse ein oder mehrere Punkte X_i existieren mit $Y_i f_{\beta,\beta_0}(X_i) = 1$. Man sagt, dass diese Punkte auf dem *margin* der Hyperebene liegen.

Das Konzept der separierenden Hyperebenen ist in vielen Fällen nicht realistisch, weil die Daten gar nicht linear getrennt werden können; und selbst wenn, dann wissen wir vom Bayes-Schätzer, dass er im Allgemeinen auch die Trainingsdaten nicht ohne Fehler klassifiziert. Eine solche *in-sample*-Fehlerminimierung ist nicht per se erstrebenswert.

Deshalb werden die strikten Nebenbedingungen aufgegeben und als geeigneter Strafterm zum Funktional $\frac{1}{2}|\beta|^2$ hinzuaddiert. Eine erste Möglichkeit wäre, mit der mittleren Anzahl $\frac{1}{n}\sum_{i=1}^{n} \mathbb{1}(1 - Y_i f_{\beta,\beta_0}(X_i) > 0)$ der falsch klassifizierten Daten zu bestrafen, aber dies führt auf ein nichtkonvexes Minimierungsproblem. Ähnlich wie beim Lasso-Schätzer, siehe den Beginn von Kap. 4.4.1, zeigt sich, dass die sogenannte konvexe Relaxation $\frac{1}{n}\sum_{i=1}^{n}(1 - Y_i f_{\beta,\beta_0}(X_i))_+$ (mit dem Positivteil $z_+ := \max(z,0)$ von $z \in \mathbb{R}$) eines solchen Strafterms nicht nur numerisch effizient zu berechnen ist, sondern auch statistisch gute Eigenschaften besitzt. Anstelle des Klassifikationsfehlers $\mathbb{1}(1 - Y_i f_{\beta,\beta_0}(X_i) > 0)$ werden wir also im Folgenden den sogenannten *hinge-Verlust* $(1 - Y_i f_{\beta,\beta_0}(X_i))_+$ betrachten (*hinge* heißt Angel, Scharnier und deutet die Form von $z \mapsto (1-z)_+$ an).

Diese Idee von Vapnik (2000) führt auf die sogenannte Stützvektorklassifizierung, wobei der Faktor im Strafterm äquivalent durch einen Faktor λ vor $\frac{1}{2}|\beta|^2$ ersetzt wird.

Methode 5.18 (Klassifikation mit Stützvektoren) Zu Daten $(X_1, Y_1), \ldots, (X_n, Y_n) \in$ $\mathbb{R}^p \times \{-1, +1\}$ und $\lambda > 0$ erhält man den **Stützvektorklassifizierer** (englisch: *support vector classifier*)

$$\hat{C}^{SV}(x) = \text{sgn}\big(f_{\hat{\beta}, \hat{\beta}_0}(x)\big).$$

Dabei ist $f_{\beta, \beta_0}(x) = \beta^\top x + \beta_0$ und

$$(\hat{\beta}, \hat{\beta}_0) \in \underset{(\beta, \beta_0) \in \mathbb{R}^{p+1}}{\arg \min} \left(\frac{1}{n} \sum_{i=1}^{n} (1 - Y_i f_{\beta, \beta_0}(X_i))_+ + \frac{\lambda}{2} |\beta|^2 \right). \tag{5.14}$$

▶ **Kurzbiografie (Vladimir Naumovich Vapnik)** Vladimir Vapnik wurde 1936 in der Sowjetunion geboren und ist einer der Begründer der statistischen Lerntheorie. Nach einem Mathematikstudium in Samarkand promovierte Vladimir Vapnik 1964 in Moskau am Institut für Kontrolltheorie. Dort begann er seine langjährige Zusammenarbeit mit dem Informatiker Alexey Yakovlevich Chervonenkis. Beide entwickelten die statistische Lerntheorie im Hinblick auf die Komplexität des Modells, die durch die Vapnik-Chervonenkis-Dimension (kurz: *VC-Dimension*) beschrieben wird und die Anwendung empirischer Prozesse erlaubt. Der Begriff *Lerntheorie* wurde maßgeblich von seinem einflussreichen Buch *The Nature of Statistical Learning Theory* geprägt und löste teilweise ähnliche Begriffe wie künstliche Intelligenz oder Mustererkennung ab. Mit dem Umbruch 1990 wanderte er in die USA aus, wo er an den AT&T-Bell-Laboratorien die SVM-Theorie entwickelte. Er erhielt viele Ehrungen für sein Lebenswerk, insbesondere die John-von-Neumann-Medaille, und ist weiterhin sehr aktiv.

Während sich beim Lasso-Schätzer ein Vektor mit vielen Nulleinträgen (*sparse vector*) ergibt, werden bei der Stützvektor-Klassifizierung die Parameter $\hat{\beta}, \hat{\beta}_0$ nur von wenigen Datenpunkten in der Nähe der Klassifikationsgrenze $H_{\hat{\beta}, \hat{\beta}_0}$ abhängen. Wir sagen allgemein, dass Punkte X_i mit $|f_{\hat{\beta}, \hat{\beta}_0}(X_i)| = 1$ auf dem *margin* und mit $|f_{\hat{\beta}, \hat{\beta}_0}(X_i)| < 1$ innerhalb des *margins* liegen.

Lemma 5.19 (Stützvektoren) *Die Lösung $\hat{\beta}$ des Optimierungsproblems (5.14) lässt sich schreiben als Linearkombination*

$$\hat{\beta} = \sum_{i=1}^{n} \alpha_i Y_i X_i, \quad \alpha_i \in \mathbb{R}. \tag{5.15}$$

Punkte X_i mit $Y_i f_{\hat\beta, \hat\beta_0}(X_i) > 1$ sind korrekt klassifiziert, liegen außerhalb des margins und erfüllen $\alpha_i = 0$. Punkte X_i mit $Y_i f_{\hat\beta, \hat\beta_0}(X_i) < 1$ sind falsch klassifiziert oder liegen innerhalb des margins und erfüllen $\alpha_i = (\lambda n)^{-1}$.

Beweis Beachte zunächst, dass die Funktion $g(z) = z_+$ bei $z = 0$ immerhin einseitig differenzierbar ist mit Ableitungen $g'(0-) = 0$ und $g'(0+) = 1$ und dass eine einseitig differenzierbare Funktion am Minimum eine nichtnegative rechtsseitige Ableitung besitzt. Für die Minimalstelle $(\hat\beta, \hat\beta_0)$ von

$$J(\beta, \beta_0) = \frac{1}{n} \sum_{i=1}^{n} (1 - Y_i f_{\beta, \beta_0}(X_i))_+ + \frac{\lambda}{2}|\beta|^2$$

betrachtet man daher die einseitig differenzierbare Funktion $h \mapsto J(\hat\beta + hv, \hat\beta_0)$, $h \in \mathbb{R}$, für beliebige Richtungsvektoren $v \in \mathbb{R}^p$. Dann gilt

$$0 \leqslant \lim_{h \downarrow 0} \frac{J(\hat\beta + hv, \hat\beta_0) - J(\hat\beta, \hat\beta_0)}{h}$$

$$= \frac{1}{n} \sum_{i=1}^{n} \left((-y_i v^\top X_i) \mathbb{1}(1 - Y_i f_{\hat\beta, \hat\beta_0}(X_i) > 0) + (-Y_i v^\top X_i)_+ \mathbb{1}(1 - Y_i f_{\hat\beta, \hat\beta_0}(X_i) = 0) \right)$$

$$+ \lambda v^\top \hat\beta.$$

Für jeden Vektor v in $U = \{v \in \mathbb{R}^p \mid \forall i = 1, \dots, n : f_{\hat\beta, \hat\beta_0}(X_i) = Y_i \Rightarrow v^\top X_i = 0\}$, also v orthogonal zu den korrekt klassifizierten X_i auf dem *margin*, gilt offensichtlich

$$v^\top \left(\lambda \hat\beta - \frac{1}{n} \sum_{i=1}^{n} Y_i X_i \mathbb{1}(1 - Y_i f_{\hat\beta, \hat\beta_0}(X_i) > 0) \right) \geqslant 0.$$

Da mit v auch $-v$ in U liegt, folgt sogar Gleichheit und daher

$$v^\top \hat\beta = v^\top \sum_{i=1}^{n} (\lambda n)^{-1} Y_i X_i \mathbb{1}(1 - Y_i f_{\hat\beta, \hat\beta_0}(X_i) > 0).$$

Dies legt die Orthogonalprojektion von $\hat\beta$ auf U fest, und $\hat\beta$ lässt sich deshalb ausdrücken durch

$$\hat\beta - \sum_{i=1}^{n} (\lambda n)^{-1} Y_i X_i \mathbb{1}(1 - Y_i f_{\hat\beta, \hat\beta_0}(X_i) > 0) = \sum_{i=1}^{n} \alpha_i Y_i X_i \mathbb{1}(1 - Y_i f_{\hat\beta, \hat\beta_0}(X_i) = 0)$$

mit geeigneten $\alpha_i \in \mathbb{R}$. Dies zeigt die gewünschte Darstellung. Die korrekte bzw. falsche Klassifikation ergibt sich unmittelbar aus $\hat{C}^{SV}(X_i) = Y_i$ für $Y_i f_{\hat\beta, \hat\beta_0}(X_i) > 0$ und $\hat{C}^{SV}(X_i) = -Y_i$ für $Y_i f_{\hat\beta, \hat\beta_0}(X_i) < 0$. $\qquad\square$

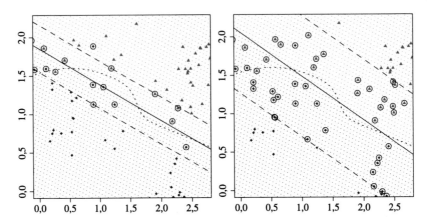

Abb. 5.5 Simulierte gemischt-normalverteilte Daten zweier Klassen mit Entscheidungsgrenze des Bayes-Klassifizierers *(gepunktet).* Entscheidungsgrenze *(durchgezogene Gerade)* der Stützvektorklassifikation mit *margin (gestrichelte Geraden)* für kleineren *(links)* und größeren *(rechts)* Tuning-Parameter λ. Alle Stützvektoren wurden mit Kreisen markiert.

Definition 5.20 Die Punkte X_i in der Darstellung (5.15) mit $\alpha_i \neq 0$ heißen **Stützvektor** (englisch: *support vectors*).

Das Lemma besagt also, dass der Stützvektorklassifizierer nicht von allen Datenpunkten X_i abhängt, sondern nur von den Stützvektoren. Das sind die falsch klassifizierten Punkte und diejenigen innerhalb des *margins*. Für korrekt klassifizierte Punkte x_i auf dem *margin* gilt $\alpha_i \in [0, (\lambda n)^{-1}]$, und alle Werte können vorkommen, was mit Mitteln der konvexen Optimierung bewiesen werden kann. Wichtig für Anwendungen ist eine starke Lokalität und Robustheit von $\hat{C}^{SV}$. Insbesondere ergibt sich keine Änderung der Klassifikation, wenn ein weiterer Trainingsdatenpunkt X_{n+1} hinzukommt, der richtig klassifiziert wird und außerhalb des *margins* liegt. Im Gegensatz dazu hängt die Klassifizierung mit logistischer Regression oder linearer Diskriminanzanalyse stets von allen Datenpunkten ab und bei der linearen Diskriminanzanalyse hat ein sehr weit von den anderen entfernter Datenpunkt *(Ausreißer)* großen Einfluss auf die Bestimmung des Klassenmittelpunkts.

Ein Nachteil der modellfreien Klassifizierungsmethoden ist, dass sie keine Modellinterpretation von Tuning-Parametern gestatten. Die Wahl von λ bei der Stützvektorklassifizierung regelt die Größe des *margins:* je größer λ ist, desto kleiner ist $\hat{\beta}$ und somit größer der *margin*. Diesen Effekt sehen wir in Abb. 5.5, wo der Stützvektorklassifizierer auf zwei gemischt-normalverteilte Klassen (ähnlich wie Beispiel 5.16) angewendet wurde. In der Praxis wird λ meist bestimmt, indem die verfügbaren Daten in Trainings- und Testdaten aufgeteilt werden und $\hat{C}^{SV}$ mit verschiedenen Werten von λ auf den Trainingsdaten berechnet wird und dann der Klassifikationsfehler auf den Testdaten in λ minimiert wird.

Die Stützvektorklassifizierung ist der wesentliche Bestandteil der SVM-Methode *(support vector machines)*, die wir in Kap. 5.6 besprechen werden.

5.5   k nächste Nachbarn

Bislang haben wir nur Klassifikationsverfahren mit linearer Klassifikationsgrenze kennengelernt. Ein einfaches und fundamentales Beispiel einer Klassifizierung mit einer sehr viel
variableren Klassifikationsgrenze ist die kNN-Methode, wobei kNN für „k nächste Nachbarn" steht.

Beispiel 5.21

Herzkrankheiten – c
Kommen wir zurück zur Klassifikation von herzkranken Patienten gemäß Beispiel 5.1,
basierend auf deren Ruheblutdruck und der maximalen Herzfrequenz. Eine intuitive Vor-
gehensweise ist, bei einem neuen Patienten von einer Herzkrankheit auszugehen, sofern
unter den k Patienten in den Trainingsdaten, deren Ruheblutdruck und maximale Herzfrequenz am nächsten liegen, die Mehrheit krank war, ansonsten würden wir ihn als
gesund klassifizieren. Hierbei ist entscheidend, wie wir den Abstand zwischen den erklärenden Variablen messen, insbesondere da verschiedene Maßeinheiten und Skalierungen
verglichen werden müssen. Wir standardisieren daher die Kovariablen und führen eine
Klassifikation basierend auf den 3 bzw. 30 nächsten Patienten durch. Das Ergebnis findet
sich in Abb. 5.6. Wir sehen eine sehr variable Klassifikationsgrenze, die für kleine Werte
von k sehr irregulär ist und sich stark auf die korrekte Klassifikation der Trainingsdaten
konzentriert, während für große k eine glattere Klassifikationsgrenze erhalten wird. ◄

Für die Praxis ist die Frage entscheidend, wie wir den Abstand zwischen Kovariablen messen,
weshalb wir Kovariablen in einem allgemeinen metrischen Raum $(\mathcal{X}, d)$ betrachten und
Nachbarschaft bezüglich der Metrik d definieren. Als Standardbeispiel werden wir auf den
Euklidischen Abstand d in $\mathcal{X} = \mathbb{R}^p$ zurückkommen.

Methode 5.22 (kNN – k nächste Nachbarn) Es seien Trainingsdaten $(X_i, Y_i)_{i=1,\dots,n}$
sowie ein $x \in \mathcal{X}$ gegeben, wobei $(\mathcal{X}, d)$ ein metrischer Raum ist. Definiere induktiv
die nächsten Nachbarn $X_{(1)}(x), \dots, X_{(n)}(x)$ von x über

$$X_{(1)}(x) \in \underset{j=1,\dots,n}{\arg\min}\, d(X_j, x),$$

$$X_{(i+1)}(x) \in \underset{j;\, X_j \notin \{X_{(1)}(x),\dots,X_{(i)}(x)\}}{\arg\min}\, d(X_j, x), \quad i = 1,\dots,n-1.$$

Wir nehmen der Einfachheit halber an, dass $X_1, \dots, X_n$ paarweise verschieden
sind. Für $k \in \{1, \dots, n\}$ bezeichnen wir mit $N_k(x) = \{X_{(1)}(x), \dots, X_{(k)(x)}\}$ die
Menge der k **nächsten Nachbarn** von x.

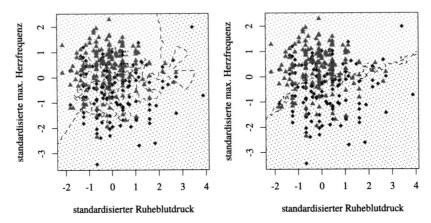

Abb. 5.6 Klassifikation, beruhend auf den k nächsten Nachbarn im *Heart Disease Data Set* mit $k = 3$ *(links)* und $k = 30$ *(rechts)*. Der violette Bereich wird als herzkrank und der grüne Bereich als gesund klassifiziert.

> **Der kNN-Klassifizierer** (*k* nächste Nachbarn, englisch: *k nearest neighbours*) $\hat{C}^{kNN}$ ist definiert als
>
> $$\hat{C}^{kNN}(x) := \operatorname{sgn}(2\hat{\eta}_k(x) - 1) \text{ mit } \hat{\eta}_k(x) = \frac{1}{k}\sum_{i=1}^{n} \mathbb{1}(X_i \in N_k(x),\, Y_i = +1).$$

In dieser Formulierung sehen wir, dass $\hat{C}^{kNN}$ ein plugin-Klassifizierer gemäß Definition 5.4 ist, wobei wir $\eta(x) = \mathbb{P}(Y = +1 \mid X = x)$ durch $\hat{\eta}_k(x)$ schätzen. Mithilfe der für plugin-Klassifizierer in Satz 5.5 bereits bewiesenen Ungleichung können wir das erwartete Exzessrisiko $\mathbb{E}[\mathcal{E}(\hat{C}^{kNN})]$ abschätzen, wobei wir gemäß dem Paradigma des statistischen Lernens die Trainingsdaten $(X_1, Y_1), \ldots, (X_n, Y_n)$ als verteilt wie (X, Y) und unabhängig annehmen.

Satz 5.23 (Fehler des kNN-Klassifiziers) *Falls η die verallgemeinerte Hölder-Bedingung*

$$\forall x, y \in \mathcal{X} : \ |\eta(x) - \eta(y)| \leqslant L(x)G(x, d(x, y))^{1/p}$$

mit $L : \mathcal{X} \to \mathbb{R}^+$ messbar, $p \geqslant 1$ und $G(x, t) := \mathbb{P}(d(X, x) \leqslant t)$ erfüllt, dann gilt für das Exzessrisiko des kNN-Klassifizierers

$$\mathbb{E}\big[\mathcal{E}(\hat{C}^{kNN})\big] \leqslant 2^{(p-1)/p}\mathbb{E}[L(X)]\Big(\frac{k+1}{n+1}\Big)^{1/p} + k^{-1/2}.$$

Beweis Nach Satz 5.5 gilt

$$\mathbb{E}[\mathcal{E}(\hat{C}^{kNN})] \leqslant 2\mathbb{E}[|\hat{\eta}_k(X) - \eta(X)|] = 2\mathbb{E}\Big[\Big|\frac{1}{k}\sum_{i:X_i \in N_k(X)} \mathbb{1}(Y_i = +1) - \eta(X)\Big|\Big],$$

wobei der Erwartungswert bezüglich aller Daten $(X_1, Y_1), \ldots, (X_n, Y_n)$ und X genommen wird. Mit der Dreiecksungleichung sehen wir, dass das Argument des letzten Erwartungswerts kleiner oder gleich

$$\Big|\frac{1}{k}\sum_{i:X_i \in N_k(X)} \big(\mathbb{1}(Y_i = +1) - \eta(X_i)\big)\Big| + \frac{1}{k}\sum_{i:X_i \in N_k(X)} |\eta(X_i) - \eta(X)| \qquad (5.16)$$

ist. Wie im Folgenden klar werden wird, spielt der erste Term die Rolle der Varianz und der zweite die des Bias in Analogie zur Bias-Varianz-Zerlegung von Lemma 1.11.

Wenn wir auf die Kovariablen bedingen, so ist $\mathbb{1}(Y_i = +1)$ $\mathrm{Ber}(\eta(X_i))$-verteilt, und der Erwartungswert über den ersten Term in (5.16) lässt sich mit der Cauchy-Schwarz-Ungleichung, Eigenschaften der Varianz und $\max_{0 \leqslant p \leqslant 1} p(1 - p) = 1/4$ abschätzen:

$$\mathbb{E}\Big[\Big|\frac{1}{k}\sum_{i:X_i \in N_k(X)} \big(\mathbb{1}(Y_i = +1) - \eta(X_i)\big)\Big| \,\Big|\, X_1 = x_1, \ldots, X_n = x_n, X = x\Big]$$

$$\leqslant \mathbb{E}\Big[\Big(\frac{1}{k}\sum_{i:x_i \in N_k(x)} \big(\mathbb{1}(Y_i = +1) - \eta(x_i)\big)\Big)^2 \,\Big|\, X_1 = x_1, \ldots, X_n = x_n, X = x\Big]^{1/2}$$

$$= \frac{1}{k}\Big(\sum_{i:x_i \in N_k(x)} \eta(x_i)(1 - \eta(x_i))\Big)^{1/2} \leqslant \frac{1}{k}(k/4)^{1/2} = \frac{1}{2}k^{-1/2}.$$

Diese Abschätzung ist unabhängig von den Kovariablenwerten, sodass folgt:

$$2\mathbb{E}\Big[\Big|\frac{1}{k}\sum_{i:X_i \in N_k(X)} \big(\mathbb{1}(Y_i = +1) - \eta(X_i)\big)\Big|\Big] \leqslant k^{-1/2}.$$

Für den Erwartungswert über den zweiten Term in (5.16) führen wir die Zufallsvariablen $U_i = G(x, d(x, X_i))$, $i = 1, \ldots, n$, mit den entsprechenden Ordnungsstatistiken $U_{(1)} \leqslant \cdots \leqslant U_{(n)}$ ein und benutzen die verallgemeinerte Hölder-Bedingung an η:

$$\mathbb{E}\Big[\frac{1}{k}\sum_{i:X_i \in N_k(X)} |\eta(X_i) - \eta(X)| \,\Big|\, X = x\Big] \leqslant \mathbb{E}\Big[\frac{1}{k}\sum_{i:X_i \in N_k(x)} L(x)U_i^{1/p}\Big]$$

$$\leqslant \Big[\frac{L(x)}{k}\sum_{j=1}^{k} \mathbb{E}[U_{(j)}^{1/p}]\Big].$$

Die Abstände $d(X_1, x), \ldots, d(X_n, x)$ sind unabhängige Zufallsvariablen und besitzen alle die Verteilungsfunktion $t \mapsto G(x, t)$. Daher folgt mit der Quantilsfunktion (Definition A.14)

$G^{(-1)}(x, u)$ in t, dass

$$\mathbb{P}(U_i \leqslant u) = \mathbb{P}(d(x, X_i) \leqslant G^{(-1)}(x, u)) = G(x, G^{(-1)}(x, u)) = u, \quad u \in (0, 1),$$

gilt und somit U_i gleichmäßig auf $[0, 1]$ verteilt ist. Gemäß Beispiel A.58 gilt dann $U_{(j)} \sim$ Beta$(j, n - j + 1)$. Aus der Jensen-Ungleichung folgt $\mathbb{E}[U_{(j)}^{1/p}] \leqslant \mathbb{E}[U_{(j)}]^{1/p} = (j/(n + 1))^{1/p}$, sodass

$$2\mathbb{E}\Big[\frac{1}{k} \sum_{i:X_i \in N_k(X)} |\eta(X_i) - \eta(X)|\Big] \leqslant \frac{2\mathbb{E}[L(X)]}{k} \sum_{j=1}^{k} j^{1/p}(n + 1)^{-1/p}$$

$$\leqslant \mathbb{E}[L(X)]2^{(p-1)/p}\Big(\frac{k + 1}{n + 1}\Big)^{1/p},$$

wobei wir $k^{-1}\sum_{j=1}^{k} j^{1/p} \leqslant (k^{-1}\sum_{j=1}^{k} j)^{1/p} = 2^{-1/p}(k+1)^{1/p}$ wiederum gemäß Jensen-Ungleichung verwendet haben. Dies schätzt den zweiten Term in (5.16) ab und liefert die Behauptung. □

Beispiel 5.24

Lipschitz-stetige Klassenwahrscheinlichkeiten
Um die verallgemeinerte Hölder-Bedingung an η besser zu verstehen, betrachten wir den Fall, dass $\mathcal{X}$ eine beschränkte Menge in $\mathbb{R}^p$ ist mit Euklidischer Metrik d und dass X gemäß einer positiven Dichte f^X auf $\mathcal{X}$ verteilt ist. Dann gilt mit der Kugel $B_r(x) = \{y \in \mathbb{R}^p \mid |y - x| \leqslant r\}$ für alle $x \in \mathcal{X}$ mit Abstand größer t zum Rand von $\mathcal{X}$

$$G(x, t) = P(|X - x| \leqslant t) = \int_{B_t(x)} f^X(y)\,\mathrm{d}y \geqslant \frac{\pi^{p/2}}{\Gamma(1 + p/2)} t^p \inf_{\xi \in B_t(x)} f^X(\xi).$$

Beachtet man noch, dass $G(x, t)$ wachsend in t ist, so ist die Hölder-Bedingung bei x also erfüllt, wenn für alle $y \in \mathcal{X}$

$$|\eta(x) - \eta(y)| \leqslant \tilde{L}(x)\big(|x - y| \wedge t\big) \text{ mit } \tilde{L}(x) = L(x)\frac{\pi^{1/2}}{\Gamma(1 + p/2)^{1/p}} \inf_{\xi \in B_t(x)} f^X(\xi) > 0$$

gilt. Dies ist gerade eine klassische lokale Lipschitz-Bedingung an η. Ist $\mathcal{X}$ eine offene Teilmenge mit glattem Rand (Lipschitz-stetig reicht), so ist das Lebesgue-Maß von $B_x(t) \cap \mathcal{X}$ auch für Randpunkte x von der Ordnung t^p für kleine t. In diesem Standardfall erfüllt jede Lipschitz-stetige Funktion η die verallgemeinerte Hölder-Bedingung für eine geeignete Konstante L.

In der Schranke für das Exzessrisiko können wir daher p als Dimension interpretieren. Diese liefert einen Fingerzeig zur Wahl des wichtigen Parameters k. Die Schranke wird in k minimal, wenn k die Größenordnung $n^{2/(p+2)}$ besitzt. Das erwartete Exzessrisiko fällt dann wie $n^{-1/(p+2)}$ im Stichprobenumfang n. Daraus lernen wir insbesondere qualitativ, dass k mit wachsendem Stichprobenumfang n wachsen, aber stets viel kleiner als n sein sollte und dass das Exzessrisiko in hohen Dimensionen p nur noch langsam fällt. Dies ist der bekannte *Fluch der Dimension* (*curse of dimensionality*) in der Statistik, wo eine größere Modell-Komplexität unvermeidbar mit einer langsameren Konvergenzrate einhergeht, siehe Tsybakov (2009). Für eine weitergehende Analyse der kNN-Methode verweisen wir auf Devroye et al. (1996).

Die kNN-Methode wird insbesondere dann erfolgreich eingesetzt, wenn die Kovariablen Werte in einer d-dimensionalen Untermannigfaltigkeit von $\mathbb{R}^p$ annehmen. Dann ergibt sich im Allgemeinen eine Konvergenzrate $n^{-1/(d+2)}$, die für kleine d viel besser als $n^{-1/(p+2)}$ ist. Wichtig dabei ist, dass diese Untermanigfaltigkeit keine Rolle bei der Konstruktion von $\hat{C}^{kNN}$ spielt, bis auf die optimale Wahl von k. Dies führt auf das Gebiet des *manifold learning*. ◄

5.6 Kernmethoden und SVM

Wir wollen schließlich die Theorie der SVMs (*support vector machines*) kennenlernen. Die dabei eingesetzten Ideen der Feature-Abbildungen und Kernmethoden finden weit allgemeiner Einsatz in der modernen Statistik und Lerntheorie.

5.6.1 Feature-Abbildung und RKHS

Der Datensatz in Abb. 5.7 lässt sich augenscheinlich nicht sinnvoll mit einer linearen Entscheidungsgrenze klassifizieren. Andererseits könnten wir die beiden Klassen gut mit einem Kreis oder allgemeiner einer Ellipse separieren. Dies entspricht der Situation in der Regression, wo statt einer Regressionsgerade ein Polynom höheren Grades ein vernünftigeres Modell ist. Genauso wie sich die Polynomregression weiterhin in die linearen Modelle einbettet, können wir in diesem Beispiel weiterhin mit linearen Klassifikationsgrenzen arbeiten, allerdings nicht für die zweidimensionalen Daten $x_i \in \mathbb{R}^2$, sondern die (im Allgemeinen) sechsdimensionalen Daten $\varphi(x_i) = (1, x_{i,1}, x_{i,2}, x_{i,1}^2, x_{i,2}^2, x_{i,1}x_{i,2})^\top \in \mathbb{R}^6$. In der Tat bedeutet dann die Bedingung $\beta^\top \varphi(x) > 0$ für einen Normalenvektor $\beta \in \mathbb{R}^6$ an die Klassifikationsgrenze $H_\beta = \{y \in \mathbb{R}^6 \mid \beta^\top y = 0\}$ gerade, dass ein quadratisches Funktional oder Polynom mit den Koeffizienten β in x positiv ist. Damit können wir geometrisch jede Quadrik als Klassifikationsgrenze erhalten, neben Kreisen und Ellipsen also auch Parabeln, Hyperbeln oder Doppelgeraden.

Dies ist eine klassische Idee der Statistik, die wir auch bereits mit der Abbildung $\varphi(x) = (1, x)^\top$ von $\mathbb{R}^{p-1}$ nach $\mathbb{R}^p$ regelmäßig verwendet haben, um einen *offset* im linearen Modell zu ermöglichen. Im maschinellen Lernen sagt man, dass eine solche Funktion φ *Features* (deutsch: *Merkmale*) der Kovariablen beschreiben, und man bildet im Rahmen einer Datenvorverarbeitung die Daten x_i auf die oft höherdimensionalen *Features* $\tilde{x}_i = \varphi(x_i)$ ab, bevor diese mit einfachen Methoden klassifiziert werden.

Abb. 5.7 Simulierte Daten
zweier Klassen, die durch einen
Kreis getrennt werden können.

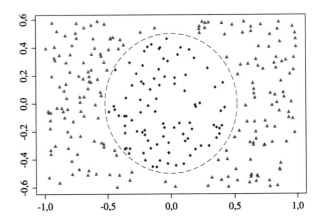

Definition 5.25 Für einen Stichprobenraum $\mathcal{X}$ heißt jede Funktion

$$\varphi : \mathcal{X} \to \mathbb{R}^p \text{ oder allgemeiner } \varphi : \mathcal{X} \to H$$

für einen Hilbertraum H **Feature-Abbildung** (englisch: *feature map*).

Als Verallgemeinerung des $\mathbb{R}^p$, versehen mit dem Euklidischen Skalarprodukt, sind hier allgemeine Hilberträume zugelassen. Ein *Hilbertraum H* ist ein Vektorraum, der mit einem Skalarprodukt $\langle \cdot, \cdot \rangle$ ausgestattet ist und der vollständig bezüglich der induzierten Norm $\|f\| := \sqrt{\langle f, f \rangle}$, $f \in H$, ist.

Während der Stichprobenraum $\mathcal{X}$ keine einfache geometrische Struktur zu haben braucht (man denke beispielsweise an kategorielle Daten oder Graphenbeziehungen), so besitzen die *features* $\varphi(x_i)$ eine einfache Hilbertraumgeometrie mit Längen, Winkeln usw. Über die Feature-Abbildung kommen wir zu den wichtigen Begriffen eines Kerns und eines Kern-reproduzierenden Hilbertraums.

Definition 5.26 Eine Funktion $k : \mathcal{X} \times \mathcal{X} \to \mathbb{R}$ heißt **positiv-definit**, falls für alle $m \in \mathbb{N}$ und $x_1, \ldots, x_m \in \mathcal{X}, \alpha_1, \ldots, \alpha_m \in \mathbb{R}$ gilt

$$\sum_{i=1}^{m} \sum_{j=1}^{m} \alpha_i \alpha_j k(x_i, x_j) \geqslant 0.$$

k heißt **symmetrisch,** falls $k(x, y) = k(y, x)$ für alle $x, y \in \mathcal{X}$ gilt.

Jede symmetrische, positiv-definite Funktion $k : \mathcal{X} \times \mathcal{X} \to \mathbb{R}$ heißt **Kern** (auf $\mathcal{X}$).

Lemma 5.27 (Featureabbildung und Kern) *Ist $\varphi : \mathcal{X} \to H$ eine Feature-Abbildung, so definiert*

$$k(x, y) := \langle \varphi(x), \varphi(y) \rangle, \quad x, y \in \mathcal{X},$$

einen Kern auf $\mathcal{X}$, wobei $\langle \cdot, \cdot \rangle$ das Skalarprodukt in H bezeichnet.

Beweis Offensichtlich gilt $k(x, y) = k(y, x)$ sowie wegen der Bilinearität des Skalarprodukts

$$\sum_{i=1}^{m} \sum_{j=1}^{m} \alpha_i \alpha_j k(x_i, x_j) = \left\langle \sum_{i=1}^{m} \alpha_i \varphi(x_i), \sum_{j=1}^{m} \alpha_j \varphi(x_j) \right\rangle = \left\| \sum_{i=1}^{m} \alpha_i \varphi(x_i) \right\|^2 ,$$

was nichtnegativ ist. $\square$

Beispiel 5.28

Klassische Kerne

1. Wir betrachten $\mathcal{X} = \mathbb{R}^p$. Dann ist natürlich die Identität φ eine Feature-Abbildung und $k(x, y) = \langle x, y \rangle$ der zugehörige Kern. Auch die konstante Funktion $k(x, y) = 1$ ist ein Kern. Man kann direkt nachrechnen, dass positive Vielfache und Summen von Kernen wiederum Kerne sind. In Aufgabe 5.8 sehen wir, dass auch Produkte von Kernen wieder Kerne sind. Damit erhalten wir die *polynomialen Kerne*

$$k(x, y) = (c + \langle x, y \rangle)^m, \quad x, y \in \mathbb{R}^p,$$

für $c \geqslant 0$ und $m \in \mathbb{N}$.

2. Der *Gauß-Kern* (oder *RBF-Kern* für *radial basis function*) $k : \mathbb{R}^p \times \mathbb{R}^p \to \mathbb{R}$ ist gegeben durch

$$k(x, y) = \exp \left(- \frac{|x - y|^2}{2\sigma^2} \right), \quad x, y \in \mathbb{R}^p,$$

für $\sigma > 0$. Offensichtlich gilt $k(x, y) = k(y, x)$. Dass k positiv-definit ist, ist nicht offensichtlich. Allerdings erfüllt jede charakteristische Funktion $\chi_X(u) := \mathbb{E}[e^{i \langle u, X \rangle}]$ eines Zufallsvektors X gerade (mit komplexer Konjugation $\bar{z}$ von $z \in \mathbb{C}$)

$$\sum_{k,l=1}^{m} \alpha_k \alpha_l \chi_X(u_k - u_l) = \mathbb{E}\left[\sum_{k,l=1}^{m} \alpha_k \alpha_l e^{i \langle u_k, X \rangle} \overline{e^{i \langle u_l, X \rangle}} \right] = \mathbb{E}\left[\left| \sum_{k=1}^{m} \alpha_k e^{i \langle u_k, X \rangle} \right|^2 \right] \geqslant 0$$

für beliebige $\alpha_k \in \mathbb{R}$, $u_k \in \mathbb{R}^p$. Für die Normalverteilung $X \sim N(0, \sigma^{-1} E_p)$ gilt $\chi_X(x_i - x_j) = e^{-|x_i - x_j|^2/(2\sigma^2)} = k(x_i, x_j)$, sodass der Gauß-Kern k positiv-definit ist.

◄

Funktionenräume mit Skalarprodukt erhalten über Kerne eine spezielle Struktur, die im weiteren Verlauf sehr nützlich werden wird.

Definition 5.29 Eine Funktion $k : \mathcal{X} \times \mathcal{X} \to \mathbb{R}$ heißt **Kern, reproduzierender** für einen Hilbertraum W von reellwertigen Funktionen auf $\mathcal{X}$, falls

1. $\forall x \in \mathcal{X} : k(x, \cdot) \in W$;
2. $\forall x \in \mathcal{X}, \ f \in W : f(x) = \langle f, k(x, \cdot) \rangle_W$ (*Reproduktion*).

W heißt **reproduzierender Kern-Hilbertraum** oder kurz **RKHS** (englisch: *reproducing kernel Hilbert space*).

Lemma 5.30 (Eigenschaften des Kerns) *Für den Kern k eines RKHS W gilt*

$$\langle k(x, \cdot), k(y, \cdot) \rangle_W = k(x, y), \quad x, y \in \mathcal{X}.$$

Insbesondere ist k in der Tat ein Kern und $\varphi_k : \mathcal{X} \rightarrow W$ mit $\varphi_k(x) := k(x, \cdot)$ ist eine Feature-Abbildung mit $\langle \varphi_k(x), \varphi_k(y) \rangle_W = k(x, y)$.

Außerdem lässt sich die Supremumsnorm für $f \in W$ durch die Hilbertraumnorm abschätzen, falls k beschränkt ist:

$$\sup_{x \in \mathcal{X}} |f(x)| \leqslant \|f\|_W \sup_{x \in \mathcal{X}} \sqrt{k(x, x)}$$

Beweis Die erste Identität folgt aus der Reproduktion $\langle f, k(y, \cdot) \rangle_W = f(y)$ angewendet auf $f(x') = k(x, x')$. Da ein Skalarprodukt symmetrisch und positiv definit ist, ergeben sich die entsprechenden Eigenschaften der Funktion k, sodass k ein Kern ist. Die Eigenschaft von φ_k ist eine Umformulierung der ersten Identität.

Mit der Cauchy-Schwarz-Ungleichung und der ersten Identität für $y = x$ folgt für jedes $x \in \mathcal{X}$

$$|f(x)| = |\langle f, k(x, \cdot) \rangle_W| \leqslant \|f\|_W \|k(x, \cdot)\|_W = \|f\|_W \sqrt{k(x, x)}.$$

Es bleibt, das Supremum über x zu nehmen. $\square$

Lemmata 5.27 und 5.30 zeigen, wie eine Feature-Abbildung einen Kern generiert und wie man aus dem Kern eines RKHS eine Featureabbildung erhält, die diesen Kern generiert. Für die Struktur der RKHS ist essentiell, dass wegen $|f(x)| \leqslant \|f\|_W \|k(x, \cdot)\|_W$ die Punktauswertung $f \mapsto f(x)$ ein stetiges lineares Funktional auf W ist. Deshalb kann beispielsweise $L^2([0, 1]^p)$ mit dem Lebesgue-Maß kein RKHS sein (die Punktauswertung ist nicht einmal wohldefiniert!).

Beispiel 5.31

RKHS

1. Es sei $(\mathcal{X}, \mathcal{F}, \mu)$ ein Maßraum. Bildet $\varphi_1, \ldots, \varphi_m$ ein Orthonormalsystem bezüglich $L^2(\mathcal{X}, \mu)$, so ist

$$k(x, y) := \sum_{i=1}^{m} a_i \varphi_i(x) \varphi_i(y) \text{ für beliebige } a_i > 0$$

ein reproduzierender Kern von $W = \mathrm{span}(\varphi_1, \ldots, \varphi_m)$ bezüglich

$$\langle f, g \rangle_W := \sum_{i=1}^{m} a_i^{-1} \langle f, \varphi_i \rangle_{L^2} \langle g, \varphi_i \rangle_{L^2}.$$

Dies folgt mit $f \in W$ sofort aus

$$\langle f, k(x, \cdot) \rangle_W = \sum_{i=1}^{m} a_i^{-1} \langle f, \varphi_i \rangle_{L^2} \sum_{j=1}^{m} a_j \langle \varphi_j, \varphi_i \rangle_{L^2} \varphi_j(x)$$

$$= \sum_{i=1}^{m} \langle f, \varphi_i \rangle_{L^2} \varphi_i(x) = f(x).$$

Diese Konstruktion lässt sich auf unendliche Reihenentwicklungen ($m = \infty$) verallgemeinern, sofern $k(x, y)$ wohldefiniert ist. Ein wichtiges Beispiel dafür ist die Fourierbasis (φ_i) von $L^2([0, 1])$ mit $(a_i) \in \ell^1$, dabei führt $a_i = (1 + i^2)^{-s}$ für $s > 1/2$ auf den RKHS $W = H_{per}^s([0, 1])$ (Sobolevraum der s-mal in L^2 differenzierbaren periodischen Funktionen).

2. Betrachte $W = \{f : [0, 1] \to \mathbb{R} \mid f(0) = 0, \int_0^1 f'(x)^2 dx < \infty\}$, wobei die Ableitung im schwachen Sinne existieren möge. Dies ist bezüglich $\langle f, g \rangle_W = \langle f', g' \rangle_{L^2}$ ein Hilbertraum. Mit $k(x, y) = x \wedge y$ gilt $\frac{\partial}{\partial y} k(x, y) = \mathbb{1}(y \leqslant x)$ und daher $k(x, \cdot) \in W$ sowie

$$\langle f, k(x, \cdot) \rangle_W = \int_0^1 f'(y) \mathbb{1}(y \leqslant x) \, dy = f(x).$$

Also ist k ein reproduzierender Kern von W.

In der stochastischen Analysis wird gezeigt, dass $k(x, y) = \mathbb{E}[B_x B_y]$ gerade die Kovarianzfunktion der Brownschen Bewegung B ist und W der Cameron-Martin-Raum. Im Sinne der stochastischen Integration gilt $\mathbb{E}[\langle f, B \rangle_W \langle g, B \rangle_W] := \mathbb{E}[\int f' dB \int g' dB] = \langle f, g \rangle_W$. Allgemein ergibt sich über die Kovarianzfunktionen und Kovarianzoperatoren ein Zusammenhang zwischen Gauß-Prozessen auf $\mathcal{X}$ und RKHS, was von Rasmussen und Williams (2006) aus statistischer Sicht beschrieben wird.

◄

Wir wollen nun sehen, wie aus einem Kern $k : \mathcal{X} \times \mathcal{X} \to \mathbb{R}$ ein zugehöriger RKHS konstruiert werden kann. Der Kern sei strikt positiv-definit in dem Sinn, dass $\sum_{i,j=1}^{m} \alpha_i \alpha_j k(x_i, x_j) = 0$ für paarweise verschiedene x_i nur dann gilt, wenn alle α_i null sind. Betrachte

$$W = \mathrm{span}(k(x_1, \cdot), \ldots, k(x_m, \cdot)) \text{ für paarweise verschiedene } x_1, \ldots, x_m \in \mathcal{X}$$

und die (strikt positiv-definite) *Kernmatrix* $\mathbf{K} = (k(x_i, x_j))_{i,j=1,\ldots,m}$. Dann folgt, dass W
mit dem Skalarprodukt

$$\langle f, g \rangle_W := \sum_{i,j=1}^{m} \alpha_i \beta_j k(x_i, x_j) = \alpha^\top \mathbf{K} \beta, \quad f = \sum_{i=1}^{m} \alpha_i k(x_i, \cdot), \quad g = \sum_{i=1}^{m} \beta_i k(x_i, \cdot),$$

einen RKHS bildet. In den statistischen Anwendungen ist dies mit den beobachteten Kovariablen $x_1, \ldots, x_m$ der häufigste Zugang zu RKHS, wie wir sehen werden. Allgemein kann aus einem Kern k ein zugehöriger RKHS W durch geeignete Vervollständigung der Linearkombinationen $\text{span}(k(x, \cdot), \ x \in \mathcal{X})$ konstruiert werden (Satz von Moore-Aronszajn).

Für den Gauß-Kern k besteht der zugehörige RKHS W gerade aus Linearkombinationen p-dimensionaler gaußscher Glockenfunktionen um die Punkte x_i. Der bilineare Kern $k(x, y) = \langle x, y \rangle_{\mathbb{R}^p}$ führt geometrisch auf den RKHS W der Abstandsfunktionen zu den Hyperebenen mit Normalenvektoren $\sum_{i=1}^{m} \alpha_i x_i$. Eine unendlich-dimensionale Version ergibt sich aus dem Integraloperator mit Kern k, wobei der Satz von Mercer aus der Funktionalanalysis gerade über die Eigenfunktionen den Zusammenhang mit dem ersten Beispiel herstellt.

5.6.2   SVM-Klassifikation

Wir werden uns jetzt der Verbindung von Stützvektorklassifizierung und Kernmethode widmen. Der erfolgreiche Einsatz von Kernmethoden in der Statistik, die im Prinzip auf alle auf Kovariablen beruhenden Modelle anwendbar sind, ist vor allem der Arbeit von Grace Wahba zu verdanken. So hat die Kernmethode unter dem Stichwort *Kerntrick* auch im maschinellen Lernen große Bedeutung erlangt.

▶   **Kurzbiografie (Grace Goldsmith Wahba)**   Grace Wahba, geboren 1934 in Montclair, New Jersey (USA), hat nach einem Mathematikstudium zunächst in der Industrie gearbeitet, bevor sie 1966 in Stanford promovierte und danach an der Universität von Wisconsin-Madison wirkte. Sie war die Wegbereiterin für wichtige funktionalanalytische Methoden in der Statistik, insbesondere RKHS- und Spline-Methoden. Außerdem hat sie mit G. Golub und M. Heath die verallgemeinerte Kreuzvalidierung (GCV, Methode 4.24) entwickelt. In Nychka et al. (2020) erklärt sie, wie es zur RKHS-Beschreibung von SVMs kam: „But then there was this meeting at Mount Holyoke College and we had a session sitting out on the grass. Vapnik got up and talked first, and he wrote down something that looks like an optimization problem in an RKHS. David Donoho (at least I think it was Donoho) said, "that looks like Grace Wahba's stuff". Then my turn came in and I put up a RKHS and it became evident that you can get the SVM as the solution to an optimization problem in a reproducing kernel Hilbert space!"

> **Methode 5.32 (Klassifikation mit SVM)** Für Trainingsdaten $(X_1, Y_1), \ldots, (X_n, Y_n)$ mit Werten in $\mathcal{X} \times \{-1, +1\}$, einen RKHS W auf $\mathcal{X}$ und $\lambda > 0$ setze
>
> $$\hat{f}_{SVM} :\in \underset{f \in W, \|f\|_W \leqslant \lambda}{\arg\min} \left(\frac{1}{n} \sum_{i=1}^{n} (1 - Y_i f(X_i))_+ \right) \quad \text{und} \quad \hat{C}_{SVM}(x) := \mathrm{sgn}\big(\hat{f}_{SVM}(x)\big).$$
>
> Dann heißt $\hat{C}_{SVM}$ **SVM-Klassifizierer** (englisch: *support vector machine*).

Für SVM-Klassifizierer betrachten wir also eine Kugel $\{f \in W : \|f\|_W \leqslant \lambda\}$ in W von Funktionen auf $\mathcal{X}$, wählen eine Funktion $\hat{f}_{SVM}$ in der Kugel aus, die den empirischen *hinge*-Verlust minimiert, und klassifizieren einen Punkt gemäß des Vorzeichens von $\hat{f}_{SVM}$. Diese Definition wird im Folgenden eine transparente mathematische Analyse ermöglichen. Die Formulierung ist zunächst anders als die für den Stützvektorklassifizierer $\hat{C}_{SV}$ aus Methode 5.18, führt jedoch im wesentlichen auf das gleiche Optimierungsproblem.

Beispiel 5.33

Betrachte für $\mathcal{X} = \mathbb{R}^p$ die Featureabbildung $\varphi(x) = (c, x)^\top \in \mathbb{R}^{p+1}$ für ein $c > 0$, also den Kern $k(x, y) = c^2 + \langle x, y \rangle$ des RKHS $W = \mathbb{R}^{p+1}$. Wegen $f(x) = \langle f, k(x, \cdot) \rangle_W = \langle f, \varphi(x) \rangle_{\mathbb{R}^{p+1}}$ können wir f mit einem Vektor in $\mathbb{R}^{p+1}$ identifizieren (f liegt eigentlich im Dualraum). Schreiben wir in diesem Sinn $f = (c^{-1}\beta_0, \beta)^\top$ mit $\beta_0 \in \mathbb{R}$, $\beta \in \mathbb{R}^p$, so folgt $f(x) = \beta_0 + \beta^\top x = f_{\beta,\beta_0}(x)$ wie in der Definition von $\hat{C}_{SV}$. Nach der Lagrange-Theorie für die Optimierung unter Nebenbedingungen gilt außerdem allgemein, dass $\hat{f}_{SVM}$ für einen geeigneten Lagrange-Multiplikator $\lambda' > 0$ das nicht restringierte Problem

$$\hat{f}_{SVM} \in \underset{f \in W}{\arg\min} \left(\frac{1}{n} \sum_{i=1}^{n} (1 - Y_i f(X_i))_+ + \frac{\lambda'}{2} \|f\|_W^2 \right) \tag{5.17}$$

löst. Dieser variationelle Ansatz mit $f = f_{\beta,\beta_0}$ entspricht der Definition von $(\hat{\beta}, \hat{\beta}_0)$ mit Parameter λ in (5.14) bis auf die Tatsache, dass mit $\frac{\lambda'}{2}(|\beta|^2 + c^{-2}\beta_0^2)$ penalisiert wird. Der genaue Strafterm $\frac{\lambda'}{2}|\beta|^2$ ergäbe sich, wenn wir die Halbnorm $\|v\|_W^2 = \sum_{j=2}^{p+1} v_j^2$ auf $W = \mathbb{R}^{p+1}$ verwenden würden. Die entsprechende Theorie ist aufwändiger, weshalb in der mathematischen Literatur vorrangig mit Methode 5.32 gearbeitet wird. ◄

Wie zuvor beim Schätzen erhalten wir in der Formulierung (5.17) den SVM-Klassifizierer durch Minimierung eines penalisierten Datenfehlers. Die Idee der Featureabbildung und speziell von SVM ist jedoch gerade, dass die Daten x_i in einen höher-dimensionalen oder sogar unendlich-dimensionalen Raum abgebildet werden. Für die Einsetzbarkeit dieser Methode ist das folgende Ergebnis entscheidend, weil es $\hat{f}_{SVM} \in \mathrm{span}(k(X_1, \cdot), \ldots (X_n, \cdot))$ zeigt, sodass nur über den von $k(X_i, \cdot)$, $i = 1, \ldots, n$, aufgespannten n-dimensionalen Raum minimiert werden muss.

Satz 5.34 (Darsteller-Eigenschaft) *Es seien W ein RKHS bezüglich $k : \mathcal{X} \times \mathcal{X} \to \mathbb{R}$, $\Phi : \mathbb{R} \to \mathbb{R}$ streng monoton wachsend und $G : \mathbb{R}^n \to \mathbb{R}$ beliebig. Dann besitzt für $x_1, \ldots, x_n \in \mathcal{X}$ jede Lösung des Minimierungsproblems*

$$\bar{f} \in \arg\min_{f \in W} \Big(G(f(x_1), \ldots, f(x_n)) + \Phi(\|f\|_W) \Big)$$

die Form $\bar{f}(x) = \sum_{i=1}^n \alpha_i k(x_i, x)$ mit geeigneten $\alpha_i \in \mathbb{R}$.

Ist G konvex und nichtnegativ, so existiert für jedes $\lambda > 0$ eine eindeutige Lösung des Minimierungsproblems

$$\bar{f} \in \arg\min_{f \in W} \Big(G(f(x_1), \ldots, f(x_n)) + \lambda \|f\|_W^2 \Big).$$

Beweis Betrachte den Unterraum $V := \operatorname{span}(k(x_1, \cdot), \ldots, k(x_n, \cdot))$ und das orthogonale Komplement $V^\perp := \{u \in W \mid \forall v \in V : \langle u, v \rangle_W = 0\}$. Dann gilt für $u \in V^\perp$ offenbar $u(x_i) = \langle u, k(x_i, \cdot) \rangle_W = 0$. Für jedes $f = u + v \in W$ mit $u \in V^\perp$, $v \in V$ gilt also

$$\forall i = 1, \ldots, n : \quad f(x_i) = v(x_i), \quad \|f\|_W^2 = \|u\|_W^2 + \|v\|_W^2.$$

Ist daher $\bar{f} = u + v$ Lösung des Minimierungsproblems, so muss $u = 0$ gelten, weil andernfalls das Kriterium bei v kleiner ist als bei $\bar{f}$. Dies zeigt $\bar{f} \in V$ und die erste Behauptung.

Wenn G konvex und nichtnegativ ist, so trifft dies auch auf $f \mapsto K(f) := G(f(x_1), \ldots, f(x_n)) + \lambda \|f\|_W^2$ als Komposition und Summe konvexer Funktionen zu. Darüberhinaus gilt für $f \in W$ mit $\lambda \|f\|_W^2 > G(0, \ldots, 0)$ natürlich $K(f) > K(0)$. Damit existiert eine Folge von Funktionen $f_n \in W$ mit $\|f_n\|_W \leqslant \lambda^{-1/2} G(0, \ldots, 0)^{1/2}$ und $K(f_n) \to \inf_{f \in W} K(f)$. Die Zerlegung $f_n = u_n + v_n$ mit $u_n \in V^\perp$, $v_n \in V$ zeigt wie oben $v_n \to \inf_{f \in W} K(f)$. Nun liegt aber (v_n) in der kompakten endlich-dimensionalen Kugel $\{v \in V \mid \|v_n\|_W \leqslant \lambda^{-1/2} G(0, \ldots, 0)^{1/2}\}$, und jeder Häufungspunkt von (v_n) löst das Minimierungsproblem. Wären f_1, f_2 zwei verschiedene Lösungen des Minimierungsproblems, so würde für $f = \frac{1}{2}(f_1 + f_2)$ nach der Parallelogramm-Identität

$$\|f\|_W^2 = \frac{1}{4}(2\|f_1\|_W^2 + 2\|f_2\|_W^2 - \|f_1 - f_2\|_W^2) < \frac{1}{2}(\|f_1\|_W^2 + \|f_2\|_W^2)$$

gelten. Wegen der Konvexität von G folgt daraus $K(f) < \frac{1}{2}(K(f_1) + K(f_2))$ (K ist sogar strikt konvex), was im Widerspruch zur Minimalität bei f_1, f_2 steht. Also ist die Lösung eindeutig. $\qquad\square$

Wegen der Konvexität des *hinge*-Verlusts gilt nach dem Darsteller-Satz

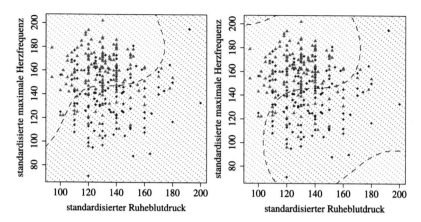

Abb. 5.8 SVM-Klassifizierer angewendet auf die Klassifikation von Herzkrankheiten durch den standardisierten Ruheblutdruck und die maximale Herzfrequenz mit den Daten aus Beispiel 5.1. *Links* wurde der Gauß-Kern und *rechts* ein polynomialer Kern vom Grad drei verwendet. Die Tuning-Parameter wurden über Kreuzvalidierung gewählt.

$$\hat{f}_{SVM} = \sum_{i=1}^{n} \hat{\alpha}_i k(X_i, \cdot), \quad \hat{\alpha}_i \in \mathbb{R},$$

wobei $\hat{f}_{SVM}$ stets existiert und eindeutig ist. Nach Lemma 5.30 gilt $\|\sum_i \alpha_i k(X_i, \cdot)\|_W^2 = \sum_{i,j} \alpha_i \alpha_j k(X_i, X_j) = \alpha^\top \mathbf{K} \alpha$ für die Kernmatrix $\mathbf{K} = (k(X_i, X_j))_{1 \leqslant i,j \leqslant n}$. Wir brauchen also nur folgendes Minimierungsproblem in den Koeffizienten $\hat{\alpha} = (\hat{\alpha}_1, \ldots, \hat{\alpha}_n)$ zu lösen:

$$\hat{\alpha} = \arg\min_{\alpha \in \mathbb{R}^n} \left(\frac{1}{n} \sum_{i=1}^{n} \left(1 - Y_i (\mathbf{K}\alpha)_i \right)_+ + \frac{\lambda'}{2} \alpha^\top \mathbf{K} \alpha \right)$$

Man beachte, dass in dieser Charakterisierung der RKHS W selbst nicht mehr erscheint und nur ein endlich-dimensionales Optimierungsproblem zu lösen ist. Da wir ja einfach nur die Stützvektorklassifizierung auf die transformierten Daten $\varphi(X_i)$ angewendet haben, ergibt sich wiederum, dass $\hat{\alpha}_i = 0$ für alle korrekt klassifizierten X_i außerhalb des *margins* gilt, also für $Y_i \hat{f}_{SVM}(X_i) > 1$. Im Allgemeinen ist daher $\hat{f}_{SVM}$ die Linearkombination nur weniger Kernfunktionen $k(X_i, \cdot)$. Wenden wir die SVM-Klassifizierung auf die Herzkrankheitserkennung aus Beispiel 5.1 an, ergibt sich Abb. 5.8.

Wir werden nun eine Orakelungleichung für SVM beweisen. Dabei vergleichen wir nicht mit dem Bayes-Klassifizierer, sondern mit dem Orakel-Klassifizierer C_{SVM}^*, der sich über die Minimierung des erwarteten *hinge*-Verlusts ergibt:

$$f_{SVM}^* := \arg\min_{\|f\|_W \leqslant \lambda} \mathbb{E}[(1 - Yf(X))_+], \quad C_{SVM}^*(x) := \mathrm{sgn}\big(f_{SVM}^*(x)\big) \tag{5.18}$$

Dass der *hinge*-Verlust ein vernünftiges Surrogat des 0-1-Verlusts beim Klassifikationsfehler ist, zeigt das folgende Ergebnis, das auch als *Zhang-Ungleichung* bekannt ist.

Satz 5.35 (Klassifikationsfehler und hinge-Verlust) *Der Bayes-Klassifizierer C^* minimiert das hinge-Risiko $\mathbb{E}[(1 - Yf(X))_+]$, genauer gilt*

$$\mathbb{E}[(1 - YC^*(X))_+] = \inf_{f:\mathcal{X}\to\mathbb{R}} \mathbb{E}[(1 - Yf(X))_+] = 2R(C^*).$$

Für $f: \mathcal{X} \to \mathbb{R}$ kann das Exzessrisiko von $C_f(x) := \text{sgn}(f(x))$ beim Klassifikationsfehler durch das Exzessrisiko bezüglich des hinge-Verlusts abgeschätzt werden:

$$\mathcal{E}(C_f) \leqslant \mathbb{E}[(1 - Yf(X))_+] - \mathbb{E}[(1 - YC^*(X))_+]$$

Die Funktion f ist dabei stets als messbar angenommen.

Beweis Zunächst gelte $|f(x)| \leqslant 1$ für alle $x \in \mathcal{X}$. Mit $\eta(x) = \mathbb{P}(Y = +1 \mid X = x)$ folgt dann wegen $|Yf(X)| \leqslant 1$

$$\begin{aligned}
\mathbb{E}[(1 - Yf(X))_+] &= \mathbb{E}[\eta(X)(1 - f(X)) + (1 - \eta(X))(1 + f(X))] \\
&= \mathbb{E}[1 + (1 - 2\eta(X))f(X)] \\
&\geqslant \mathbb{E}[1 - |1 - 2\eta(X)|] = 2\mathbb{E}[\eta(X) \wedge (1 - \eta(X))] = 2R(C^*).
\end{aligned}$$

Offensichtlich gilt Gleichheit für den Bayes-Klassifizierer $C^*(x) = \text{sgn}(2\eta(x) - 1)$ und genauer

$$\begin{aligned}
\mathbb{E}[(1 - Yf(X))_+] - \mathbb{E}[(1 - YC^*(X))_+] &= \mathbb{E}[(1 - 2\eta(X))f(X) - |1 - 2\eta(X)|] \\
&= \mathbb{E}[|2\eta(X) - 1||f(X) - \text{sgn}(2\eta(x) - 1)|].
\end{aligned}$$

Andererseits erfüllt das Exzessrisiko für $R(C) = \mathbb{P}(Y \neq C(X))$ nach Lemma 5.3

$$\begin{aligned}
\mathcal{E}(C_f) = R(C_f) - R(C^*) &= \mathbb{E}[|2\eta(X) - 1|\mathbb{1}(C_f(X) \neq C^*(X))] \\
&= \mathbb{E}[|2\eta(X) - 1|\mathbb{1}(f(X)(2\eta(X) - 1) < 0)].
\end{aligned}$$

Aus $f(X)(2\eta(X) - 1) < 0$ folgt $|f(X) - \text{sgn}(2\eta(X) - 1)| \geqslant 1$ (betrachte $f(X) > 0$ und $f(X) < 0$ einzeln), sodass

$$R(C_f) - R(C^*) \leqslant \mathbb{E}[(1 - Yf(X))_+] - \mathbb{E}[(1 - YC^*(X))_+]$$

für alle $f: \mathcal{X} \to [-1, 1]$ gilt. Für Funktionen $f: \mathcal{X} \to \mathbb{R}$ setzen wir schließlich $\check{f}(x) = (f(x) \wedge 1) \vee (-1)$ (bei -1 und $+1$ „abgeschnittenes" f) mit $\check{f}: \mathcal{X} \to [-1, 1]$. Dann gilt $C_f = C_{\check{f}}$ sowie $(1 - Yf(X))_+ \geqslant (1 - Y\check{f}(X))_+$. Damit folgen alle Aussagen a fortiori auch für $f: \mathcal{X} \to \mathbb{R}$. $\qquad\square$

Falls der RKHS W so reichhaltig ist, dass es eine Folge $f_m \in W$ gibt mit $\mathbb{E}[|f_m(X) - C^*(X)|] \to 0$, so folgt $\mathbb{E}[(1 - Yf_m(X))_+] \to \mathbb{E}[(1 - YC^*(X))_+]$ und

$$\lim_{\lambda \to \infty} \mathbb{E}[(1 - YC^*_{SVM,\lambda}(X))_+] = \inf_{f \in W} \mathbb{E}[(1 - Yf(X))_+] = \mathbb{E}[(1 - YC^*(X))_+],$$

wobei wir die Abhängigkeit des Orakel-SVM-Klassifizierers $C^*_{SVM,\lambda}$ von λ explizit angeben. Für große λ wird dann der Approximationsfehler

$$\inf_{\|f\|_W \leqslant \lambda} \mathbb{E}[(1 - Yf(X))_+] - \mathbb{E}[(1 - YC^*(X))_+]$$

klein, allerdings ist im Allgemeinen $C^*(x) \in \{-1, +1\}$ unstetig, während $f \in W$ regulär ist, sodass dieser Fehler eher langsam gegen null konvergieren wird. Wir widmen uns hier der Kontrolle des stochastischen Fehlers zwischen $\hat{C}_{SVM}$ und C^*_{SVM}. Analog zur Fundamentalungleichung (3.12) aus Kap. 3 gilt:

Lemma 5.36 (SVM-Fundamentalungleichung) *Für das Exzessrisiko des SVM-Klassifizierers* $\hat{C}_{SVM}$ *gilt mit* C^*_{SVM} *aus (5.18)*

$$\mathcal{E}(\hat{C}_{SVM}) \leqslant \inf_{\|f\|_W \leqslant \lambda} \mathbb{E}[(1 - Yf(X))_+] - \mathbb{E}[(1 - YC^*(X))_+]$$

$$+ 2 \sup_{\|f\|_W \leqslant \lambda} \left| \frac{1}{n} \sum_{i=1}^{n} (1 - Y_i f(X_i))_+ - \mathbb{E}[(1 - Y_i f(X_i))_+] \right|.$$

Beweis Nach Satz 5.35 reicht es,

$$\mathbb{E}^{X,Y}[(1 - Y\hat{f}_{SVM}(X))_+] - \inf_{\|f\|_W \leqslant \lambda} \mathbb{E}[(1 - Yf(X))_+]$$

$$\leqslant 2 \sup_{\|f\|_W \leqslant \lambda} \left| \frac{1}{n} \sum_{i=1}^{n} (1 - Y_i f(X_i))_+ - \mathbb{E}[(1 - Y_i f(X_i))_+] \right|$$

zu zeigen, wobei $\mathbb{E}^{X,Y}$ bedeutet, dass der Erwartungswert nur bezüglich X, Y genommen wird und sich nicht auf (X_i, Y_i) in der Definition von $\hat{f}_{SVM}$ bezieht.

Wir betrachten nun allgemein zwei Funktionen $f_1, f_2 : S \to \mathbb{R}$ auf einer Menge S und nehmen an, dass jedes f_i an einer Stelle s_i minimal ist: $f_i(s_i) = \min_{s \in S} f_i(s)$. Dann gilt

$$f_1(s_2) - f_1(s_1) = \big(f_1(s_2) - f_2(s_2)\big) + \big(f_2(s_2) - f_2(s_1)\big) + \big(f_2(s_1) - f_1(s_1)\big)$$

$$\leqslant |f_1(s_2) - f_2(s_2)| + 0 + |f_1(s_1) - f_2(s_1)| \leqslant 2 \sup_{s \in S} |f_1(s) - f_2(s)|,$$

was man sich auch an zwei Funktionsgraphen geometrisch klar machen kann. Hier erhalten wir wegen der Existenz der Minima gemäß Satz 5.34

$$
\mathbb{E}^{X,Y}[(1 - Y\hat{f}_{SVM}(X))_+] - \inf_{\|f\|_W \leqslant \lambda} \mathbb{E}[(1 - Yf(X))_+]
$$

$$
\leqslant 2 \sup_{\|f\|_W \leqslant \lambda} \left| \frac{1}{n} \sum_{i=1}^{n} (1 - Y_i f(X_i))_+ - \mathbb{E}[(1 - Yf(X))_+] \right|,
$$

sodass die Behauptung folgt.   □

Satz 5.37 (SVM-Orakelungleichung) *Für den SVM-Klassifizierer* $\hat{C}_{SVM}$ *im RKHS W bezüglich eines beschränkten Kerns k und mit dem Radius* $\lambda > 0$ *gilt*

$$
\mathbb{E}[\mathcal{E}(\hat{C}_{SVM})] \leqslant \inf_{\|f\|_W \leqslant \lambda} \mathbb{E}[(1 - Yf(X))_+] - \mathbb{E}[(1 - YC^*(X))_+] + 8\lambda\sqrt{\mathbb{E}[k(X, X)]/n}.
$$

Beweis Nach Lemma 5.36 reicht es,

$$
\mathbb{E}\left[\sup_{\|f\|_W \leqslant \lambda} \left| \frac{1}{n} \sum_{i=1}^{n} (1 - Y_i f(X_i))_+ - \mathbb{E}[(1 - Y_i f(X_i))_+] \right| \right] \leqslant 4\lambda\sqrt{\mathbb{E}[k(X, X)]/n}
$$

zu zeigen. Das Abschätzen eines Erwartungswerts über das Supremum zentrierter Zufallsvariablen ist eine klassische Aufgabe in der Theorie empirischer Prozesse, die hier mit einem Symmetrisierungs- und Kontraktionsargument gelöst wird. Dazu sei $(X_i', Y_i')_{i=1,\dots,n}$ eine *Phantom-Stichprobe* (englisch: *ghost sample*), das heißt, $(X_i', Y_i')_{i=1,\dots,n}$ sei auf demselben Wahrscheinlichkeitsraum wie $(X_i, Y_i)_{i=1,\dots,n}$ definiert, besitze die gleiche Verteilung, sei aber unabhängig von $(X_i, Y_i)_{i=1,\dots,n}$. Dann gilt nach der Jensen-Ungleichung und $\sup_t \mathbb{E}[Z_t] \leqslant \mathbb{E}[\sup_t Z_t]$

$$
\mathbb{E}\left[\sup_{\|f\|_W \leqslant \lambda} \left| \frac{1}{n} \sum_{i=1}^{n} ((1 - Y_i f(X_i))_+ - \mathbb{E}[(1 - Y_i' f(X_i'))_+]) \right| \right]
$$

$$
\leqslant \mathbb{E}\left[\sup_{\|f\|_W \leqslant \lambda} \left| \frac{1}{n} \sum_{i=1}^{n} ((1 - Y_i f(X_i))_+ - (1 - Y_i' f(X_i')))_+ \right| \right].
$$

Weiterhin konstruieren wir auf demselben Wahrscheinlichkeitsraum eine *Rademacher-Folge* $(\sigma_i)_{i=1,\dots,n}$, also unabhängige Zufallsvariablen σ_i mit $P(\sigma_i = \pm 1) = 1/2$, die unabhängig von $(X_i, Y_i)_{i=1,\dots,n}$ und $(X_i', Y_i')_{i=1,\dots,n}$ sind. Nun sind $\pm((1 - Y_i f(X_i))_+ - (1 - Y_i' f(X_i'))_+)$ für unterschiedliche Vorzeichen identisch verteilt und damit ebenso verteilt wie $\sigma_i((1 - Y_i f(X_i))_+ - (1 - Y_i' f(X_i'))_+)$. Dies zeigt

$$\mathbb{E}\left[\sup_{\|f\|_W \leqslant \lambda}\left|\frac{1}{n}\sum_{i=1}^{n}((1-Y_if(X_i))_+ - (1-Y_i'f(X_i')))_+\right|\right]$$

$$\leqslant \mathbb{E}\left[\sup_{\|f\|_W \leqslant \lambda}\left|\frac{1}{n}\sum_{i=1}^{n}\sigma_i((1-Y_if(X_i))_+ - 1 + 1 - (1-Y_i'f(X_i'))_+)\right|\right]$$

$$\leqslant 2\mathbb{E}\left[\sup_{\|f\|_W \leqslant \lambda}\left|\frac{1}{n}\sum_{i=1}^{n}\sigma_i((1-Y_if(X_i))_+ - 1)\right|\right].$$

Wir verwenden nun das Kontraktionsprinzip ((Ledoux und Talagrand, 2011, Thm. 4.12)): Ist $\psi:[-1,1]\to\mathbb{R}$ eine Kontraktion, also $|\psi(x)-\psi(y)|\leqslant|x-y|$ und $\psi(0)=0$, so gilt für jede Familie $\mathcal{G}$ von messbaren Funktionen $g:\mathcal{X}\times\{-1,+1\}\to[-1,1]$

$$\mathbb{E}\left[\sup_{g\in\mathcal{G}}\left|\frac{1}{n}\sum_{i=1}^{n}\sigma_i\psi(g(X_i,Y_i))\right|\right] \leqslant 2\mathbb{E}\left[\sup_{g\in\mathcal{G}}\left|\frac{1}{n}\sum_{i=1}^{n}\sigma_ig(X_i,Y_i)\right|\right].$$

Aus $\|f\|_W \leqslant \lambda$ folgt nach Lemma 5.30 $\|f\|_\infty \leqslant \lambda\sup_{x\in\mathcal{X}}k(x,x)^{1/2} =: L < \infty$. Für $\psi(u)=((1+Lu)_+ - 1)/L$ und $g(x,y)=-yf(x)/L\in[-1,1]$ erhalten wir so

$$\mathbb{E}\left[\sup_{\|f\|_W \leqslant \lambda}\left|\frac{1}{n}\sum_{i=1}^{n}\sigma_i\frac{(1-Y_if(X_i))_+ - 1}{L}\right|\right] \leqslant 2\mathbb{E}\left[\sup_{\|f\|_W \leqslant \lambda}\left|\frac{1}{n}\sum_{i=1}^{n}\sigma_i\frac{Y_if(X_i)}{L}\right|\right],$$

und die Konstante L hebt sich weg. Nun ist σ_iY_i wie σ_i verteilt, und wir haben insgesamt gezeigt

$$\mathbb{E}\left[\sup_{\|f\|_W \leqslant \lambda}\left|\frac{1}{n}\sum_{i=1}^{n}(1-Y_if(X_i))_+ - \mathbb{E}[(1-Y_if(X_i))_+]\right|\right]$$

$$\leqslant 4\mathbb{E}\left[\sup_{\|f\|_W \leqslant \lambda}\left|\frac{1}{n}\sum_{i=1}^{n}\sigma_if(X_i)\right|\right].$$

Schließlich profitieren wir noch von der Hilbertraumstruktur des RKHS, indem wir mit der Cauchy-Schwarz-Ungleichung abschätzen:

$$\sup_{\|f\|_W \leqslant \lambda}\left|\frac{1}{n}\sum_{i=1}^{n}\sigma_if(X_i)\right|^2 = \sup_{\|f\|_W \leqslant \lambda}\left|\frac{1}{n}\sum_{i=1}^{n}\langle f,\sigma_ik(X_i,\cdot)\rangle_W\right|^2$$

$$\leqslant \sup_{\|f\|_W \leqslant \lambda}\|f\|_W^2\left\|\frac{1}{n}\sum_{i=1}^{n}\sigma_ik(X_i,\cdot)\right\|_W^2$$

$$= \frac{\lambda^2}{n^2}\sum_{i,j=1}^{n}\sigma_i\sigma_jk(X_i,X_j).$$

Dies impliziert wegen $\mathbb{E}[\sigma_i\sigma_j]=0$ für $i\neq j$

$$\mathbb{E}\Big[\sup_{\|f\|_W \leqslant \lambda}\Big|\frac{1}{n}\sum_{i=1}^{n}\sigma_i f(X_i)\Big|\Big] \leqslant \frac{\lambda}{n}\mathbb{E}\Big[\sum_{i,j=1}^{n}\sigma_i\sigma_j k(X_i, X_j)\Big]^{1/2}$$

$$= \lambda n^{-1/2}\sqrt{\mathbb{E}[k(X, X)]}$$

Zusammen mit den obigen Überlegungen ergibt das die Behauptung.   □

Die stochastische Fehlerschranke in der Orakelungleichung von Satz 5.37 ist von der Ordnung $n^{-1/2}$ in n. Die Komplexität der Klassifizierfamilie wird durch $\lambda\mathbb{E}[k(X, X)]^{1/2}$ kontrolliert, was die Supremumsnorm der zulässigen Ansatzfunktionen f mit Radius $\|f\|_W \leqslant \lambda$ beschränkt. Der Approximationsfehler zwischen dem *hinge*-Verlust für C^*_{SVM} und C^* fällt hingegen mit wachsendem λ. Dieser Fehler kann unter Annahmen an den RKHS W oder äquivalent den Kern k und an die Regularität von C^* bzw. η weiter abgeschätzt werden. Es ergeben sich ähnliche Resultate wie beim kNN-Klassifizierer, insbesondere auch eine Dimensionsabhängigkeit, und λ kann so gewählt werden, dass stochastischer Fehler und Approximationsfehler austariert werden. In der Praxis wird λ jedoch über die Validierung auf einer zusätzlichen Testmenge gewählt.

Zusatzannahmen an $\mathbb{P}(|\eta(X) - 1/2| > \delta)$ erlauben manchmal auch eine *schnelle Rate* n^{-1} für den stochastischen Fehler, ähnlich wie bei logistischer Regression und linearer Diskriminanzanalyse, was aber technisch und aufwändig zu beweisen ist. Eine allgemeine SVM-Theorie zusammen mit vielerlei Anwendungsaspekten wird in Steinwart und Christmann (2008) dargestellt. Eine weitergehende einführende Darstellung, insbesondere zur Optimierungstheorie und iterativen Berechnung von SVM, findet sich in Richter (2019).

Die Anwendung von Feature-Abbildungen und reproduzierenden Kern-Hilberträumen für Regressionsprobleme führt auf die *kernel ridge regression,* die eine Verallgemeinerung der Ridge-Regression (Methode 2.22) ist, siehe Wainwright (2019) oder Steinwart und Christmann (2008).

5.7   Ausblick: Bäume, Wälder und Netze

Zwei der wichtigsten und erfolgreichsten Methoden im maschinellen Lernen sind *Random Forests* und *neuronale Netze*. Ihre statistische Analyse ist Gegenstand aktueller Forschung und führt über den Rahmen dieses Buches hinaus. Wir wollen nichtsdestotrotz einen kurzen Ausblick geben.

5.7.1   Entscheidungsbäume und Random Forests

Entscheidungsbäume beruhen auf einer modellfreien Zerlegung des Feature- bzw. Kovariablenraumes $\mathcal{X} \subseteq \mathbb{R}^p$ in kleinere Rechtecke, innerhalb derer alle Beobachtungen gleich klassifiziert werden. Entscheidungsbäume zerlegen dabei iterativ jedes vorhandene Stück

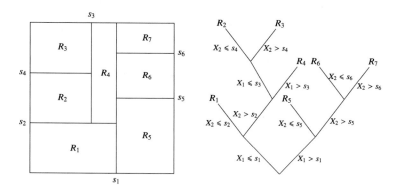

Abb. 5.9 Stückweise Zerlegung von $\mathcal{X}$ und der zugehörige Binärbaum.

$R \subset \mathcal{X}$ entsprechend einer einfachen Entscheidungsregel in

$$R^{j,\leqslant s} := \{x \in R : x_j \leqslant s\} \quad \text{und} \quad R^{j,>s} := \{x \in R : x_j > s\}$$

für ein $j \in \{1, \ldots, p\}$ und ein $s \in \mathbb{R}$. Diese Zerlegungen werden solange ausgeführt, bis ein Abbruchkriterium erreicht ist, beispielsweise eine minimiale Anzahl von Beobachtungen X_i in einem Rechteck oder eine maximale Anzahl von Zerlegungen. Diese stückweise Zerlegung kann durch eine binäre Baumstruktur beschrieben werden, die diesem Verfahren seinen Namen verleiht, siehe Abb. 5.9. Gerade für höherdimensionale Kovariablen ist die Baumdarstellung sogar besser geeignet.

Das Verfahren erzeugt eine disjunkte Zerlegung $\mathcal{X} = \bigcup_{m=1}^{M} R_m$. Basierend auf den Daten $(X_i, Y_i)_{i=1,\ldots,n} \in \mathcal{X} \times \{-1, +1\}$ werden die Wahrscheinlichkeiten für die Klassen $k \in \{+1, -1\}$ innerhalb eines Rechtecks R_m durch

$$\hat{p}_k(R_m) = \frac{1}{N(R_m)} \sum_{i:X_i \in R_m} \mathbb{1}_{\{Y_i=k\}} \quad \text{mit} \quad N(R_m) := |\{i : X_i \in R_m\}| \tag{5.19}$$

geschätzt. Ähnlich zum kNN-Verfahren wird dann innerhalb von R_m per Mehrheitsvotum klassifiziert. Der Baumklassifizierer ist daher von der Form

$$C^B(x) = \sum_{m=1}^{M} c(R_m) \mathbb{1}_{R_m}(x) \quad \text{mit} \quad c(R_m) = \begin{cases} +1, & \text{falls } \hat{p}_{+1}(R_m) > \hat{p}_{-1}(R_m), \\ -1, & \text{falls } \hat{p}_{+1}(R_m) \leqslant \hat{p}_{-1}(R_m). \end{cases} \tag{5.20}$$

Die Schwierigkeit besteht nun in der möglichst guten Wahl von j und s bei der Zerlegung der Rechtecke. Als Gütekriterium wird, für die auf Breiman et al. (1984) zurückgehenden *Classification and Regression Trees (CART)*, im (binären) Klassifikationsproblem der *Gini-Index*

$$\hat{p}_{+1}(R_m)\hat{p}_{-1}(R_m) = \hat{p}_{+1}(R_m)\big(1 - \hat{p}_{+1}(R_m)\big)$$

vorgeschlagen. Diese Parabel ist genau dann minimal, wenn die Klassenverteilung innerhalb von R_m möglichst homogen ist, das heißt wenn $\hat{p}_{+1}(R_m)$ nahe 0 oder nahe 1 ist.

Eine Optimierung über die gesamte Menge aller möglichen binären Entscheidungsbäume ist numerisch nicht machbar. Stattdessen wollen wir seperat in jedem Zerlegungsschritt eine optimale Wahl treffen. Man spricht in diesem Fall von einem *greedy*-Algorithmus, der nur lokal optimiert. Wenn wir die Zerlegungen durchführen, solange eine minimale Anzahl n_{min} von Beobachtungen in jedem Rechteck nicht unterschritten ist, erhalten wir folgendes Verfahren:

Methode 5.38 (Baumklassifizierer) Für gegebene Beobachtungen $(X_i, Y_i)_{i=1,\dots,n} \in \mathcal{X} \times \{-1, +1\}$ im binären Klassifikationsproblem und einen Parameter $n_{min} \in \mathbb{N}$ wird eine Folge von Zerlegungen $\mathcal{X} = \bigcup_{m=1}^{M_k} R_{k,m}$, für $k \in \mathbb{N}$, durch folgende Vorschrift konstruiert:

- Für $k = 1$ setze $M_k = 1$ und $R_{1,1} = \mathcal{X}$.
- Für $k \geqslant 1$ definiere $\mathcal{M}_k := \{m : |\{i : X_i \in R_{k,m}\}| > n_{min}\}$. Im Fall $\mathcal{M}_k = \emptyset$ setze $K = k$. Andernfalls konstruiere $(R_{k+1,m})_{m=1,\dots,M_{k+1}}$ so, dass:
  - $(R_{k,m})_{m \notin \mathcal{M}_k} \subset (R_{k+1,m})_{m=1,\dots,M_{k+1}}$ und
  - für jedes $m \in \mathcal{M}_k$ gilt $R_{k,m}^{j,\leqslant s}, R_{k,m}^{j,>s} \in (R_{k+1,m})_{m=1,\dots,M_{k+1}}$, wobei (j, s) eine Lösung ist von

$$\min_{1 \leqslant j \leqslant p, s \in \mathbb{R}} \left\{ N(R_{k,m}^{j,\leqslant s}) \hat{p}_{+1}(R_{k,m}^{j,\leqslant s})\left(1 - \hat{p}_{+1}(R_{k,m}^{j,\leqslant s})\right) \right. \tag{5.21}$$
$$\left. + N(R_{k,m}^{j,>s}) \hat{p}_{+1}(R_{k,m}^{j,>s})\left(1 - \hat{p}_{+1}(R_{k,m}^{j,>s})\right) \right\}$$

mit $N(\cdot)$ und $\hat{p}_{+1}(\cdot)$ aus (5.19).
Der **Baumklassifizierer** ist gegeben durch $\hat{C}^B(x) = \sum_{m=1}^{M_K} c(R_{K,m}) \mathbb{1}(x \in R_{K,m})$ mit $c(R_{K,m})$ aus (5.20).

Man beachte, dass wir beim Optimierungsproblem die Gini-Indizis durch die Größe der Rechtecke gewichtet haben. Der Baumklassifizierer kann auch als Plugin-Klassifizierer verstanden werden, wobei $\eta(x) = \mathbb{P}(Y = +1 | X = x)$ durch

$$\hat{\eta}^B(x) = \sum_{m=1}^{M_K} \hat{p}_{+1}(R_{K,m}) \mathbb{1}(x \in R_{K,m})$$
$$= \sum_{m=1}^{M_K} \frac{|\{i : X_i \in R_{K,m}, Y_i = +1\}|}{|\{i : X_i \in R_{K,m}\}|} \mathbb{1}(x \in R_{K,m})$$

geschätzt wird. Der Tuning-Parameter n_{min} bestimmt, wie stark geglättet wird und ist vergleichbar zum Parameter k der kNN-Klassifikation. Für $n_{min} = 1$ erhalten wir einen voll ausgewachsenen Baum, bei dem in jedem Rechteck nur noch eine Beobachtung liegt. Ähnlich zur 1NN-Klassifikation werden solche Bäume im Allgemeinen unterglätten, also inbesondere einen großen stochastischen Fehler haben. n_{min} sollte daher größer gewählt werden. Statt die Größe vorzugeben, kann man auch einen voll ausgewachsenen Baum zurückschneiden (englisch: *pruning*), indem datenbasiert einzelne Zerlegungen weggelassen werden, siehe zum Beispiel Hastie et al. (2009) oder Breiman et al. (1984).

Eine andere Möglichkeit, die stochastischen Fehler der Baumklassifizierer zu reduzieren, besteht darin, viele Bäume zu mitteln. Hierbei wird zufällig aus den vorhandenen Daten eine Teilstichprobe (englisch: *subsample*) ausgewählt, auf deren Grundlage dann ein Baumklassifizierer konstruiert wird. Diese Herangehensweise wird *bagging* genannt.

Methode 5.39 (Random Forests) Im binären Klassifikationsproblem seien die Beobachtungen $(X_i, Y_i)_{i=1,\dots,n} \in \mathcal{X} \times \{-1, +1\}$ sowie $B, m, q \in \mathbb{N}$ gegeben: Für jedes $b = 1, \dots, B$ verfahre stochastisch unabhängig voneinander wie folgt:

- Wähle eine zufällige Teilmenge $N_b \subset \{1, \dots, n\}$ (mit oder ohne Zurücklegen) der Kardinalität m.
- Konstruiere einen Baumklassifizierer $\hat{C}_b^B$ basierend auf den Daten $(X_i, Y_i)_{i \in N_b}$, wobei in jedem Zerlegungsschritt das Optimierungsproblem (5.21) nur auf $(j, s) \in J_b \times \mathbb{R}$ mit q vielen, zufällig (ohne Zurücklegen) ausgewählten Koordinaten $J_b \subset \{1, \dots, p\}$, $|J_B| = q$, gelöst wird.

Der **Random-Forest-Klassifizierer** ist gegeben durch das Mehrheitsvotum aller Bäume $\hat{C}_b^B$:

$$\hat{C}^{RF}(x) = \text{sgn}\left(\sum_{b=1}^{B} \hat{C}_b^B(x) \right)$$

Alle konstruierten Bäume $\hat{C}_b^B$ haben dieselbe Verteilung, sodass der Random-Forest-Klassifizierer den gleichen systematischen Fehler wie jeder einzelne Baum macht. Für kleine n_{min} ist dieser Fehler bzw. der Bias des zugehörigen $\hat{\eta}_b^B$ recht klein. Wären alle Bäume unabhängig voneinander, würden wir im stochastischen Fehler in der Größenordnung $1/B$ gewinnen, was für $B \to 0$ verschwindet. Allerdings hängen alle Bäume von denselben zufälligen Daten $(X_i, Y_i)_{i=1,\dots,n}$ ab, sodass keine Unabhängigkeit vorliegt. Durch das Subsampling und das Randomisieren in den möglichen Richtungen, in denen aufgeteilt werden kann, wird die Korrelation zwischen den Bäumen gesenkt, um möglichst viel vom Mitteln zu profitieren. Details sind zum Beispiel in Hastie et al. (2009) und Biau and Scornet (2016) zu finden.

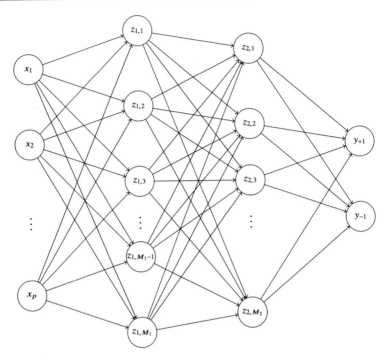

Abb. 5.10 Schema eines künstlichen neuronalen Netzwerks mit zwei hidden layers.

5.7.2   Künstliche neuronale Netzwerke

Bei künstlichen neuronalen Netzwerken handelt es sich um eine sehr flexible Methode zur Schätzung der Klassenwahrscheinlichkeit $\eta(x) = \mathbb{P}(Y = +1|X = x)$. Der Aufbau eines solchen Schätzers ist einem neuronalen Netzwerk nachempfunden und besteht aus einem Netz, in dem schichtweise Knoten miteinander verbunden werden. Man spricht von *layers*. Die Knoten der ersten Schicht entsprechen dabei den p Koordinaten der Kovariablen. Nach einem oder mehreren sogenannten *hidden layers* wird alles zu den Ausgabeknoten zusammengefasst, welche die beiden Klassenwahrscheinlichkeiten schätzen, siehe Abb. 5.10. Die Verknüpfungen in dieser schematischen Darstellung werden durch Matrizen beschrieben. Ein weiterer wesentlicher Baustein ist eine Aktivierungsfunktion $\sigma\colon \mathbb{R} \to \mathbb{R}_+$, die zu nichtlinearen Abhängigkeiten von den Kovariablen führt.

Definition 5.40   Es sei eine Netzwerkstruktur aus $L \in \mathbb{N}$ **hidden layers** mit jeweils $M_l \in \mathbb{N}$ Knoten, $l = 1, \ldots, L$, vorgegeben. Das **künstliche neuronale Netzwerk** ist definiert als die Abbildung

$$\hat{n}_{(A_l, b_l)_{l=1,\ldots,L}} \colon \mathbb{R}^p \ni x \mapsto (y_{+1}, y_{-1}) \in \mathbb{R}^2,$$

wobei

$$z_0 := (x_1, \ldots, x_p)^\top \in \mathbb{R}^p,$$

$$z_l := \Big(\sigma\big((A_l z_{l-1} + b_l)_1\big), \ldots, \sigma\big((A_l z_{l-1} + b_l)_{M_l}\big) \Big)^\top \in \mathbb{R}^{M_l}, \qquad l = 1, \ldots, L,$$

$$y_k := g_k(A_{L+1} z_L + b_{L+1}), \qquad k \in \{+1, -1\},$$

für $A_l \in \mathbb{R}^{M_l \times M_{l-1}}$, $b_l \in \mathbb{R}^{M_l}$, $l = 1, \ldots, L$, und $A_{L+1} \in \mathbb{R}^{2 \times M_L}$, $b_{L+1} \in \mathbb{R}^2$. Hierbei ist $\sigma : \mathbb{R} \to \mathbb{R}_+$ eine monoton wachsende **Aktivierungsfunktion** und $g_k : \mathbb{R}^2 \to [0, 1]$ ist die **Softmax-Funktion**

$$g_k(z) := \frac{e^{z_k}}{e^{z_{+1}} + e^{z_{-1}}}, \qquad z = (z_{+1}, z_{-1}) \in \mathbb{R}^2.$$

Typische Wahlen der Aktivierungsfunktion sind die aus der logistischen Regression bekannte *Sigmoid-Funktion* $\sigma(z) = 1/(1 + e^{-z})$ und die sogenannte *ReLu-Funktion* $\sigma(z) = z \mathbb{1}_{z>0} = (z)_+$. Mit den Matrizen A_l und den Verschiebungsvektoren b_l besitzt jedes Netzwerk eine sehr große Anzahl von Parametern. Durch diese Flexibilität hat selbst ein Netzwerk mit nur einem hidden layer, das heißt $L = 1$, bei einer hinreichend großen Anzahl von Knoten M_1 bereits sehr gute Approximationseigenschaften. Durch eine hohe Anzahl von Schichten, das heißt für große L, können zudem hierarchisch aufgebaute Funktionen sehr gut beschrieben werden. In diesem Fall spricht man von einem *tiefen Netzwerk* (englisch: *deep neuronal network*).

Die Wahl von $(A_l, b_l)_{l=1,\ldots,L}$ erfolgt, basierend auf den Trainingsdaten, mittels empirischer Risikominimierung:

Methode 5.41 (Neuronale Netzwerke) Für $\mathcal{X} \subset \mathbb{R}^p$ sei ein künstliches neuronales Netzwerk $\hat{n}_{(A_l, b_l)_{l=1,\ldots,L}} : \mathbb{R}^p \to \mathbb{R}^2$ mit $L \in \mathbb{N}$ hidden layers und je $M_l \in \mathbb{N}$, $l = 1, \ldots, L$, Knoten gegeben. Basierend auf den Beobachtungen $(X_1, Y_1), \ldots,$ $(X_n, Y_n) \in \mathcal{X} \times \{+1, -1\}$ werden $A_l \in \mathbb{R}^{M_l \times M_{l-1}}$, $b_l \in \mathbb{R}^{M_l}$, $l = 1, \ldots, L$, und $A_{L+1} \in \mathbb{R}^{2 \times M_L}$, $b_{L+1} \in \mathbb{R}^2$ durch

$$(\hat{A}_l, \hat{b}_l)_{l=1,\ldots,L} \in \underset{l=1,\ldots,L : A_l, b_l}{\arg\min} \left\{ \sum_{i=1}^n \ell_{(A_l, b_l)_{l=1,\ldots,L}}(X_i, Y_i) \right\}$$

bestimmt für die Verlustfunktion

$$\ell_{(A_l, b_l)_{l=1,\ldots,L}}(X_i, Y_i) = \big(Y_i - \hat{n}_{(A_l, b_l)_{l=1,\ldots,L}}(X_i)\big)^2.$$

Die Klassifikation erfolgt über den Plugin-Klassifizierer

$$\hat{C}^{(N)}(x) := \text{sgn}\big(2(\hat{n}_{(\hat{A}_l, \hat{b}_l)_{l=1,\ldots,L}}(x))_{+1} - 1\big).$$

Für die Verlustfunktion sind natürlich auch andere Möglichkeiten zulässig. Aufgrund der nichtkonvexen Menge der Netzwerke, über die minimiert wird, ist das Optimierungsproblem nicht zwangsläufig wohlgestellt. Zum einen existiert im Allgemeinen keine eindeutige Lösung und zum anderen ist die numerische Bestimmung der Lösung problematisch. Ein allgemeiner Ansatz zur Lösung ist die sogenannte *back-propagation*. Zur Optimierung kommen meist stochastische Gradienten-Abstiegsverfahren (englisch: *stochastic gradient descent*) zum Einsatz. Eine umfassende Einführung in neuronale Netzwerke und *Deep Learning* gibt Goodfellow et al. (2016).

5.8   Aufgaben

5.1 Wir betrachten den gewichteten Klassifikationsfehler

$$R_{a,b}(C) = a\mathbb{P}(Y = +1, C(X) = -1) + b\mathbb{P}(Y = -1, C(X) = +1)$$

für Gewichte $a, b > 0$. Zeigen Sie in Verallgemeinerung von Lemma 5.3, dass

$$C_{a,b}^*(x) = \begin{cases} +1, & a\eta(x) > b(1 - \eta(x)), \\ -1, & a\eta(x) \leqslant b(1 - \eta(x)) \end{cases}$$

$R_{a,b}(C)$ unter allen Klassifizierern minimiert. Geben Sie eine Darstellung des Exzessrisikos in η, a und b an.

5.2 Wir betrachten den Fall von K Klassen, also Labels $Y \in \{1, \ldots, K\}$. Zeigen Sie, dass für den Klassifikationsfehler $R(C) = \mathbb{P}(C(X) \neq Y)$ eines Klassifizierers $C : \mathcal{X} \to \{1, \ldots, K\}$ der Bayes-Klassifzierer, gegeben durch

$$C^*(x) = \arg\max_{k=1,\ldots,K} \eta_k(x) \text{ mit } \eta_k(x) := \mathbb{P}(Y = k \mid X = x),$$

minimalen Fehler besitzt. Wie groß ist das entsprechende Bayes-Risiko?

5.3 Für den Plugin-Klassifizierer $C_{\hat\eta}$ muss $2\eta(x) - 1$ geschätzt werden. Zeigen Sie, dass diese Schätzung einem Regressionsproblem entspricht mit Beobachtungen

$$Y_i = 2\eta(X_i) - 1 + \varepsilon_i, \quad i = 1, \ldots, n,$$

und i. i. d.-Fehlern ε_i mit $\mathbb{E}[\varepsilon_i] = 0$. Bestimmen Sie $\mathrm{Var}(\varepsilon_i)$ und stellen Sie den Zusammenhang zu *heteroskedastischen* Regressionsfehlern dar (Recherche!).

5.4 LDA-Klassifizierer für K Klassen mit $K \in \mathbb{N}$.

(a) Mit $\pi_k \in (0, 1)$ werde die Wahrscheinlichkeit von Klasse $k = 1, \ldots, K$ bezeichnet und mit f_k die Dichte der Verteilung der Kovariablen in Klasse k. Begründen Sie

$$\mathbb{P}(Y = k \mid X = x) = \frac{\pi_k f_k(x)}{\pi_1 f_1(x) + \cdots + \pi_K f_K(x)}.$$

(b) Nun gelte die Normalverteilungsannahme (5.5) mit Mittelwerten $\mu_k \in \mathbb{R}^p$ und invertierbarer Kovarianzmatrix $\Sigma \in \mathbb{R}^{p \times p}$ für f_k. Zeigen Sie mithilfe von Aufgabe 5.2, dass der Bayes-Klassifzierer gegeben ist durch

$$C^*(x) = \arg\min_{k=1,\ldots,K} \left(\tfrac{1}{2} |\Sigma^{-1/2}(x - \mu_k)|^2 - \log \pi_k \right).$$

Zeigen Sie, dass die Klassifikationsgrenzen

$$\left\{ x \in \mathbb{R}^p \,\middle|\, \mathbb{P}(Y = k \mid X = x) = P(Y = l \mid X = x) \right\}$$

zwischen Klassen k und l linear sind und interpretieren sie diese im Fall $\Sigma = E_p$ und $\pi_1 = \cdots = \pi_K$ geometrisch.

(c) Leiten Sie aus dem Bayes-Klassifzierer den entsprechenden datenbasierten LDA-Klassifizierer für K Klassen her.

5.5 Können Sie mittels der LDA-Klassifikation im *heart disease*-Datensatz sowohl kranke und gesunde Patienten als auch Frauen und Männer unterscheiden? Wählen Sie hierzu zufällig eine Trainingsmenge aus 75 % aller vorhandenen Patienten aus. Wenden Sie die LDA-Klassifikation aus Aufgabe 5.4 für die resultierenden vier Klassen und alle verfügbaren Kovariablen an. Prüfen Sie ihre Klassifikationsergebnisse anhand einer Konfusionsmatrix basierend auf den verbleibenden Testdaten.

5.6 Beweisen Sie Lemma 5.13 zum Bayes-Risiko der linearen Diskriminanzanalyse.

5.7 Quadratische Diskriminanzanalyse (QDA).
Betrachten Sie das LDA-Modell, allerdings mit der Verallgemeinerung, dass in jeder Klasse k eine möglicherweise andere Kovarianzmatrix Σ_k vorliegt, also $X \sim \mathrm{N}(\mu_k, \Sigma_k)$ gilt, gegegeben $Y = k$. Zeigen Sie in Verallgemeinerung von Aufgabe 5.4 für K Klassen:

(a) Der Bayes-Klassifzierer erfüllt

$$C^*(x) = \arg\min_{k=1,\ldots,K} \left(\tfrac{1}{2} |\Sigma_k^{-1/2}(x - \mu_k)|^2 - \log \pi_k + \tfrac{1}{2} \log \left(\det(\Sigma_k) \right) \right).$$

(b) Die Klassifikationsgrenzen des Bayes-Klassizierers C^* für Klassen k und l ergeben sich durch eine quadratische Gleichung in den Koordinaten von x. Nur im Fall $\Sigma_k = \Sigma_l$ ist die Klassifikationsgrenze linear.

(c) Geben Sie den QDA-Klassifizierer $\hat{C}_{QDA}$ durch Einsetzen geeigneter empirischer Größen an.

(d) Wenden Sie den QDA-Klassifizierer auf den gesamten *heart disease*-Datensatz an. Schätzen Sie die Modellparameter auf einer zufällig ausgewählten Trainingsmenge aus 75 % aller vorhandenen Patienten. Nutzen Sie die verbleibenden Patienten als Testdatensatz, um Ihre Klassifikationsmethode anhand einer Konfusionsmatrix zu beurteilen. Vergleichen Sie das QDA-Ergebnis mit einer analog durchgeführten LDA-Klassifikation.

5.8 Es seien Beobachtungen $(X_i, Y_i) \in \mathbb{R}^p \times \{-1, 1\}$ gegeben, sodass eine separierende Hyperebene existiert. Zeigen Sie, dass es eine Folge $((\beta_0^{(k)}, \beta^{(k)}))_{k \geqslant 1} \subset \mathbb{R}^{1+p}$ gibt, sodass für die Loglikelihood-Funktion im Modell der logistischen Regression

$$\lim_{k \to \infty} \sum_{i=1}^{n} \left(\mathbb{1}_{\{Y_i=1\}} \left(X_i^\top \beta^{(k)} + \beta_0^{(k)} \right) - \log(1 + e^{X_i^\top \beta^{(k)} + \beta_0^{(k)}}) \right) = 0$$

gilt. Folgern Sie, dass eine Klassifikation mittels logistischer Regression zu einer fehlerfreien Klassifikation der Trainingsdaten führt.

Hinweis: Weisen Sie zuerst nach, dass die Funktionen $g(x) = 1 - \log(1 + e^x)$ und $h(x) = -\log(1 + e^x), x \in \mathbb{R}$, nach $(-\infty, 0]$ abbilden und monoton wachsend bzw. fallend sind.

5.9 Betrachten Sie den Orakel-Stützvektor-Klassifizierer C_{SV}^*, der durch Ersetzen des empirischen Risikos $\frac{1}{n} \sum_{i=1}^n (1 - y_i f_{\beta, \beta_0}(x_i))_+$ in $\hat{C}_{SV}$ durch den Erwartungswert $\mathbb{E}[(1 - Y f_{\beta, \beta_0}(X))_+]$ entsteht, analog zu C_{SVM}^* in (5.18). Zeigen Sie, dass im LDA-Modell mit $\Sigma = E_p$ (und zwei Klassen) C_{SV}^* für alle $\lambda > 0$ identisch mit dem Bayes-Klassifzierer ist.

Hinweis: Schreiben Sie $\beta = \alpha v$ mit $\alpha = |\beta|$ und $v = \beta/|\beta|$ und minimieren Sie in β_0 und v.

5.10 Kernmatrix und Produkte von Kernen.
  Für Kerne $k_1, k_2 : \mathcal{X} \times \mathcal{X} \to \mathbb{R}$ betrachten Sie $k : \mathcal{X} \times \mathcal{X} \to \mathbb{R}$ mit $k(x, y) = k_1(x, y) k_2(x, y)$. Beweisen Sie:

(a) Die *Kernmatrix* $\mathbf{K}_1 = (k_1(x_i, x_j))_{i,j=1,\dots,m}$ ist für $x_1, \dots, x_m \in \mathcal{X}$ eine symmetrische und positiv-semidefinite Matrix, also $\mathbf{K}_1^\top = \mathbf{K}_1$ und $v^\top \mathbf{K}_1 v \geqslant 0$ für alle $v \in \mathbb{R}^m$.

(b) Gilt andererseits für eine Funktion $k : \mathcal{X} \times \mathcal{X} \to \mathbb{R}$, dass die Matrizen $\mathbf{K} = (k(x_i, x_j))_{i,j=1,\dots,m}$ für alle $m \in \mathbb{N}$ und $x_1, \dots, x_m \in \mathcal{X}$ symmetrisch und positiv-semidefinit sind, so ist K ein Kern.

(c) Mit der *Cholesky-Zerlegung* der Kernmatrix $\mathbf{K}_1 = F F^\top$ für eine Matrix $F \in \mathbb{R}^{m \times m}$ folgt $k_1(x_j, x_k) = \sum_{i=1}^m F_{j,i} F_{k,i}$ und $\mathbf{K} = \sum_{i=1}^m K^{(i)}$ mit $K^{(i)} = (F_{j,i} F_{k,i} k_2(x_j, x_k))_{j,k=1,\dots,m}$.

(d) Jede Matrix $K^{(i)}$ ist symmetrisch und positiv definit. Das Produkt $k = k_1 k_2$ ist ein Kern.

Konzepte der Wahrscheinlichkeitstheorie　　　A

A.1　Grundbegriffe der Maßtheorie und Stochastik

Die Konzepte der Maß- und Wahrscheinlichkeitstheorie bilden die Grundlage der Stochastik und damit insbesondere der Statistik. Der Vollständigkeit halber wollen wir hier die grundlegenden Begriffe und Konzepte zusammenfassen, ohne zu sehr ins Detail zu gehen. Wir verzichten daher in diesem Kapitel auf Beweise.

Für eine grundlegende Einführung sei beispielsweise auf Küchler (2016) verwiesen. Eine tiefgehende und umfangreiche Darstellung der Maßtheorie findet man in Elstrodt (2005). Als Einführung in die Stochastik kann man Georgii (2007) empfehlen. Ein darüber hinausgehendes und weitreichendes Lehrbuch zur Stochastik ist Klenke (2008).

Wir modellieren die Gesamtheit aller möglichen Ausgänge eines Zufallsexperiment durch eine nichtleere Menge Ω. Teilmengen von Ω beschreiben Ereignisse. Ein Ereignis $A \subseteq \Omega$ tritt ein, wenn das Ergebnis $\omega \in \Omega$ des Zufallsexperiments in A liegt. Die Potenzmenge $\mathcal{P}(\Omega)$ ist definiert als die Menge aller Teilmengen von Ω. Um später jedem Ereignis in konsistenter Art und Weise eine Wahrscheinlichkeit zuordnen zu können, ist im Allgemeinen die gesamte Potenzmenge zu groß. Alle uns interessierenden Ereignisse fassen wir daher in einem Mengensystem $\mathcal{A}$ aus Ω zusammen. Je größer $\mathcal{A}$ ist, desto genauere Aussagen können wir über den Ausgang des Zufallsexperiments treffen.

Definition A.1 Für $\Omega \neq \emptyset$ heißt ein Mengensystem $\mathcal{A} \subseteq \mathcal{P}(\Omega)$ **σ-Algebra über** Ω, falls folgende Eigenschaften erfüllt sind:

1. $\Omega \in \mathcal{A}$,
2. für alle $A \in \mathcal{A}$ gilt auch $A^c \in \mathcal{A}$ und
3. für alle $A_1, A_2, A_3, ... \in \mathcal{A}$ gilt auch $\bigcup_{i \in \mathbb{N}} A_i \in \mathcal{A}$.

Das Paar $(\Omega, \mathcal{A})$ heißt **messbarer Raum.**

© Der/die Autor(en), exklusiv lizenziert durch Springer-Verlag GmbH, DE, ein Teil von Springer Nature 2021

M. Trabs et al., *Statistik und maschinelles Lernen*, https://doi.org/10.1007/978-3-662-62938-3

Beispiel A.2

Es sei Ω eine nichtleere Menge.

(a) $\{\emptyset, \Omega\}$ und die Potenzmenge $\mathcal{P}(\Omega)$ sind σ-Algebren.

(b) Ist $\mathcal{E} \subset \mathcal{P}(\Omega)$ ein System von Teilmengen von Ω, dann ist

$$\sigma(\mathcal{E}) := \bigcap \{\mathcal{A} : \mathcal{A} \text{ ist } \sigma\text{-Algebra aus } \Omega \text{ mit } \mathcal{E} \subseteq \mathcal{A}\}$$

die kleinste σ-Algebra, die $\mathcal{E}$ umfasst. $\sigma(\mathcal{E})$ heißt die von $\mathcal{E}$ **erzeugte σ-Algebra**.

(c) Ist Ω mit einer Metrik d versehen, dann ist die **Borel-σ-Algebra** $\mathcal{B}(\Omega)$ definiert als die kleinste σ-Algebra, die alle offenen Teilmengen von Ω enthält:

$$\mathcal{B}(\Omega) = \sigma\big(\{O \mid O \subset \Omega \text{ offen}\}\big)$$

Die Elemente dieser σ-Algebra heißen **Borel-Menge**.

◄

Die Borel-Mengen sind das (für uns) wichtigste Beispiel einer σ-Algebra. Wenn nichts anderes gefordert oder angenommen wurde, dann verwenden wir für metrische Räume stets die Borel-σ-Algebra.

Maße sind Abbildungen von einer σ-Algebra nach $[0, \infty]$, die jeder Menge aus der σ-Algebra eine „Größe" zuordnen, beispielsweise Flächen oder Volumina. Es ist intuitiv, dass diese Abbildungen nichtnegativ und additiv sein sollten.

Definition A.3 Auf einem messbaren Raum $(\Omega, \mathcal{A})$ heißt eine nichtnegative Abbildung $\mu : \mathcal{A} \to [0, \infty]$ **Maß**, falls

1. $\mu(\emptyset) = 0$, die leere Menge also das Maß null hat, und
2. μ σ-additiv ist, das heißt für paarweise disjunkte Mengen $A_1, A_2, A_3, \ldots \in \mathcal{A}$ mit $A_i \cap A_j = \emptyset$ für alle $i \neq j$ gilt

$$\mu\Big(\bigcup_{i \in \mathbb{N}} A_i\Big) = \sum_{i \in \mathbb{N}} \mu(A_i).$$

Das Tripel $(\Omega, \mathcal{A}, \mu)$, bestehend aus einer nichtleeren Menge Ω, einer σ-Algebra $\mathcal{A}$ und einem Maß μ auf $\mathcal{A}$, heißt **Maßraum**. Die Mengen $A \in \mathcal{A}$ mit $\mu(A) = 0$ heißen μ-**Nullmengen**.

Aus der σ-Additivität von Maßen folgt insbesondere die σ-Subadditivität für beliebige Mengen $A_i \in \mathcal{A}, i \in \mathbb{N}$:

$$\mu\left(\bigcup_{i\in\mathbb{N}} A_i\right) \le \sum_{i\in\mathbb{N}} \mu(A_i)$$

In der Stochastik werden Maße verwendet, um den Ereignissen Wahrscheinlichkeiten zuzuordnen. Das beschränkt Wertebereich von Wahrscheinlichkeitsmaßen in natürlicher Weise auf [0, 1].

Definition A.4 Auf einem messbaren Raum $(\Omega, \mathcal{A})$ heißt ein Maß μ σ-**endlich,** falls eine abzählbare Folge $(A_n)_{n\in\mathbb{N}}$ von Mengen aus $\mathcal{A}$ existiert, sodass $\bigcup_{n\in\mathbb{N}} A_n = \Omega$ sowie $\mu(A_n) < \infty$ für alle $n \in \mathbb{N}$ gilt. Ist sogar $\mu(\Omega) < \infty$, heißt μ **endlich.** Im Spezialfall $\mu(\Omega) = 1$ wird μ **Wahrscheinlichkeitsmaß** und $(\Omega, \mathcal{A}, \mu)$ **Wahrscheinlichkeitsraum** genannt.

Beispiel A.5

Wir betrachten einen beliebigen messbaren Raum $(\Omega, \mathcal{A})$ für eine nichtleere Menge Ω.

1. Das **Zählmaß** auf $\mathcal{A}$ ist definiert als

$$\mu : \mathcal{A} \to [0, \infty], \qquad \mu(A) = \begin{cases} |A|, & \text{falls } A \text{ endlich ist,} \\ +\infty, & \text{falls } A \text{ unendlich ist.} \end{cases}$$

Jeder messbaren Menge $A \in \mathcal{A}$ wird also die Anzahl der Elemente in A zugeordnet. μ ist genau dann σ-endlich, wenn Ω abzählbar ist. Ist Ω endlich, dann ist $\mathbb{P}(A) := \frac{|A|}{|\Omega|}$, $A \subseteq \Omega$, ein Wahrscheinlichkeitsmaß, nämlich die Gleichverteilung.

2. Für ein fixiertes Element $\omega \in \Omega$ ist das **Dirac-Maß** in ω definiert via

$$\delta_\omega : \mathcal{A} \to [0, \infty], \qquad \delta_\omega(A) = \begin{cases} 1, & \text{falls } \omega \in A, \\ 0, & \text{sonst.} \end{cases}$$

Man sieht leicht, dass δ_ω ein Wahrscheinlichkeitsmaß ist.

3. Ist $\Omega = \mathbb{R}$ und $\mathcal{A} = \mathcal{B}(\mathbb{R})$, dann ist das (eindeutig bestimmte) Maß λ, für das

$$\lambda\big((a, b]\big) = b - a, \qquad \text{für alle } a, b \in \mathbb{R}, a < b,$$

gilt, das **Lebesgue-Maß** auf $\mathbb{R}$. Analog kann das Lebesgue-Maß auf $(\mathbb{R}^d, \mathcal{B}(\mathbb{R}^d))$ über Volumina von Quadern eindeutig bestimmt werden.

◄

Meist betrachten wir Wahrscheinlichkeitsmaße aus einer der beiden folgenden Klassen.

Definition A.6   Es sei $(\Omega, \mathcal{A}, \mathbb{P})$ ein Wahrscheinlichkeitsraum.

1. Ist Ω eine endliche oder abzählbar unendliche Menge und $\mathcal{A} = \mathcal{P}(\Omega)$, so nennen wir $(\Omega, \mathcal{A}, \mathbb{P})$ einen **diskreten Wahrscheinlichkeitsraum**. In diesem Fall existiert stets eine **Zähldichte** von $\mathbb{P}$ gegeben durch $p : \Omega \to [0, 1]$ mit $\sum_{\omega \in \Omega} p(\omega) = 1$ und $p(\omega) = \mathbb{P}(\{\omega\})$. Es gilt

$$\mathbb{P}(A) = \sum_{\omega \in A} p(\omega) \qquad \text{für alle } A \in \mathcal{A}.$$

2. Ist $\Omega = \mathbb{R}$ versehen mit der σ-Algebra $\mathcal{A} = \mathcal{B}(\mathbb{R})$ und existiert eine Funktion $f : \mathbb{R} \to [0, \infty)$ mit $\int_{\mathbb{R}} f(x)\mathrm{d}x = 1$ und

$$\mathbb{P}((a, b]) = \int_a^b f(x)\mathrm{d}x \qquad \text{für alle } a, b \in \mathbb{R}, a < b,$$

so heißt f **Wahrscheinlichkeitsdichte** von $\mathbb{P}$ oder kurz **Dichte** von $\mathbb{P}$. Wir sprechen in diesem Fall von einer **stetigen Wahrscheinlichkeitsverteilung.**

Man beachte, dass durch $\mathbb{P}((a, b]) = \int_a^b f(x)\mathrm{d}x$ das Maß $\mathbb{P}$ bereits eindeutig durch seine Dichte festgelegt wird (was aus dem Eindeutigkeitssatz aus der Maßtheorie folgt). Zudem ist der Fall von stetigen Verteilungen leicht auf den mehrdimensionalen Fall $\mathbb{R}^d$ zu übertragen. Wichtige Beispiele für diskrete und stetige Verteilungen werden in den Abschn. A.2 und A.3 beschrieben.

Definition A.7   In einem Wahrscheinlichkeitsraum $(\Omega, \mathcal{A}, \mathbb{P})$ gilt ein Ereignis $A \in \mathcal{A}$ $\mathbb{P}$-**fast sicher** (kurz: $\mathbb{P}$-f.s.), wenn $\mathbb{P}(A) = 1$ gilt. Die Eigenschaft $E(\omega)$ sei für die Elemente $\omega \in \Omega$ sinnvoll. Dann sagt man, die Eigenschaft E gilt $\mathbb{P}$-**fast überall** auf Ω (kurz: $\mathbb{P}$-f.ü.), wenn es eine $\mathbb{P}$-Nullmenge $N \in \mathcal{A}$ gibt, sodass alle $\omega \in N^c$ die Eigenschaft E haben. Man sagt auch, dass E für $\mathbb{P}$-**fast alle** ($\mathbb{P}$-f.a.) $\omega \in \Omega$ gilt.

Nachdem wir einen Wahrscheinlichkeitsraum definiert haben, wollen wir als Nächstes Zufallsvariablen einführen.

Definition A.8   Seien $(\Omega, \mathcal{A})$ und $(\mathcal{X}, \mathcal{F})$ zwei messbare Räume. Eine Abbildung $X : \Omega \to \mathcal{X}$ heißt $(\mathcal{A}, \mathcal{F})$-**messbar**, falls

$$\forall A \in \mathcal{F} : \ X^{-1}(A) := \{\omega \in \Omega \mid X(\omega) \in A\} \in \mathcal{A}.$$

Hierbei bezeichnet $X^{-1}(A)$ das Urbild von A unter X. Gehen die σ-Algebren $\mathcal{A}$ und $\mathcal{F}$ aus dem Kontext eindeutig hervor, nennen wir X kurz **messbar**. Messbare Abbildungen auf einem Wahrscheinlichkeitsraum $(\Omega, \mathcal{F}, \mathbb{P})$ werden **Zufallsvariable** genannt.

Ist eine Zufallsvariable $(\mathbb{R}, \mathcal{B}(\mathbb{R}))$-wertig, so sprechen wir auch kurz von einer reellen Zufallsvariable.

Beispiel A.9

Gegeben sei der messbare Raum $(\Omega, \mathcal{A})$.

1. Gilt $n \in \mathbb{N}$, $A_1, \ldots, A_n \in \mathcal{A}$ und $a_1, \ldots, a_n \in \mathbb{R} \setminus \{0\}$, so ist

$$X(\omega) = \sum_{k=1}^{n} a_k \mathbb{1}_{A_k}(\omega), \quad \omega \in \Omega,$$

$\mathcal{A}$-messbar. Funktionen dieser Gestalt nennen wir **einfache Funktionen.** Man kann zeigen, dass jede messbare nichtnegative Funktion durch eine monotone Folge einfacher Funktionen approximiert werden kann.
2. Jede stetige Funktion $X : \mathbb{R} \to \mathbb{R}$ ist Borel-messbar, das heißt $(\mathcal{B}(\mathbb{R}), \mathcal{B}(\mathbb{R}))$-messbar. Die umgekehrte Implikation gilt nicht, da die Dirichlet-Funktion $X(y) = \mathbb{1}_{\mathbb{Q}}(y)$, $y \in \mathbb{R}$, messbar, aber nirgendwo stetig ist.
3. Es seien Ω eine Menge, $(\mathcal{X}, \mathcal{F})$ ein messbarer Raum und $X : \Omega \to \mathcal{X}$ eine Abbildung. Dann ist $\sigma(X) := X^{-1}(\mathcal{F}) = \{X^{-1}(A) : A \in \mathcal{F}\}$ die kleinste σ-Algebra $\mathcal{A}$ auf Ω, sodass X eine $(\mathcal{A}, \mathcal{F})$-messbare Abbildung ist. Wir nennen $\sigma(X)$ die von X **erzeugte** σ-**Algebra.**

◄

Die folgende Eigenschaft erlaubt es Stochastikern, sich auf Wahrscheinlichkeitsmaße auf dem Ergebnisraum eines Zufallexperiments zu beschränken, statt den gesamten zugrunde liegenden Wirkmechanismus beschreiben zu müssen.

Lemma A.10 *Es seien* $(\Omega, \mathcal{A}, \mu)$ *ein Maßraum,* $(\mathcal{X}, \mathcal{F})$ *ein messbarer Raum und* $X : \Omega \to \mathcal{X}$ *eine* $(\mathcal{A}, \mathcal{F})$-*messbare Abbildung. Durch*

$$\mu^X(A) := \mu(X^{-1}(A)), \quad A \in \mathcal{F},$$

ist auf $\mathcal{F}$ *ein Maß* μ^X *definiert, das als von* X *induziertes Maß oder als Bildmaß von* X *bezeichnet wird. Ist* μ *ein Wahrscheinlichkeitsmaß, so ist auch* μ^X *ein Wahrscheinlichkeitsmaß.*

Definition A.11 Für eine Zufallsvariable X auf einem Wahrscheinlichkeitsraum $(\Omega, \mathcal{A}, \mathbb{P})$ wird das induzierte Maß $\mathbb{P}^X$ auch **Verteilung der Zufallsvariable** X genannt, und wir schreiben dann $X \sim \mathbb{P}^X$.

Analog zu Definition A.6 sprechen wir von diskret bzw. stetig verteilten Zufallsvariablen X, falls ihre Bildmaße diskret mit Zähldichte p^X bzw. stetig mit Dichte f^X sind.

Bemerkung A.12 Wir betrachten einen Wahrscheinlichkeitsraum $(\Omega, \mathcal{A}, \mathbb{P})$, einen messbaren Raum $(\mathcal{X}, \mathcal{F})$ und eine Zufallsvariable $X : (\Omega, \mathcal{A}) \to (\mathcal{X}, \mathcal{F})$. Für $A \in \mathcal{F}$ sind folgende Schreibweisen in der Stochastik üblich und zweckmäßig:

$$\{X \in A\} := \{\omega \in \Omega \mid X(\omega) \in A\} = X^{-1}(A) \qquad \text{sowie}$$

$$\mathbb{P}(X \in A) := \mathbb{P}(\{X \in A\}) = \mathbb{P}(\{\omega \in \Omega \mid X(\omega) \in A\}) = \mathbb{P}^X(A).$$

Die Verteilung einer reellen Zufallsvariable kann (eindeutig) durch ihre Verteilungsfunktion beschrieben werden. Letztere ist wie folgt definiert.

Definition A.13 Sei X eine reelle Zufallsvariable auf einem Wahrscheinlichkeitsraum $(\Omega, \mathcal{A}, \mathbb{P})$. Die **Verteilungsfunktion** von X ist definiert als

$$F^X : \mathbb{R} \to [0, 1], \quad F^X(x) := \mathbb{P}(X \le x) = \mathbb{P}^X((-\infty, x]).$$

Für eine diskret auf einer abzählbaren Teilmenge S von $\mathbb{R}$ verteilten Zufallsvariable ist ihre Verteilungsfunktion eine stückweise konstante Treppenfunktion mit Sprüngen auf S. Für stetig verteilte Zufallsvariablen mit Wahrscheinlichkeitsdichte f^X ist die Verteilungsfunktion stetig und es gilt $F^X(x) = \int_{-\infty}^{x} f^X(y)\mathrm{d}y$.

Verteilungsfunktionen sind stets monoton wachsend, rechtsstetig, das heißt $F^X(x) = \lim_{y \downarrow x} F^X(y)$ für alle $x \in \mathbb{R}$, und es existieren die linken Grenzwerte $F^X(x-) := \lim_{y \uparrow x} F^X(y)$. Zudem gilt $\lim_{x \to -\infty} F^X(x) = 0$ sowie $\lim_{x \to \infty} F^X(x) = 1$. Diese Eigenschaften implizieren insbesondere, dass eine (verallgemeinerte) Inverse von F^X existiert.

Definition A.14 Sei $F : \mathbb{R} \to \mathbb{R}$ eine monoton wachsende Funktion, wobei wir den Definitionsbereich um $\pm\infty$ erweitern:

$$F(-\infty) := \lim_{x \to -\infty} F(x), \quad F(\infty) = \lim_{x \to \infty} F(x)$$

Die **verallgemeinerte Inverse** $F^- : \mathbb{R} \to \bar{\mathbb{R}} = [-\infty, \infty]$ von F ist definiert als (Abb. A.1)

$$F^-(y) := \inf\{x \in \mathbb{R} : F(x) \ge y\}, \quad y \in \mathbb{R},$$

mit der Konvention $\inf \emptyset := \infty$. Falls $F : \mathbb{R} \to [0, 1]$ eine Verteilungsfunktion ist, heißt $F^- : [0, 1] \to \bar{\mathbb{R}}$ **Quantilfunktion** von F.

Definition A.15 Es sei X eine Zufallsvariable auf dem Wahrscheinlichkeitsraum $(\mathbb{R}, \mathcal{B}(\mathbb{R}), \mathbb{P})$ mit zugehöriger Verteilungsfunktion F^X. Für jedes $p \in (0, 1)$ ist die Menge aller p-

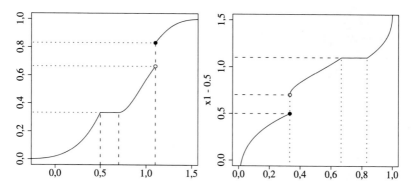

Abb. A.1 Eine Verteilungsfunktion *(links)* und die zugehörige Quantilfunktion *(rechts)*.

Quantil von F^X gegeben durch

$$\left\{x \in \mathbb{R} : \mathbb{P}(X \leq x) \geq p \text{ und } \mathbb{P}(X \geq x) \geq 1 - p\right\}.$$

Die Menge der p-Quantile ist ein abgeschlossenes Intervall mit der Obergrenze

$$\sup\{x \in \mathbb{R} : \mathbb{P}(X \geq x) \geq 1 - p\}$$

und der Untergrenze $(F^X)^-(p)$. Falls F^X invertierbar ist, fallen Ober- und Untergrenze zusammen und das p-Quantil ist eindeutig. Wir werden im Laufe des Buches sehen, dass Quantile für die Konstruktion und Kalibrierung vieler statistischer Methoden von grundlegender Bedeutung sind.

Wir kommen nun zu zwei zentralen Begriffen der Wahrscheinlichkeitstheorie, nämlich bedingten Wahrscheinlichkeiten und Unabhängigkeit. Erstere formalisieren die Intuition, dass sich Wahrscheinlichkeiten von Ereignissen ändern, wenn über den Ausgang eines Zufallsexperiments bereits eine Teilinformation vorhanden ist.

Definition A.16 Es seien $(\Omega, \mathcal{A}, \mathbb{P})$ ein Wahrscheinlichkeitsraum und $A, B \in \mathcal{A}$ Ereignisse mit $\mathbb{P}(B) > 0$. Dann ist die **bedingte Wahrscheinlichkeit** von A gegeben B definiert als

$$\mathbb{P}(A|B) := \frac{\mathbb{P}(A \cap B)}{\mathbb{P}(B)}.$$

Es ist leicht nachzuprüfen, dass $\mathbb{P}(\cdot|B)$ tatsächlich ein Wahrscheinlichkeitsmaß ist, falls $\mathbb{P}(B) > 0$. Falls $\mathbb{P}(A|B) = \mathbb{P}(A)$ für zwei Ereignisse $A, B \in \mathcal{A}$ gilt, so enthält B keinerlei Information über A. Die Ereignisse A und B sind also unabhängig. Umstellen zeigt, dass $\mathbb{P}(A|B) = \mathbb{P}(A)$ äquivalent zu $\mathbb{P}(A \cap B) = \mathbb{P}(A)\mathbb{P}(B)$ ist.

Definition A.17 Auf einem Wahrscheinlichkeitsraum $(\Omega, \mathcal{A}, \mathbb{P})$ heißen zwei Ereignisse $A, B \in \mathcal{A}$ **(stochastisch) unabhängig**, falls $\mathbb{P}(A \cap B) = \mathbb{P}(A)\mathbb{P}(B)$ gilt. Eine Familie von Ereignissen $(A_i)_{i \in I}$ mit nichtleerer Indexmenge $I \neq \emptyset$ heißt **(stochastisch) unabhängig**, falls $\mathbb{P}(\bigcap_{i \in J} A_i) = \prod_{i \in J} \mathbb{P}(A_i)$ für jede endliche Teilmenge $J \subseteq I$.

Der folgende Satz enthält zwei elementare, aber wichtige Eigenschaften von bedingten Wahrscheinlichkeiten.

Satz A.18 (Gesetz der totalen Wahrscheinlichkeit, Bayes-Formel) *Es sei* $(\Omega, \mathcal{A}, \mathbb{P})$ *ein Wahrscheinlichkeitsraum und* $(B_i)_{i \in I}$ *eine höchstens abzählbare Folge paarweiser disjunkter Mengen aus* $\mathcal{A}$ *mit* $\bigcup_{i \in I} B_i = \Omega$ *und* $\mathbb{P}(B_i) > 0$ *für alle* $i \in I$.

(i) *Für jedes Ereignis* $A \in \mathcal{A}$ *gilt das Gesetz der totalen Wahrscheinlichkeit*

$$\mathbb{P}(A) = \sum_{i \in I} \mathbb{P}(B_i)\mathbb{P}(A|B_i).$$

(ii) *Für jedes* $A \in \mathcal{A}$ *mit* $\mathbb{P}(A) > 0$ *und alle* $i \in I$ *gilt die Bayes-Formel*

$$\mathbb{P}(B_i|A) = \frac{\mathbb{P}(B_i)\mathbb{P}(A|B_i)}{\sum_{k \in I} \mathbb{P}(B_k)\mathbb{P}(A|B_k)} = \frac{\mathbb{P}(B_i)\mathbb{P}(A|B_i)}{\mathbb{P}(A)}.$$

Definition A.19 Eine Familie $(X_i)_{i \in I}$ von $(S_i, \mathcal{S}_i)$-wertigen Zufallsvariablen heißt **unabhängig**, falls für jede beliebige Wahl $A_i \in \mathcal{S}_i$ die Familie von Ereignissen $(X_i \in A_i)_{i \in I}$ unabhängig ist.

Ein Vektor oder eine Folge $X = (X_i)_{i \in I}$ von S_i-wertigen Zufallsvariablen $X_i, i \in I$, nimmt Werte im Produktraum $\prod_{i \in I} S_i$ an. Wollen wir die Verteilung X auf diesem beschreiben, müssen wir den Produktraum zunächst mit einer σ-Algebra versehen.

Definition A.20 Es seien $(\Omega_i, \mathcal{A}_i, \mathbb{P}_i), i \in I$, Wahrscheinlichkeitsräume für eine beliebige nichtleere Indexmenge $I \neq \emptyset$. Die **Produkt-** σ**-Algebra** über dem kartesischen Produkt $\Omega := \prod_{i \in I} \Omega_i$ ist definiert als

$$\mathcal{A} := \bigotimes_{i \in I} \mathcal{A}_i := \sigma\big(\{\pi_i^{-1}(A_i)|i \in I, A_i \in \mathcal{A}_i\}\big),$$

wobei $\pi_i : \Omega \to \Omega_i$ die i-te Koordinatenprojektion bezeichnet. Gilt für ein Wahrscheinlichkeitsmaß $\mathbb{P}$ auf $\mathcal{A}$

$$\mathbb{P}\Big(\bigcap_{i \in J} \pi_i^{-1}(A_i)\Big) = \prod_{i \in J} \mathbb{P}_i(A_i) \quad \text{für alle } J \subseteq I \text{ endlich}, A_i \in \mathcal{A}_i,$$

so heißt $\mathbb{P}$ **Produktmaß.** Wir schreiben $\mathbb{P} = \bigotimes_{i \in I} \mathbb{P}_i$.

Sind $X_i : \Omega \to \mathcal{X}_i$ für $i = 1, \ldots, n$ Zufallsvariablen auf einem gemeinsamen Wahrscheinlichkeitsraum $(\Omega, \mathcal{A}, \mathbb{P})$ mit Werten in $(\mathcal{X}_i, \mathcal{F}_i)$, dann ist auch der Vektor $(X_1, \ldots, X_n)^\top$ eine messbare Abbildung, das heißt eine Zufallsvariable:

$$(X_1, \ldots, X_n)^\top : \quad (\Omega, \mathcal{A}) \to \left(\prod_{i=1}^n \mathcal{X}_i, \bigotimes_{i=1}^n \mathcal{F}_i \right)$$

Die Verteilung $\mathbb{P}^{(X_1, \ldots, X_n)}$ von $(X_1, \ldots, X_n)^\top$ wird auch die **gemeinsame Verteilung** der Zufallsvariablen $X_1, \ldots, X_n$ genannt.

Satz A.21 *Es seien $X_i : \Omega \to \mathcal{X}_i$ Zufallsvariablen auf einem Wahrscheinlichkeitsraum $(\Omega, \mathcal{A}, \mathbb{P})$ mit Werten in den messbaren Räumen $(\mathcal{X}_i, \mathcal{F}_i)$ für $i \in I \neq \emptyset$. Dann ist die Familie $(X_i)_{i \in I}$ genau dann unabhängig, wenn für alle endlichen Teilmengen $J \subseteq I$ die gemeinsame Verteilung von $(X_i)_{i \in J}$ auf $(\prod_{i \in J} \mathcal{X}_i, \bigotimes_{i \in J} \mathcal{F}_i)$ das Produktmaß der Marginalverteilungen ist, das heißt wenn $\mathbb{P}^{(X_i)_{i \in J}} = \bigotimes_{i \in J} \mathbb{P}^{X_i}$.*

Man kann zeigen, dass für gegebene $(\Omega_i, \mathcal{A}_i, \mathbb{P}_i)_{i \in I}$ mit beliebiger Indexmenge $I \neq \emptyset$, stets ein Produktmaß $\mathbb{P} = \bigotimes_{i \in I} \mathbb{P}_i$ auf dem Produktraum $(\prod_{i \in I} \Omega_i, \bigotimes_{i \in I} \mathcal{A}_i)$ existiert. Insbesondere findet man also einen Wahrscheinlichkeitsraum, auf dem beliebig viele unabhängige Zufallsvariablen X_i mit vorgegeben Randverteilungen $\mathbb{P}^{X_i} = \mathbb{P}_i$ existieren. Sind (X_i) unabhängig und identisch verteilt, das heißt $\mathbb{P}^{X_i} = \mathbb{P}^{X_j}$ für alle $i, j \in I$ beschreiben wir dies häufig mit **i. i. d.**, was das englische *independent and identically distributed* abkürzt.

Um Momente, wie den Erwartungswert oder die Varianz, von reellwertigen Zufallsvariablen zu definieren, benötigen wir einen geeigneten Integralbegriff auf dem Wahrscheinlichkeitsraum $(\Omega, \mathcal{A}, \mathbb{P})$. Die Integrationstheorie von Lebesgue erlaubt eine Integration bezüglich allgemeiner (Wahrscheinlichkeits-)Maße. Die Integralkonstruktion beruht auf drei Schritten. Für einfache Zufallsvariablen

$$X = \sum_{i=1}^n \alpha_i \mathbb{1}_{A_i} \quad \text{mit} \quad n \in \mathbb{N}, \alpha_1, \ldots, \alpha_n \in \mathbb{R}, A_1, \ldots, A_n \in \mathcal{A},$$

siehe Beispiel A.9, ist der Erwartungswert bzw. das Integral von X bezüglich $\mathbb{P}$ definiert als

$$\mathbb{E}[X] := \int_\Omega X \, d\mathbb{P} := \sum_{i=1}^n \alpha_i \mathbb{P}(A_i).$$

Dieser Erwartungswert hängt nicht von der Darstellung von X ab, ist linear in X und monoton. Für jede nichtnegative Zufallsvariable X finden wir im zweiten Schritt stets eine Folge von einfachen Zufallsvariablen X_n, sodass $X_n(\omega) \uparrow X(\omega)$ für alle $\omega \in \Omega$ gilt, siehe Beispiel A.9. Dann definieren wir

$$\mathbb{E}[X] := \lim_{n \to \infty} \mathbb{E}[X_n].$$

Aufgrund der Monotonie des Erwartungswerts und der Folge (X_n) ist dieser Grenzwert wohldefiniert und man kann zeigen, dass diese Definition nicht von der Wahl der approximierenden Folge abhängt.

Definition A.22 Auf einem Wahrscheinlichkeitsraum $(\Omega, \mathcal{A}, \mathbb{P})$ ist die Menge aller endlich integrierbaren Zufallsvariablen gegeben durch

$$\mathcal{L}^1 := \mathcal{L}^1(\Omega, \mathcal{A}, \mathbb{P}) := \big\{ X : \Omega \to \mathbb{R} \text{ messbar} \,\big|\, \mathbb{E}[|X|] < \infty \big\}.$$

Für $X \in \mathcal{L}^1$ definieren wir mit $X_+ := \max(X, 0)$ und $X_- := \max(-X, 0)$ den **Erwartungswert** als

$$\mathbb{E}[X] := \mathbb{E}[X_+] - \mathbb{E}[X_-] \in \mathbb{R}.$$

Wir schreiben $\mathbb{E}[X] = \int_\Omega X \, d\mathbb{P} = \int_\Omega X(\omega) \, \mathbb{P}(d\omega)$ und $\int_A X \, d\mathbb{P} = \int_\Omega X(\omega) \mathbb{1}_A(\omega) \, \mathbb{P}(d\omega)$ für $A \in \mathcal{A}$.

Analog wird das Integral bezüglich allgemeiner Maße definiert. Folgender Satz fasst die elementarsten Eigenschaften des Erwartungswerts zusammen.

Satz A.23 *Für $X \in \mathcal{L}^1(\Omega, \mathcal{A}, \mathbb{P})$ gilt:*

(i) $\mathbb{E}[X] = \int_\mathbb{R} x \mathbb{P}^X(dx)$, *insbesondere hängt der Erwartungswert nur von der Verteilung $\mathbb{P}^X$ von X ab.*

(ii) *Der Erwartungswert ist linear und monoton: Ist $Y \in \mathcal{L}^1$ eine weitere Zufallsvariable und sind $\alpha, \beta \in \mathbb{R}$, so gilt $\mathbb{E}[\alpha X + \beta Y] = \alpha \mathbb{E}[X] + \beta \mathbb{E}[Y]$. Aus $X \le Y$ folgt $\mathbb{E}[X] \le \mathbb{E}[Y]$.*

(iii) *Falls $X, Y \in \mathcal{L}^1$ unabhängig sind, so gilt $X \cdot Y \in \mathcal{L}^1$ und $\mathbb{E}[XY] = \mathbb{E}[X]\mathbb{E}[Y]$.*

In den Spezialfällen diskret bzw. stetig verteilter Zufallsvariablen ergibt sich:

Korollar A.24 *Es sei X eine Zufallsvariable auf dem Wahrscheinlichkeitsraum $(\Omega, \mathcal{A}, \mathbb{P})$.*

(i) *Besitzt X einen abzählbaren Wertebereich $X(\Omega) \subset \mathbb{R}$, so gilt $X \in \mathcal{L}^1$ genau dann, wenn $\sum_{x \in X(\Omega)} |x| \mathbb{P}(X = x)$ endlich ist. In diesem Fall gilt für den Erwartungswert*

$$\mathbb{E}[X] = \sum_{x \in X(\Omega)} x \mathbb{P}(X = x).$$

(ii) *Ist X eine Zufallsvariable mit Dichte $f^X : \mathbb{R} \to [0, \infty)$, so gilt $X \in \mathcal{L}^1$ genau dann, wenn $\int_\mathbb{R} |x| f^X(x) dx$ endlich ist. In diesem Fall gilt für den Erwartungswert*

$$\mathbb{E}[X] = \int_\mathbb{R} x f^X(x) dx.$$

Die Darstellung des Erwartungswerts in Abhängigkeit von der Verteilung der Zufallsvariable gilt auch allgemeiner. Ist $X : \Omega \to \mathbb{R}^d$ ein Zufallsvektor und $h : \mathbb{R}^d \to \mathbb{R}$ Borel-messbar, dann ist die Zufallsvariable $h(X)$ genau dann in $\mathcal{L}^1$, wenn $\int_{\mathbb{R}^d} |h(x)| \mathbb{P}^X(\mathrm{d}x) < \infty$. In diesem Fall ist der Erwartungswert gegeben durch

$$\mathbb{E}[h(X)] = \int_{\mathbb{R}^d} h(x) \mathbb{P}^X(\mathrm{d}x).$$

Bemerkung A.25 Für eine $\mathbb{R}^d$-wertige Zufallsvariable X auf einem Wahrscheinlichkeitsraum $(\Omega, \mathcal{A}, \mathbb{P})$ ist die Familie der Funktionen $h_u(x) = \exp(i\langle x, u \rangle)$ für $u \in \mathbb{R}^d$ und mit der imaginären Einheit $i = \sqrt{-1}$ ein wichtiger Spezialfall. Der Erwartungswert von $h_u(X)$ wird durch

$$\varphi(u) := \mathbb{E}[e^{i\langle u, X \rangle}] := \mathbb{E}[\mathrm{Re}\, e^{i\langle u, X \rangle}] + i\mathbb{E}[\mathrm{Im}\, e^{i\langle u, X \rangle}]$$
$$= \mathbb{E}[\cos(\langle u, X \rangle)] + i\mathbb{E}[\sin(\langle u, X \rangle)]$$

definiert. Da Kosinus und Sinus durch eins beschränkt sind, sind letztere Erwartungswerte stets wohldefiniert. Die Funktion $u \mapsto \varphi(u)$ heißt **charakteristische Funktion,** und man kann beweisen, dass die Verteilung von X eindeutig durch φ bestimmt wird.

Die Monome $h(x) = x^p$ führen uns auf folgende Definition:

Definition A.26 Eine Zufallsvariable X liegt in $\mathcal{L}^p$ für $p > 0$, falls $|X|^p \in \mathcal{L}^1$, also falls $\mathbb{E}[|X|^p] < \infty$ gilt. In diesem Fall heißt $\mathbb{E}[|X|^p]$ das p-**te absolute Moment** von X. Für $X \in \mathcal{L}^p$ und $p \in \mathbb{N}$ heißt $\mathbb{E}[X^p]$ das p-**te Moment** von X.

Man beachte, dass $\mathcal{L}^q \subseteq \mathcal{L}^p$ für $0 < p \leq q$ gilt, wobei hierfür essentiell ist, dass $\mathbb{P}$ ein endliches Maß ist. Von herausragender Bedeutung ist das zentrierte zweite Moment, also die Varianz, da sie die Streuung einer Zufallsvariable um ihren Erwartungswert angibt. Die lineare Abhängigkeit zwischen zwei Zufallsvariablen wird über ihre Korrelation quantifiziert.

Definition A.27 Für eine Zufallsvariable $X \in \mathcal{L}^2$ bezeichnet

$$\mathrm{Var}(X) := \mathbb{E}[(X - \mathbb{E}[X])^2] = \mathbb{E}[X^2] - \mathbb{E}[X]^2$$

die **Varianz** von X. Ihre Wurzel $\sqrt{\mathrm{Var}(X)}$ heißt **Standardabweichung** von X. Für $X, Y \in \mathcal{L}^2$ definiert

$$\mathrm{Cov}(X, Y) := \mathbb{E}[(X - \mathbb{E}[X])(Y - \mathbb{E}[Y])] = \mathbb{E}[XY] - \mathbb{E}[X]\mathbb{E}[Y]$$

die **Kovarianz** zwischen X und Y. Gilt $\mathrm{Var}(X), \mathrm{Var}(Y) > 0$, ist die **Korrelation** gegeben durch

$$\rho(X, Y) = \frac{\mathrm{Cov}(X, Y)}{\sqrt{\mathrm{Var}(X)\mathrm{Var}(Y)}}.$$

Im Fall $\mathrm{Cov}(X, Y) = 0$ heißen X und Y **unkorreliert**.

Bemerkung A.28 Diese Definitionen lassen sich leicht auf d-dimensionale Zufallsvariablen übertragen $X = (X_1, ..., X_d)^\top$: Den Erwartungwert verstehen wir komponentenweise, das heißt

$$\mathbb{E}[X] := (\mathbb{E}[X_1], ..., \mathbb{E}[X_d])^\top.$$

Die Varianz des Zufallsvektors X definieren wir als erwarteten euklidischen Abstand vom Erwartungswert:

$$\mathrm{Var}(X) := \mathbb{E}[|X - \mathbb{E}[X]|^2]$$

Die Kovarianzen zwischen allen Komponenten von X werden in der **Kovarianzmatrix** zusammengefasst:

$$\mathbb{C}\mathrm{ov}(X) := \mathbb{E}\big[(X - \mathbb{E}[X])(X - \mathbb{E}[X])^\top\big] = \big(\mathrm{Cov}(X_i, X_j)\big)_{i, j=1,...,d} \in \mathbb{R}^{d \times d}$$

Satz A.29 *Für reellwertige Zufallsvariablen X, Y auf einem Wahrscheinlichkeitsraum $(\Omega, \mathcal{A}, \mathbb{P})$ gelten folgende Ungleichungen:*

1. *Für $X \in \mathcal{L}^1(\mathbb{P})$ gilt die **Markov-Ungleichung***

$$\mathbb{P}(|X| > \kappa) \leq \frac{\mathbb{E}[|X|]}{\kappa} \qquad \text{für alle } \kappa > 0.$$

   *Gilt $X \in \mathcal{L}^2(\mathbb{P})$, folgt die **Tschebyscheff-Ungleichung***

$$\mathbb{P}(|X - \mathbb{E}[X]| > \kappa) \leq \frac{\mathrm{Var}(X)}{\kappa^2} \qquad \text{für alle } \kappa > 0.$$

2. *Für $X, Y \in \mathcal{L}^2(\mathbb{R})$ ist $XY \in \mathcal{L}^1(\mathbb{P})$, und es gilt die **Cauchy-Schwarz-Ungleichung***

$$\mathbb{E}[|XY|] \leq \mathbb{E}[X^2]^{1/2}\mathbb{E}[Y^2]^{1/2}.$$

   *Sind allgemeiner $p, q \geq 1$ derart, dass $1 = \frac{1}{p} + \frac{1}{q}$ und $X \in \mathcal{L}^p(\mathbb{P})$, $Y \in \mathcal{L}^q(\mathbb{P})$, dann folgt $XY \in \mathcal{L}^1(\mathbb{P})$, und es gilt die **Hölder-Ungleichung***

$$\mathbb{E}[|XY|] \leq \mathbb{E}[|X|^p]^{1/p}\mathbb{E}[|Y|^q]^{1/q}.$$

3. *Ist $\varphi : \mathbb{R} \to \mathbb{R}$ konvex und $\varphi(X) \in \mathcal{L}^1(\mathbb{P})$, dann gilt die **Jensen-Ungleichung***

$$\varphi\big(\mathbb{E}[X]\big) \leq \mathbb{E}\big[\varphi(X)\big].$$

Die Momente einer Verteilung beschreiben Eigenschaften wie den Mittelwert, die Streuung, die Schiefe (zentriertes drittes Moment, englisch: *skewness*) oder die Wölbung (zentriertes viertes Moment, englisch: *kurtosis*). Darüber hinaus kann man sich fragen, ob die Folge der Momente $m_n = \mathbb{E}[X^n]$, $n \in \mathbb{N}$, für $X \sim \mathbb{P}$ ein Wahrscheinlichkeitsmaß $\mathbb{P}$ eindeutig bestimmt, falls alle Momente wohldefiniert und endlich sind. Diese Frage ist als das *Momentenproblem* bekannt und auch von statistischer Relevanz, siehe Momentenmethode in Abschn. 1.2. Basierend auf der charakteristischen Funktion aus Bemerkung A.25 geben wir exemplarisch folgende Charakterisierung an:

Satz A.30 *Seien $\mathbb{P}$ ein Wahrscheinlichkeitsmaß auf dem messbaren Raum $(\mathbb{R}, \mathcal{B}(\mathbb{R}))$ und $X \sim \mathbb{P}$ mit existierenden Momenten $m_n = \mathbb{E}[X^n]$, $n \in \mathbb{N}$, und charakteristischer Funktion $\varphi(u) = \mathbb{E}[e^{iuX}]$, $u \in \mathbb{R}$. Dann sind folgende Eigenschaften äquivalent:*

  (i) *φ ist analytisch auf einer Umgebung um die Null.*
  (ii) *φ ist analytisch auf $\mathbb{R}$.*
  (iii) *$\limsup_{n \to \infty} \big(|m_n|/n! \big)^{1/n} < \infty$.*

Jede der drei Eigenschaften impliziert, dass die Momentenfolge $(m_n)_{n \in \mathbb{N}}$ das Maß $\mathbb{P}$ eindeutig bestimmt.

Aus Eigenschaft (iii) erhalten wir das folgende Korollar.

Korollar A.31 *Sei $\mathbb{P}$ ein Wahrscheinlichkeitsmaß auf $(\mathbb{R}, \mathcal{B}(\mathbb{R}))$ mit kompaktem Träger, das heißt, die kleinste abgeschlossene Menge mit Maß eins ist kompakt. Dann ist $\mathbb{P}$ eindeutig durch seine Momente bestimmt.*

Um den Einfluss verschiedener Parameterwahlen auf die Wahrscheinlichkeitsverteilung zu beschreiben, gibt es in statistischen Modellen nicht nur ein Wahrscheinlichkeitsmaß auf dem zugrunde liegenden Raum $(\Omega, \mathcal{A})$, sondern mehrere. Um diese zueinander in Beziehung zu setzen, spielt der Satz von Radon-Nikodym eine zentrale Rolle.

Definition A.32 Es seien μ und ν Maße auf einem messbaren Raum $(\Omega, \mathcal{A})$. ν heißt **absolutstetig** bezüglich μ, falls jede μ-Nullmenge eine ν-Nullmenge ist, das heißt, für jedes $A \in \mathcal{A}$ mit $\mu(A) = 0$ gilt auch $\nu(A) = 0$. Wir schreiben $\nu \ll \mu$.

Satz A.33 (Radon-Nikodym) *Es sei $(\mathcal{X}, \mathcal{A})$ ein messbarer Raum mit einem σ-endlichen Maß μ und einem Maß ν, das absolutstetig bezüglich μ ist. Dann existiert eine messbare Funktion $f : X \to [0, \infty]$, sodass*

$$\nu(A) = \int_A f \, d\mu \qquad \text{für alle} \qquad A \in \mathcal{A}.$$

f ist μ-fast überall eindeutig bestimmt und heißt **Radon-Nikodym-Dichte** von ν bezüglich μ oder μ-**Dichte von** ν. Wir schreiben $\dfrac{\mathrm{d}\nu}{\mathrm{d}\mu} := f$.

Mit Blick auf Definition A.6 stellen wir fest, dass uns der Satz von Radon-Nikodym einen einheitlichen Rahmen für diskrete und stetige Verteilungen liefert: Die Zähldichte einer diskreten Verteilung ist gerade die Radon-Nikodym-Dichte bezüglich des Zählmaßes, während die Wahrscheinlichkeitsdichte einer stetigen Verteilung als Radon-Nikodym-Dichte bezüglich des Lebesgue-Maßes aufgefasst werden kann.

Bedingte Wahrscheinlichkeiten $\mathbb{P}(A \mid B)$ sind nur für Ereignisse B mit $\mathbb{P}(B) > 0$ wohldefiniert. Mithilfe von Radon-Nikodym-Dichten lässt sich dies verallgemeinern.

Definition A.34 Es seien $(\mathcal{X}, \mathcal{F}, \mu)$ und $(\mathcal{Y}, \mathcal{G}, \nu)$ Maßräume und X, Y Zufallsvariablen auf $(\Omega, \mathcal{A}, \mathbb{P})$ mit Werten in $\mathcal{X}$ bzw. $\mathcal{Y}$, deren gemeinsame Verteilung $\mathbb{P}^{X,Y}$ auf $(\mathcal{X} \times \mathcal{Y}, \mathcal{F} \otimes \mathcal{G})$ eine Dichte $f^{X,Y} : \mathcal{X} \times \mathcal{Y} \to \mathbb{R}$ bezüglich dem Produktmaß $\mu \otimes \nu$ besitzt. Dann heißt

$$f^{Y|X=x}(y) := \frac{f^{X,Y}(x, y)}{f^X(x)} \quad \text{mit} \quad f^X(x) := \int_{\mathcal{Y}} f(x, z)\nu(\mathrm{d}z)$$

für alle $x \in \mathcal{X}$ mit positiver Randdichte $f^X(x) > 0$ **bedingte Dichte** von Y gegeben $X = x$. Für alle $x \in \mathcal{X}$ mit $f^X(x) = 0$ wird $f^{Y|X=x}$ beliebig gesetzt, zum Beispiel null. Für messbare Mengen $A \in \mathcal{G}$ und messbare Funktionen $\varphi : \mathcal{X} \times \mathcal{Y} \to \mathbb{R}$ bezeichnet

$$\mathbb{P}(Y \in A \mid X = x) := \int_A f^{Y|X=x}(y)\,\nu(\mathrm{d}y)$$

die bedingte Wahrscheinlichkeit für $Y \in A$, gegeben $X = x$, und

$$\mathbb{E}[\varphi(X, Y) \mid X = x] := \int_{\mathcal{Y}} \varphi(x, y) f^{Y|X=x}(y)\,\nu(\mathrm{d}y)$$

den **bedingten Erwartungswert** von $\varphi(X, Y)$, gegeben $X = x$, sofern das Integral wohldefiniert ist.

In Analogie zu $\mathbb{P}(A \cap B) = \mathbb{P}(A \mid B)\mathbb{P}(B)$ gilt also $f^{X,Y}(x, y) = f^{Y|X=x}(y) f^X(x)$. Die Formel von der totalen Wahrscheinlichkeit $\mathbb{P}(A) = \sum_i \mathbb{P}(A \mid B_i)\mathbb{P}(B_i)$ für eine Partition $\bigcup_i B_i = \Omega$ findet ihre Entsprechung in

$$\mathbb{P}(Y \in A) = \int_{\mathcal{X}} \mathbb{P}(Y \in A \mid X = x) f^X(x)\,\mu(\mathrm{d}x).$$

Allgemeiner gilt auch

$$\mathbb{E}[\varphi(X, Y)] = \int_{\mathcal{X}} \mathbb{E}[\varphi(X, Y) \mid X = x] f^X(x)\,\mu(\mathrm{d}x).$$

Die Bayes-Formel aus Satz A.18 verallgemeinert sich für bedingte Dichten zu folgendem Zusammenhang:

Satz A.35 (Bayes-Formel) *In der Situation von Definition A.34 gilt*

$$f^{Y|X=x}(y) = \frac{f^{X|Y=y}(x) f^Y(y)}{\int_{\mathcal{Y}} f^{X|Y=z}(x) f^Y(z) dz} = \frac{f^{X|Y=y}(x) f^Y(y)}{f^X(x)} \quad \text{für } \mathbb{P}^X\text{-f.a. } x \in \mathcal{X}.$$

Mit dem Satz von Radon-Nikodym lässt sich eine abstrakte Definition von $\mathbb{E}[\varphi(X, Y) \mid X = x]$ für beliebige Zufallsvariablen X, Y mit $\varphi(X, Y) \in \mathcal{L}^1$ geben, die im Fall einer gemeinsamen Dichte $f^{X,Y}$ der obigen entspricht. Mit Indikatorfunktionen φ ergeben sich dann auch entsprechende bedingte Wahrscheinlichkeiten. Für die Zwecke dieses Buches reicht obige Definition aus.

Wir schließen dieses Grundlagenkapitel mit den zentralen Sätzen aus der Wahrscheinlichkeitstheorie ab: dem Gesetz der großen Zahlen und dem zentralen Grenzwertsatz. Im Gegensatz zur klassischen Analysis unterscheiden wir in der Stochastik zwischen verschiedenen Konvergenzarten.

Definition A.36 Es sei $(\mathcal{X}, d)$ ein metrischer Raum. Eine Folge von Wahrscheinlichkeitsmaßen $(\mathbb{P}_n)_{n \in \mathbb{N}}$ auf $(\mathcal{X}, \mathcal{B}(\mathcal{X}))$ **konvergiert schwach** gegen ein Wahrscheinlichkeitsmaß $\mathbb{P}$ auf $(\mathcal{X}, \mathcal{B}(\mathcal{X}))$, wenn für alle stetigen und beschränkten Funktion $\varphi : \mathcal{X} \to \mathbb{R}$

$$\lim_{n \to \infty} \int_{\mathcal{X}} \varphi \, d\mathbb{P}_n = \int_{\mathcal{X}} \varphi \, d\mathbb{P}$$

gilt. Wir schreiben $\mathbb{P}_n \xrightarrow{w} \mathbb{P}$, wobei das w für *weak* steht, oder $\mathbb{P}_n \xrightarrow{d} \mathbb{P}$ mit d für *distribution*. Eine Folge von Zufallsvariablen $(X_n)_{n \in \mathbb{N}}$ mit Werten in $(\mathcal{X}, d)$ **konvergiert in Verteilung** bzw. **schwach** gegen eine Zufallsvariable X in $\mathcal{X}$, falls $\mathbb{P}^{X_n} \xrightarrow{w} \mathbb{P}^X$. Wir schreiben kurz $X_n \xrightarrow{w} X$ oder $X_n \xrightarrow{d} X$.

Die schwache Konvergenz der Folge $(X_n)_{n \in \mathbb{N}}$ gegen die Zufallsvariable X ist also äquivalent zu

$$\lim_{n \to \infty} \mathbb{E}[\varphi(X_n)] = \mathbb{E}[\varphi(X)]$$

für alle stetigen und beschränkten Funktionen $\varphi : \mathcal{X} \to \mathbb{R}$. Ist die Folge $(X_n)_{n \in \mathbb{N}}$ reellwertig, so konvergiert sie genau dann in Verteilung gegen die Zufallsvariable X, wenn die Folge ihrer Verteilungsfunktionen $(F^{X_n})_{n \in \mathbb{N}}$ an jeder Stetigkeitsstelle der Verteilungsfunktion F^X punktweise gegen F^X konvergiert, das heißt, für alle Stetigkeitsstellen x von F^X gilt

$$\lim_{n \to \infty} F^{X_n}(x) = F^X(x).$$

Definition A.37 Eine Folge $(X_n)_{n\in\mathbb{N}}$ von Zufallsvariablen auf einem gemeinsamen Wahrscheinlichkeitsraum $(\Omega, \mathcal{A}, \mathbb{P})$ mit Werten in einem normierten Raum $(\mathcal{X}, |\cdot|)$ konvergiert **stochastisch** bzw. **in Wahrscheinlichkeit** gegen die Zufallsvariable X, wenn für alle $\varepsilon > 0$

$$\lim_{n\to\infty} \mathbb{P}(|X_n - X| > \varepsilon) = 0$$

gilt. Wir schreiben kurz $X_n \xrightarrow{\mathbb{P}} X$. Die Folge $(X_n)_{n\in\mathbb{N}}$ konvergiert **fast sicher** gegen die Zufallsvariable X, wenn

$$\mathbb{P}\big(\{\omega \in \Omega : \lim_{n\to\infty} X_n(\omega) = X(\omega)\}\big) = 1$$

ist. In diesem Fall schreiben wir $X_n \xrightarrow{\text{f.s.}} X$.

Man beachte, dass fast sichere Konvergenz stochastische Konvergenz impliziert und dass aus stochastischer Konvergenz schwache Konvergenz folgt.

Satz A.38 (Starkes Gesetz der großen Zahlen) *Es sei $(X_i)_{i\in\mathbb{N}}$ eine Folge von Zufallsvariablen in $\mathcal{L}^1$ mit demselben Erwartungswert $\mu = \mathbb{E}[X_i]$. Weiter sei eine der beiden folgenden Bedingungen erfüllt:*

(i) *$(X_i)_{i\geq 1}$ sind identisch verteilt und paarweise unabhängig.*
(ii) *$(X_i)_{i\geq 1}$ liegen in $\mathcal{L}^2$, sind paarweise unkorreliert, und es gilt $\sup_{i\in\mathbb{N}} \mathrm{Var}(X_i) < \infty$.*

Dann gilt

$$\frac{1}{n}\sum_{i=1}^{n} X_i \xrightarrow{\text{f.s.}} \mu.$$

Satz A.39 (Zentraler Grenzwertsatz) *Es sei $(X_i)_{i\geq 1}$ eine Folge unabhängiger und identisch verteilter Zufallsvariablen in $\mathcal{L}^2(\Omega, \mathcal{A}, \mathbb{P})$ mit $\mu = \mathbb{E}[X_1]$ und $\sigma^2 = \mathrm{Var}(X_1)$. Dann erfüllt ihre standardisierte Summe*

$$Z_n := \frac{1}{\sqrt{n}}\sum_{i=1}^{n} \frac{X_i - \mu}{\sigma} \xrightarrow{d} N(0, 1),$$

wobei $N(0, 1)$ die Standardnormalverteilung bezeichnet. Insbesondere gilt für $a < b$ also $\lim_{n\to\infty} \mathbb{P}(a < Z_n \leq b) = \Phi(b) - \Phi(a)$ mit der Verteilungsfunktion Φ der Standardnormalverteilung.

Ein weiterer, wichtiger Satz ist das *continuous mapping*-Theorem, mit dem man Konsistenz und Grenzwertverteilungseigenschaften übertragen kann.

Satz A.40 (Continuous Mapping) *Seien die Abbildung $f : \mathbb{R}^d \mapsto \mathbb{R}^k$ stetig und $(X_n)_{n \in \mathbb{N}}$ eine Folge von d-dimensionalen Zufallsvariablen, die schwach, fast sicher bzw. stochastisch gegen $X \in \mathbb{R}^d$ konvergiert. Dann konvergiert auch $f(X_n)$ schwach, fast sicher bzw. stochastisch gegen $f(X)$.*

Folgendes Kalkül der stochastischen Ordnung verallgemeinert Landaus O-Symbol der Analysis und ist oft hilfreich.

Definition A.41 Für eine Folge reellwertiger Zufallsvariablen X_n und positive Zahlen a_n schreiben wir $X_n = O_P(a_n)$, falls

$$\lim_{R \to \infty} \limsup_{n \to \infty} \mathbb{P}(|X_n| > R a_n) = 0,$$

und sagen, dass X_n die **Ordnung, stochastische** a_n besitzt. Im Fall $X_n = O_P(1)$ nennen wir die Folge (X_n) **stochastisch beschränkt**.

Ist (X_n) deterministisch, so gilt $X_n = O_P(a_n)$ genau dann, wenn $X_n \leq C a_n$ für eine Konstante $C > 0$ gilt, das heißt $X_n = O(a_n)$. Für eine Nullfolge (a_n) folgt aus $X_n = O_P(a_n)$, dass $\mathbb{P}(|X_n| > \varepsilon)$ für jedes $\varepsilon > 0$ gegen null konvergiert, also $X_n \overset{\mathbb{P}}{\to} 0$. Stochastische Beschränktheit einer Folge (X_n) ist auch als Straffheit von Verteilungen in der Wahrscheinlichkeitstheorie bekannt. Weitere wichtige Eigenschaften werden in dem folgenden Satz zusammengefasst.

Satz A.42 (Eigenschaften des O_P-Kalküls) *Für reellwertige Zufallsvariablen X_n, Y_n und positive Zahlen a_n, b_n gilt:*

1. *Aus $\mathbb{E}[|X_n|^p]^{1/p} \leq C a_n$ für Konstanten $C > 0$ und $p > 0$ folgt $X_n = O_P(a_n)$ (aus L^p-Beschränktheit folgt stochastische Beschränktheit).*
2. *Aus $a_n^{-1} X_n \overset{d}{\to} Y$ für eine Zufallsvariable Y folgt $X_n = O_P(a_n)$ (Konvergenz in Verteilung impliziert stochastische Beschränktheit).*
3. *Aus $X_n = O_P(a_n)$, $Y_n = O_P(b_n)$ folgt $X_n + Y_n = O_P(a_n + b_n)$ und $X_n Y_n = O_P(a_n b_n)$, symbolisch:*

$$O_P(a_n) + O_P(b_n) = O_P(a_n + b_n), \quad O_P(a_n) O_P(b_n) = O_P(a_n b_n).$$

Wir verwenden die letzte Eigenschaft auch für zufällige Matrizen M_n und Vektoren v_n in der Form, dass $\|M_n\| = O_P(a_n)$ (mit Spektralnorm $\|\cdot\|$) und $|v_n| = O_P(b_n)$ implizieren $|M_n v_n| = O_P(a_n b_n)$, was wegen $|M_n v_n| \leq \|M_n\| |v_n|$ offensichtlich ist.

A.2   Diskrete Verteilungen

Im Folgenden sollen häufig auftretende diskrete Verteilungen eingeführt werden. Wir beginnen mit dem einfachsten Fall, bei dem es nur zwei mögliche Versuchsausgänge gibt.

Definition A.43 Eine Zufallsvariable $X \in \{0, 1\}$ heißt **Bernoulli-verteilt**, falls $\mathbb{P}(X = 1) = p$ und $\mathbb{P}(X = 0) = 1 - p$ für eine Erfolgswahrscheinlichkeit $p \in [0, 1]$ gilt. Man schreibt $X \sim \mathrm{Ber}(p)$.

Für $X \sim \mathrm{Ber}(p)$ gilt $\mathbb{E}[X] = p$ und $\mathrm{Var}(X) = p(1 - p)$.

Auf endlichen Grundräumen ist die Gleichverteilung die wohl wichtigste, insbesondere mit Blick auf Urnenmodelle.

Definition A.44 Ist $\Omega \neq \emptyset$ ein endlicher Grundraum mit Kardinatilität $|\Omega| \in \mathbb{N}$, dann ist die diskrete **Gleichverteilung** $\mathrm{U}(\Omega)$ gegeben durch die Zähldichte

$$\mathrm{U}(\Omega)(\{\omega\}) = \frac{1}{|\Omega|} \qquad \text{für alle } \omega \in \Omega.$$

Zur Beschreibung der Anzahl der Erfolge in einer Serie von $n \in \mathbb{N}$ gleichartigen und unabhängigen Bernoulli-Versuchen nutzt man die Binomialverteilung.

Definition A.45 Für $n \in \mathbb{N}$ und $p \in [0, 1]$ ist die **Binomialverteilung** $\mathrm{Bin}(n, p)$ durch die Zähldichte

$$\mathrm{Bin}(n, p)(\{k\}) = \binom{n}{k} p^k (1 - p)^{n-k}, \qquad k \in \{0, 1, \ldots, n\},$$

gegeben.

Der Erwartungswert einer binomialverteilten Zufallsvariable $X \sim \mathrm{Bin}(n, p)$ ist np. Die Varianz beträgt $np(1 - p)$.

Wir verallgemeinern ein Binomialexperiment auf mehrere mögliche Versuchsausgänge. Betrachten wir also wieder $n \in \mathbb{N}$ unabhängige und gleich verteilten Durchläufe, wobei jeweils $s \in \mathbb{N}$ verschiedene Versuchsausgänge $\{1, \ldots, s\}$ möglich sind und $j \in \{1, \ldots, s\}$ mit Wahrscheinlichkeit p_j eintritt. Bezeichne X_j die Anzahl der Durchgänge aus n Versuchen, bei denen j aufgetreten ist, dann ist der Vektor $X := (X_1, \ldots, X_s)$ multinomialverteilt.

Definition A.46 Für $n, s \in \mathbb{N}$ und $p_1, \ldots, p_s \in [0, 1]$ mit $\sum_{j=1}^{s} p_j = 1$ ist eine Zufallsvariable $X := (X_1, \ldots, X_s) \sim \mathrm{Mult}(n, p_1, \ldots, p_s)$ **multinomial-verteilt**, falls für $k = (k_1, \ldots, k_s) \in \mathcal{X}$ mit

$$\mathcal{X} := \{k = (k_1, \ldots, k_s) : k_1, \ldots, k_s \in \mathbb{N}_0 \text{ mit } k_1 + \ldots + k_s = n\}$$

gilt:

$$\mathbb{P}(X = k) = \frac{n!}{k_1! \cdot k_2! \cdot \ldots \cdot k_s!} \cdot p_1^{k_1} \cdot p_2^{k_2} \cdot \ldots \cdot p_s^{k_s}$$

Wir nennen $\dfrac{n!}{k_1! \cdot k_2! \cdot \ldots \cdot k_s!}$ **Multinomialkoeffizient.**

Das Binomial- und das Multinomialmodell können wir zur Beschreibung von Urnenmodellen nutzen, wobei die Erfolgswahrscheinlichkeiten dem relativen Anteil der Kugeln in einer bestimmten Farbe entsprechen. Da diese Wahrscheinlichkeiten in jedem Versuchsdurchgang, also in jeder Ziehung, gleich sind, handelt es sich um eine Ziehung mit Zurücklegen. Was passiert ohne Zurücklegen? In einer Grundgesamtheit gäbe es $N \in \mathbb{N}$ Elemente, wobei jedes Element nur eine von zwei möglichen Ausprägungen hat (zum Beispiel Erfolg/Misserfolg oder rot/blau). Sind $M \leq N$ Elemente mit der gewünschten Eigenschaft (Erfolg oder rot) in der Grundgesamtheit, so gibt die hypergeometrische Verteilung die Wahrscheinlichkeit an, beim Ziehen ohne Zurücklegen in der Stichprobe $k \leq M$ Elemente mit der gewünschten Eigenschaft zu finden.

Definition A.47 Für $N, M, n \in \mathbb{N}$ mit $M \leq N$ besitzt eine Zufallsvariable $X \sim$ Hyp(N, M, n) die **hypergeometrische Verteilung,** falls

$$\mathbb{P}(X = k) = \frac{\binom{M}{k}\binom{N-M}{n-k}}{\binom{N}{n}}, \qquad k \in \{0, 1, \ldots, n\}.$$

Der Erwartungswert einer Hyp(N, M, n)-verteilten Zufallsvariable X ist $\mathbb{E}[X] = n\frac{M}{N}$.

Bemerkung A.48 Der Unterschied zwischen der hypergeometrischen und der Binomialverteilung ist das Zurücklegen. Dieser Effekt ist bei einem relativ kleinen Stichprobenumfang n im Vergleich zu M, das heißt wenn $n/M \to 0$, vernachlässigbar gering. Tatsächlich gilt für alle $0 \leq k \leq n$

$$\binom{M}{k} = \frac{M^k}{k!} \frac{M(M-1)\cdots(M-k+1)}{M^k}$$

$$= \frac{M^k}{k!}\left(1 - \frac{(M-1)}{M}\right)\cdots\left(1 - \frac{(M-k+1)}{M}\right) = \frac{M^k}{k!}(1 + o(1)) \quad \text{für } \frac{n}{M} \to 0.$$

Für $X \sim$ Hyp(N, M, n) gilt also punktweise für jedes $k \in \{0, 1, \ldots, n\}$:

$$\mathbb{P}(X = k) = \frac{\binom{M}{k}\binom{N-M}{n-k}}{\binom{N}{n}} = \binom{n}{k}\frac{M^k(N-M)^{n-k}}{N^n}(1 + o(1))$$

$$= \binom{n}{k}\left(\frac{M}{N}\right)^k\left(1 - \frac{M}{N}\right)^{n-k}(1 + o(1)).$$

Folglich kann man für $n/M \to 0$ die hypergeometrische Verteilung Hyp(N, M, n) durch die einfacher zu handhabende Binomialverteilung Bin$(n, \frac{M}{N})$ approximieren.

Abschließend führen wir noch eine Verteilung ein, die auch als Verteilung seltener Ereignisse bezeichnet wird (wegen des Grenzwertsatzes von Poisson).

Definition A.49 Die **Poisson-Verteilung** Poiss(λ) mit dem Intensitätsparameter $\lambda > 0$ ist durch die Zähldichte

$$\text{Poiss}(\lambda)(\{k\}) = \frac{\lambda^k}{k!} \exp(-\lambda), \quad k \in \mathbb{N}_0,$$

gegeben.

Für eine Zufallsvariable $X \sim \text{Poiss}(\lambda)$ gilt $\mathbb{E}[X] = \text{Var}(X) = \lambda$.

A.3   Stetige Verteilungen

In diesem Kapitel wollen wir einige wichtige stetige Wahrscheinlichkeitsverteilungen zusammenfassend einführen. Diese sind insbesondere durch ihre Dichte charakterisiert. Wir betrachten dabei stets die Borel-σ-Algebra auf dem jeweiligen (Teil-)Raum der reellen Zahlen. Im einfachsten Fall ist die Dichte konstant.

Definition A.50 Sei $\Omega = [a, b]$ für $a < b \in \mathbb{R}$. Mit U$([a, b])$ bezeichnet man die **Gleichverteilung** auf $[a, b]$. Die Dichte f einer Zufallsvariable $X \sim \text{U}([a, b])$ ist für alle $x \in \mathbb{R}$ gegeben durch

$$f(x) = \frac{1}{b - a} \mathbb{1}_{[a,b]}(x).$$

Der Erwartungswert und die Varianz einer U$([a, b])$-verteilten Zufallsvariable X sind $\mathbb{E}[X] = \frac{a+b}{2}$ und Var$(X) = \frac{1}{12}(b - a)^2$.

Im zentralen Grenzwertsatz ist uns bereits die Normalverteilung begegnet, die von fundamentaler Bedeutung ist.

Definition A.51 Eine Zufallsvariable X auf $\mathbb{R}$ mit der Wahrscheinlichkeitsdichte $f : \mathbb{R} \to \mathbb{R}$,

$$f(x) = \frac{1}{\sqrt{2\pi\sigma^2}} \exp\left(-\frac{(x - \mu)^2}{2\sigma^2}\right),$$

heißt **normalverteilt** (oder auch **Gauß-verteilt**) mit den Parametern $\mu \in \mathbb{R}$ und $\sigma^2 > 0$. Wir schreiben $X \sim \text{N}(\mu, \sigma^2)$. Die Verteilungsfunktion der Standardnormalverteilung N$(0, 1)$ wird mit

$$\Phi(x) := \int_{-\infty}^{x} \frac{1}{\sqrt{2\pi}} e^{-t^2/2} \mathrm{d}t, \quad x \in \mathbb{R},$$

bezeichnet.

Für eine Zufallsvariable $X \sim N(\mu, \sigma)$ geben die beiden Parameter gerade den Erwartungswert $\mathbb{E}[X] = \mu$ und die Varianz $Var(X) = \sigma^2$ an. Die Normalverteilung konzentriert sich sehr stark um ihren Mittelwert: Für $X \sim N(0, 1)$ gilt nämlich

$$\mathbb{P}(|X| \geq t) = 2 \int_t^\infty \frac{1}{\sqrt{2\pi}} e^{-x^2/2} dx \leq \frac{2}{\sqrt{2\pi}} \int_t^\infty \frac{x}{t} e^{-x^2/2} dx = \frac{\sqrt{2}}{\sqrt{\pi}t} e^{-t^2/2}. \qquad \text{(A.1)}$$

Definition A.52 Für $d \in \mathbb{N}$ ist ein d-dimensionaler reeller Zufallsvektor $X = (X_1, \ldots, X_d)$ **mehrdimensional** (oder auch **multivariat**) **normalverteilt** mit Erwartungsvektor $\mu \in \mathbb{R}^d$ und positiv definiter Kovarianzmatrix $\Sigma \in \mathbb{R}^{d \times d}$, wenn sie eine Dichtefunktion der Form

$$f_X(x) = \frac{1}{\sqrt{(2\pi)^d \det(\Sigma)}} \exp\left(-\frac{1}{2}(x-\mu)^\top \Sigma^{-1}(x-\mu)\right), \quad x \in \mathbb{R}^d,$$

besitzt. Man schreibt $X \sim N(\mu, \Sigma)$.

Für einen Zufallsvektor $X \sim N(\mu, \Sigma)$ erhalten wir $\mathbb{E}[X_i] = \mu_i$ und $Cov(X_i, X_j) = \Sigma_{i,j}$ für alle $i, j \in \{1, \ldots, d\}$ bzw. $\mathbb{E}[X] = \mu$ und $\mathbb{C}ov(X) = \Sigma$ in Vektor- bzw. Matrixnotation.

Beispiel A.53

Für einen Zufallsvektor $X \sim N(\mu, \Sigma)$ mit $\mu \in \mathbb{R}^d$ und positiv definiter Kovarianzmatrix $\Sigma \in \mathbb{R}^{d \times d}$ gilt für die Lineartransformation $AX + b \in \mathbb{R}^p$ mit $A \in \mathbb{R}^{p \times d}, b \in \mathbb{R}^p$, dass

$$AX + b \sim N(A\mu + b, A\Sigma A^\top).$$

◀

Sind $X_1, \ldots, X_m \sim N(0, 1)$ unabhängig, dann kann man auch die Dichte von $X := \sum_{i=1}^m X_i^2$ explizit bestimmen und erhält die folgende Verteilung:

Definition A.54 Eine reellwertige Zufallsvariable X ist χ^2-**verteilt** mit m Freiheitsgraden, geschrieben $X \sim \chi^2(m)$, wenn ihre Verteilung durch die Dichte

$$f_X(x) = \frac{1}{2^{m/2}\Gamma(m/2)} x^{m/2-1} e^{-x/2} \mathbb{1}_{\{x>0\}}$$

gegeben ist, wobei $\Gamma(x) := \int_0^\infty t^{x-1} \exp(-t) dt$ die Gammafunktion bezeichnet.

Es folgen weitere stetige Verteilungen.

Definition A.55 Mit Exp(λ), $\lambda > 0$, bezeichnet man die **Exponentialverteilung.** Die Dichte f einer Zufallsvariable $X \sim \text{Exp}(\lambda)$ ist für alle $x \in \mathbb{R}$ gegeben durch

$$f(x) = \lambda e^{-\lambda x} \mathbb{1}_{\{x \geq 0\}}.$$

Der Erwartungswert und die Varianz der Exp(λ)-Verteilung sind $\mathbb{E}[X] = \frac{1}{\lambda}$ und $\text{Var}(X) = \frac{1}{\lambda^2}$. Eine Verallgemeinerung von Exponential- und χ^2-Verteilung ist durch die Gammaverteilung gegeben.

Definition A.56 Eine Zufallsvariable X mit der Wahrscheinlichkeitsdichte $f : \mathbb{R} \to \mathbb{R}$,

$$f(x) = \frac{\beta^\alpha}{\Gamma(\alpha)} x^{\alpha-1} e^{-\beta x} \mathbb{1}_{\{x > 0\}},$$

heißt **gammaverteilt** mit den positiven, reellen Parametern $\alpha, \beta > 0$, geschrieben $X \sim \Gamma(\alpha, \beta)$.

Wir erhalten Exp(λ) $= \Gamma(1, \lambda)$ und $\chi^2(m) = \Gamma(m/2, 1/2)$. Für eine gammaverteilte Zufallsvariable X gilt $\mathbb{E}[X] = \alpha/\beta$ und $\text{Var}(X) = \alpha/\beta^2$.

Definition A.57 Die **Betaverteilung** Beta(α, β) ist eine stetige Wahrscheinlichkeitsverteilung auf $([0, 1], \mathcal{B}([0, 1]))$ mit den Parametern $\alpha, \beta > 0$. Ihre Wahrscheinlichkeitsdichte ist

$$f(x) = \frac{1}{B(\alpha, \beta)} x^{\alpha-1}(1 - x)^{\beta-1} \mathbb{1}_{[0,1]}(x)$$

mit der **Betafunktion**

$$B(\alpha, \beta) := \frac{\Gamma(\alpha)\Gamma(\beta)}{\Gamma(\alpha + \beta)} = \int_0^1 x^{\alpha-1}(1 - x)^{\beta-1} \mathrm{d}x.$$

Der Erwartungswert und die Varianz einer Zufallsvariable $X \sim \text{Beta}(\alpha, \beta)$ sind

$$\mathbb{E}[X] = \frac{\alpha}{\alpha + \beta} \quad \text{und} \quad \text{Var}(X) = \frac{\alpha\beta}{(\alpha + \beta + 1)(\alpha + \beta)^2}.$$

Beispiel A.58

Sortieren wir $n \in \mathbb{N}$ unabhängige und U($[0, 1]$)-verteilte Zufallsvariablen $U_1, \dots, U_n$ der Größe nach, erhalten wir die Ordnungsstatistiken $U_{(1)} \leq \cdots \leq U_{(n)}$. Für die j-te Ordnungsstatistik gilt $U_{(j)} \sim \text{Beta}(j, n - j + 1)$ und insbesondere $\mathbb{E}[U_{(j)}] = \frac{j}{n+1}$. ◀

Literatur

Abbott, B. P., Abbott, R., Abbott, T. D., Abernathy, M. R., Acernese, F., Ackley, K., et al. (2016). Binary black hole mergers in the first advanced ligo observing run. *Physics Review X, 6,* 041015.

Biau, G., & Scornet, E. (2016). A random forest guided tour. *TEST, 25*(2), 197–227.

Breiman, L., Friedman, J. H., Olshen, R. A., & Stone, C. J. (1984). *Classification and regression trees.* Wadsworth Statistics/Probability Series. Wadsworth Advanced Books and Software, Belmont, CA.

Bühlmann, P., & van de Geer, S. (2011). *Statistics for high-dimensional data. Methods, Theory and Applications.* Springer Series in Statistics. Heidelberg: Springer.

Devroye, L., Györfi, L., & Lugosi, G. (1996). *A probabilistic theory of pattern recognition.* New York: Springer.

Dickhaus, T. (2014). *Simultaneous Statistical Inference with Applications in the Life Sciences.* Berlin: Springer.

Elstrodt, J. (2005). *Maß- und Integrationstheorie* (4. Aufl.). Springer-Lehrbuch. Grundwissen Mathematik. Berlin: Springer.

Fahrmeir, L., Kneib, T., & Lang, S. (2009). *Regression. Modelle, Methoden und Anwendungen.* Berlin: Springer.

Georgii, H.-O. (2007). *Stochastik. Einführung in die Wahrscheinlichkeitstheorie und Statistik* (3. Aufl.). de Gruyter Lehrbuch. Berlin: De Gruyter.

Giraud, C. (2015). *Introduction to high-dimensional statistics: Bd. 139. Monographs on Statistics and Applied Probability.* Boca Raton: CRC Press.

Goodfellow, I., Bengio, Y., & Courville, A. (2016). *Deep learning. Adaptive Computation and Machine Learning.* Cambridge: MIT Press.

Hastie, T., Tibshirani, R., & Friedman, J. (2009). *The elements of statistical learning. Data mining, inference, and prediction.* Springer Series in Statistics (2. Aufl.). New York: Springer.

Klenke, A. (2008). *Wahrscheinlichkeitstheorie* (2. Aufl.). Berlin: Springer.

Küchler, U. (2016). *Maßtheorie für Statistiker. Grundlagen der Stochastik.* Berlin: Springer.

Ledoux, M., & Talagrand, M. (2011). *Probability in Banach spaces. Isoperimetry and processes.* Classics in Mathematics. Berlin: Springer (Reprint of the 1991 edition).

Lehmann, E. L., & Casella, G. (1998). *Theory of point estimation.* Springer Texts in Statistics (2. Aufl.). New York: Springer.

Lehmann, E. L., & Romano, J. P. (2005). *Testing statistical hypotheses.* Springer Texts in Statistics (3. Aufl.). New York: Springer.

© Der/die Autor(en), exklusiv lizenziert durch Springer-Verlag GmbH, DE, ein Teil von Springer Nature 2021
M. Trabs et al., *Statistik und maschinelles Lernen,*
https://doi.org/10.1007/978-3-662-62938-3

Massart, P. (2007). *Concentration inequalities and model selection*, volume 1896 of *Lecture Notes in Mathematics*. Berlin: Springer. Lectures from the 33rd Summer School on Probability Theory held in Saint-Flour, July 6–23, 2003.

Nychka, D., Ma, P., & Bates, D. (2020). A conversation with Grace Wahba. *Statistical Science, 35*(2), 308–320.

Rasmussen, C. E., & Williams, C. K. I. (2006). *Gaussian processes for machine learning. Adaptive Computation and Machine Learning*. Cambridge: MIT Press.

Richter, S. (2019). *Statistisches und maschinelles Lernen. Gängige Verfahren im Überblick*. Berlin: Springer.

Shalev-Shwartz, S., & Ben-David, S. (2014). *Understanding machine learning: From theory to algorithms*. Cambridge University Press.

Shao, J. (1997). An asymptotic theory for linear model selection. *Statistica Sinica*, 221–242.

Shao, J. (2003). *Mathematical statistics*. Springer Texts in Statistics (2. Aufl.). New York: Springer.

Steinwart, I., & Christmann, A. (2008). *Support vector machines. Information Science and Statistics*. New York: Springer.

Tibshirani, R. J. (2013). The lasso problem and uniqueness. *Electronic Journal of Statistics, 7*, 1456–1490.

Tsybakov, A. B. (2009). *Introduction to nonparametric estimation*.Springer Series in Statistics. New York: Springer. (Revised and extended from the 2004 French original, Translated by Vladimir Zaiats).

Vapnik, V. N. (2000). *The nature of statistical learning theory. Statistics for Engineering and Information Science* (2. Aufl.). New York: Springer.

Vershynin, R. (2018). *High-dimensional probability. An introduction with applications in data science: Bd. 47. Cambridge Series in Statistical and Probabilistic Mathematics*. Cambridge: Cambridge University Press.

von Bortkiewicz, L. (1898). *Das Gesetz der kleinen Zahlen* (Bd. 9). Leipzig: BG Teubner.

Wainwright, M. J. (2019). *High-dimensional statistics. A non-asymptotic viewpoint. Bd. 48: Cambridge Series in Statistical and Probabilistic Mathematics*. Cambridge: Cambridge University Press.

Stichwortverzeichnis

© Der/die Autor(en), exklusiv lizenziert durch Springer-Verlag GmbH, DE, ein Teil von
Springer Nature 2021
M. Trabs et al., *Statistik und maschinelles Lernen*,
https://doi.org/10.1007/978-3-662-62938-3

**Springer**

springer.com

Willkommen zu den Springer Alerts

Unser Neuerscheinungs-Service für Sie:
aktuell | kostenlos | passgenau | flexibel

Mit dem Springer Alert-Service informieren wir Sie individuell und kostenlos über aktuelle Entwicklungen in Ihren Fachgebieten.

Jetzt anmelden!

Abonnieren Sie unseren Service und erhalten Sie per E-Mail frühzeitig Meldungen zu neuen Zeitschrifteninhalten, bevorstehenden Buchveröffentlichungen und speziellen Angeboten.

Sie können Ihr Springer Alerts-Profil individuell an Ihre Bedürfnisse anpassen. Wählen Sie aus über 500 Fachgebieten Ihre Interessensgebiete aus.

Bleiben Sie informiert mit den Springer Alerts.

Mehr Infos unter: springer.com/alert

Part of **SPRINGER NATURE**

Printed in the United States
by Baker & Taylor Publisher Services